全国高职高专机电类专业创新型规划教材

液压与气动技术

主　编　梁建和　耿道森　陈传艳
副主编　刘棣中　应文博　马　飞
主　审　班华电

黄河水利出版社
·郑州·

内 容 提 要

本书是全国高职高专机电类专业创新型规划教材，是根据教育部对高职高专教育的教学基本要求及中国水利教育协会职业技术教育分会高等职业教育教学研究会组织制定的液压与气动技术课程标准编写完成的。本书采用任务驱动的教学设计，通过“教、学、做”一体化，基于国际上流行的COMET能力模型组织教学。全书由三个模块十一个项目共三十个学习任务组成。模块一液压传动技术：项目一典型流体传动系统认识，项目二液压传动方向控制，项目三液压传动压力控制，项目四速度控制，项目五液压系统的安装调试及使用维护，项目六基于COMET能力模型的液压系统故障诊排，项目七液压传动系统的现代化技术；模块二液力传动技术：项目八液力变矩器的拆装与检修；模块三气压传动技术：项目九压缩空气站及气动系统辅助元件，项目十气动基本回路及其控制实现，项目十一逻辑比例伺服控制与实用系统分析。

本书是针对机电类和近机类高等职业教育而编写的，适合高职高专院校相关专业作为教材，也可以作为各类业余大学、函授大学、电视大学、应用型大学及中等职业学校相关专业的教学参考书，并可供相关专业工程技术人员参考使用。

图书在版编目(CIP)数据

液压与气动技术/梁建和，耿道森，陈传艳主编. —郑州：黄河水利出版社，2020.1
全国高职高专机电类专业创新型规划教材
ISBN 978－7－5509－2574－8

Ⅰ. ①液… Ⅱ. ①梁…②耿…③陈… Ⅲ. ①液压传动－高等职业教育－教材②气压传动－高等职业教育－教材 Ⅳ. ①TH137②TH138

中国版本图书馆CIP数据核字(2020)第020305号

组稿编辑：简 群 电话：0371－66026749 E-mail：931945687@qq.com

出 版 社：黄河水利出版社 网址：www.yrcp.com
地址：河南省郑州市顺河路黄委会综合楼14层 邮政编码：450003
发行单位：黄河水利出版社
发行部电话：0371－66026940、66020550、66028024、66022620(传真)
E-mail：hhslcbs@126.com
承印单位：河南承创印务有限公司
开本：787 mm×1 092 mm 1/16
印张：17.25
字数：400千字 印数：1—3 000
版次：2020年1月第1版 印次：2020年1月第1次印刷

定价：43.00元

再版前言

本书是贯彻落实《国家中长期教育改革和发展规划纲要(2010—2020年)》、《国务院关于加快发展现代职业教育的决定》(国发〔2014〕19号)和《现代职业教育体系建设规划(2014—2020年)》等文件精神,在中国水利教育协会精心组织和指导下,由中国水利教育协会职业技术教育分会高等职业教育教学研究会组织编写的高职高专机电类专业创新型规划教材。本套教材以学生能力培养为主线,体现了实用性、实践性、创新性的特色,是一套理论联系实际、教学面向生产的高职教育精品规划教材。《液压与气动技术》是工科高职高专院校机电类专业的必修课。

为了贯彻国发〔2019〕4号文《国务院关于印发国家职业教育改革实施方案的通知》和教育部教职成〔2019〕9号文《教育部关于印发孙春兰副总理在全国深化职业教育改革电视电话会议上的讲话的通知》的精神,本书除继承第一版全面贯彻以行动引导型教学法组织教材内容的指导思想,采用项目载体、任务驱动的方案通过"教、学、做"一体化模式组织教学外,还做了两点重大修改:①从理念上把行动训练和知识的学习都认为是学习,从内容编排上把行动任务和涉及的知识融合一体,统一排序,不再分[实训任务]和[相关知识]两个部分编排;②为探索培养复合型技术技能人才,基于国际上流行的COMET能力模型,按能力的四个层面(名义性能力、功能性能力、过程性能力、设计能力)、八大模块(直观性/展示性、功能性、使用价值导向性、经济性、工作过程导向性、社会接受度、环保性、创造性)、四十个观测点组织教学,并在项目六给出两个案例。全书由三大模块11个项目组成,每个项目有不少于两个实践性较强的学习任务,并根据任务的难易程度从易到难按"定向任务、程序任务、问题任务、未知任务"的顺序安排,要学习的知识范围也相应地按"定向和概括性知识、关联性知识、具体与功能性知识、学科系统化深入知识"的认知规律安排,教学活动特点也相应地尽量按"在外部指导下的活动、基于规律的系统化行动、知识指导下的行动、理论与经验共同导出的行动"的顺序安排。

参加本书编审的人员有:广西水利电力职业技术学院梁建和编写项目一、项目六,湖北水利水电职业技术学院陈传艳编写项目二、项目三,广西水利电力职业技术学院刘棣中编写项目四,安徽水利水电职业技术学院耿道森编写项目五、项目七,辽宁水利职业学院应文博编写项目八,河南水利与环境职业学院马飞编写项目九、项目十,山西水利职业技术学院赵晓丽、申博编写项目十一。本书由梁建和、耿道森、陈传艳担任主编,由刘棣中、应文博、马飞担任副主编。全书由广西水利电力职业技术学院梁建和统稿;由广西徐沃工程机械设备有限公司技术总监班华电担任主审,并对本书提出了许多宝贵意见,在此表示衷心感谢。

本书是针对机电类和近机类高等职业教育而编写的，适合高职高专院校相关专业作为教材，也可以作为各类业余大学、函授大学、电视大学、应用型大学及中等职业学校相关专业的教学参考书，并可供相关专业工程技术人员参考使用。

由于编写时间仓促，编者水平有限，书中缺点和错误在所难免，恳请广大同行及读者批评指正。

编　者

2019 年 5 月

目 录

再版前言

模块一 液压传动技术

模块二 液力传动技术

模块三 气压传动技术

模块一　液压传动技术

项目一　典型流体传动系统认识

【教学目标要求】

1. 知识目标

了解液压与气压传动系统的基本组成、工作原理和主要优缺点，全面了解液压与气动技术工作介质的用途、种类、主要性质、选择和使用。

2. 能力目标

掌握液压千斤顶的使用操作，在机械拆装方面获得初步的职业训练。

任务1.1　液压千斤顶的使用与拆装

1.1.1　任务书

1. 学习目的

了解液压千斤顶传动系统的基本组成、工作原理及重要零件的材料、工艺、技术要求，认识相关液压元件的结构和各个零件外形及安装部位，初步了解、掌握液压千斤顶的使用操作，在机械拆装方面获得初步的职业训练。

2. 液压千斤顶使用指导

(1)空载操作。关闭卸荷阀，用操作杠杆反复泵油，使液压缸活塞伸出一定高度；然后，打开卸荷阀，用外力将液压缸活塞压回位。

(2)带载操作。①液压缸活塞负载伸出。关闭卸荷阀，用操作杠杆反复提压泵油，使液压缸活塞伸出一定高度，将负荷顶起或压迫变形。②液压缸活塞空载回位。打开卸荷阀，用外力将液压缸活塞压回位。

3. 液压千斤顶拆装指导

(1)拆装前首先分析产品铭牌，了解型号和基本参数，根据结构特点制定出拆卸工艺过程并且按此进行拆装。

(2)记录元件或零部件的拆卸顺序和方向。

(3)拆卸下来的零部件按顺序分类放置，并要做到不落地、不划伤、不沾水。

(4)拆装轴承、卡环等个别零件需要用轴承起子、卡钳等专用工具；切忌用铁或钢棒直接敲打零件,需要敲打时应用比待打零件软的铜棒或低碳钢棒进行。

(5)卸下的零件用柴油清洗干净,并去除各工作面的毛刺。

(6)元件装配按与拆卸相反的顺序进行,安装时要注意零件的安装位置、方向和对准定位槽孔。

(7)最后检查现场有无漏装元件,确认安装无误后注入机油,手动检查运动部位动作是否灵活。

(8)在拆装中,要注意理论联系实际,抓住元件的结构要素和工作特性。

4. 学习报告要求

通过本任务学习应重点明确的问题:

(1)液压千斤顶的基本组成和工作原理如何?系统的压力和活塞运动速度取决于什么?

(2)采用什么样的液压泵和液压缸?其内部有哪些密封工作空间,这些密封工作空间的容积大小是如何变化的?采取哪些具体措施解决泄漏问题?

(3)液压泵是如何解决进出油配油的?

(4)液压缸活塞杆导向套的作用是什么?

1.1.2 液压与气动技术的基本原理及系统图形符号

液压与气动技术是一门研究以有压流体为传动介质,来实现能量传递和控制的学科。由于流体这种工作介质具有独特的物理性能和低污染、低成本的特点,液压传动系统和气压传动系统在能量传递、系统构成及其控制等方面有诸多优势,液压与气动技术发展迅速,在国民经济的各个领域,尤其在工程机械、冶金、军工、农机、汽车、轻纺、船舶、石油、航空和自动化生产线等中,得到了普遍的应用。

目前,我国机械工业在认真消化、推广从国外引进的先进液压技术的同时,大力研制开发国产液压元件新产品,加强产品质量可靠性和新技术应用的研究,积极采用国际标准和执行新的国家标准,合理调整产品结构,对一些性能较差的、不符合国家标准的液压元件产品采取逐步淘汰的措施。

1. 液压传动

液压千斤顶的工作原理如图 1-1 所示,图 1-1(a)为液压千斤顶的结构原理图。图中液压缸 7 和液压泵分别装有活塞 8 和柱塞 1,活塞和缸体之间采用间隙配合、橡胶圈密封,柱塞与泵体之间采用间隙密封,配合间隙较小,也有的加橡胶密封圈。如图 1-1(b)所示为其工作原理图,当用手提起杠杆时柱塞 1 就被带动上行,使柱塞泵下腔的密封容积增大,腔内压力下降形成局部真空,在大气压力的作用下出油阀(单向阀)5 关闭、油箱 10 的油液推开进油阀(单向阀)3 进入柱塞泵的下腔,完成一次吸油动作;接着压下杠杆,柱塞下移,柱塞泵下腔的密封容积减小,腔内压力升高,压力油关闭单向阀 3、推开单向阀 5,挤入液压缸 7 的下腔,克服重力 W 推动活塞 8 将重物向上顶起一段距离。如此反复地提压杠杆,就可以使重物不断升起,达到起重的目的。若将控制阀 11 旋转 90°,使液压缸下腔直接与油箱连通,在重物的自重作用下,缸内的油液流回油箱,活塞下降至最低位置。在这里,推动液压缸运动需要有一定量的压力油,缸内压力的大小取决于作用于活塞杆上的

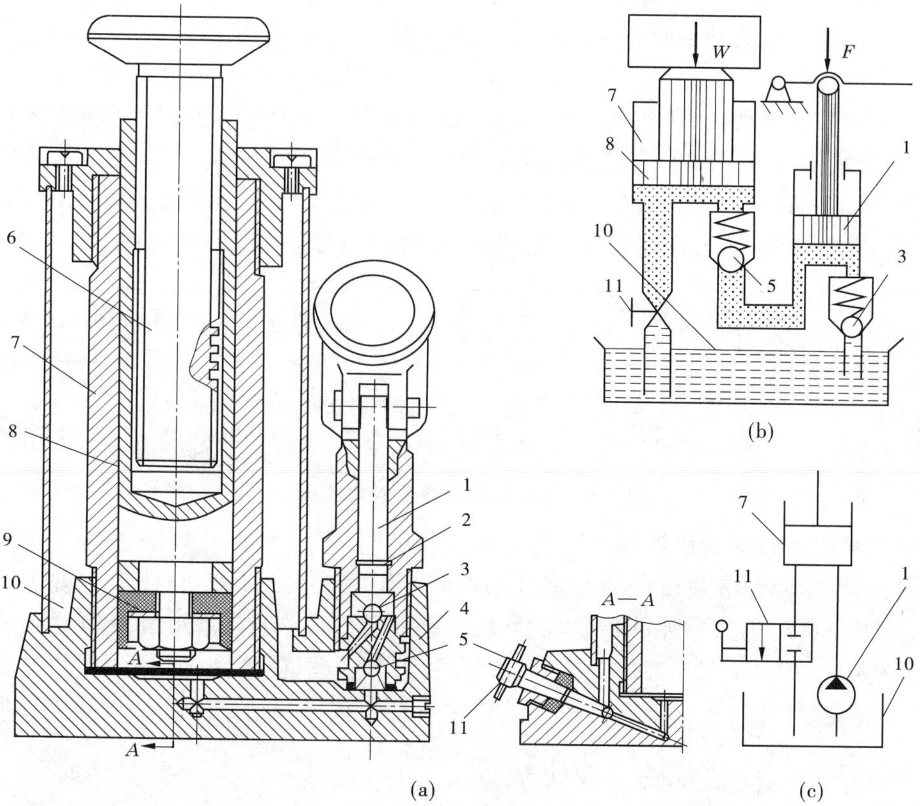

1—柱塞;2—O 形圈;3—进油阀;4—底座;5—出油阀;6—螺旋顶;
7—液压缸;8—活塞;9—密封圈;10—油箱;11—控制阀

图 1-1 液压千斤顶

外力 W(重物的重量),活塞的位移量和运动速度取决于进入液压缸的油量和速度。上述一定量的液压油是由柱塞泵产生的,进油阀 3 和出油阀 5 一起构成泵的配流装置;缸与油箱的通断由控制阀 11 控制;其余如管道、油箱等起辅助作用。可见,液压传动系统由工作介质(油)、动力元件(泵)、执行元件(液压缸)、控制元件(阀)和辅助元件(油管、油箱等)组成。

通过分析液压千斤顶的工作过程,可知液压与气动技术有以下几个要点:

(1)液压与气动技术是以有压流体作为工作介质来传递动力和运动的;

(2)执行元件承载能力的大小与流体压力及其有效作用面积有关,而它的运动速度取决于单位时间内进入缸内流体体积的多少;

(3)液压或气压传动装置本质上是一种能量转换装置,泵先把机械能转换为便于输送的流体压力能,通过回路后,执行元件又将流体压力能转换为机械能输出做功。

液压与气动系统的图形符号有结构原理图和职能符号图两种。在图 1-1(b)中,组成液压系统的各个元件是用半结构式图形画出来的,这种图形直观性强,较易理解,但较难绘制。在工程实际中,一般依据国家标准 GB/T 786.1—1993 用简单的图形符号来绘制液压与气动系统原理图。例如,将图 1-1(b)所示的液压系统采用职能符号绘制,则其系统原理图如图 1-1(c)所示。应该注意,图中的符号只表示元件的功能,不表示元件的结构和安装位置。使用这些图形符号可使系统图简单明了,绘制方便。

2. 气压传动

气压传动简称气动,气压传动系统的基本构成如图 1-2 所示,与液压传动系统基本相同,不同的是气压传动系统的介质直接取于大气,处理后方可得到清洁的介质供传动使用,因此增加了一套气源处理元件。由此可见,气压传动系统的组成也是 5 个部分:工作介质(气)、动力元件(气泵或称空气压缩机)、执行元件(缸)、控制元件(阀)和辅助元件。

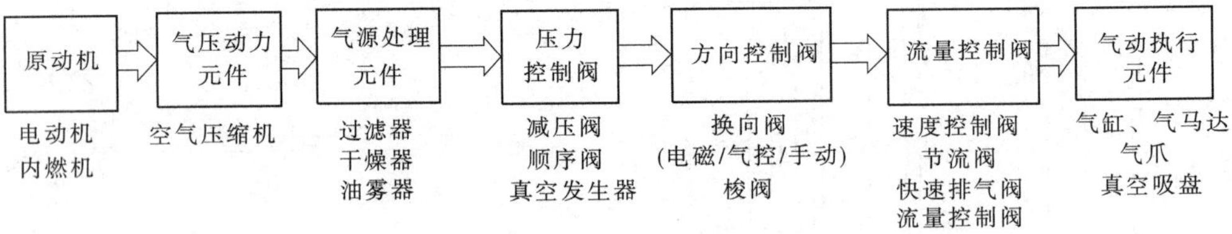

图 1-2 气压传动系统的基本构成

气动技术用于简单的机械操作中已有相当长的时间了,最近几年随着气动自动化技术的发展,它在国民经济建设中的作用日趋重要。用气动自动化控制技术实现生产过程自动化,是工业自动化的一种重要技术手段,也是一种低成本自动化技术。气动自动化控制技术是利用压缩空气作为工作介质,以气动系统为主,配合机械、液压、电气、电子等元件,综合构成控制回路,使气动元件按工艺要求自动实现目标动作的一种自动化技术。

1.1.3 液压与气动技术的主要优缺点

1. 液压传动的主要优缺点

1)液压传动的优点

液压传动与其他传动方式相比较,其主要优点是:液压传动能方便地实现无级调速,调速范围大;工作平稳,反应速度快,冲击小,能高速启动、制动和换向;便于实现过载保护;操纵简单,便于实现自动化,特别是和电气控制联合使用时,易于实现复杂的自动工作循环;元件体积较小,重量较轻,能自润滑,使用寿命长,易于实现系列化、标准化和通用化。

2)液压传动的缺点

由于泄漏使液压传动无法保证严格的传动比,对油温变化的敏感使之工作温度范围受到限制,压力损失大,不宜远距离输送动力,元件制造精度要求高、加工装配较困难且对油液的污染较敏感,发生故障不易检查。

总之,液压传动的优点是十分突出的,其缺点将随着科学技术的发展而逐步克服。

2. 常用传动方式的应用比较

由于液压与气动技术通常是以液压油或空气作为工作介质来进行能量传递的,因此了解液压油和空气的基本性质、掌握液体平衡和运动的主要力学规律,对于正确理解及合理使用系统都是非常必要的。表 1-1 给出了气动、液压、电气三种常用传动方式的特点及应用比较。

表1-1　气动、液压、电气三种常用传动方式的特点及应用比较

项目	气动	液压	电气
能量的产生	由电动机或内燃机驱动空气压缩机，用于压缩的空气取之不尽，成本最低	由电动机或内燃机驱动液压泵，小功率液压装置也可用手动操作，成本中等	主要是水力、火力和核能发电站，成本最高
能量的存储	可较经济地存储大量能量，存储的能量可以传递（用于驱动气缸）	能量存储能力有限，仅在存储少量能量时比较经济	能量存储很困难、复杂，只宜存储很少量的能量（电池、蓄电池）
能量输送	较容易通过管道输送，输送距离可达1 000 m（有压力损失）	可通过管道输送，输送距离可达1 000 m（有压力损失）	很容易实现远距离的能量传送
泄漏	除能量损失外无其他害处，压缩空气可排放于大气中	能量有损失，液压油泄漏会造成危险事故和环境污染	漏电时有能量损失、有致命危险
环境影响	无需隔离保护措施，也不会有着火和爆炸的危险，气体中的冷凝水易结冰；有排气噪声，可安装消声器	外泄漏油液易燃；高压时泵的噪声很大，且可通过硬管道传播	温敏低，易燃易爆区应附加保护措施；线圈和触点的激励噪声较大
运动	很方便地实现直线、旋转、摆动等运动，工作行程可达2 000 mm、360°，加速和减速性能较好，速度为10～1 500 mm/s，转速可达500 000 r/min	很方便地实现直线、旋转、摆动等运动，马达转速范围窄，低速时很容易控制	旋转实现方便；直线移动小，要实现长距离直线运动或摆动需借助机械机构
推力与力矩	工作压力低，推力和力矩范围窄，气缸停止不动时无能量消耗和其他危害。≤50 kN、采用最经济空载时能量消耗大	工作压力高，推力和力矩范围宽，保持负载力时有持续能量消耗	推力需通过机械机构来传递，效率低，超载能力差，空载时能量消耗大
控制能力	在1∶10的范围内，推力很方便地通过压力来控制；低速时实现速度控制较难；无需很多专业知识就能很好地操作，便于构成和运行开环控制系统	在较宽范围内，推力很方便地通过压力来控制；低速时可很好地实现速度控制，精度较高；控制方式比气动系统复杂，高压时要考虑安全性	控制方式较复杂，需要专业知识；有偶然事故和短路的危险；错误连接很容易损坏设备和控制系统

任务 1.2　检测液压油黏温特性

1.2.1　任务书

1. 学习目的

了解液压油的用途和种类及主要物理性质，初步了解衡量液压油黏温特性好坏的指标参数，掌握液压油黏度及黏温特性的检测方法。

2. 检测液压油黏温特性指导

(1) 在内径符合要求且清洁、干燥的毛细管黏度计内装入液压油试样，使试样液面稍高于黏度计时开始标线，并且注意不要让毛细管和扩张部分的液体产生气泡。

(2) 将装有试样的黏度计浸入事先准备妥当的恒温浴中，用夹子将黏度计固定在支架上，并使毛细管黏度计的扩张部分浸入一半。

(3) 将黏度计调整为垂直状态，再利用铅垂线从两个相互垂直的方向去检查毛细管的垂直情况。

(4) 将恒温浴调整到规定的温度，把装好试样的黏度计浸在恒温浴内，实验的温度必须保持恒定到 ±0.1 ℃。保温时间有要求：温度不低于 80 ℃时恒温时间为 20 min，温度低于 80 ℃时恒温时间为 15 min。

(5) 当液面正好到达计时开始标线时，开动秒表；液面正好流动到计时结束标线时，停止秒表。记录下来的流动时间，要求所需时间大于 200 s；否则，应改用较小通径的毛细管黏度计。

(6) 应重复测定至少四次，要求各次流动时间与其算术平均值的差额应符合要求：在温度 15 ~ 100 ℃测定时为 ±0.5%；在温度 −30 ~ −15 ℃测定时为 ±1.5%；在温度低于 −30 ℃测定时为 ±2.5%。

(7) 按 $v_t = c \times i_t$ 计算运动黏度，其中：c 为黏度计常数，mm^2/s^2；i_t 为试样的平均流动时间，s。

(8) 在学习报告中，应画出黏温特性并简述其规律，为此，要求测定温度最低不高于 −10 ℃、最高不低于 100 ℃，测点不少于 6 个。

3. 学习报告要求

阐述液压油的用途、种类、主要物理性质，检测并绘制 1 ~ 2 种典型液压油的黏温特性图，分析其液压油黏温特性好坏。

1.2.2　液压油

由于液压与气动技术通常是以液压油或空气作为工作介质来进行能量传递的，因此了解液压油和空气的基本性质、掌握液体平衡和运动的主要力学规律，对于正确理解及合理使用系统都是非常必要的。

液压油的质量直接影响液压系统的工作性能，据统计，75% 以上的液压系统故障是由于液压油的使用不当而造成的，因此必须对液压油有充分的了解，以便正确选择及合理使用。

1. 液压油的用途和种类

在液压系统中液压油用做传递运动与动力的介质，并有润滑、密封和冷却的作用。

液压油主要分为矿油型、乳化型和合成型三大类型，主要品种及其特性和用途见表1-2。

表1-2　液压油的主要品种及其特性和用途

类型	名称	ISO代号	特性和用途
矿油型	普通液压油	L－HL	精制矿油加添加剂，提高抗氧化和防锈性能，用于室内一般设备中的低压系统
	抗磨液压油	L－HM	L－HL油加添加剂，改善抗磨性能，适用于工程机械、车辆液压系统
	低温液压油	L－HV	L－HM油加添加剂，改善黏温特性，适用于环境温度在－20～40 ℃的高压系统
	高黏度指数液压油	L－HR	L－HL油加添加剂，改善黏温特性，黏度指数VI值达175以上，适用于对黏温特性有特殊要求的低压系统，如数控机床液压系统
	液压导轨油	L－HG	L－HM油加添加剂，改善黏滑性能，适用于机床中液压和导轨润滑合用的系统
	全损耗系统用油	L－HH	浅度精制矿油加添加剂，抗氧化性、抗泡沫性较差，主要用于机械润滑，可作液压代用油，适用于要求不高的低压系统
	汽轮机油	L－TSA	深度精制矿油加添加剂，改善抗氧化、抗泡沫等性能，为汽轮机专用油，可作液压代用油，用于一般液压系统
乳化型	水包油乳化液	L－HFA	又称高水基液，特点是难燃、黏温特性好，有一定的防锈能力，润滑性差，易泄漏，适用于有抗燃要求、油液用量大且泄漏严重的系统
	油包水乳化液	L－HFB	既具有矿油型液压油的抗磨、防锈性能，又具有抗燃性，适用于有抗燃要求的中压系统
合成型	水－乙二醇液	L－HFC	易泄漏，适用于有抗燃要求、油液用量大且泄漏严重的系统
	磷酸酯液	L－HFDR	润滑、抗磨和抗氧化性能良好，能在－54～135 ℃温度下使用。缺点是有毒，适用于有抗燃要求的高压精密液压系统

2. 液压油的主要性质

1) 密度

单位体积液体的质量称为该液体的密度，即

$$\rho = \frac{m}{V} \tag{1-1}$$

式中:V为液体的体积,m^3;m为液体的质量,kg;ρ为液体的密度,kg/m^3。

密度是液体的一个重要的物理参数。液体温度或压力不同,其密度也会发生变化,但这种变化量很小,可以忽略不计。油的密度一般为900 kg/m^3,矿物油的比重为0.85～0.95,其比重越大,泵吸入性越差。

2)可压缩性

液体受压力作用而发生体积减小的性质称为液体的可压缩性。

液压油在低、中压下一般被认为是不可压缩的,但在高压下就应该考虑可压缩性了。纯油的可压缩性是钢的100～150倍。可压缩性会降低液体运动的精度,增大压力损失,延迟传递信号时间等。

当液压油中混有空气时,其抗压缩能力将显著降低,严重影响液压系统的工作性能。在有较高要求或压力变化较大的液压系统中,更应力求减少油液中混入的气体及其他易挥发物质(如汽油、煤油、乙醇和苯等)的含量。

3)黏性

液体在外力作用下流动时,分子间的内聚力要阻止分子间的相对运动,因而产生一种内摩擦力,这一特性称为液体的黏性。黏性是液体的重要物理性质,也是选择液压用油主要依据之一。

液体黏性的大小用黏度表示。常用的黏度有3种,即动力黏度、运动黏度和相对黏度。

动力黏度又称绝对黏度,是用液体流动时所产生的内摩擦力的大小来表示的黏度,用μ表示,法定计量单位为Pa·s(帕·秒,也即$N \cdot s/m^2$)。

运动黏度是在相同温度下液体的动力黏度和其密度的比值,以v表示,即

$$v = \frac{\mu}{\rho} \tag{1-2}$$

比值v无物理意义,但它却是工程实际中经常用到的物理量。运动黏度的法定计量单位是m^2/s,它与以前沿用的非法定计量单位cSt(厘斯)之间的关系是

$$1\ m^2/s = 10^6\ mm^2/s = 10^6\ cSt$$

国际标准化组织(ISO)规定统一采用运动黏度来表示油的黏度等级。我国生产的全损耗系统用油和液压油采用40 ℃时的运动黏度值(mm^2/s)为其黏度等级标号,即油的牌号。例如牌号为L－HL32的液压油,就是指这种油在40 ℃时的运动黏度平均值为32 mm^2/s。

相对黏度又称条件黏度,是根据一定的测量条件测定的,中国、德国等都采用恩氏黏度°E。恩氏黏度用恩氏黏度计测定,将被测油放在一个特制的容器(恩氏黏度计)里,t ℃后,被测油从容器底部一个直径为2.8 mm的孔流出,测量出200 cm^3体积的油液流尽所需时间t_1,与流出同样体积的20 ℃的蒸馏水所需时间t_2之比值就是该油在温度t ℃时的恩氏黏度,用符号°E_t表示 ,即°$E_t = t_1/t_2$。

恩氏黏度与运动黏度的换算可用查表法。油液的黏度对温度的变化极为敏感,温度升高,油的黏度就下降,这种现象称为油液的黏温特性。国际和国内常采用黏度指数VI值来衡量油液黏温特性的好坏。VI值较大,表示油液黏度随温度的变化率较小,即黏温

特性较好。VI 值一般要求在 90 以上,优异的在 100 以上。不同种类的液压油有不同的黏温特性,黏温特性较好的液压油,黏度随温度的变化较小,因而油温变化对液压系统性能的影响较小。液压油的黏度和温度的关系可用图 1-3 所示的黏温特性曲线来查找。

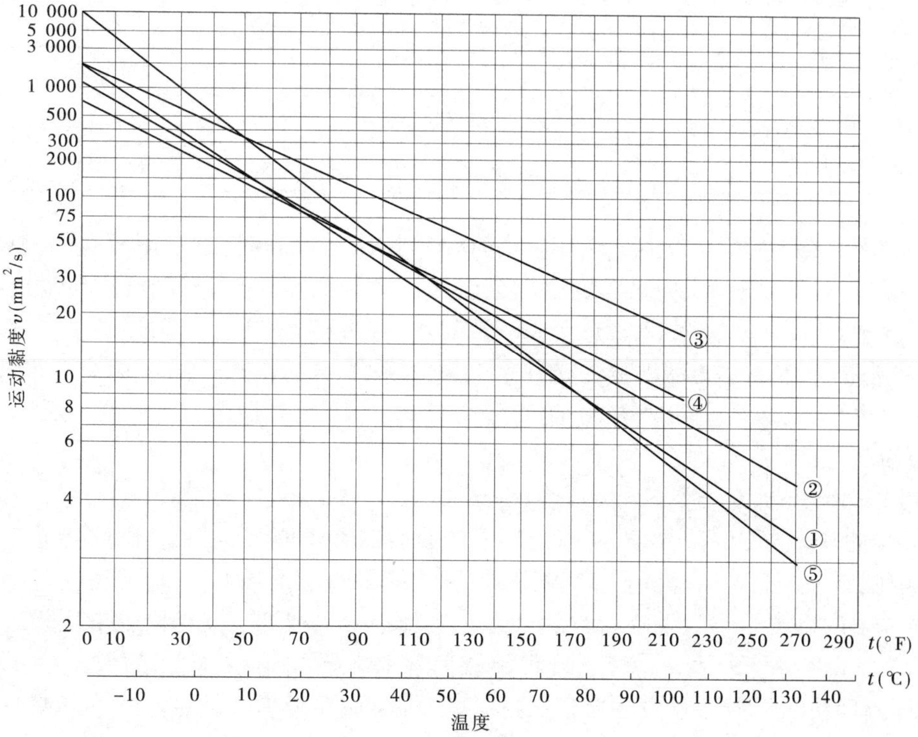

①—普通液压油型;②—高黏度指数液压油型;③—水 - 乙二醇型;④—水包油型;⑤—磷酸酯型

图 1-3　典型液压油的黏温特性

3. 液压油的选择

正确而合理地选用液压油是保证液压系统正常和高效率工作的条件。选用液压油时常常采用两种方法:一种是按液压元件生产厂样本或说明书所推荐的油类品种和规格选用液压油;另一种是根据液压系统的具体情况,如工作压力高低、工作温度高低、运动速度大小、液压元件的种类等,全面地考虑液压油的选择。

液压油的选择,首先是油液品种的选择。油液品种的选择是否合适,对液压系统的工作影响很大。选择油液品种时,可根据是否液压专用、有无起火危险、工作压力及工作温度范围等因素进行考虑(参照表 1-2)。

液压油的品种确定之后,接着就是选择油的黏度等级。因为黏度对液压系统工作的稳定性、可靠性、效率、温升以及磨损都有显著的影响,在选择时应注意以下几个方面:

(1)根据工作机械的不同要求选用不同精密度的机械,对黏度要求不同。为了避免温度升高引起机件变形,影响工作精度,精密机械宜采用较低黏度的液压油;反之亦然。

(2)根据液压泵的类型选用。在液压系统中,若黏度选择不当,会使泵磨损加快,容积效率降低,甚至可能破坏泵的吸油条件。在一般情况下,可将液压泵要求的液压油黏度作为选择系统液压油的基准,如表 1-3 所示。

表 1-3　按液压泵类型推荐的用油运动黏度　（单位：mm^2/s）

液压泵类型		环境温度 5 ~ 40 ℃时运动黏度(40 ℃)	环境温度 40 ~ 80 ℃时运动黏度(40 ℃)
叶片泵	7 MPa 以下	30 ~ 50	40 ~ 75
	7 MPa 以上	50 ~ 70	55 ~ 90
齿轮泵		30 ~ 70	65 ~ 165
柱塞泵		30 ~ 80	65 ~ 240

(3)根据液压系统工作压力选用。通常当工作压力较高时，宜选用较高的黏度，以免系统泄漏过多，效率过低，但是黏度过高会增加压力损失。例如，机床液压传动的工作压力一般低于 6.3 MPa，采用$(20 \sim 60) \times 10^{-6}$ m^2/s 的油液。

(4)根据工作部件的运动速度选用。当液压系统中工作部件的运动速度很高时，油液的流速也高，液压损失随之增大，而泄漏相对减少，因此宜用较低的黏度；反之，宜选用较高的黏度。

4. 液压油污染的控制

液压油污染的原因很复杂，同时液压系统自身又在不断产生污物，因此要彻底防止污染是很困难的。为了延长液压元件的寿命，保证液压系统正常工作，将液压油污染程度控制在某一限度以内是较为切实可行的办法。实际中常采取如下几种措施来控制污染：

(1)力求减少外来污染。液压装置组装前后必须严格清洗，油箱通大气处要加空气过滤器，向油箱灌油应通过过滤器，维修拆卸元件时应在无尘区进行。油箱内壁一般不要涂刷油漆，以免在油中产生沉淀物质。

(2)滤除系统产生的杂质。应在系统的有关部位设置适当精度的过滤器，并且要定期检查、清洗或更换滤芯。

(3)控制液压油的工作温度。液压油的工作温度过高会加速氧化变质，缩短使用期限，危及液压装置。一般液压系统的工作温度最好控制在 65 ℃以下，机床液压系统则应控制在 55 ℃以下。

(4)定期检查更换液压油。应根据液压设备使用说明书的要求和维护保养规程的规定，定期检查更换液压油。比较科学的方法是定期取样化验，通过观察油液的变质情况来决定是否需要换油。换油时要清洗油箱，冲洗系统管道及元件。

1.2.3　空气

1. 空气的物理性质

气压传动的工作介质主要是压缩空气，而自然界的空气是由若干种气体混合而成的。当然，空气中还含有水蒸气，这种含有水蒸气的空气称为湿空气；而水蒸气的含量若为零，则称为干空气。表 1-4 列出了地表附近干空气的成分。在空气中还会有因污染而产生的二氧化硫、碳氢化合物等一些气体。

表1-4　干空气组成

项目	成分				
	氮	氧	氩	二氧化碳	其他气体
体积分数(%)	78.03	20.93	0.932	0.030	0.078
质量分数(%)	75.50	23.10	1.280	0.045	0.075

(1)密度。单位体积气体的质量称为密度,用ρ表示,单位为kg/m^3。

(2)质量体积。单位质量气体的体积称质量体积(比容),用V表示,单位为m^3/kg。$V=1/\rho$。

(3)压力。气体压力是由于其分子热运动而在容器壁的单位面积上产生的力的统计平均值,用p表示,其法定计量单位为Pa,压力值较大时用kPa或MPa。1 MPa $=10^3$ kPa $=10^6$ Pa$\approx$10个标准大气压。

(4)温度。温度实质上是气体分子热运动动能的统计平均值。有热力学温度和摄氏温度之分。热力学温度用T表示,其单位为K;摄氏温度用t表示,单位为摄氏度(单位符号为℃),$t=T-273.15$。

(5)可压缩性与膨胀性。一定质量的气体,由于压力改变而导致气体容积发生变化的现象,称为气体的压缩性。气体容易压缩而有利于储存,但难以实现汽缸的平稳和低速运动。同时,气体受热后体积会发生膨胀。气体的这种可压缩性与膨胀性,是气压传动有别于液压传动的一个重要特征,即汽缸活塞的运动速度受负载影响很大,难以得到较为精确的运动状态。

(6)黏性。空气质点相对运动时产生阻力的性质称为空气的黏性。实际上气体都具有黏性,从而导致了它在流动时的能量损失。

(7)湿度。空气中或多或少都会含有水蒸气。所含水分的程度用湿度和含湿量来表示,湿度用绝对湿度或相对湿度表示。

①绝对湿度。每立方米湿空气中含有水蒸气的质量数称为绝对湿度。可将湿空气中的水蒸气近似看做理想气体。其各状态参数间关系服从理想气体的状态方程,即$p_b=\rho_b RT$,式中水蒸气的气体常数$R=461$ J/(kg·K)。

②饱和绝对湿度。若湿空气中水蒸气的分压力达到该湿度下水蒸气的饱和压力,此时的绝对湿度称为饱和绝对湿度。

③相对湿度。在确定的压力和温度下,其绝对湿度与饱和绝对湿度之比称为相对湿度,用φ表示。对于干空气,$\varphi=0$;对于饱和湿空气,$\varphi=1$。φ值可用来表示湿空气吸收水蒸气的能力,φ值越大则吸湿能力越弱。气压传动技术中规定,各种阀内空气的φ值应小于90%(质量分数),而且越小越好。令人体感到舒适的φ值为60%~70%(质量分数)。

(8)露点。未饱和湿空气保持绝对湿度不变而降温达到饱和状态的温度称为露点。湿空气在温度降至露点以下时会有水滴析出。降温除湿就是利用这个原理来完成的。

2. 气体在管道里的流动特性

气体在管道中以亚声速流动(气体流动速度小于声速)时,随着管道截面面积的减小,流速增大,压力降低;反之,随着管道截面面积的增加,流速减小,压力增高。当以超声速流动时情况正好相反,随着管道截面面积的减小而速度减小,压力增高;随着管道截面面积的增加而速度增大,压力降低。当以声速流动时,流动处于临界状态,管道截面面积为不变值,而此处的速度即为声速。由上述可知,要想使亚声速流动变成超声速流动,管道截面形状必须先收缩,使流速在最小截面处达到声速,然后再扩张才可能获得超声速流动。上述只是获得超声速流动的必要几何条件,而要得到超声速流动,管道两端还必须有足够的压差。

对空气来说,当进出口压力比(均采用绝对压力)为 1.893 时可达声速流动,且当存在一个收缩 - 扩张流道时,才可能达到超声速流动。这是两个必须同时具备的条件。

【拓展知识】

液体传动的力学基础

1. 液体静力学基础

1)液体静压力及其特性

液体静力学主要是讨论液体静止时的平衡规律以及这些规律的应用。静止液体内某点处的力 F 均匀地作用于面积 A 上,则比值 $p=F/A$ 叫作静压力。即液体内某点处单位面积上所受作用力称为压力,此定义在物理学里称为压强,在液压系统中习惯称为压力。

由于液体质点间的凝聚力很小,不能受拉,只能受压,所以液体的静压力具有两个重要特性:

(1)液体静压力的方向总是作用面的内法线方向。

(2)静止液体内任一点的静压力在各个方向上都相等。

2)液体静压力基本方程

在重力作用下,静止液体内任一点处的压力由两部分组成:一部分是液面上的压力 p_0,另一部分是 ρg 与该点离液面深度 h 的乘积。

$$p = p_0 + \rho g h \tag{1-3}$$

3)压力的表示方法及单位

压力的表示方法有两种:一种是以绝对真空作为基准所表示的压力,称为绝对压力;另一种是以大气压作为基准所表示的压力,称为相对压力。由于大多数测压仪表所测得的压力都是相对压力,故相对压力也称表压力。绝对压力与相对压力的关系为

绝对压力 = 相对压力 + 大气压力

如果液体中某点处的绝对压力小于大气压力,这时在这个点上的绝对压力比大气压小的那部分数值叫真空度,即

真空度 = 大气压力 - 绝对压力

我国法定的压力单位称为帕斯卡,简称为帕,符号为 Pa, $1\ \text{Pa}=1\ \text{N/m}^2$。由于此单位很小,工程上使用不便,因此常采用它的倍数单位兆帕,符号为 MPa,$1\ \text{MPa}=10^6\ \text{Pa}$。

液体在受压的情况下,其液柱高度所引起的那部分压力 ρgh 可以忽略不计,可以认为整个液体内部的压力是近似相等的。因而,对液压传动来说,一般不考虑液体位置高度对压力的影响,可以认为静止液体内各处的压力都是相等的。

4）帕斯卡原理

盛放在密闭容器里的液体，其外加压力 p_0 发生变化时，只要液体仍保持其原来的静止状态不变，液体中任一点的压力均将发生同样大小的变化。这就是说，在密闭容器内，施加于静止液体上的压力将以等值同时传输到各点。这就是静压传递原理或称帕斯卡原理。

2. 液体动力学基础

1）基本概念

（1）理想液体、定常流动、非定常流动和一维流动。

理想液体：既无黏性又不可压缩的液体。

定常流动：液体流动时，若液体中任何一点的压力、速度和密度都不随时间而变化，则这种流动就称为定常流动（也称恒定流动或非时变流动）。

非定常流动：只要压力、速度和密度中有一个随时间而变化，液体就是作非定常流动（也称非恒定流动或时变流动）。

一维流动：当液体整个作线形流动时，称为一维流动；当作平面或空间流动时，称为二维或三维流动。

（2）迹线、流线、流管、流束、通流截面、平行流动和缓变流动。

迹线：流动液体的某一质点在某一时间间隔内在空间的运动轨迹。

流线：表示某一瞬时液流中各处质点运动状态的一条曲线，在此瞬时，流线上各质点速度方向与该线相切。

在非定常流动时，由于各点速度可能随时间变化，因此流线形状也可能随时间而变化。在定常流动时，流线不随时间而变化，这样流线就与迹线重合。由于流动液体中任一质点在某一瞬时只能有一个速度，所以流线之间不可能相交，也不可能突然转折，流线只能是一条光滑的曲线。

流管：在液体的流动空间中任意画一不属流线的封闭曲线，经过此封闭曲线上的每一点作流线，由这些流线组合的表面称为流管。

流束：流管内的流线群称为流束。

通流截面：流束中与所有流线正交的截面称为通流截面，截面上每点处的流动速度都垂直于这个面。

平行流动：流线彼此平行的流动称为平行流动。

缓变流动：流线夹角很小或流线曲率半径很大的流动称为缓变流动。平行流动和缓变流动都可算是一维流动。

（3）流量和平均流速。

单位时间内通过某通流截面的液体体积称为流量。在法定计量单位制（或 SI 单位制）中流量的单位为 m^3/s（立方米/秒），常用单位为 L/min（升/分）或 mL/s（毫升/秒）。

在工程实际中，通流截面上的流速分布规律很难真正知道，故要准确求流量是困难的。为了便于计算，引入平均流速的概念，假想在通流截面上流速是均匀分布的，则流量等于平均流速乘以通流截面面积。

（4）流动液体的压力。

静止液体内任意点处的压力在各个方向上都是相等的，可是在流动液体内，由于惯性力和黏性力的影响,任意点处在各个方向上的压力并不相等,但数值相差甚微。当惯性力很小,且把液体当做理想液体时,流动液体内任意点处的压力在各个方向上的数值可以看做是相等的。

2)连续性方程

连续性方程是质量守恒定律在流体力学中的一种表达形式。在一个流管中任取两个通流截面,面积分别为 A_1、A_2,液体通过的平均速度分别为 v_1、v_2,如果液体作定常流动,且不可压缩,则通过两通流截面的流量相等,即 $q_1 = q_2 = q$ 或 $v_1A_1 = v_2A_2$。由于两通流截面是任意取的,故有

$$q = vA = 常数 \tag{1-4}$$

式(1-4)称为不可压缩液体作定常流动时的连续性方程。它说明通过流管任一通流截面的流量相等。此外还说明当流量一定时,流速和通流截面面积成反比。

3)伯努利方程

(1)理想液体定常流动的伯努利方程。

伯努利方程就是能量守恒定律在流动液体中的表现形式。理想液体定常流动时,液流中任意截面处单位重量液体的总能量由比压能($p/\rho g$)、比位能(z)与比动能($v^2/2g$)组成。三者之间可互相转化,但总和为一定值。即对流线上任意两点有

$$\frac{p_1}{\rho g} + z_1 + \frac{v_1^2}{2g} = \frac{p_2}{\rho g} + z_2 + \frac{v_2^2}{2g} \tag{1-5}$$

在实际使用的液压系统中,压力能远远大于位能,因此式(1-5)可以改为

$$\frac{p_1}{\rho g} + \frac{v_1^2}{2g} = \frac{p_2}{\rho g} + \frac{v_2^2}{2g} \quad 或 \quad p_1 + \frac{v_1^2}{2}\rho = p_2 + \frac{v_2^2}{2}\rho \tag{1-6}$$

(2)实际液体流动的伯努利方程。

实际液体具有黏性,在流动时就有阻力,为了克服阻力,就必然要消耗能量,这样就有能量损失。在液压传动中,能量损失主要表现为压力损失,这就是实际液体流动的伯努利方程的含义。

液压系统中的压力损失分为两类:一类是油液沿等直径直管流动时所产生的压力损失,称之为沿程压力损失 Δp_f;另一类是油液流经局部障碍(如弯管、接头、管道截面突然扩大或收缩)时,由于液流的方向和速度的突然变化,在局部形成旋涡引起油液质点碰撞和剧烈摩擦而产生的压力损失,称之为局部压力损失 Δp_r。这样,实际液体流动的伯努利方程可以写成

$$p_1 + \frac{v_1^2}{2}\rho = p_2 + \frac{v_2^2}{2}\rho + \Delta p_f + \Delta p_r \tag{1-7}$$

4)压力损失的计算

压力损失过大也就是液压系统中功率损耗的增加,这将导致油液发热加剧,泄漏量增加,效率下降和液压系统性能变坏。因此,在液压技术中正确估算压力损失的大小,从而寻求减少压力损失的途径是有其实际意义的。液体在管道中的流动状态将直接影响液流的压力损失,所以先要介绍液流的两种流动状态,再分别叙述各种压力损失。

(1)层流和紊流。

流体在低速流动时,液体质点互不干扰,液体的流动呈线性或层状,且平行于管道轴线,此种流动状态称为层流;当流速大时,液体质点的运动杂乱无章,除平行于管道轴线的运动外,还存在着剧烈的横向运动,此种流动状态称为紊流。从层流到紊流的过渡状态称为变流,一般也将其看成紊流。

层流和紊流是两种不同性质的流态。层流时,液体流速较低,质点受黏性制约,不能随意运动,黏性力起主导作用;但在紊流时,因液体流速较高,黏性的制约作用减弱,因而惯性力起主导作用。液体流动时究竟是层流还是紊流,须用雷诺数来判别。

(2)雷诺数。

实验表明,液体在圆管中的流动状态不仅与管内的平均流速 u 有关,还和管径 d、液体的运动黏度 v 有关,但是真正决定液流流动状态的是用这三个数所组成的一个称为雷诺数 $Re=ud/v$ 的无量纲数。液体流动时的雷诺数若相同,则它的流动状态也相同。另外,液流由层流转变为紊流时的雷诺数称为上临界雷诺数,由紊流转变为层流的雷诺数称为下临界雷诺数,两者数值是不同的,前者大后者小,一般都用下临界雷诺数作为判别液流状态的依据,简称临界雷诺数。当液流在实际流动时的雷诺数小于临界雷诺数时,液流为层流,反之液流则为紊流。常见的液流管道的临界雷诺数可由实验求得,见表1-5。

表1-5 常见的液流管道的临界雷诺数

管道的形状	临界雷诺数	管道的形状	临界雷诺数
光滑的金属圆管	2 000~2 300	有环槽的同心环状缝隙	700
橡胶软管	1 600~2 000	有环槽的偏心环状缝隙	400
光滑的同心环状缝隙	1 100	圆柱形滑阀阀口	260
光滑的偏心环状缝隙	1 000	锥阀阀口	20~100

对于非圆截面管道来说,$Re=4uR/v$,式中 R 为通流截面的水力半径。它等于液流的有效截面面积 A 和它的湿周(通流截面上与液体接触的固体壁面的周长)χ 之比,即 $R=A/\chi$。如正方形的管道每边长为 b,则湿周为 $4b$,因而水力半径 $R=b^2/(4b)$。水力半径大小对管道通流能力影响很大。水力半径大,表明液流与管壁接触少,通流能力大;水力半径小,表明液流与管壁接触多,通流能力小,容易堵塞。

(3)液体在直管中流动时的压力损失。

液体在直管中流动时的压力损失称为沿程压力损失。它除与管道的长度、内径和液体的流速、黏度等有关外,还与液体的流动状态有关。液体在圆管中的层流流动是液压传动中最常见的现象,在设计和使用液压系统时就希望管道中的液流保持这种状态。当液体在等直径直管中作层流流动时,其沿程压力损失可以按下式进行理论计算求得:

$$\Delta p_f = \frac{64l}{Red}\rho g\frac{v^2}{2g} = \lambda\frac{l}{d}\rho g\frac{v^2}{2g} \tag{1-8}$$

式中:λ 为沿程阻力系数,λ 的理论值为 $64/Re$,液体在作层流流动时的实际阻力系数和理论值是很接近的。液压油在金属圆管中作层流流动时,常取 $\lambda=75/Re$,在橡胶管中 $\lambda=80/Re$。

(4)局部压力损失。

局部压力损失是液体流经如阀口、弯管、通流截面变化等局部阻力处所引起的压力损失。液流通过这些局部阻力处时,由于液流方向和流速均发生变化,在这些地方形成旋涡,使液体的质点间相互撞击,从而产生了能量损耗。

局部压力损失的计算公式为

$$\Delta p_r = \zeta \frac{\rho v^2}{2} \tag{1-9}$$

式中:ζ 为局部阻力系数,一般由实验确定,也可查阅有关液压传动手册;v 为液体的平均流速,一般情况下均指局部阻力后部的流速。

(5)管路系统中的总压力损失。

管路系统中的总压力损失等于所有直管中的沿程压力损失和局部压力损失之和,即

$$\sum \Delta p = \sum \lambda \frac{l}{d}\frac{\rho v^2}{2} + \sum \zeta \frac{\rho v^2}{2} \tag{1-10}$$

必须指出,计算总压力损失时,式(1-10)只有在两相邻局部损失之间的距离大于直径10~20倍时才成立;否则液流受前一个局部阻力和干扰还没稳定下来,就经历下一个局部阻力,它所受的扰动将更为严重,因而会使算出的压力损失值比实际数值小得多。

5)孔口液流和缝隙液流的特点与流量计算

在液压系统的管路中,装有截面突然收缩的装置,其称为节流装置(如节流阀)。突然收缩处的流动叫节流,一般均采用各种形式的孔口来实现节流。由前述内容可知,液体流经孔口时要产生局部压力损失,使系统发热,油液黏度下降,系统的泄漏增加,这是不利的一方面。在液压传动及控制中要慎重应用人为制造这种节流装置来实现对流量和压力的控制。

液压系统是由一些元件、管接头和管道组成的,每一部分都是由一些零件组成的,在这些零件之间,通常需要有一定的配合间隙,由此带来了泄漏现象。同时,液压油也是从压力较高处流向系统中压力较低处或大气中,前者称为内泄漏,后者称为外泄漏。

泄漏主要是由压力差与间隙造成的。泄漏量过大会影响液压元件和系统的正常工作,另外泄漏也将使系统的效率降低,功率损耗加大。因此,研究液体流经间隙的泄漏规律,对提高液压元件的性能和保证液压系统正常工作是十分重要的。

由于液压元件中相对运动的零件之间的间隙很小,一般在几微米到几十微米之间,水力半径也小,又由于液压油具有一定的黏度,因此油液在间隙中的流动状态通常称为层流。各种孔口液流和缝隙液流的流量计算详见表1-6。

表1-6　各种孔口液流和缝隙液流的流量计算

孔/缝类型	序号	液体流动类型	流量计算式
孔口	1	流经薄壁小孔	$q = C_d A \sqrt{\frac{2\Delta p}{\rho}}$
	2	流经细长小孔	$q = \frac{d^2}{32\mu l} A \Delta p$

续表 1-6

孔/缝类型	序号	液体流动类型	流量计算式
平行平板间隙	3	固定平行平板间隙流动（压差流动）	$q = \frac{bh^3}{12\mu l}\Delta p$
	4	两平行平板有相对运动，两端无压差的间隙流动	$q = \frac{bhv}{2}$
	5	两平行平板既有相对运动，两端又存在压差时的流动	$q = \frac{bh^3}{12\mu l}\Delta p \pm \frac{bh}{2}v$
环形间隙	6	同心环形间隙，在压差作用下的流动	$q = \frac{\pi dh^3}{12\mu l}\Delta p \pm \frac{\pi dh}{2}v$
	7	偏心环形间隙，在压差作用下的流动	$q = 2.5\frac{\pi dh_0^3}{12\mu l}\Delta p$
	8	内外圆柱表面有相对运动且又存在压差的流动	$q = \frac{\pi dh_0^3}{12\mu l}\Delta p(1 + 1.5\varepsilon^2) \pm \frac{\pi dh_0}{2}v$
	9	流经平行圆盘间隙，径向流动	$q = \frac{\pi h^3}{6\mu \ln(\frac{r_2}{r_1})}\Delta p$
	10	圆锥状环形间隙流动	$q = \frac{\pi \sin\alpha h^3}{6\mu \ln(\frac{r_2}{r_1})}\Delta p$

注：l 为小孔的通流长度、平板长；薄壁小孔，$l/d \leqslant 0.5$、细长小孔，$l/d > 4$、短孔，$0.5 < l/d \leqslant 4$；d 为孔径；A 为孔口截面面积，m^2；Δp 为孔口前后的压力差，N/m^2；b 为平行平板宽度；h 为两平行平板间的间隙；v 为两平行平板相对运动速度；r 和 R 为内、外圆柱表面的半径；e 为偏心量；正负号为当长平板相对于短平板运动方向和压差流动方向一致时取“+”号；反之，取“-”号。

C_d为小孔流量系数，C_d的取值，看管道直径与小孔直径的比值，比值小于 7 的为“不完全收缩”$C_d = 0.61 \sim 0.62$，否则为“完全收缩”，$C_d = 0.7 \sim 0.8$。通常，对薄壁型孔取 $C_d = 0.62$，对短孔取 $C_d = 0.82$。

小　结

（1）通过液压千斤顶的使用操作和拆装的引导，介绍了液压与气压传动系统的基本组成、工作原理和主要优缺点，并简单介绍了机械拆装方面的基本知识。

（2）液压与气动技术是以有压流体作为工作介质来传递动力和运动的。

（3）执行元件承载能力的大小与流体压力及其有效作用面积有关，而它的运动速度取决于单位时间内进入缸内流体体积的多少。

（4）了解液压与气动技术工作介质的用途、种类、主要性质、选择和使用。

复习思考题

1-1 组成液压与气压传动系统的五大元件是什么？执行元件承载能力和运动速度取决于什么？

1-2 什么是液体的黏性？常用的黏度表示方法有哪几种？说明黏度的单位。

1-3 液压油有哪些主要品种？液压油的牌号与黏度有什么关系？如何选用液压油？

1-4 液压油的污染有何危害？如何控制液压油的污染？

1-5 何谓湿度，以及空气的绝对湿度、饱和绝对湿度、相对湿度各是什么？

1-6 某氧气瓶置于 30 ℃ 室内，其容积为 40 L，压力表指示瓶内气体的压力为 0.6 MPa，设大气压为 0.1 MPa。试求：瓶内所储存的气体质量是多少？已知氧气的气体常数为 256 J/(kg · K)。

项目二　液压传动方向控制

【教学目标要求】

1. 知识目标

了解液压缸的类型、结构及工作原理；了解油管、管接头的种类和用途；了解密封装置的主要类型、功能及用途。掌握液压缸和方向控制阀的类型、结构、工作原理和应用，执行元件运动方向的控制原理和方法。

2. 能力目标

掌握液压缸、换向阀、单向阀的拆装方法，及换向回路、锁紧回路组装。

任务 2.1　液压缸的拆装

2.1.1　任务书

1. 学习目的

了解液压缸的结构组成、密封装置、伸缩控制，掌握液压缸、换向阀、单向阀的拆装方法及换向回路组装。

2. 学习器材

内六角扳手、固定扳手、梅花扳手、螺丝刀、锤子、液压缸。

3. 学习过程

(1)将学生分成若干组，确定组长。

(2)由教师布置任务，用多媒体简述活塞式液压缸的功用、典型结构组成及拆卸注意事项。

(3)学生分小组讨论制订拆检方案，经老师核定批准后实施。

(4)拆装一个典型结构的活塞式液压缸，观察液压缸的内、外部结构及组成，分析其工作原理，了解其用途。注意应按先外后内的顺序拆卸，将零件标号并按顺序摆放在橡胶板上。

(5)观察液压缸内各种类型的密封圈，分析它们的特点和安装方式，了解它们的用途。

(6)全班集中，由学生分小组派代表汇报学习情况，教师点评并提出新的要求。

4. 学习报告

注意简述液压缸的类型、结构原理和主要零件分析，写出自己的感受和建议。

2.1.2　液压缸

液压缸是液压传动系统中的执行元件，它的作用是将液体的压力能转换成工作机构的机械能，用于驱动工作机构做往复直线运动或往复摆动。液压缸在各种机械的液压系统中得到了广泛的应用。

按结构特点不同,液压缸可分为活塞式液压缸、柱塞式液压缸和摆动缸三类。其中,活塞缸和柱塞缸用以实现直线运动,输出推力和速度;摆动缸用以实现小于360°的转动,输出转矩和角速度。

按作用方式和供油方向不同,液压缸可分为单作用式和双作用式两种。单作用式液压缸只能从一个方向供油,液压力只能使活塞(或柱塞)做单方向运动,反方向运动必须靠外力(如弹簧力或自重等)来实现,如图2-1(a)~(c)所示;而双作用式液压缸可从两个方向供油,可由液压力实现两个方向的运动,如图2-1(d)、(e)所示。

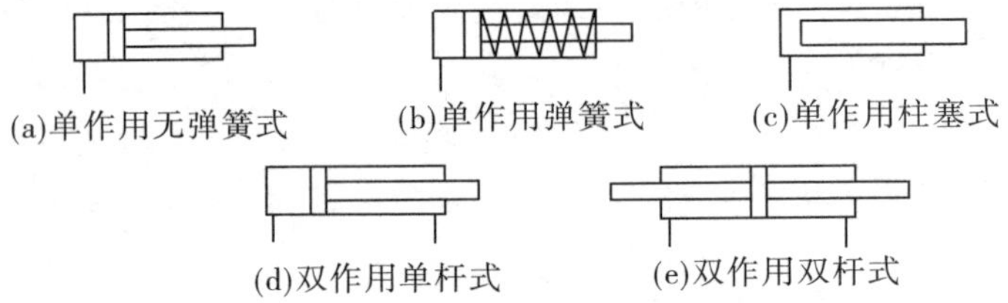

图2-1　直线液压缸的类型

2.1.2.1　活塞式液压缸

以上介绍的各类液压缸中,活塞式液压缸的应用最为广泛。在缸体内作相对往复运动的组件为活塞的液压缸,称为活塞式液压缸,简称活塞缸。

活塞缸可分为双杆式和单杆式两种结构。按其安装方式的不同,又分为缸体固定式和活塞杆固定式两种。

1. 双杆活塞缸

双杆活塞缸是活塞两端都带有活塞杆的液压缸,其工作原理如图2-2所示。双杆活塞缸的特点是当两活塞杆直径相同,缸两腔的供油压力和流量都相等时,活塞(或缸体)两个方向的运动速度和推力也都相等,即具有双向等推力等速度特性。因此,这种液压缸常用于要求往复运动速度和负载相同的场合,如各种磨床主轴的直线往复运动等。

图2-2(a)为缸体固定式结构简图。其活塞杆为实心的,缸体1固定在机床床身上,工作台4与活塞杆3相连。缸体的两端设有进、出油口,动力由活塞杆传出,进油腔位置与活塞运动方向相反。当油液从a口进入缸左腔时,推动活塞2带动工作台向右运动,缸右腔中的油液从b口回油;反之,右腔进压力油,左腔回油时,活塞带动工作台向左运动。

由图2-2(a)可见,这种形式下,机床工作台的运动范围略大于活塞有效行程l的3倍,占地面积较大,一般用于小型设备的液压系统。

图2-2(b)为活塞杆固定式结构简图。其活塞杆往往是空心的,固定在机床床身的两个支架上,缸体则与机床工作台相连。进、出油口可以设在活塞杆的两端(液压油从空心的活塞杆中进出),也可以设在缸体两端(但要使用软管连接)。液压缸的动力由缸体传出,进油腔位置与活塞运动方向相同。当缸的左腔进压力油,右腔回油时,缸体带动工作台向左移动;反之,右腔进压力油,左腔回油时,缸体带动工作台向右移动。在这种安装方式下,机床工作台的移动范围约等于缸体有效行程l的2倍,占地面积小,常用于大、中型设备。

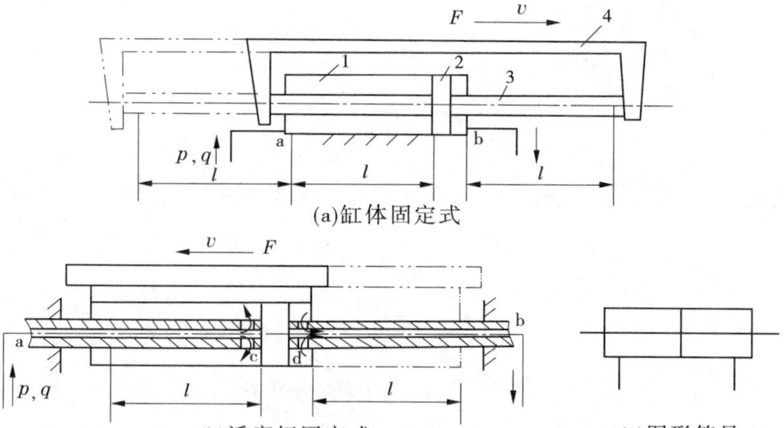

(a)缸体固定式

(b)活塞杆固定式　　(c)图形符号

1—缸体;2—活塞;3—活塞杆;4—工作台

图 2-2　双杆活塞缸工作原理

双杆活塞缸的推力 F 和速度 v 可按下式计算

$$F = Ap = \frac{\pi}{4}(D^2 - d^2)p \tag{2-1}$$

$$v = \frac{q}{A} = \frac{4q}{\pi(D^2 - d^2)} \tag{2-2}$$

式中:F 为液压缸的推力;v 为活塞(或缸体)的运动速度;p 为进油压力;q 为进入液压缸的流量;A 为液压缸有效工作面积;D 为液压缸内径;d 为活塞杆直径。

2. 单杆活塞缸

图 2-3 为单杆活塞缸工作原理图。其活塞只有一端带活塞杆。单杆活塞缸的特点是两腔的有效工作面积不相等,当分别向缸两腔供油,且供油压力和流量相同时,活塞(或缸体)在两个方向的推力和运动速度不相等,即不具有双向等推力等速度特性。单杆活塞缸也有缸体固定式和活塞杆固定式两种形式,但它们的工作台移动范围都是活塞有效行程的 2 倍。

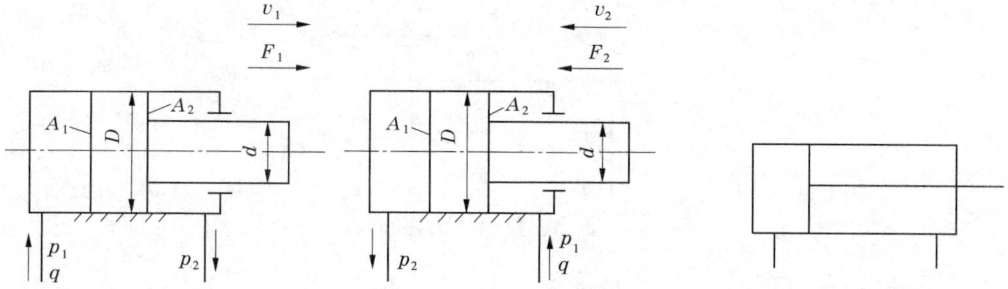

(a)无杆腔进压力油,有杆腔回油　(b)有杆腔进压力油,无杆腔回油　(c)图形符号

图 2-3　单杆活塞缸工作原理

3. 活塞缸的速度和推力计算

(1)当无杆腔进压力油,有杆腔回油时,如图 2-3(a)所示,活塞推力 F_1 和运动速度 v_1

分别为

$$F_1 = p_1A_1 - p_2A_2 = \frac{\pi}{4}[(p_1D^2 - p_2(D^2 - d^2)] \tag{2-3}$$

$$v_1 = \frac{q}{A_1} = \frac{4q}{\pi D^2} \tag{2-4}$$

(2)当有杆腔进压力油,无杆腔回油时,如图 2-3(b)所示,活塞推力 F_2和运动速度 v_2分别为

$$F_2 = p_1A_2 - p_2A_1 = \frac{\pi}{4}[p_1(D^2 - d^2) - p_2D^2] \tag{2-5}$$

$$v_2 = \frac{q}{A_2} = \frac{4q}{\pi(D^2 - d^2)} \tag{2-6}$$

式中:A_1为无杆腔有效工作面积;A_2为有杆腔有效工作面积;D 为缸筒的直径;d 为活塞杆直径;q 为液压缸的输入流量;p_1为液压缸的输入压力;p_2为液压缸的回油压力。

比较以上公式可知:由于有效工作面积 $A_1 > A_2$,所以 $v_1 < v_2$,$F_1 > F_2$。即无杆腔进压力油工作时,获得的推力大,速度低;有杆腔进压力油工作时,得到的推力小,速度高。也就是说,活塞杆伸出时,作用力较大,速度较小;活塞杆缩回时,作用力较小,速度较大。因而,活塞杆伸出时,适用于重载慢速,活塞杆缩回时,适用于轻载快速。工业生产中,单杆活塞缸常用于一个方向要求有较大负载但运行速度较低,而另一个方向则为空载快速退回运动的场合。例如,各种金属切削机床、起重机、压力机、注射机的液压系统即常用单杆活塞缸。

4. 活塞缸差动连接时的速度和推力计算

单杆活塞缸两腔相互连接并同时接通压力油的连接形式称差动连接,如图 2-4 所示。液压缸差动连接时,左、右两腔压力相等,但是,由于无杆腔有效工作面积大于有杆腔有效工作面积,因此无杆腔活塞受到的液压推力大于有杆腔的液压推力,迫使活塞杆作外伸运动,并使有杆腔中的油液流入无杆腔。

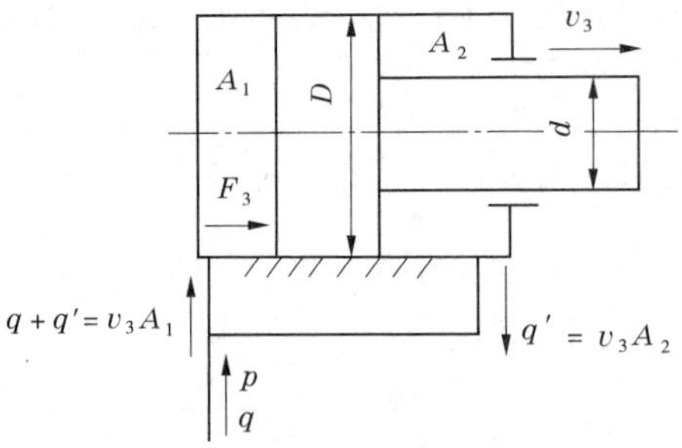

图 2-4　差动连接时的单杆活塞缸

差动连接时,活塞推力 F_3和运动速度 v_3分别为

$$F_3 = A_1p - A_2p = A_3p = \frac{\pi}{4}d^2p \tag{2-7}$$

因

$$v_3A_1 = q + v_3A_2$$

故

$$v_3 = \frac{q}{A_1 - A_2} = \frac{q}{A_3} = \frac{4q}{\pi d^2} \tag{2-8}$$

比较式(2-4)和式(2-8)可知，$v_3 > v_1$；比较式(2-3)和式(2-7)可知，$F_1 > F_3$。这说明单杆活塞缸差动连接时，能使运动部件获得较高的速度和较小的推力。实际应用中，液压系统常通过控制阀来改变单杆活塞缸的油路连接，使其有不同的工作方式，从而实现“快进—工进—快退”的工作循环。工作情况大致如下：

快进(差动连接)→工进(无杆腔进油)→快退(有杆腔进油)

(v_3, F_3)　　　(v_1, F_1)　　　(v_2, F_2)

这时，通常要求“快进”和“快退”的速度相等，即 $v_3 = v_2$。由式(2-6)和式(2-8)可知，$D = \sqrt{2}d$(或 $d = 0.71D$)。差动连接的目的是在不增加流量的情况下获得较快的运动速度，它是实现快速运动的有效方法，广泛应用于组合机床等设备的液压系统中。

2.1.2.2　柱塞式液压缸

一般来说，设备中较多地采用活塞缸，但活塞缸缸体内孔的加工精度要求很高，当行程较长时缸体加工困难。因此，对于长行程的场合，常采用柱塞式液压缸。

柱塞式液压缸是指在缸体内做相对往复运动的组件是柱塞的液压缸，简称柱塞缸，也有缸固式和杆固式两种形式。其结构如图 2-5(a)所示，柱塞 2 由导向套 3 导向，与缸体内壁不接触，因而缸体内孔可不加工或只粗加工，工艺性好，结构简单，成本低。常用于行程很长的龙门刨床、导轨磨床和大型拉床等设备的液压系统中。

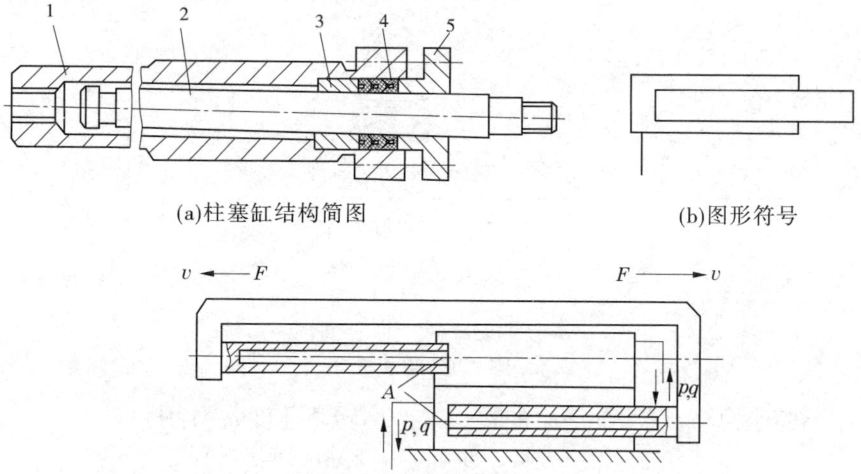

(a)柱塞缸结构简图　(b)图形符号

(c)双向运动柱塞缸原理图

1—缸筒；2—柱塞；3—导向套；4—密封圈；5—压盖

图 2-5　柱塞缸

柱塞缸是单作用式液压缸，即在压力油作用下，作单方向运动。工作时压力油从左端输入缸筒内，作用在柱塞的左端面上，使之向右移动，从而带动工作台运动。它的回程则需要借助其他外力(如弹簧力)或自重(立式缸)的作用来实现。为了获得双向运动，柱塞缸常成对反向对接使用，如图 2-5(c)所示。

柱塞缸的推力和速度计算公式如下：

$$F = pA = \frac{\pi d^2 p}{4} \tag{2-9}$$

$$v = \frac{q}{A} = \frac{4q}{\pi d^2} \tag{2-10}$$

柱塞工作时总是端面受压，为了能输出较大的推力，柱塞一般较粗、较重。水平安装时易产生单边磨损，故柱塞缸适宜于垂直安装使用；为防止柱塞因自重而下垂，常制成空心柱塞并设置支承套和托架。

2.1.2.3 摆动缸

摆动缸是一种将油液的压力能转变为叶片往复摆动的机械能的液压执行元件，又称摆动式液压马达。它有单叶片式和双叶片式两种形式，如图 2-6 所示。摆动缸由缸体 1、叶片 2、定子块 3、摆动输出轴 4、两端支承盘及端盖（图中未画出）等零件组成。定子块固定在缸体上，叶片和叶片轴连接在一起，当油口 a 和 b 交替输入压力油和接通油箱时，叶片即带动输出轴做往复摆动，输出转矩和角速度。单叶片缸输出轴的摆角一般不超过 280°，双叶片缸输出轴的摆角不超过 150°；双叶片缸输出转矩是单叶片缸的 2 倍，转速则小一半。

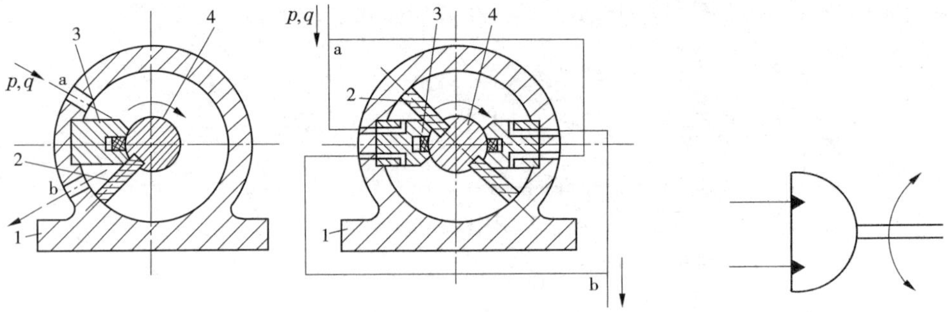

(a)单叶片式　　(b)双叶片式　　(c)图形符号

1—缸体；2—叶片；3—定子块；4—摆动输出轴

图 2-6　摆动缸

不计回油腔压力时，摆动缸输出的转矩 T 和回转角速度 ω 分别为

$$T = Zpb\frac{D-d}{2}\frac{D+d}{4} = \frac{Zpb(D^2-d^2)}{8} \tag{2-11}$$

$$\omega = \frac{pq}{T} = \frac{8q}{Zb(D^2-d^2)} \tag{2-12}$$

可以证明

$$T_{双} = 2T_{单}$$

$$\omega_{双} = \frac{1}{2}\omega_{单}$$

式中：b 为叶片的宽度；D 为缸的内径；d 为输出轴直径；Z 为叶片数；p 为进油压力；q 为流量。

摆动缸结构紧凑，输出转矩大，但密封性较差，常用于机床的送料装置、间歇进给机构、回转夹具、工业机器人手臂和手腕的回转装置及工程机械回转机构等中低压液压系统中。

2.1.2.4　其他液压缸

1. 增压缸

增压缸能将输入的低压油变为高压油，常用于某些局部油路需要高压油的液压系统中。它有单作用和双作用两种形式，如图 2-7 所示，其中单作用增压缸[见图 2-7(a)]由大、小直径分别为 D 和 d 的复合缸筒及有特殊结构的复合活塞等零件组成。

不计摩擦阻力时，根据力学平衡关系有

$$p_1A_1 = p_2A_2$$

$$p_1\pi D^2/4 = p_2\pi d^2/4$$

故

$$p_2 = p_1A_1/A_2 = p_1D^2/d^2 = Kp_1 \tag{2-13}$$

式中：p_1、p_2分别为增压缸大端输入和小端输出油的压力；$K=D^2/d^2$是增压比，表明其增压能力。

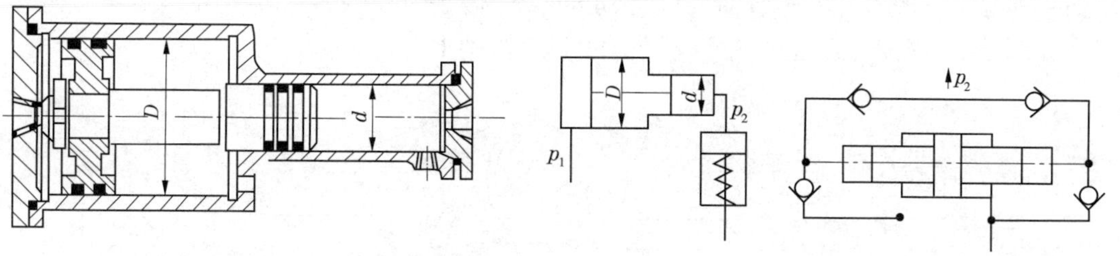

(a)单作用增压缸结构简图　(b)图形符号　(c)双作用增压缸原理图

图 2-7　增压缸

显然，增压缸仅仅是增大输出的压力，并不能改变其输出的功率。

单作用增压缸在活塞运动到终点时，不能再输出高压液体，需要将活塞退回到左端位置，再向右运动时才又输出高压液体，即不能获得连续的高压油。为了克服这一缺点，可采用双作用增压缸，如图 2-7(c)所示，可从缸的两端交替通入压力油，从而获得连续的高压油。

应该指出，增压缸只能将高压端输出的油液通入其他液压缸以获取大的推力，其本身不能直接作为执行元件。所以，安装时应尽量使它靠近执行元件。

增压缸常用于压铸机、造型机等设备的液压系统中。

2. 伸缩缸

伸缩缸由两个或多个活塞缸套装而成，有单作用和双作用之分。如图 2-8 所示，前一级的活塞与后一级的缸筒连为一体(图中活塞 2 与缸筒 3 连为一体)。活塞伸出时，动作是逐级进行的。首先是最大直径的缸筒开始外伸，当到达行程终点后，稍小直径的缸筒开始外伸。其推力逐级减小，但速度逐级增大。活塞缩回时，缸筒运动顺序从小到大，速度逐级减小，推力逐级增大。

伸缩缸活塞杆伸出时行程大，而收缩后结构尺寸小，适用于起重运输车辆等需占空间小的机械上，例如起重机伸缩臂缸、自动倾卸卡车举升缸等。

3. 齿轮缸

齿轮缸又称无杆式活塞缸，它是由带有齿条杆的双活塞缸和一套齿轮齿条传动机构

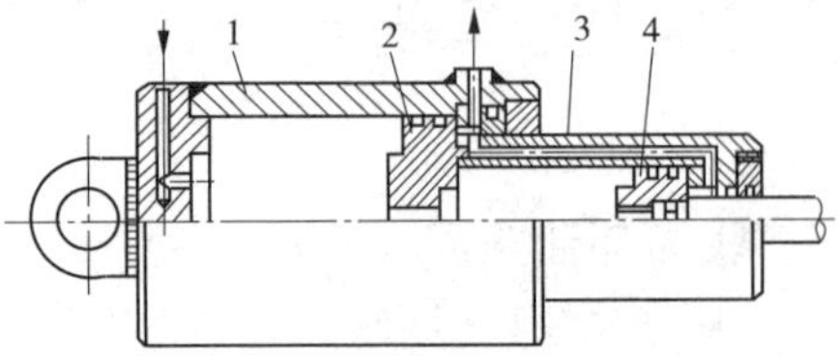

(a)伸缩缸结构简图

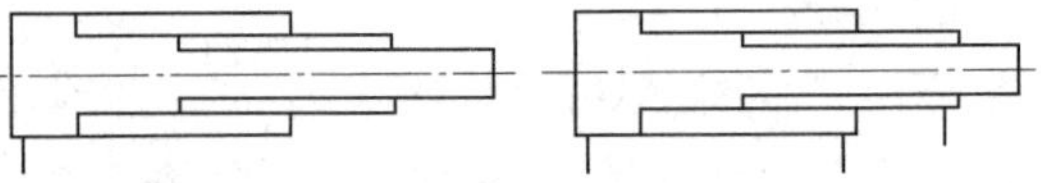

(b)图形符号

1— 一级缸筒;2— 一级活塞;3—二级缸筒;4—二级活塞

图 2-8 伸缩缸

组成的,如图 2-9 所示。其工作原理是,当压力油从油口 a 输入缸的左腔时,右腔中的油液从油口 c 回油,则活塞及齿条杆右移,齿轮带动工作台逆转;反之,则齿轮带动工作台顺转。左端盖中的泄漏油液由泄油口 b 泄掉。当压力油推动活塞左右往复直线运动时,齿条活塞杆便推动齿轮往复转动,从而使齿轮驱动工作部件作周期性的往复旋转运动。调节缸两端盖上的螺钉,可调节活塞杆移动的距离,即调节了齿轮的旋转角度。齿轮缸多用于自动线、组合机床、液压机械手等转位或分度机构上。

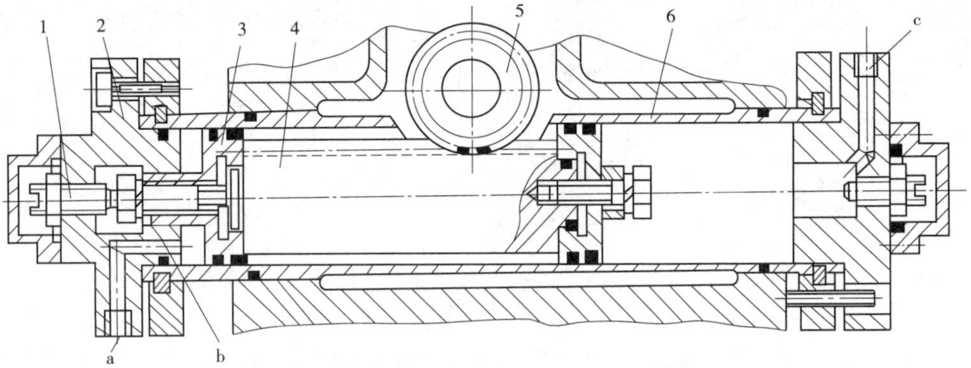

1—调节螺钉;2—端盖;3—活塞;4—齿条活塞杆;5—齿轮;6—缸筒

图 2-9 齿轮缸

2.1.2.5 液压缸的典型结构

图 2-10 所示为双作用单杆活塞式液压缸的结构图。缸体由前端盖 6、缸筒 4、后端盖 1组成,并用四根长螺栓拉紧连接成一体。两端盖为正方形或长方形,缸筒用无缝缸管,与端盖的连接处有密封圈 14。活塞杆上固装有前缓冲柱塞 11、活塞 3 和后缓冲柱塞 15。活塞 3 上装有支承环 12 和密封圈 13。前端盖 6 中的活塞杆密封座内装有密封圈 10,其作用是对活塞杆密封和导向。防尘圈 9 用以清除活塞杆上的污染物。

一般来说,液压缸由缸体组件、活塞组件、密封件和连接件等基本部分组成。此外,根据需要液压缸还设有缓冲装置和排气装置。

1. 缸体组件

缸体组件包括缸筒、前后端盖和导向套等,它要与活塞组件构成密封油腔,并承受很大的液压力。因此,缸体组件要有足够的强度和刚度、较高的表面质量和可靠的密封性。常见的缸筒与端盖的连接形式如表 2-1 所示。

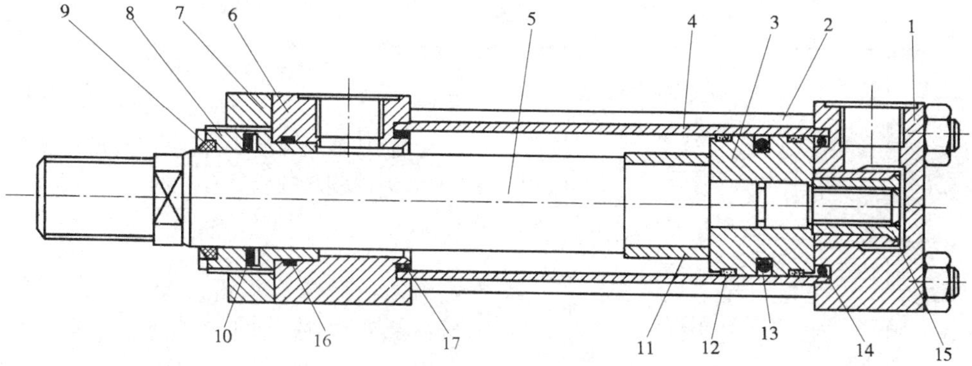

1—后端盖；2—长螺栓；3—活塞；4—缸筒；5—活塞杆；6—前端盖；7—压板；8—导向套；
9—防尘圈；10—密封圈；11—前缓冲柱塞；12—支承环；13、14、16、17—O 形密封圈；15—后缓冲柱塞

图 2-10　双作用单杆活塞式液压缸

表 2-1　缸体组件、活塞组件的连接形式

组件	连接形式	图形	特点与应用
缸体组件的连接形式	法兰连接	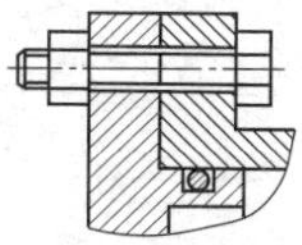	缸筒与端部一般用铸造、镦粗等方法制成的法兰盘或焊接法兰盘，再用螺钉与端盖固定。该连接方式结构简单，易加工，易装卸，使用广泛，但重量和外形尺寸大
	半环式连接	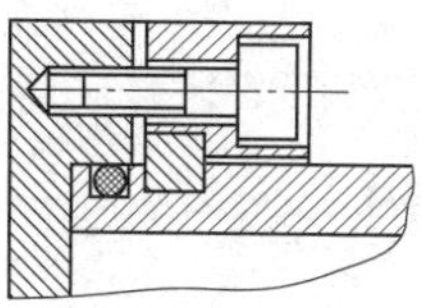	将两半环装于缸筒环形槽内，再用套或挡圈压住卡环，达到连接的目的。这种方式分外半环式连接和内半环式连接两种。半环式连接结构紧凑，外形尺寸小，重量较轻，易装卸，但缸筒开槽后机械强度削弱，需加厚缸壁。半环式连接应用十分普遍，常用于由无缝钢管制成的缸筒与缸盖之间的连接
	内螺纹连接	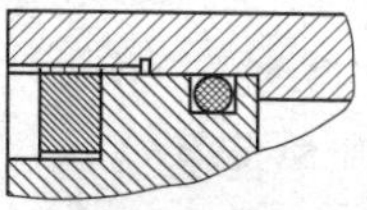	直接在缸筒内圆或外圆开螺纹与缸盖的螺纹旋接，双螺母防松。外形尺寸较小，重量较轻，但缸筒端部结构复杂，装卸时需用专门工具。一般用于要求外形尺寸小、重量轻的场合
	外螺纹连接	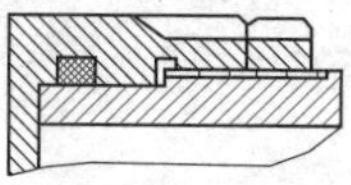	
	拉杆连接	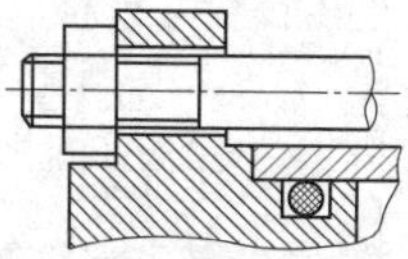	结构简单，工艺性好，通用性强，但缸盖的体积和重量较大，拉杆受力后会拉伸变长，影响密封效果，只适用于长度不大的中、低压液压缸
	焊接连接	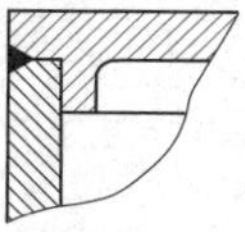	机械强度高，制造简单，但焊接时易引起缸筒变形。这里需要注意的是，此种连接形式只能用于缸筒的一端，另一端必须采用其他结构

续表 2-1

组件	连接形式	图形	特点与应用
活塞与活塞杆的连接形式	焊接式连接	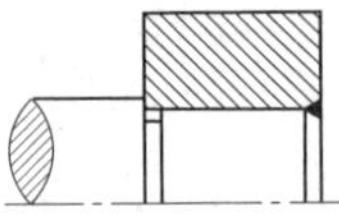	结构简单,轴向尺寸小,但损坏后需整体更换。常用于小直径液压缸
	锥销式连接	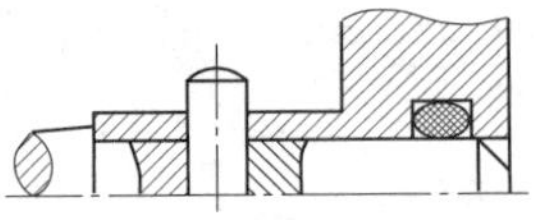	结构简单,装拆方便,但承载能力小,且需有防止锥销脱落的措施。多用于中、低压轻载液压缸
	螺纹式连接	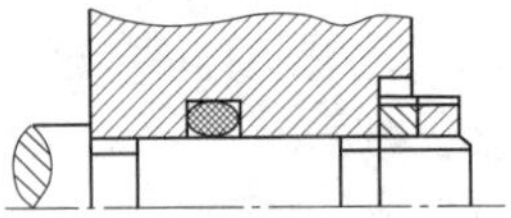	装卸方便,连接可靠,采用双螺母防松结构,适用尺寸范围广,但因加工了螺纹,削弱了活塞杆的强度。该连接方式不适用于高压系统
	半环式连接	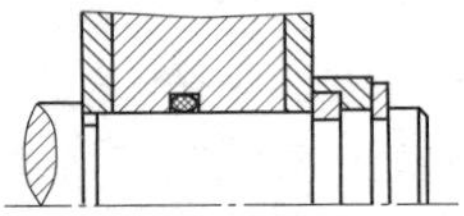	拆装简单,连接可靠,但结构比较复杂,常用于高压大负载,特别是振动比较大的场合

2. 活塞组件

活塞组件由活塞、活塞杆和连接件等组成。随工作压力、安装方式和工作条件的不同,活塞与活塞杆的连接方式很多。常见的有焊接式连接、锥销式连接、螺纹式连接和半环式连接等,如表 2-1 所示。

3. 密封装置

液压缸的密封装置用以防止液压元件和液压系统中液压油的内漏和外漏,保证建立起必要的工作压力。此外,还可以防止外漏油液污染工作环境,节省油料。

选用密封装置的基本要求是:具有良好的密封性能,且其密封性能可随着压力的增加而自动提高,并在磨损后具有一定的自动补偿能力;摩擦阻力要小;耐油抗腐蚀;磨损小,使用寿命长;制造简单,拆装方便,成本低廉等。液压缸的密封主要指活塞与缸筒、活塞杆与端盖间的动密封和缸筒与端盖间的静密封。常见的密封方法及密封元件有以下几种。

1) 间隙密封

间隙密封是通过精密加工,使相对运动零件的配合面之间有极微小的间隙 δ,从而防止泄漏,实现密封的,如图 2-11 所示。δ 的大小一般为 0.01 ~ 0.05 mm,太大,则泄漏量大,工作压力变小,难以保证必要的工作压力;太小,则摩擦阻力增大。此密封属于非接触性密封,是一种最简单的密封方法。为增加泄漏油的阻力,常在圆柱面上加工几条环形小槽。小槽除可储存油液,起自动润滑作用外,使油在这些槽中形成涡流,能减缓漏油速度,还能起到使两配合件同轴,降低摩擦阻力和避免因偏心而增加漏油量等作用。因此,这些槽也称为压力平衡槽。

间隙密封结构简单,摩擦阻力小,能耐高温,使用寿命长,但泄漏较大,并且随着时间的增加而增加,加工时对配合表面的加工精度和表面粗糙度要求较高,不经济。因此,此

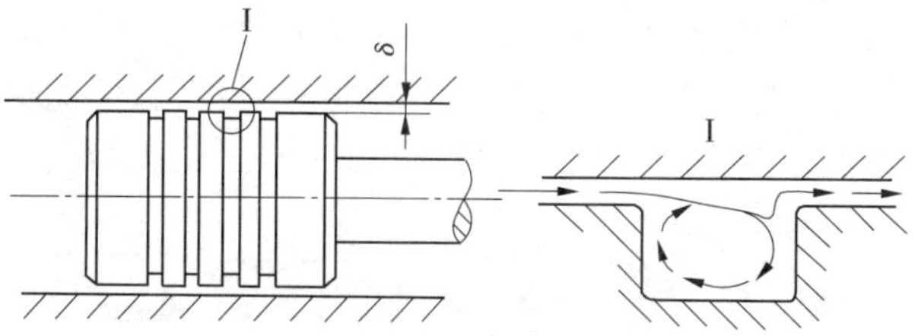

图 2-11 间隙密封

种密封方式只能应用于低压、小直径、运动速度较高的活塞与缸体内孔间的密封。

2)O 形密封圈

O 形密封圈的截面形状为圆形，如图 2-12(a)所示。一般用耐油橡胶制成，主要依靠装配后产生的压缩变形来实现密封。它结构简单，密封性能好，动摩擦阻力小，制造容易，成本低，安装沟槽尺寸小，使用非常方便，应用也很广泛，既可用做直线往复运动和回转运动的动密封，又可用于静密封；既可用于外径密封，又可用于内径密封和端面密封，如图 2-12(b)所示。O 形密封圈安装时要有合理的预压缩量 δ_1 和 δ_2，如图 2-12(c)所示，使之既保证可靠密封，又不致密封阻力过大。它在沟槽中受到油压作用变形，会紧贴槽侧及配合件的壁，其密封性能可随压力的增加而提高，如图 2-13(a)所示。若工作压力大于 10 MPa，O 形密封圈可能被压力油挤入配合间隙中而损坏，为此需在密封圈低压侧设置挡圈(由塑料、尼龙制成，厚度为 1.2 ~2.5 mm)，如图 2-13(b)所示；若其双向受高压，则两侧都要加挡圈，如图 2-13(c)所示，工作压力可达 70 MPa。O 形密封圈及其安装沟槽的尺寸均已标准化，可根据需要在液压设计手册中查取。

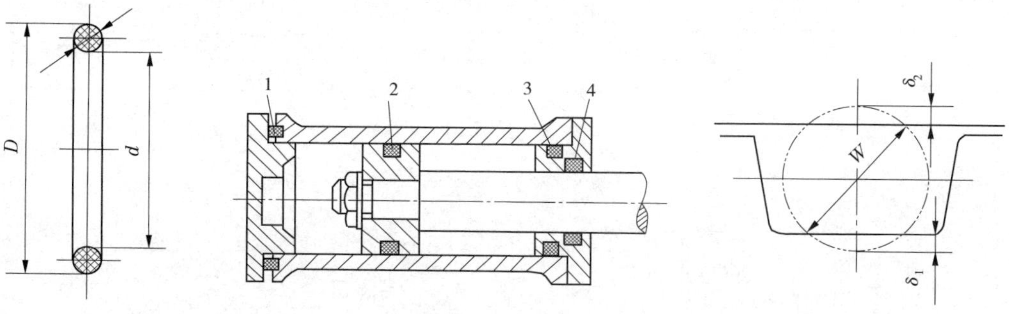

(a) (b) (c)

1、2、3、4—O 形密封圈

图 2-12 O 形密封圈

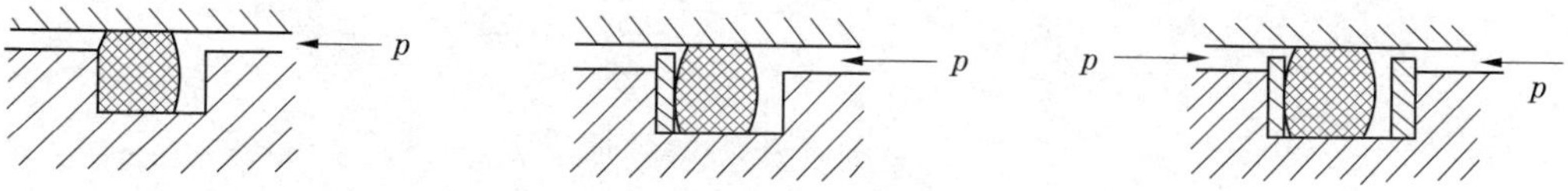

(a) (b) (c)

图 2-13 挡圈的正确安装

3)V 形密封圈

V 形密封圈结构形式如图 2-14 所示，它由支承环、V 形密封环和压环三部分组成。V 形密封圈是利用压环压紧密封环时，支承环使密封环变形而起密封作用的。所以，使用时必须三个环联用,但其中的支承环和压环是不起密封作用的。当工作压力高于 10 MPa 时,可增加密封环的数量,以提高密封效果。安装时应将密封环的开口面向压力油腔。调整压环压力时,应以不漏油为限,不能压得过紧,以防密封阻力过大。

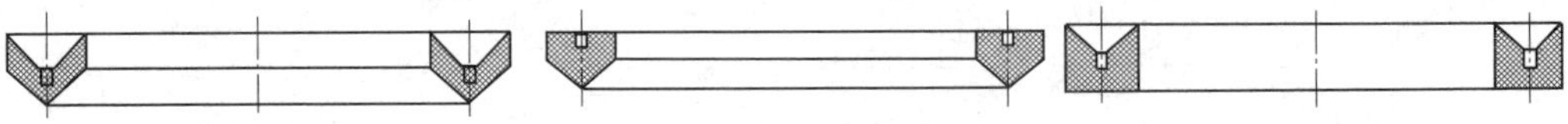

(a)支承环　(b)V形密封环　(c)压环

图 2-14　V 形密封圈

V 形密封圈密封接触面长,密封性能好,承受压力可高达 50 MPa。但其摩擦阻力大,体积也较大,主要用于高压、大直径、低速的活塞(或柱塞)与其缸筒间的密封等。

4)Y 形密封圈

普通 Y 形密封圈的截面形状为 Y 形,如图 2-15(a)所示。它由耐油橡胶制成,与 V 形密封圈一样,也属于唇形密封。它是利用油的压力使两唇边紧压在配合件的两结合面上实现密封的。其密封能力可随压力的升高而提高,并且在磨损后有一定的自动补偿能力。装配时其唇口端应对着压力高的油腔。普通 Y 形密封圈内、外唇对称,两个唇都能起密封作用,因此对孔和轴的密封都适用。目前,液压缸中普遍使用 Y_x 形密封圈。Y_x 形密封圈特别抗扭曲;滑动唇边短,能减少摩擦。分孔用[见图 2-15(b)]和轴用[见图 2-15(c)]两种,特点是断面宽度和高度的比值大,且内、外唇边不相等,固定边长,用以增大支承,避免摩擦力造成密封圈的唇部翻卷。当油腔压力变化较大,运动速度较高时,为防止密封圈发生翻转现象,应加用金属制成的支承环,如图 2-16 所示。

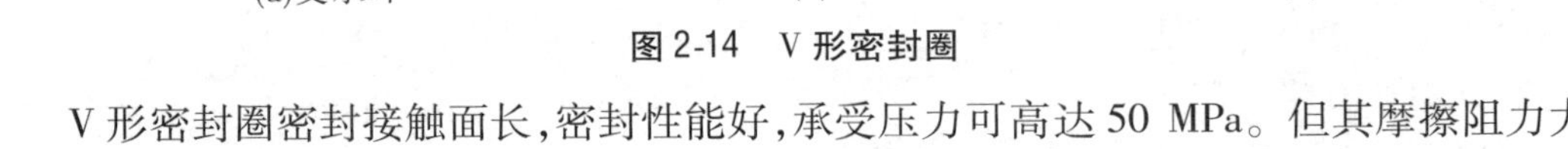

(a)普通Y形　(b)Y_x 形(孔用)　(c)Y_x 形(轴用)

图 2-15　Y 形密封圈

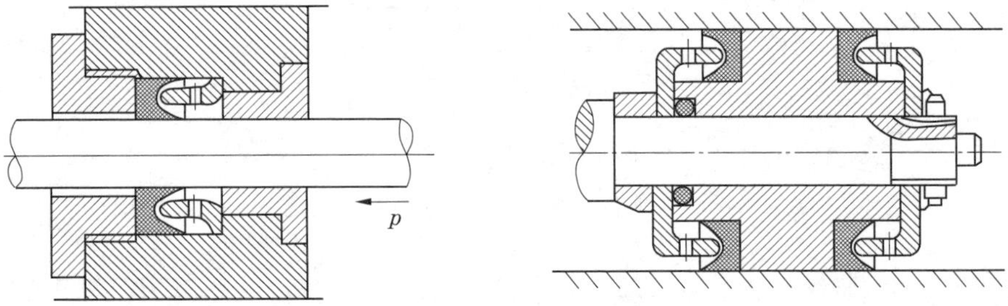

(a)　(b)

图 2-16　有支承环的 Y 形密封圈

2.1.2.6　液压缸的缓冲装置

当液压缸所驱动的工作部件质量较大、速度较高($v > 12$ m/min)时,由于惯性力较大,活塞运动到终端时会撞击缸盖,产生冲击和噪声,严重影响加工精度,甚至使液压缸损坏。因此,一般应在液压缸中设置缓冲装置或在系统中设置缓冲回路。液压缸中的缓冲装置的基本工作原理是，利用节流方法，使回油腔产生阻力，当活塞运行至终端而接近缸盖时，增大液压缸的回油阻力，使活塞减速。常见的缓冲装置如图 2-17 所示。

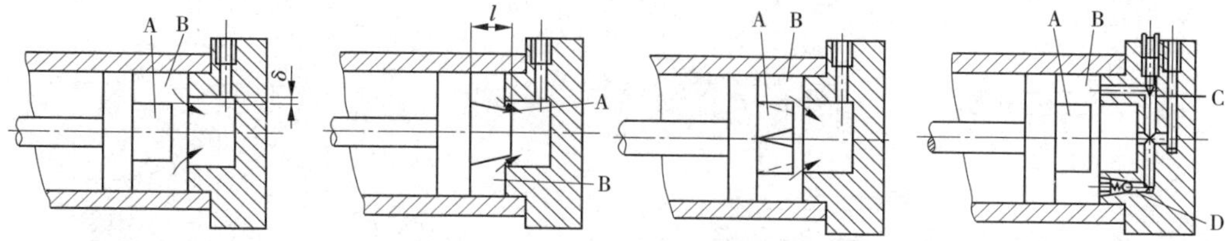

A—缓冲柱塞；B—缓冲油腔；C—节流阀；D—单向阀

图 2-17　液压缸的缓冲装置

（1）环状间隙式（简称环隙式）缓冲装置。图 2-17（a）为圆柱形环隙式缓冲装置，活塞端部有圆柱形缓冲柱塞，当柱塞运行至液压缸端盖上的圆柱孔内时，封闭在缸筒内的油液只能从环形间隙 δ 中挤出去（回油）。这时活塞即受到一个很大的阻力而减速制动，从而减缓了冲击。但这种装置在缓冲过程中，其节流面积不变，故缓冲过程中其缓冲制动力将逐渐减小，缓冲效果较差。图 2-17（b）为圆锥形环隙式缓冲装置。其缓冲柱塞加工成圆锥体，即节流面积将随柱塞伸入端盖孔中距离的增长而减小，缓冲压力变化平缓，缓冲效果较好。

（2）可变节流槽式缓冲装置。如图 2-17（c）所示，在缓冲柱塞上开有几个均布的三角形节流沟槽。随着柱塞的伸入，其节流面积逐渐减小，缓冲压力变化平缓。

（3）可调节流孔式缓冲装置。如图 2-17（d）所示，在液压缸的端盖上设有单向阀 D 和可调节流阀 C。当缓冲柱塞伸入端盖上的内孔后，活塞与端盖间的油液须经节流阀 C 流出。调节节流孔的大小，可控制缓冲腔内缓冲压力的大小，以适应液压缸不同负载和速度对缓冲的要求，因此能获得最理想的缓冲效果。当活塞反向运动时，压力油可经单向阀 D 进入液压缸，使其迅速启动。

2.1.2.7　液压缸的排气装置

系统在安装或停止工作后常会渗入空气，使系统工作不稳定，产生振动、噪声、低速爬行、启动时突然前冲及换向精度降低等现象，严重时会使液压系统不能正常工作。因此，在设计液压缸时必须考虑空气的排除方式。

对于要求不高的液压系统，可不设专门的排气装置，而是将缸的进、出油口设置在缸筒两端的最高处，通过回油使缸内的空气带回油箱，再从油箱中逸出。

对于速度稳定性要求高的液压缸和大型液压缸，则需在液压缸的最高部位设置专门的排气装置。常用的排气装置有两种形式：一是使用排气孔和排气阀的远程排气，二是用排气塞直接排气。当使用远程排气方式时，排气孔 2 开在液压缸的最高部位处，并用长管道通向远处的排气阀排气，如图 2-18 所示。机床上大多采用这种形式。若用排气塞直接排气，则是在缸盖的最高部位处直接安装排气塞，如图 2-19 所示。在液压系统正式工作前，松开排气阀或排气塞的螺钉，并让液压缸全行程空载往复运动 8 ~ 10 次，缸中的空气即可排出。排气完毕后关闭排气阀或排气塞，液压缸便可进入正常工作。

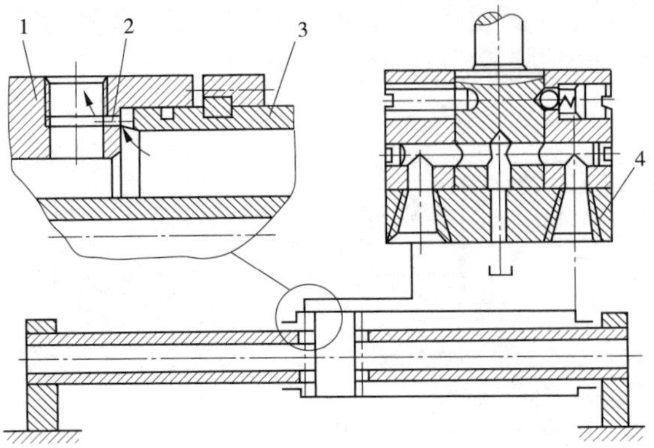

1—缸盖;2—排气孔;3—缸筒;4—排气阀

图 2-18　远程排气

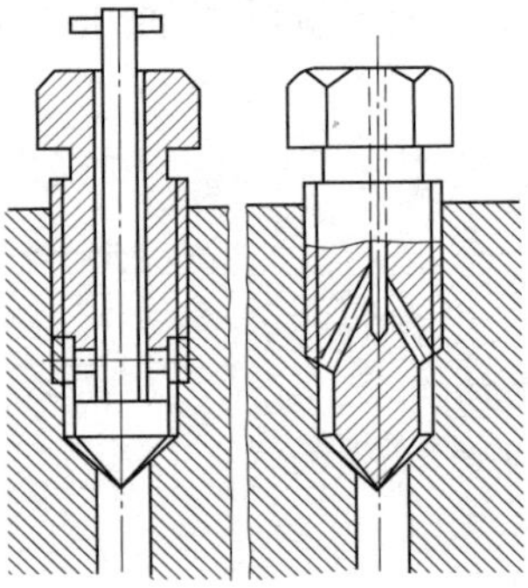

图 2-19　排气塞

任务 2.2　换向阀的拆装及液压缸的伸缩控制

2.2.1　任务书

1. 学习目的

(1)了解换向阀的种类、连接方式、用途以及各组成零部件的结构特点、材料和作用。

(2)掌握换向阀的工作原理,以及液压缸伸缩的控制原理。

(3)掌握换向阀的拆装和液压缸伸缩控制回路组建方法,正确使用工具,注意人身安全,培养实际动手能力和观察分析能力。

2. 学习器材

(1)实物:三位四通手动换向阀等典型的滑阀式换向阀 2 ~ 3 个,单杆液压缸、液压泵、溢流阀各 1 个,油管和管接头若干,液压实验台 1 台。

(2)工具:内六角扳手 1 套、耐油橡胶板 1 块、油盘 1 个及常用工具 1 套。

3. 学习过程

(1)三位四通弹簧复位式手动换向阀的拆卸。①拆卸顺序:拆下操纵手柄支承销钉、操纵手柄、右端盖、卡簧、弹簧座圈、弹簧、左端盖,从阀体内取出阀芯。②观察主要零件的结构并分析其作用:观察阀体内孔的沉割槽与通油口的连通情况以及通油口的数量,观察阀芯的环形槽与阀体内孔的沉割槽的配合关系以及相对位置数,分析操纵手柄和弹簧的作用。

(2)装配。清洗各零件,疏通油道,在阀体与阀芯的配合表面涂以适量的液压油,按拆卸时的反序装配。检查阀芯移动情况,应无卡滞现象。

(3)液压缸的伸缩控制实验。将液压缸、换向阀、溢流阀安装在实验台上,分别采用手动换向阀、机动换向阀、电磁换向阀来控制液压缸的伸缩,用油管连接成换向回路,启动液压泵,调节溢流阀使油压达到一定的压力后,操纵换向阀手柄,观察各方向控制回路的工作过程和液压缸的伸缩情况。

4. 学习报告

注意简述液压阀的类型、结构特点、工作原理、用途及换向回路工作过程，能组建哪几种换向回路。

2.2.2　换向阀简介及液压缸的伸缩控制

2.2.2.1　换向阀的类型、原理与结构

换向阀的作用是通过改变阀芯在阀体内的相对工作位置，变换阀体上各油口的通、断状态，从而控制执行元件的换向或启止。

1. 换向阀的分类及图形符号

1）按阀芯的操纵方式分类

换向阀按阀芯的操纵方式不同，可分为手动、机动、电磁动、液动、电液动等换向阀，其操纵符号如图 2-20 所示。

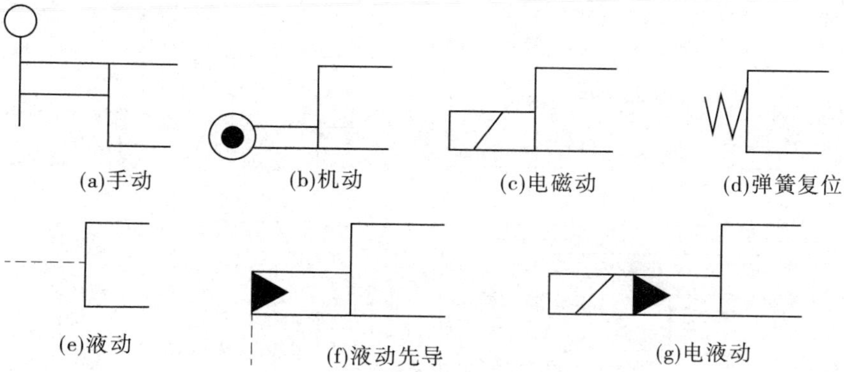

图 2-20　换向阀操纵方式符号

2）按结构分类

换向阀按结构类型可分为滑阀式、锥阀式和球阀式。滑阀的阀芯为圆柱形，阀芯上有台肩，与进出油口对应的阀体上开有沉割槽，一般为全圆周，阀芯在阀体孔内做相对运动，开启或关闭阀口；锥阀阀芯的半锥角一般为 12°～20°，阀口关闭时为线密封，密封性能好，且阀芯稍有位移即开启，动作很灵敏；球阀的性能与锥阀相同。其中，滑阀式换向阀在液压系统中应用广泛，因此本节主要介绍滑阀式换向阀。

3）按阀芯位置数分类

换向阀按阀芯位置数不同，可分为二位、三位、多位换向阀；按阀体上主油路进、出油口数目不同，又可分为二通、三通、四通、五通等。换向阀“位”和“通”的定义、符号及主体结构见表 2-2。

表 2-2 中图形符号所表达的意义为以下几种：

(1) 方格数即“位”数，三格即三位。位数是指阀芯可能实现的工作位置数目。

(2) 箭头表示两油口连通，但不表示流向。“⊥”或“⊤”表示油口不通流。在一个方格内，箭头、“⊥”或“⊤”符号与方格的交点数为油口的通路数，即“通”数。

表 2-2　换向阀“位”和“通”的定义、符号及主体结构

<table>
<tr><th>名称</th><th>主体结构图</th><th>图形符号</th><th colspan="3">功能与用途</th></tr>
<tr><td>二位
二通阀</td><td>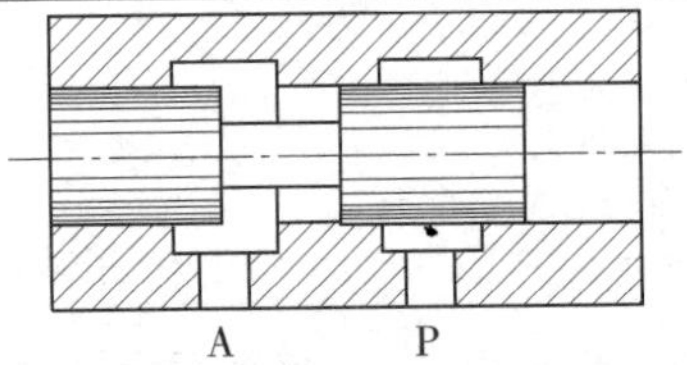</td><td>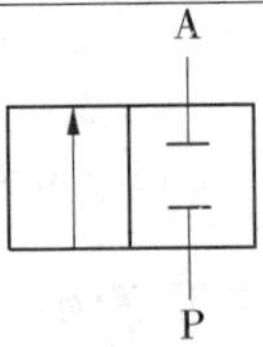</td><td colspan="3">用于控制油路的接通与切断，其功能类似于一个二位开关</td></tr>
<tr><td>二位
三通阀</td><td>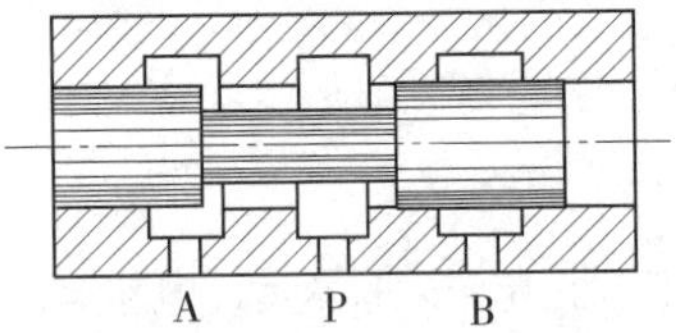</td><td>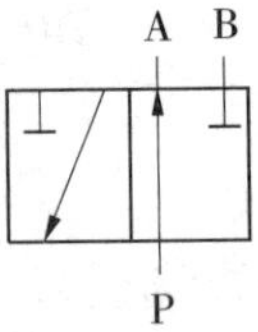</td><td colspan="3">用于控制液流方向，使液流从原来的流向变换到另一个流向，或输送到另一油口</td></tr>
<tr><td>二位
四通阀</td><td>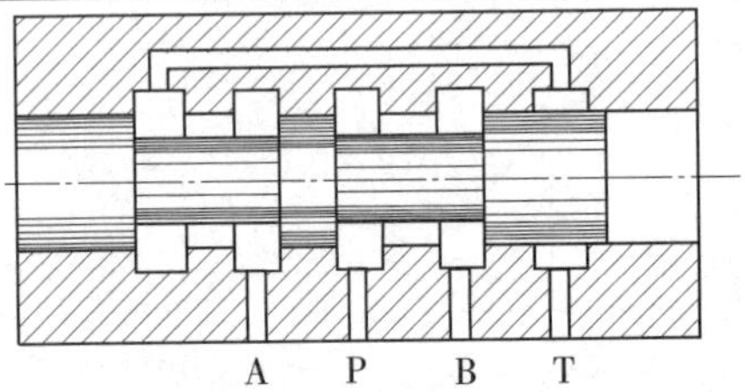</td><td>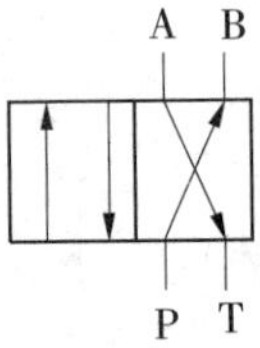</td><td rowspan="4">控制执行元件换向</td><td>不能使执行元件在任意位置上停止运动</td><td rowspan="2">执行元件在正反方向运动时回油方式相同</td></tr>
<tr><td>三位
四通阀</td><td>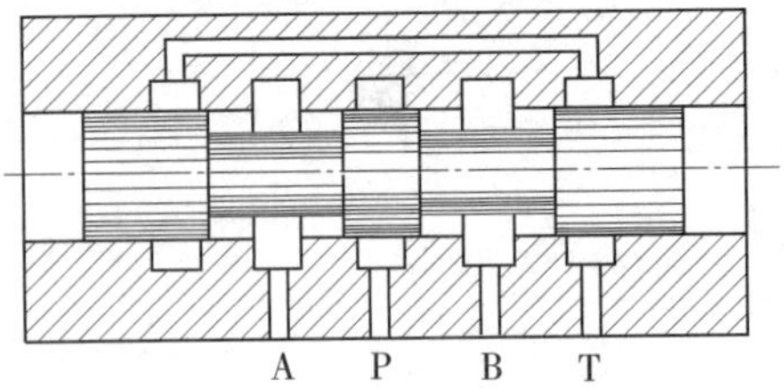</td><td>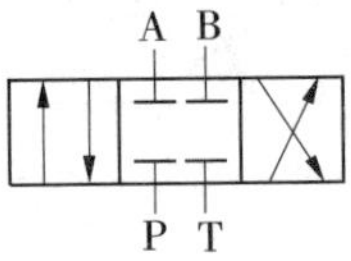</td><td>能使执行元件在任意位置上停止运动</td></tr>
<tr><td>二位
五通阀</td><td>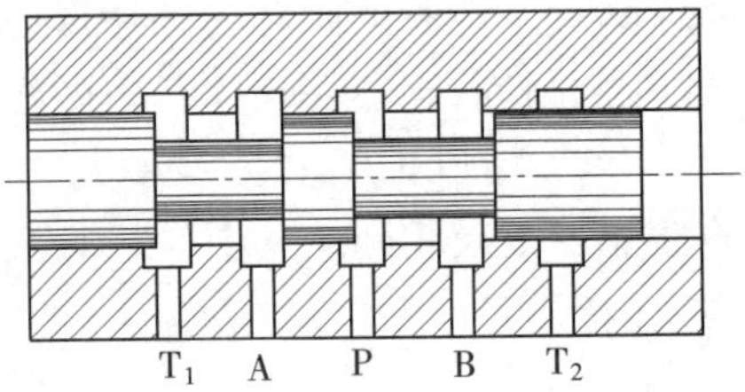</td><td>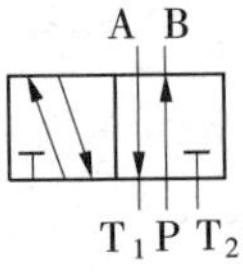</td><td>不能使执行元件在任意位置上停止运动</td><td rowspan="2">执行元件在正反方向运动时可以得到不同的回油方式</td></tr>
<tr><td>三位
五通阀</td><td>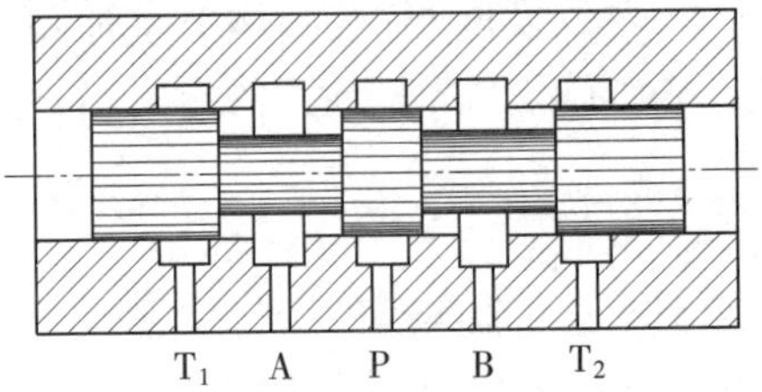</td><td>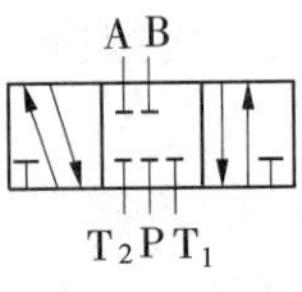</td><td>能使执行元件在任意位置上停止运动</td></tr>
</table>

(3)控制方式和复位弹簧的符号应画在方格的两端。

(4)P 表示压力油的进口,T 表示与油箱连通的回油口,A 和 B 表示连接其他工作油路的油口。

(5)三位阀的中格及二位阀侧面画有弹簧的那一方格为常态位。在液压原理图中,换向阀的符号与油路的连接一般应画在常态位上。二位二通阀有常开型(常态位置两油口连通)和常闭型(常态位置两油口不连通),应注意区别。

2. 三位换向阀的中位机能

三位换向阀的阀芯在中间位置(即中位)时,各油口间有不同的连通方式,可满足不同的控制要求。这种连通方式称为中位机能,均用英文字母来形象表示。中位机能不同的同规格阀,其阀体通用,但阀芯台肩的结构尺寸不同,内部通油情况不同。

表 2-3 中列出了六种常用的中位机能三位换向阀的结构简图及中位机能。结构简图中所示均为四通阀,阀体两端的沉割槽相连,共同接油箱。若将两端的沉割槽由 T_1 和 T_2 两个回油口分别回油,四通阀即成为五通阀。

表 2-3　三位换向阀的结构简图及中位机能

机能代号	结构原理图	中间位置的图形符号		机能特点和作用
		三位四通	三位五通	
O	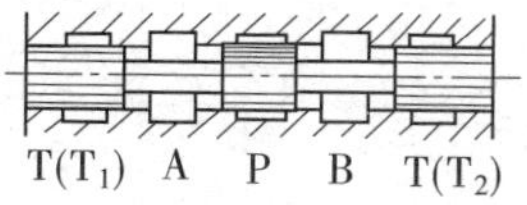	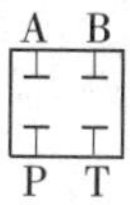	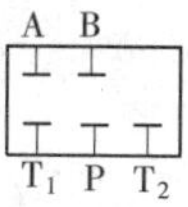	各油口全部封闭,液压缸两腔闭锁,液压泵不卸荷,液压缸充满油,从静止到启动平稳;在换向过程中,由于运动惯性引起的冲击较大;换向位置精度高;可用于多个换向阀并联工作
H	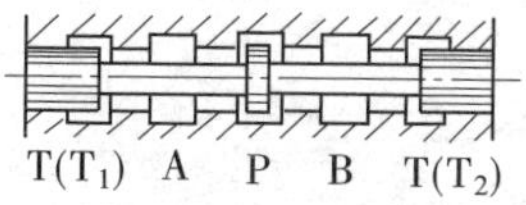	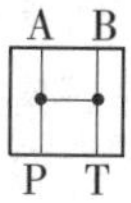	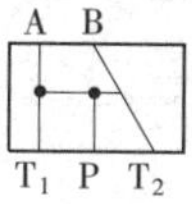	各油口互通,液压泵卸荷,缸成浮动状态,液压缸两腔接油箱,从静止到启动有冲击;在换向过程中,由于油口互通,故换向较 O 形平稳;但换向位置变动大
Y	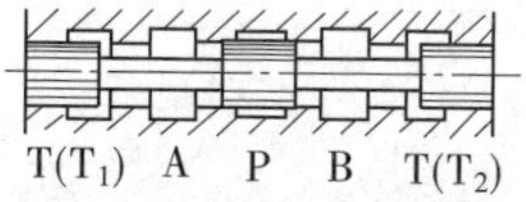	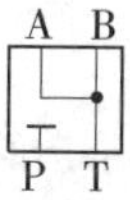	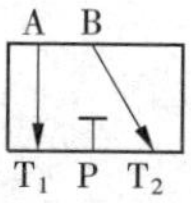	液压泵不卸荷,缸两腔通回油,缸成浮动状态,从静止到启动有冲击,制动性能介于 O 形与 H 形之间
P	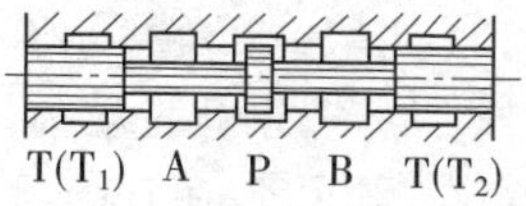	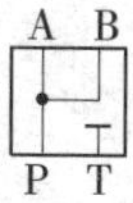	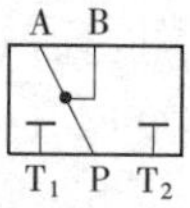	回油口关闭,压力油与缸两腔连通,可实现液压缸差动回路,从静止到启动较平稳;制动时缸两腔均通压力油,故制动平稳;换向位置变动比 H 形的小
K	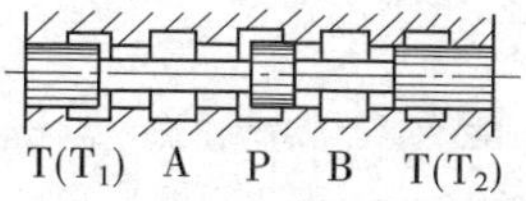	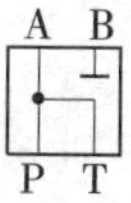	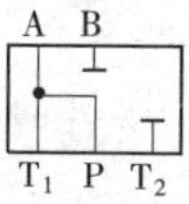	液压泵卸荷,液压缸一腔封闭,一腔接回油,两个方向换向时性能不同;不能用于多个换向阀并联工作
M	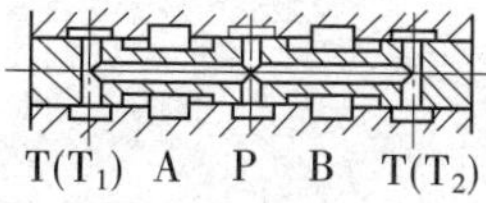	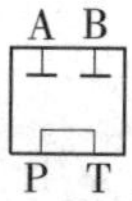	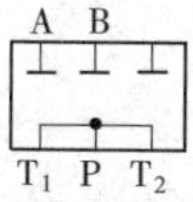	液压泵卸荷,缸两腔封闭,从静止到启动较平稳;换向时与 O 形相同,可用于泵卸荷液压缸锁紧的液压回路中

在分析和选择阀的中位机能时,通常要考虑系统是否有保压或卸荷要求、执行元件的

换向精度和平稳性要求、重新启动时是否允许有冲击的要求、执行元件“浮动”或可在任意位置停止的要求等。

3. 几种常用的换向阀

1) 手动换向阀

手动换向阀是利用操纵手柄改变阀芯位置来实现换向的。按结构类型分,有弹簧复位式和钢球定位式两种。

弹簧复位式手动换向阀如图 2-21(a)所示,当用手向右推动手柄,使阀芯左移至左位时,P 与 A 相通,B 经阀芯轴向孔与 T 相通;反之,当向左拉动手柄时,阀芯向右移至右位,则 P 与 B 相通,A 与 T 相通,液流实现换向。松开手柄时,阀芯便在弹簧力作用下自动恢复至中位,此时 P、A、B、T 全部封闭,停止工作。因此,它适用于动作频繁、工作持续时间短、必须由人操作的场合,例如工程机械的液压系统。

钢球定位式手动换向阀如图 2-21(b)所示,其阀芯端部的钢球定位装置可使阀芯分别停止在左、中、右三个不同的位置上,使执行机构工作或停止工作,因而可用于工作持续时间较长的场合。

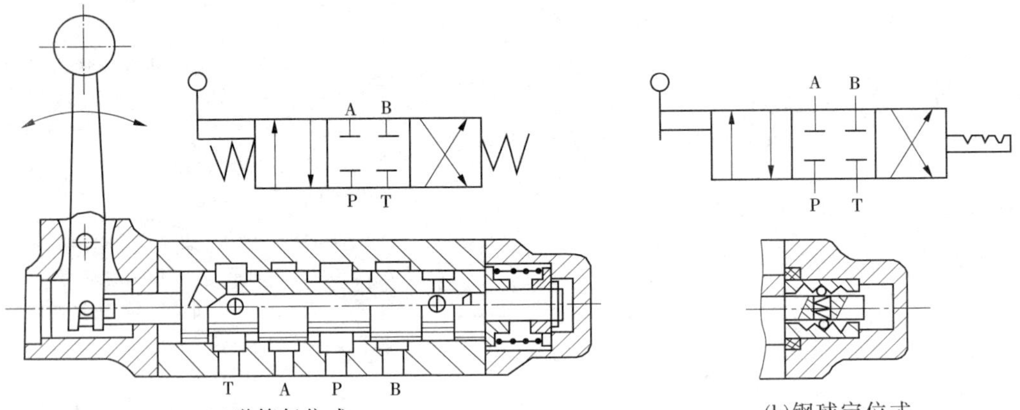

(a)弹簧复位式 (b)钢球定位式

图 2-21 三位四通手动换向阀

2) 机动换向阀

机动换向阀又称行程阀。它是利用安装在运动部件上的行程挡块或凸轮,压阀芯端部的滚轮使阀芯移动,从而使油路换向的。这种阀通常为二位阀,分常闭和常开两种,并且用弹簧复位。图 2-22 所示为二位二通机动换向阀。在图示位置,阀芯 2 在弹簧 3 作用下处于左位,P 与 A 不连通;当运动部件上的挡块压住滚轮 1 使阀芯移至右位时,油口 P 与 A 连通。

机动换向阀结构简单,换向时阀口逐渐关闭或打开,故换向平稳,动作可靠,换向位置精度高,控制运动部件的行程,或快、慢速度的转换。其缺点是它必须安装在运动部件附近,而与其他液压元件安装距离较远,不易集成化。

3) 电磁换向阀

电磁换向阀是利用电磁铁的吸引力控制阀芯改变工作位置来实现换向的。它包括换向滑阀和电磁铁两部分。

电磁铁因其所用电源不同而分为交流电磁铁和直流电磁铁。交流电磁铁不需要特殊

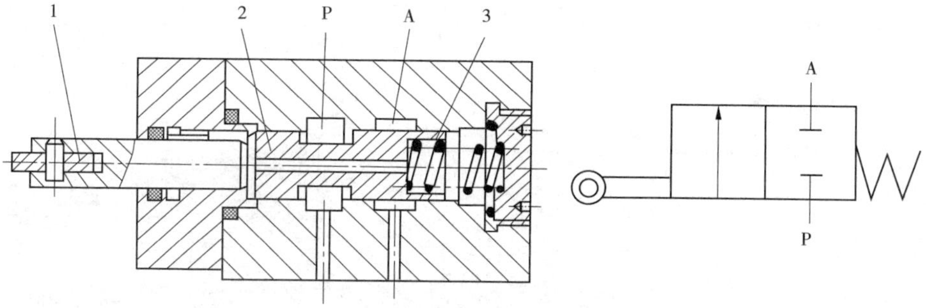

1—滚轮；2—阀芯；3—弹簧

图 2-22　二位二通机动换向阀

电源，电磁吸引力大，换向时间短，但换向冲击大、噪声大、换向频率不能太高（每分钟 30 次左右）。若阀芯被卡住或电压低，电磁吸引力太小，衔铁未动作，其线圈很容易烧坏。因此，交流电磁铁常用于换向平稳性要求不高，换向频率不高的液压系统。直流电磁铁换向平稳，工作可靠，噪声小，允许使用的换向频率高。其缺点是起动力小，换向时间较长，且需要专门的直流电源，成本较高。因此，直流电磁铁常用于换向性能要求较高的液压系统。

电磁铁按铁芯是否浸在油里又可分干式和湿式两种。干式电磁铁结构简单，成本低，应用广泛。干式电磁铁不允许油液进入电磁铁内部，因此在推动阀芯的推杆处要有可靠的密封，此密封圈所产生的摩擦力要消耗一部分电磁推力，影响电磁铁的使用寿命。湿式电磁铁可以浸在油液里工作，取消了推杆处的密封，减小了阀芯运动阻力，提高了换向可靠性，同时电磁铁的使用寿命也大大提高了。湿式电磁铁性能好，但价格较高。

图 2-23(a)所示为二位三通干式交流电磁换向阀。其左边为一交流电磁铁，右边为滑阀。电磁铁不通电时（图示位置），油口 P 通 A；当电磁铁通电时，衔铁 1 右移，通过推杆 2 使阀芯 3 推压弹簧 4 并向右移至端部，油口 P 通 B，同时 P 与 A 断开。

图 2-23(b)所示为三位四通直流湿式电磁换向阀。阀左右各有一个电磁铁和一个对中弹簧。不通电时，阀芯在弹簧作用下处于中位。当右端电磁铁通电时，右衔铁 1 通过推杆 2 将阀芯 3 推至左端，阀右位工作，使油口 P 通 A，B 通 T；当左端电磁铁通电时，其阀芯移至右端，阀左位工作，油口 P 通 B，A 通 T。

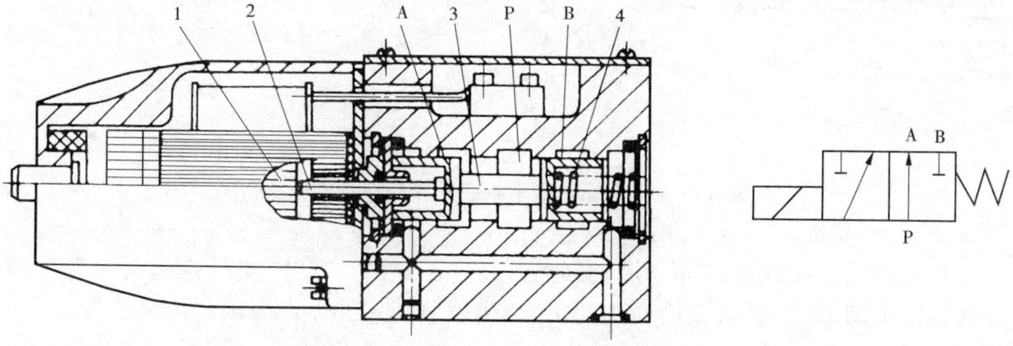

（a）二位三通干式交流电磁换向阀

图 2-23　电磁换向阀

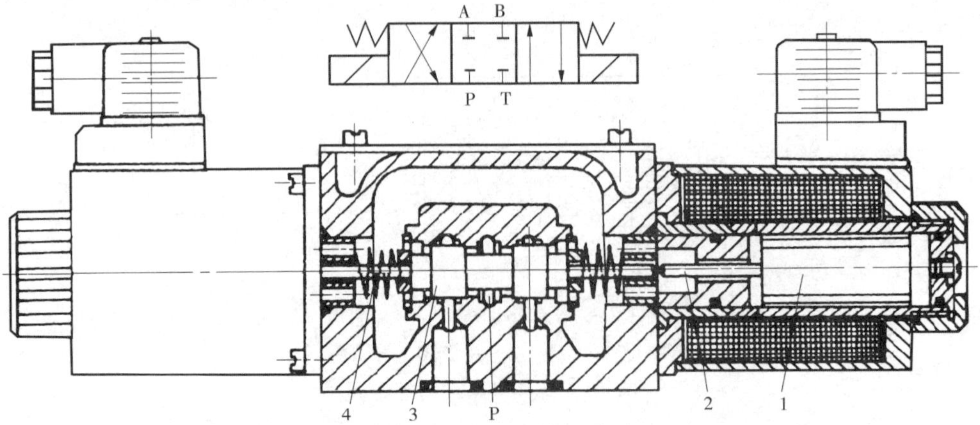

(b) 三位四通直流湿式电磁换向阀

1—衔铁;2—推杆;3—阀芯;4—弹簧

续图 2-23

电磁换向阀操作方便,布局灵活,有利于提高设备的自动化程度,因而应用最广泛。但受电磁铁尺寸限制,难以用于切换大流量油路。当阀的通径大于 10 mm 时常用压力油操纵阀芯换位。

4)液动换向阀

液动换向阀是利用控制油液的作用力改变阀芯工作位置来实现换向的。它的特点是适用于大流量回路。

图 2-24 为三位四通液动换向阀结构原理图。当其两端控制油口 K_1 和 K_2 均不通入控制压力油时,阀芯在复位弹簧的作用下处于中位;当 K_1 进压力油,K_2 接油箱时,阀芯右移,使 P 通 A、B 通 T;反之,K_2 进压力油,K_1 接油箱时,阀芯左移,使 P 通 B、A 通 T。

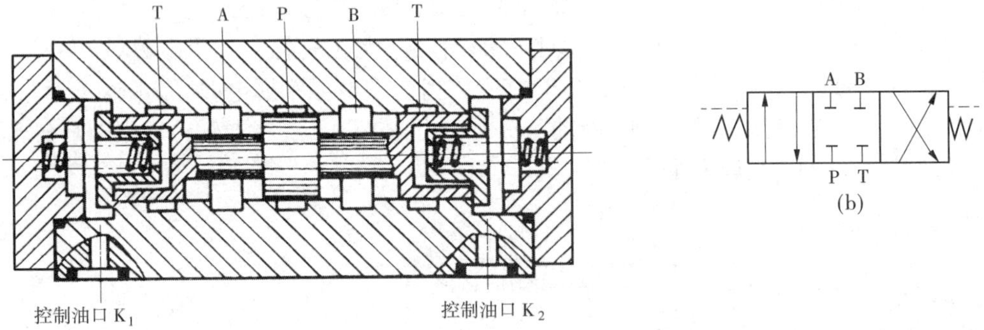

(a) (b)

图 2-24 三位四通液动换向阀结构原理图

5)电液换向阀

电液换向阀是由电磁换向阀和液动换向阀组合而成的。其中,电磁换向阀为先导阀,用以改变控制油路的方向;液动换向阀为主阀,用以改变主油路的方向。这种阀的优点是可用反应灵敏的小规格电磁阀方便地控制大流量的液动阀换向。

图 2-25 为三位四通电液换向阀的结构原理图。当先导阀的两电磁铁均不通电时(图示位置),电磁阀阀芯在两端弹簧力作用下处于中位。控制油液被切断,这时主阀阀芯两

端的油液经两个节流阀及先导阀的通路与油箱连通，因而它也在两端弹簧的作用下处于中位，油口 A、B、P、T 均不相通。当左端电磁铁 4 通电时，电磁阀阀芯 5 移至右端，由主阀 P 口或外接油口 P′进入的压力油经先导阀油路及左端单向阀 2 进入主阀的左端油腔，而主阀右端的油则可经右节流阀 7 及先导阀上的通道与油箱连通，主阀阀芯即在左端液压推力的作用下移至右端，即主阀左位工作。其主油路的通油状态为 P 通 A、B 通 T；反之，当右端电磁铁 6 通电，电磁阀阀芯移至左端时，主阀右端进压力油，左端经左节流阀 3 通油箱，阀芯移至左端，即主阀右位工作。其通油状态为 P 通 B、A 通 T。调节节流阀阀口开度的大小，可改变主阀芯的移动速度，从而调整主阀换向时间，因而可使换向平稳，无冲击。

电液换向阀综合了电磁阀和液动阀的优点，具有控制方便、通过流量大的特点。

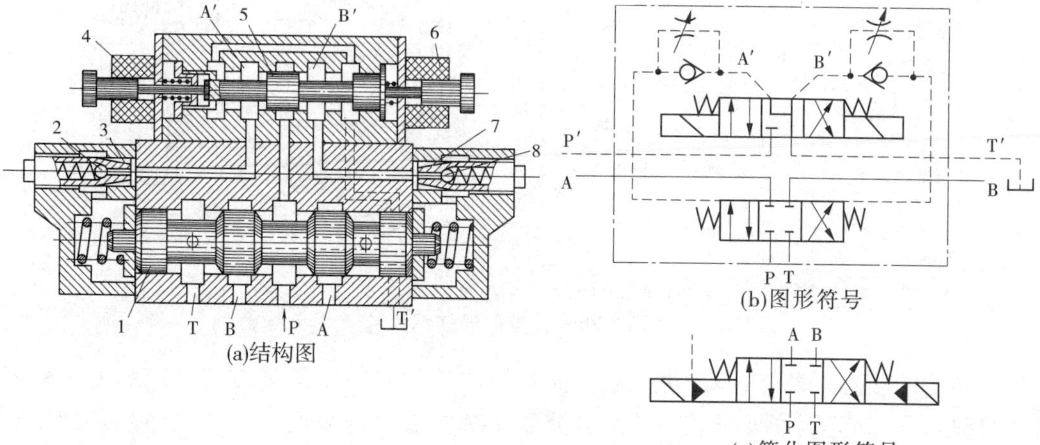

(a)结构图　(b)图形符号　(c)简化图形符号

1—液动阀阀芯；2、8—单向阀；3、7—节流阀；4、6—电磁铁；5—电磁阀阀芯

图 2-25　三位四通电液换向阀的结构原理图

6) 转阀

转阀是用手动或机动方式操纵使阀芯转位而改变油流方向的换向阀。图 2-26 为三位四通转阀。进油口 P 与阀芯上左环形槽 c 及向左开口的轴向槽 b 相通，回油口 T 与阀芯上右环形槽 a 及向右开口的轴向槽 e、d 相通。在图示位置时，P 经 c、b 与 A 相通；B 经 e、a 与 T 相通，转阀左位工作；当手柄带阀芯逆时针转 45°时，各油口均被封堵，A、B、P、T 均不相通，转阀处在中位；当阀芯再逆时针转 45°时，则油路变为 P 经 c、b 与 B 相通，A 经 d、a 与 T 相通，转阀右位工作。手柄座上有叉形拨杆 3、4，当挡块拨动拨杆时，可使阀芯转动实现机动换向。

因转阀阀芯上所受的径向液压力不平衡，致使转动比较费力，而且密封性较差，一般只用于低压小流量系统，或用做先导阀。

2.2.2.2　液压缸的伸缩控制

各种类型的换向阀都可组成换向回路，这些回路遍及众多的液压回路和液压系统中。换向回路的功能是可以改变执行元件的运动方向，从而控制液压缸的伸缩。

换向回路一般可采用各种换向阀来实现。用电磁换向阀来实现执行元件的换向最为方便，但因电磁换向阀的动作快，换向时有冲击，故不宜用于频繁换向的场合。采用电液换向阀换向时，虽然其液动换向阀的阀芯移动速度可调节，换向冲击较小，但仍不能适用

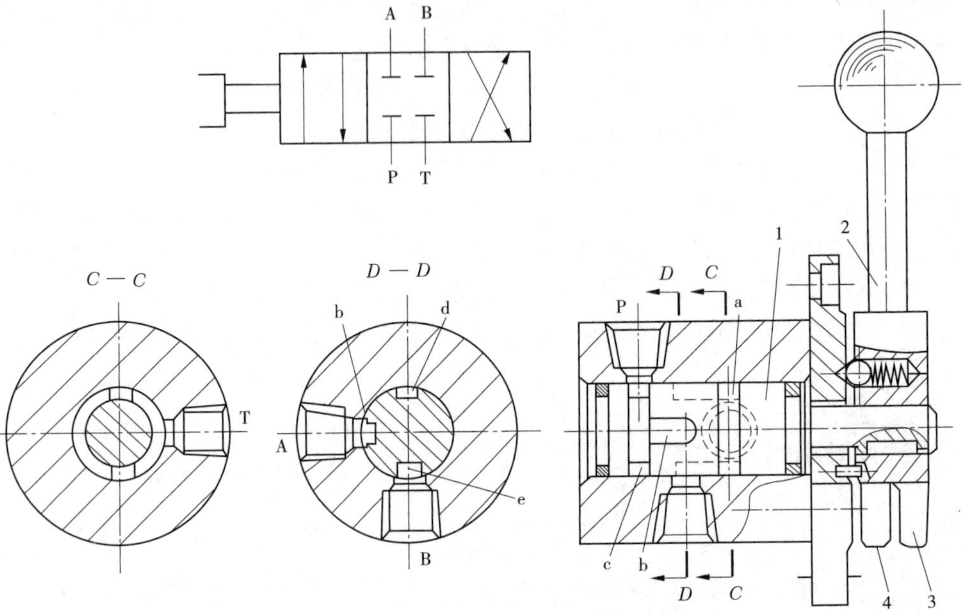

1—阀芯;2—手柄;3、4—叉形拨杆

图 2-26　三位四通转阀

于频繁换向的场合。即使这样,由电磁换向阀构成的换向回路仍是应用最广泛的一种回路,尤其是在自动化程度要求较高的组合液压系统中被普遍采用。这种换向回路会多次出现于后文所提及的许多回路中。机动换向阀可进行频繁换向,且换向可靠性较好,但机动换向阀必须安装在执行元件附近,不如电磁换向阀安装灵活。

1. 用三位四通换向阀构成液压缸伸缩控制回路的基本原理

如图 2-27 所示,当换向阀的阀芯处在中位时,如图 2-27(b)所示,液压缸两腔不通液

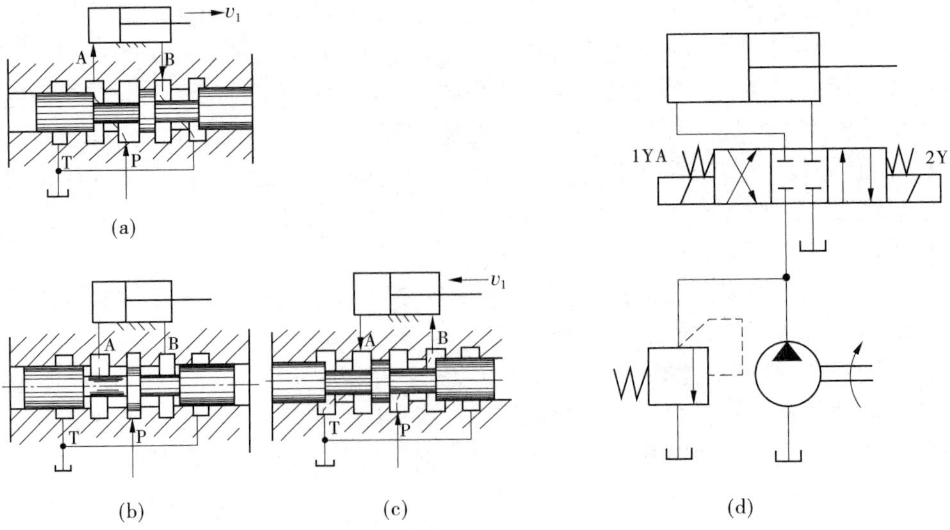

图 2-27　三位四通换向阀对液压缸的伸缩控制

压油，处于停止状态。若使阀芯右移，如图2-27(a)所示，阀体上的油口P和A连通、B和T连通。液压油经P、A进入液压缸左腔，活塞右移，活塞杆向外伸出，右腔油液经B、T回油箱；反之，若使阀芯左移，如图2-27(c)所示，则P和B连通、A和T连通，活塞便左移，活塞杆向缸内收缩。如图2-27(d)所示为回路的系统原理图。

2. 二位三通换向阀控制单作用液压缸伸缩的回路

对于依靠重力或弹簧力回程的单作用液压缸，可以采用二位三通换向阀使其换向。图2-28所示为采用二位三通换向阀控制单作用液压缸伸缩的回路。当电磁铁通电时，液压泵输出的油液经换向阀进入液压缸左腔，活塞向右运动，活塞杆向外伸出；当电磁铁断电时，液压缸左腔的油液经换向阀回油箱，活塞在弹簧力的作用下向左返回，从而实现了液压缸活塞杆的收缩。

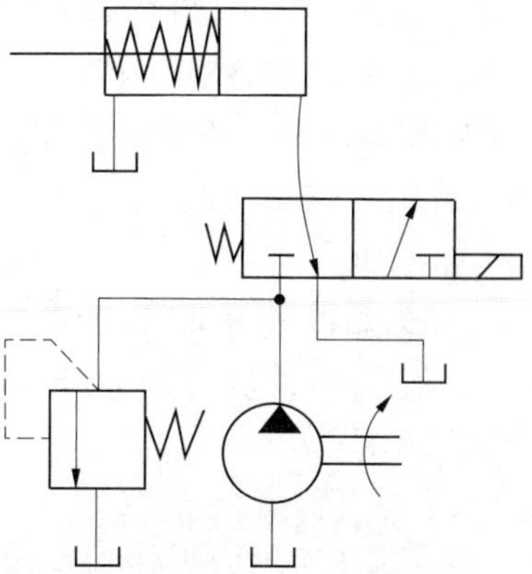

图2-28　二位三通换向阀控制单作用液压缸伸缩的回路

2.2.2.3　油管和管接头

液压系统通过油管来传送工作液体，用管接头把油管与油管或油管与元件连接起来。油管和管接头应有足够的强度、良好的密封性能，并且压力损失要小、拆装方便。

1. 油管的种类、特点及应用

液压系统中使用的油管种类很多，有钢管、纯铜管、尼龙管、塑料管、橡胶管等，需根据系统的工作压力及其安装位置正确选用。油管的选择主要考虑耐压和管径，具体选定可查阅有关标准。液压系统中常用油管的种类、特点和适用场合见表2-4。

表2-4　液压系统中常用油管的种类、特点和适用场合

种类		特点和适用场合
硬管	钢管	钢管能承受高压，价格低廉，耐油，抗腐蚀，刚性好，但装配时不能任意弯曲。常用于装拆方便处的压力管道(中、高压用无缝管，低压用焊接管)
	纯铜管	纯铜管容易弯曲成各种形状，但承受压力一般不超过10 MPa，抗振能力较弱，且易使油液氧化。通常用于液压装置的配接不便之处
软管	尼龙管	尼龙管呈乳白色半透明状，加热后可以随意弯曲成形或扩口，冷却后又能定形不变，承压能力因材质而异，一般为2.5～8 MPa
	塑料管	塑料管质轻耐油，价格便宜，装配方便，但承压能力低，长期使用会变质老化，仅适宜压力低于0.5 MPa的回油管或泄漏油管等
	橡胶管	高压橡胶管是由耐油橡胶夹钢丝层编织制成的，钢丝网层数越多，耐压越高，价格越高。常用于中、高压系统中有相对运动的压力管道； 低压橡胶管由耐油橡胶夹帆布制成，可用于回油管道

2. 油管的安装注意事项

(1)管路应尽量短、横平竖直、转弯要少,避免过小的转弯半径,转弯处的半径应大于油管外径的 3 ~5 倍。并保证管路有必要的伸缩变形余地,以适应油温变化、受拉和振动的需要。液压油管悬伸太长时应用支架或选用标准管夹固定牢固,以防振动和碰撞。油管布置应便于装拆。

(2)管路最好平行布置,平行管之间的距离应大于 100 mm。管路尽量少交叉,以防接触振动,并给安装管接头留有足够的空间。

(3)油管安装前要进行清洗。一般先用 20% 的硫酸或盐酸进行酸洗,酸洗后再用 10% 的苏打水中和,然后用温水洗净后,进行干燥、涂油处理,并做预压实验。

(4)安装软管时不允许拧扭,直线安装要有 30% 左右的余量,软管弯曲半径应不小于软管外径的 9 倍。弯曲处软管两端管接头的安装距离至少等于外径的 6 倍。

3. 管接头

管接头是油管与油管、油管与液压元件间的可拆卸连接件。它应满足连接牢固、密封可靠、工艺性好、拆装方便、外形尺寸小、液阻小、通流能力大等要求。液压系统中常用管接头有以下几种。

1)焊接式管接头

如图 2-29 所示为焊接式管接头,它利用 O 形密封圈密封[见图 2-29(a)]或球面与锥面接触密封[见图 2-29(b)],连接简单。前者密封可靠,工作压力可达 32 MPa;后者密封性较差,其最高工作压力应低于 8 MPa。其特点是连接牢固,但拆卸不方便,焊接较麻烦,连接质量不易检查,抗震性能差,因此较少采用,主要用于连接厚壁钢管。

2)卡套式管接头

图 2-30(a)所示为卡套式管接头,当旋紧接头螺母时,卡套产生弹性变形而将油管夹紧。这种接头装配方便,不需要事先扩口或焊接,轴向尺寸要求不严,但对油管径向尺寸的精度要求较高,需采用冷拔无缝钢管。图 2-30(b)所示为卡套式铰接管接头,这种接头

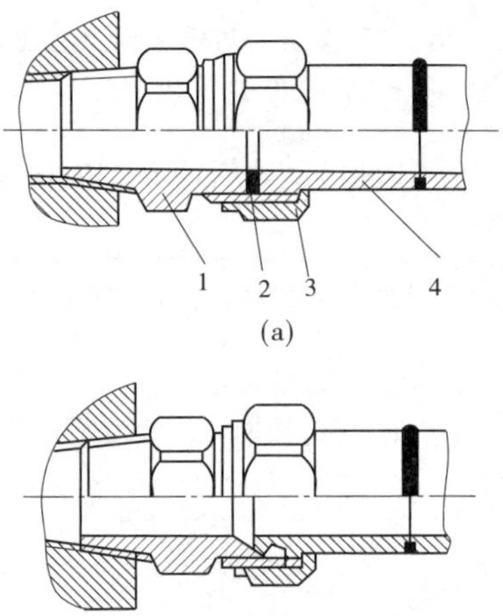

1—接头体;2—O 形密封圈;3—螺母;4—接管

图 2-29　焊接式管接头

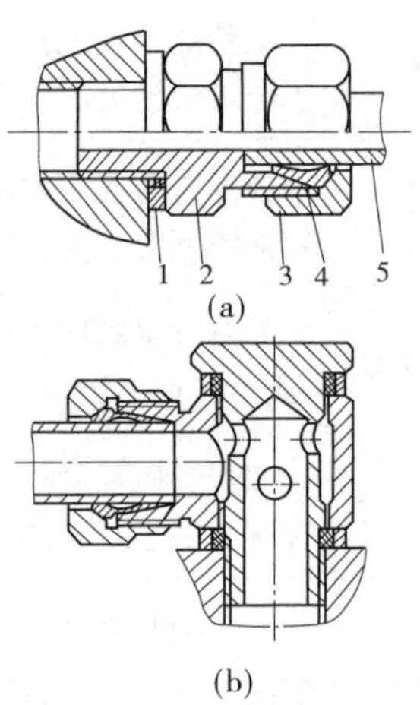

1—组合密封圈;2—接头体;3—螺母;4—卡套;5—接管

图 2-30　卡套式管接头

可使管道在一个平面内按任意方向安装。卡套式管接头所用油管外径一般不超过 42 mm，常用于高压系统中，其工作压力可达 32 MPa。

3）扩口式管接头

如图 2-31 所示，导管 3 先扩成喇叭口，再用螺母 2 把导管 3 连同接管 4 一起压紧在接头体 1 上形成密封。扩口式管接头结构简单，适用于铜管、薄壁钢管、尼龙管和塑料管等中、低压管件的连接。其工作压力小于 8 MPa。

4）扣压式管接头

如图 2-32 所示，它用于工作压力为 6～40 MPa 系统中软管的连接。在装配时须剥离胶层，然后在专门的设备上扣压而成。

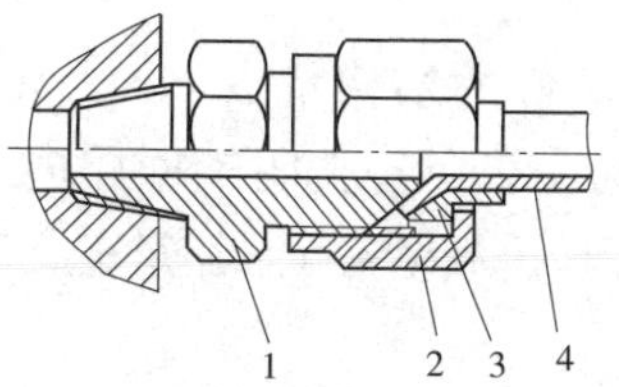

1—接头体；2—螺母；3—导管；4—接管

图 2-31　扩口式管接头

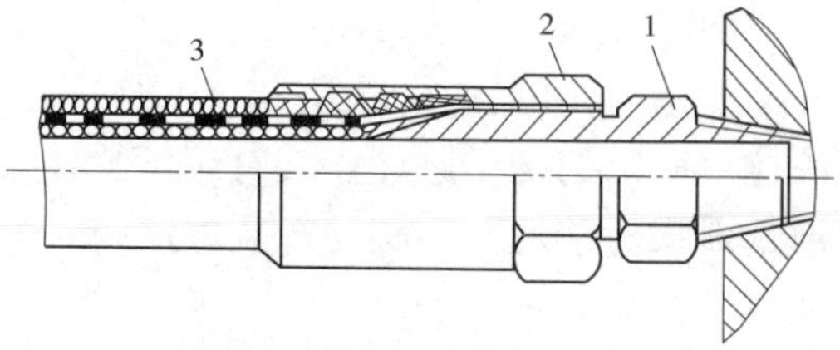

1—接头体；2—接头螺母；3—胶管

图 2-32　扣压式管接头

5）快速装拆接头

当液压系统中某一局部不经常需要液压油源，或一个液压油源要间断地分别供给几个局部时，为了减少控制阀和复杂的管路安装，有时可采用快速装拆接头与胶管配合使用。快速装拆接头的结构如图 2-33 所示。图 2-33 中各零件的位置为油路接通时的位置，外套 7 把钢球 6 压入槽底，使接头体 9 和插座 4 连接起来，单向阀阀芯 3 和 10 互相挤紧顶开使油路接通。当需要断开油路时，可用力把外套 7 向左推，同时拉出接头体 9，油路即可断开。与此同时，单向阀阀芯 3 和 10 分别在各自的弹簧 2 和 11 的作用下外伸，顶在插座 4 和接头体 9 的阀座上，使两侧管子内的油封闭在管中不致流出，弹簧 5 则使外套 7 回到原位。

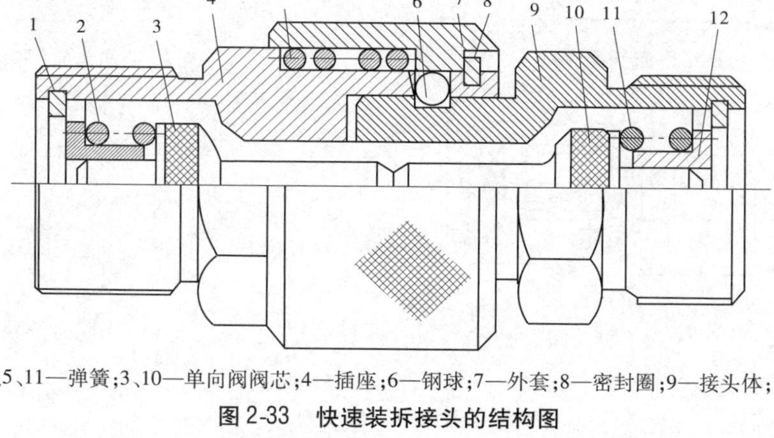

1—挡环；2、5、11—弹簧；3、10—单向阀阀芯；4—插座；6—钢球；7—外套；8—密封圈；9—接头体；12—弹簧座

图 2-33　快速装拆接头的结构图

快速装拆接头使用方便,但结构较复杂,压力损失较大,常用于各种液压实验台及需经常断开油路的场合。

大直径油管的连接常采用法兰连接。各种管接头均已标准化,选用时可查阅有关液压手册。

任务 2.3　单向阀的拆装与锁紧回路实验

2.3.1　任务书

1. 学习目的

了解单向阀的种类、连接方式、用途以及各组成零部件的结构特点、材料和作用。掌握液控单向阀的工作原理及其对液压缸锁紧的控制方法,掌握各类闭锁回路的工作原理及锁紧效果。掌握单向阀的拆装方法,正确使用工具,注意人身安全,培养实际动手能力和观察分析能力。

2. 学习任务

(1)拆装普通单向阀及液控单向阀各 1 个,了解其结构、作用及工作原理。

(2)在实验台上连接几种锁紧回路,分别通过 M 形、O 形中位机能的换向阀及液控单向阀实现锁紧要求,并使换向阀长时间处在中位,观察油缸在负载作用下的位移变化情况,比较并评价各回路的锁定效果。

3. 学习器材

(1)实物:普通单向阀和液控单向阀各 1 个。

(2)工具:卡簧钳 1 把,耐油橡胶板 1 块,油盘 1 个,内六角扳手及常用工具 1 套。

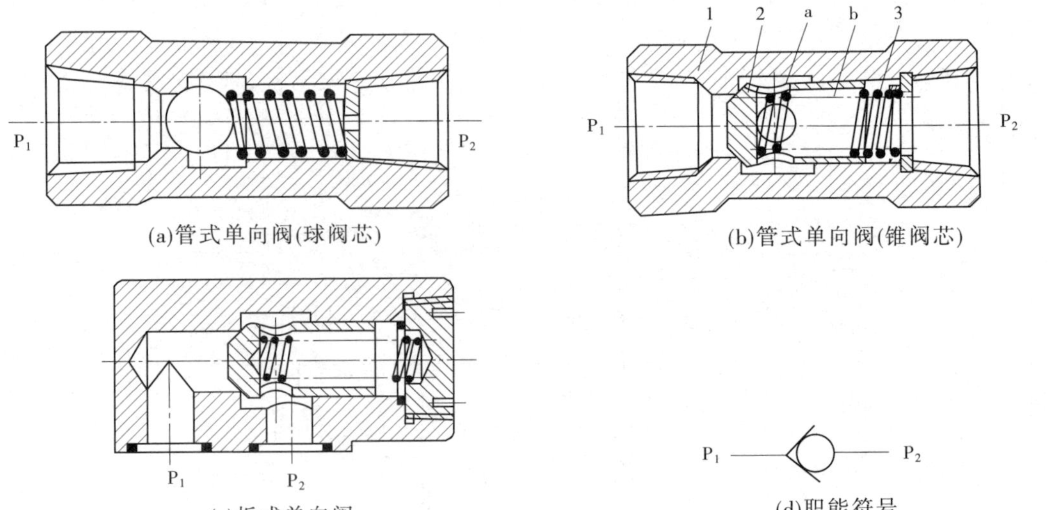

(a)管式单向阀(球阀芯)　(b)管式单向阀(锥阀芯)

(c)板式单向阀　(d)职能符号

1—阀体;2—阀芯;3—弹簧

图 2-34　单向阀

4. 学习过程

(1)普通单向阀的拆装。图 2-34 是普通单向阀的结构图。拆卸时只要用卡簧钳将挡圈取出或旋出阀盖取出弹簧和阀芯。观察阀芯的结构,分析各零件的作用;装配前清洗各零件,然后按拆卸时的反向顺序装配。

(2)液控单向阀的拆装。液控单向阀由单向阀和液控装置两部分组成,如图 2-35 所示为液控单向阀的结构。液控单向阀的拆卸顺序:①拆下控制端的端盖螺钉,卸下端盖。②从阀体内取出控制活塞和顶杆。③拆下阀芯端的端盖螺钉,卸下端盖。④从阀体内取出弹簧和阀芯。在拆卸过程中,注意观察各种零件的结构,并分析阀芯上两个径向小孔的作用。

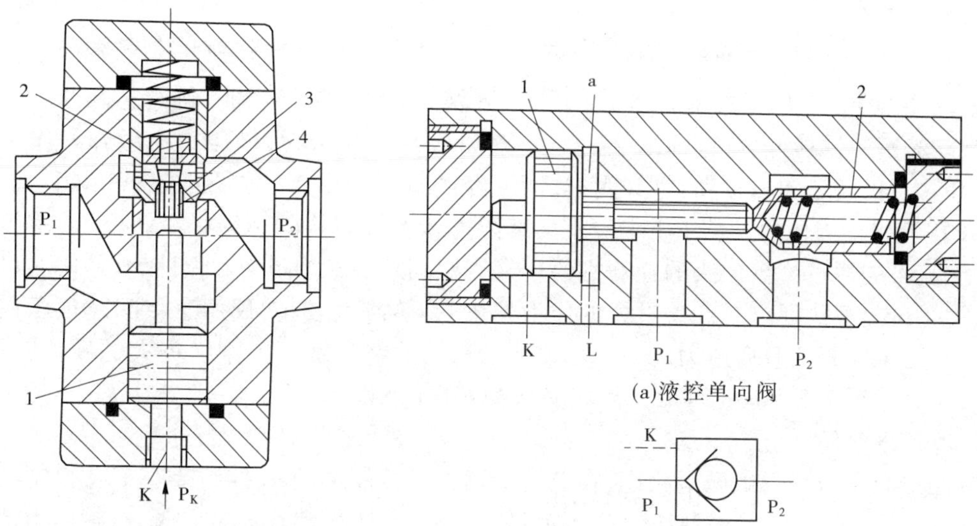

(a)液控单向阀

(b)带卸压阀芯的液控单向阀

(c)图形符号

1—控制活塞;2—锥阀芯;3—卸压阀芯;4—卸压沟槽

图 2-35　液控单向阀

(3)装配要领。装配要领主要包括三个方面:①清洗各零件,注意疏通油道。②在阀体与阀芯和活塞的配合表面涂以适量的液压油。③按拆卸时的反向顺序装配。

(4)单向阀通、断的检测。启动空压机,将单向阀一个进口接上气管,给单向阀通入压缩空气,观察出口的出气情况;再将气管调接到单向阀另一个进口,通入压缩空气,观察出气情况。

(5)锁紧回路的锁紧实验。按图 2-36、图 2-37 的锁紧回路将液压元件安装在液压实验台上,液压缸垂直安装并在活塞杆上挂上重物,接上油管,启动液压泵给回路供油,操纵换向阀使液压缸上下移动后停止在某一位置,观察活塞杆是否往下移动。

2.3.2　单向阀的类型、原理与结构

单向阀主要有普通单向阀和液控单向阀两种。

1. 普通单向阀

普通单向阀简称单向阀,它起到控制油液只能沿一个方向流动,而反向截止的作用,

因此又称逆止阀。

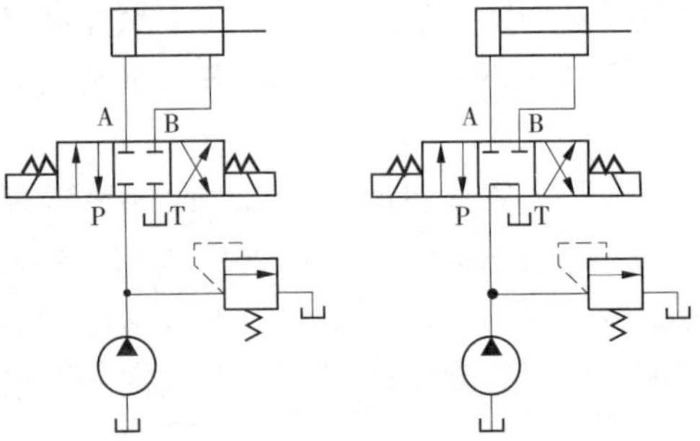

(a)采用O形机能　(b)采用M形机能

图 2-36　采用 O 形或 M 形机能阀的锁紧回路

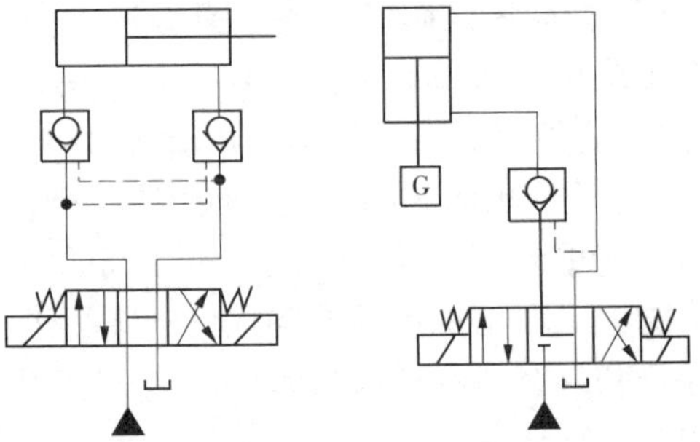

(a)采用H形的中位机能　(b)采用Y形的中位机能

图 2-37　采用液控单向阀的锁紧回路

如图 2-34 所示，单向阀由阀体 1、阀芯 2、弹簧 3 组成，阀芯结构有锥阀芯和球阀芯两种。锥阀芯密封性能好，反向泄漏小。当压力油从 P_1 口流入时，液压力克服弹簧作用在阀芯上的力，使阀芯向右移动，打开阀口，油液经阀口 P_1、阀芯上的径向孔 a 和轴向孔 b，从阀口 P_2 流出。当压力油从 P_2 口流入时，液压力和弹簧力将阀芯压紧在阀座上，使阀口关闭，液流不能通过。单向阀的弹簧主要用来克服阀芯的摩擦阻力和惯性力，使阀芯可靠复位，为了避免液流通过时产生过大的压力损失，弹簧刚度较小，仅用于将阀芯顶压在阀座上。一般单向阀的开启压力为 0.03 ~ 0.1 MPa。若将弹簧换为刚度较大的硬弹簧，使其开启压力达到 0.2 ~ 0.6 MPa，则可将其作为背压阀用。

2. 液控单向阀

液控单向阀与普通单向阀相比，在结构上增加了控制油腔 a、控制活塞 1 及控制油口 K，如图 2-35(a)所示。当控制油口 K 不通压力油时，其工作和普通单向阀一样，压力油只能从 P_1 口流向 P_2 口，反向流动不通。当控制油口 K 接通一定压力的压力油时，压力油推动控制活塞 1 右移，通过顶杆使锥阀芯 2 右移，使 P_2 口和 P_1 口接通，油液即可反向倒流。为了使活塞无背压阻力，控制活塞制成台阶状并设一外泄油口 L，L 单独接油箱。K 口通入的控制油液一般从主油路上单独引出，油液压力不应低于主油路压力的 30% ~ 50%。

当 P_2 处油腔压力较高时，顶开锥阀所需要的控制压力则必须很高。为了减少控制油口 K 的开启压力，在锥阀内部增设了一个卸压阀芯 3，如图 2-35(b)所示。在控制活塞 1 的顶杆顶起锥阀芯 2 之前，先顶起小面积的卸压阀芯 3，使上下腔经卸压阀芯上的卸压沟槽 4 接通，锥阀上腔 P_2 的压力油泄到下腔，压力降低。此时控制活塞便可以较小的力将锥阀芯顶起，使 P_1 和 P_2 两腔完全连通。这样，液控单向阀用较低的控制油压即可控制有较高油压的主油路。

液控单向阀具有良好的单向密封性，常用于执行元件需要长时间保压、锁紧的情况。工程上又将其称为液压锁。

2.3.3　用单向阀的锁紧回路

锁紧回路是通过切断液压缸的进油、回油通道来使它在任意位置上停止，且停止后不会在外力作用下移动位置的油路。锁紧回路有以下几种。

1. 采用 O 形或 M 形机能的三位换向阀实现锁紧的回路

如图 2-36 所示，在这种回路中，当换向阀的阀芯处于中位时，液压缸的进出油口均被封闭，故可将活塞锁住。但由于滑阀泄漏的影响不可避免，停止时间稍长，可能会产生松动而使活塞产生少量漂移，故锁紧效果较差。

2. 采用液控单向阀的锁紧回路

如图 2-37(a)所示，当换向阀处于左位时，压力油经左液控单向阀进入缸左腔，同时将右液控单向阀打开，使缸右腔油液能经右液控单向阀及换向阀流回油箱，活塞向右运动；反之，当换向阀处于右位时，压力油进入缸右腔并将左液控单向阀打开，使缸左腔回油，活塞向左运动。而当换向阀处于中位或液压泵停止供油时，两个液控单向阀立即关闭，活塞停止运动。由于液控单向阀的密封性能很好，泄漏少，可使活塞较长时间被锁紧在停止时的位置。该回路采用 H 形或 Y 形中位机能的三位换向阀时，液控单向阀的进油口和控制油口均与油箱连通，锁紧效果好，锁紧精度只受液压缸的泄漏和油液压缩性的影响。这种锁紧回路主要用于汽车起重机的支腿油路、矿山机械中液压支架的油路和飞机起落架的收放油路上。

2.3.4　换向控制阀的选用

(1)换向阀操纵方式的选择。自动化程度要求较高的采用电磁换向阀或电液换向阀；流量较大、换向平稳性要求较高的系统，可采用手动阀或机动阀作先导阀、以液动阀为主阀的换向回路，或采用电液换向阀。

(2)位数和通路数的选择。对于依靠重力或弹簧力返回的单作用式液压缸，采用二位三通换向阀即可换向。如果只要求接通或切断油路，可采用二位二通换向阀。

对于双作用式液压缸，当执行元件不要求中途停止时，可采用二位四通换向阀或二位五通换向阀，即可实现正、反向运动；当执行元件要求中途停止或有特殊要求时，则采用三位四通换向阀或三位五通换向阀，并注意三位阀中位机能的选择。

小　结

本项目学习的主要内容是液压缸的类型、特点、应用、典型结构及其伸缩控制，换向阀的类型、原理与结构，油管和管接头的类型、特点及应用，单向阀的类型、原理、结构及其构成的锁紧回路。学完本项目后，大家应了解液压缸的类型、结构特点及换向阀的结构形式，理解各类换向阀的换向原理、位、通、中位机能及操纵方式，掌握单向阀、液控单向阀的工作原理，并会根据换向阀及单向阀的工作原理分析各种换向及锁紧控制回路。

复习思考题

2-1　如果要求机床工作台往复运动速度相同，应采用什么类型的液压缸？

2-2　当机床工作台的行程较长时，采用什么类型的液压缸合适？如何实现工作台的往复运动？

2-3　何谓差动连接？应用在什么场合？

2-4　图 2-38 所示为结构尺寸相同的两个液压缸，$A_1=100\ cm^2$，$A_2=80\ cm^2$，$p_1=0.9$ MPa，$q_1=12$ L/min。若不计摩擦损失和泄漏，试问：

(1) 两个液压缸负载相同（$F_1=F_2$）时，两缸的负载和速度各为多少？

(2) 缸 1 不受负载时，缸 2 能承受多少负载？

(3) 缸 2 不受负载时，缸 1 能承受多少负载？

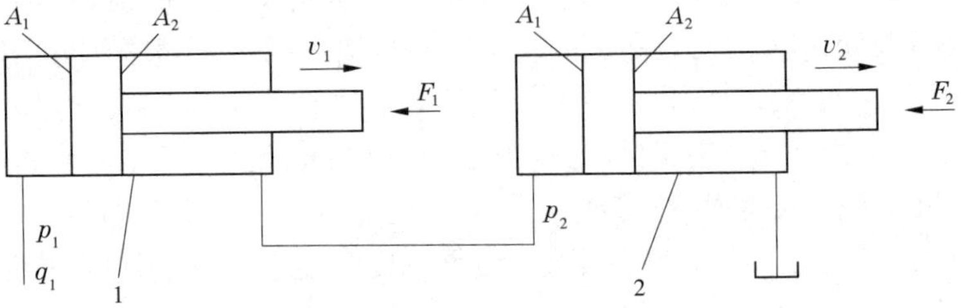

图 2-38　题 2-4 图

2-5　液压缸不密封会出现哪些问题？哪些部位需要密封？

2-6　液压缸缓冲和排气的目的是什么？如何实现？

2-7　油管安装时应注意哪些问题？

2-8　管接头有哪几种类型？说明其结构特点和使用场合。

2-9　试分析图 2-39 中四种换向回路哪些回路能正常工作？其理由是什么？

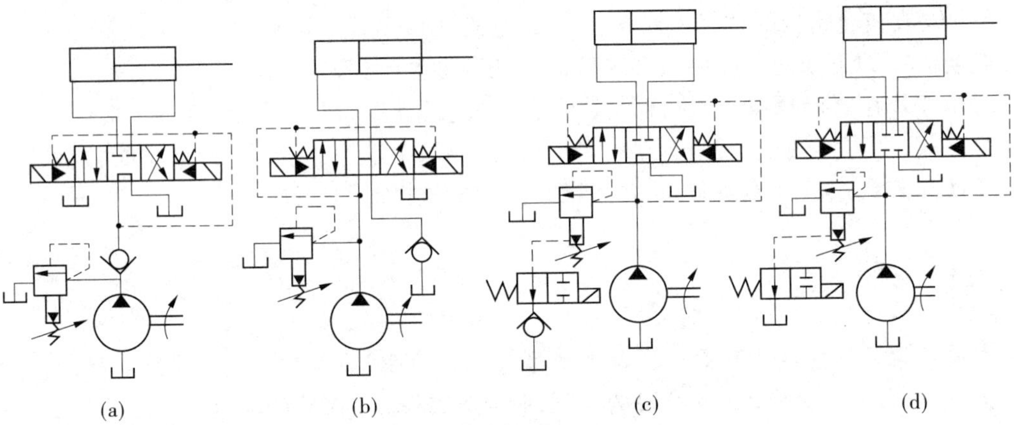

图 2-39　题 2-9 图

2-10　图 2-37 所示的锁紧回路为什么要求三位四通电磁换向阀的中位机能采用 H 形或 Y 形？如果采用 O 形或 M 形的三位四通换向阀，其锁紧效果是否更好些？为什么？

2-11　试说明图 2-35(b) 所示的带卸压阀芯的液控单向阀的工作原理。

2-12　试说明电液动换向阀的组成特点及使用特点。如何调节其换向时间？

项目三　液压传动压力控制

【教学目标要求】

1. 知识目标

(1)理解溢流阀、减压阀、顺序阀的类型、工作原理。

(2)理解各种压力控制回路,尤其是调压回路、卸荷回路和顺序动作回路的工作原理。

(3)了解蓄能器的主要类型、功能及用途。

2. 能力目标

(1)掌握溢流阀、减压阀、顺序阀的结构与应用场合及装调方法。

(2)掌握各种压力控制回路,尤其是调压回路、卸荷回路和顺序动作回路的分析方法。

任务 3.1　溢流阀的拆装及卸荷回路

3.1.1　任务书

1. 学习目的

了解溢流阀的类型及结构组成;掌握溢流阀的工作原理;了解各种压力控制回路的构成以及溢流阀在压力控制回路中的作用,对液压阀的加工及装配工艺有一个初步的认识。

2. 学习器材

内六角扳手、固定扳手、螺丝刀、各种液压溢流阀。

3. 学习过程

(1)将学生分成若干组,确定组长。

(2)由教师布置任务,用多媒体简述直动式溢流阀及先导式溢流阀的功用、典型结构组成及拆卸注意事项。

(3)学生分小组讨论制订拆检方案,经老师核定批准后实施。

(4)拆装一个典型的直动式溢流阀及先导式溢流阀,观察内、外部结构及组成,分析其工作原理,了解其用途。注意应按先外后内的顺序拆卸,将零件标号并按顺序摆放在橡胶板上。

(5)全班集中,由学生分小组派代表汇报学习情况,教师点评并提出新的要求。

(6)使事先由指导教师在实验台上连接好的几种回路,分别实现溢流阀的几种作用:溢流调压、过载保护、远程与多级调压、使泵卸荷。然后让学生判断每种回路上对应的是哪种作用。

4. 学习报告

注意简述溢流阀的类型、工作原理、结构、应用及调压回路，能连接哪几种卸荷回路，写出自己的感受和建议。

3.1.2 溢流阀

溢流阀是利用作用在阀芯上的压力或压力差与弹簧力相平衡进行工作，通过其阀口的溢流使被控系统或回路的压力维持恒定，从而实现稳压、调压或限压作用。

对溢流阀的主要要求是：调压范围大，调压偏差小，压力振摆小，动作灵敏，通流能力大，噪声小。溢流阀按其结构和工作原理可分为直动式溢流阀和先导式溢流阀。

3.1.2.1 溢流阀的类型、原理与结构

1. 直动式溢流阀

直动式溢流阀是依靠系统中的压力油直接作用在阀芯上与弹簧力相平衡，以控制阀芯的启闭动作的溢流阀。图 3-1(a)所示为一低压滑阀直动式溢流阀的结构简图，P 是进油口，T 是回油口，进口压力油经阀芯 4 上的径向孔 f、轴向阻尼孔 g 进入阀芯底端 c 腔。当进油压力较低时，向上的液压力不足以克服弹簧的预紧力，阀芯处于最下端位置，将 P 和 T 两油口隔开，阀处于关闭状态，即不溢流。当进油压力升高，阀芯下端所受的油压推力超过弹簧的预紧力 F_s 时，阀芯上移，阀口被打开，油口 P 和 T 连通，将多余的油液由 P 口经 T 口排回油箱，即溢流。这样，被控制的油液压力就不再升高，使阀芯处于某一平衡位置。阀芯上的阻尼孔 g 可减小油压的脉动，对阀芯的运动起到阻尼作用，从而可避免阀芯产生振动，提高了阀的工作稳定性。经阀芯周围间隙进入阀芯上腔 L 的油液经内泄油孔 e 与回油口接通，保证上腔不产生油压。因此，溢流阀回油口从使用与泄油两方面看都应该接油箱。

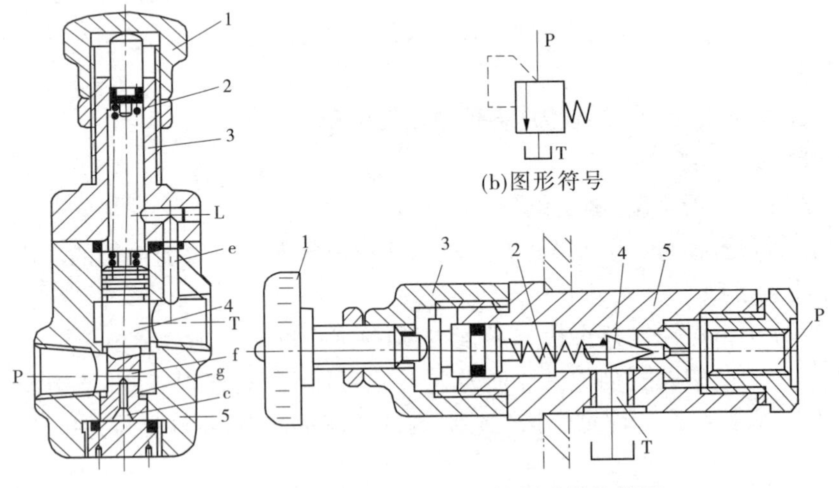

(b)图形符号

(a)滑阀式结构简图　　(c)锥阀式结构简图

1—调节帽；2—弹簧；3—上盖；4—阀芯；5—阀体

图 3-1　直动式溢流阀

当通过溢流阀的流量变化时，阀口的开度也随之改变，但在弹簧预紧力 F_s 调好以后，

忽略阀芯自重和摩擦力的影响，则作用于阀芯上的液压力 $p=F_s/A$（A 为阀芯端的有效作用面积）。因而，可以认为溢流阀处于某一平衡位置时，进口处的油液压力 p 的大小就由弹簧的预紧力 F_s 来决定。旋转调节帽 1 调整弹簧的预紧力 F_s，也就调整了溢流阀的工作压力 p，并使其稳定在所调定的数值上。

由于惯性和外负载变化，系统压力也会发生改变：当进口油压 p 超过预先所调定的压力时，阀芯 4 上移，溢流口增大，油液溢回油箱的阻力减小，使进口处油压 p 下降，直至作用在阀芯上的液压力和弹簧力重新平衡为止。同理，若进口压力 p 低于所调定的压力，阀芯下移，溢流口关小，溢流阻力增大，进口处的油压便自动升高，直至使阀芯重新恢复平衡。在自动调节过程中，阀芯移动量很小，作用在阀芯上的弹簧预紧力 F_s 可近似地视为常数。因此，可以认为，只要阀口打开有溢流，其进口处的压力 p 基本上就是恒定的。

直动式溢流阀是利用液压力直接和弹簧力相平衡来进行压力控制的。若用直动式溢流阀控制较高压力或较大流量时，需用刚度较大的硬弹簧，结构尺寸也将较大，这样不仅使阀的调节性能变差、油的压力和流量的波动较大，而且调节费力。因此，直动式溢流阀一般只用于低压小流量系统，或作为先导阀使用。图 3-1(c)所示锥阀芯直动式溢流阀即常用作先导式压力阀的先导阀。中、高压系统常采用先导式溢流阀。

2. 先导式溢流阀

先导式溢流阀由先导阀和主阀两部分组成。图 3-2(a)、(c)分别为高压、中压先导式溢流阀的结构简图。其先导阀是一个小规格锥阀芯直动式溢流阀，内腔弹簧为调压弹簧，用来调定主阀的溢流压力；主阀用于控制主油路的溢流，主阀内的弹簧 7 为平衡弹簧，刚度较小，仅是为克服摩擦力使主阀芯及时复位而设置的。主阀的阀芯 5 上开有阻尼小孔 e。在先导阀及主阀的阀体上还加工有孔道 a、b、c、d。

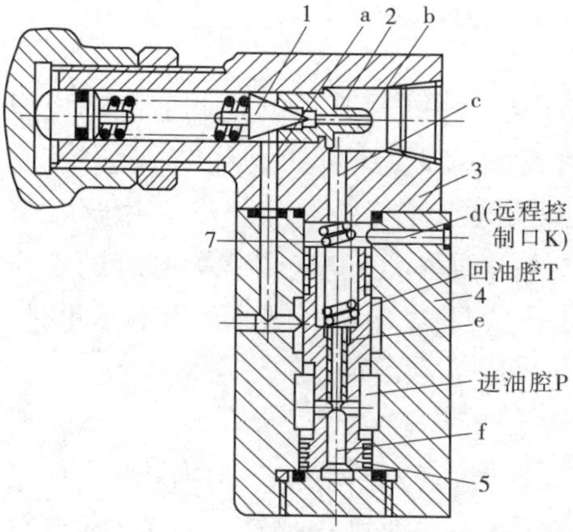

(a)高压先导式溢流阀结构简图

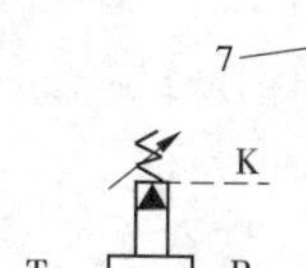

(b)图形符号

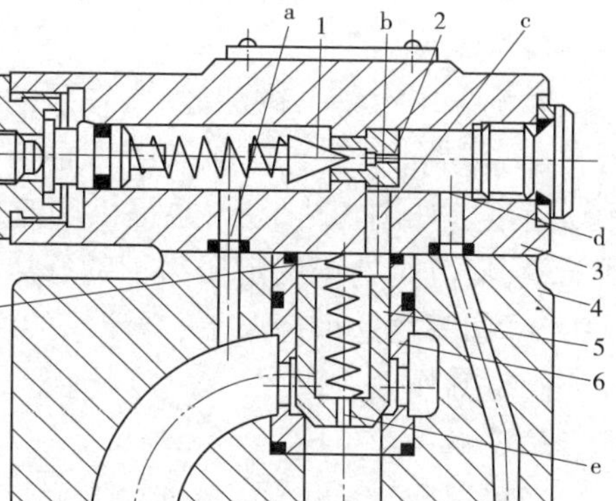

(c)中压先导式溢流阀结构简图

1—先导阀芯；2—先导阀座；3—先导阀体；4—主阀体；
5—主阀芯；6—主阀座；7—主阀平衡弹簧

图 3-2　先导式溢流阀

油液从进油口 P 进入，经阻尼孔 e 及孔道 c 到达先导阀的进油腔（在一般情况下，远程控制口 K 是堵塞的）。当进油口压力低于先导阀弹簧调定压力时，先导阀关闭，阀内无油液流动，主阀芯上、下两腔油压相等，因而主阀在其弹簧的作用下处于最下端位置，主阀关闭，阀不溢流。当先导阀进油腔油压随进油口P的压力升高到大于调压弹簧的调定压力时，先导阀被打开，主阀芯上腔油经先导阀口及阀体上的孔道a，由回油口T流回油箱。主阀芯下腔油液则经阻尼小孔e流动，由于小孔阻尼大，主阀芯上腔的压力p_1低于下腔的压力p，主阀芯两端产生压力差。当此压力差对主阀芯所产生的作用力超过平衡弹簧的作用力F_s时，主阀芯5便被抬起，进油口P和回油口T相通，达到溢流和稳压的目的。调节先导阀的调节帽，便可调节调压弹簧的预紧力，从而调定了系统的工作压力。更换刚度不同的先导阀弹簧，便可得到不同的调压范围。

当溢流阀起溢流、稳压作用时，不计阀芯自重和摩擦力，作用于主阀芯上的力平衡方程为

$$pA = p_l A + F_s \qquad \text{或} \qquad p = p_l + F_s/A \tag{3-1}$$

式中：A为主阀芯的端面积。

由式(3-1)可见，先导式溢流阀是利用主阀芯上、下两端的压力差所形成的作用力与弹簧力相平衡的原理进行压力控制的。由于主阀上腔存在压力p_l，所以平衡弹簧的刚度可以较小，F_s的变化也较小，当先导阀的调压弹簧调整好以后，p_l基本上是定值。当溢流量变化较大时，阀口开度可以上下波动，但进口处的压力p变化则较小，这就克服了直动式溢流阀的缺点。同时先导阀的承压面积一般较小，调压弹簧的刚度也不大，因此调压比较轻便。先导式溢流阀工作时振动小，噪声低，压力稳定，但其灵敏度不如直动式溢流阀。先导式溢流阀适用于中、高压系统。

3.1.2.2 溢流阀的应用及调压回路

溢流阀在液压系统中能分别起到溢流调压、过载保护、使泵卸荷、远程与多级调压及使液压缸回油腔形成背压等多种作用。

1. 溢流调压

系统采用定量泵供油时，常在泵的出口处接溢流阀与泵并联，其目的是调节泵的出口压力，而在执行元件的进油口或回油口上设置节流阀或调速阀，其目的是调节流量，控制运动速度。如图3-3所示，泵提供的流量一部分进入液压缸工作，另一部分经溢流阀溢流回油箱，溢流阀处于调定压力下的开启状态。调节弹簧的预紧力，也就调节了系统的工作压力。因此，在这种情况下，溢流阀的作用是溢流调压，这是溢流阀最基本的用法，此时，溢流阀也称作调压阀。

2. 过载保护

当采用变量泵供油，系统在最大工作压力以下工作时，执行元件的运动速度由变量泵自身调节，系统无溢流要求；泵的供油压力由负载决定，也不需要进行稳压。这时，在变量泵出口处常接一溢流阀，其调定压力约为系统最大工作压力的1.1倍。在系统正常工作时，溢流阀处于闭合状态，但系统一旦过载，则立即开启，从而保障了系统的安全。因此，这种系统中的溢流阀又称作安全阀，如图3-4所示。

3. 使泵卸荷

液压系统工作时，由于各种原因常需要执行元件短时间停止工作，此时不需要泵供油，但也不宜关闭电动机，因为频繁启闭将大大缩短电动机和液压泵的寿命。因此，应该

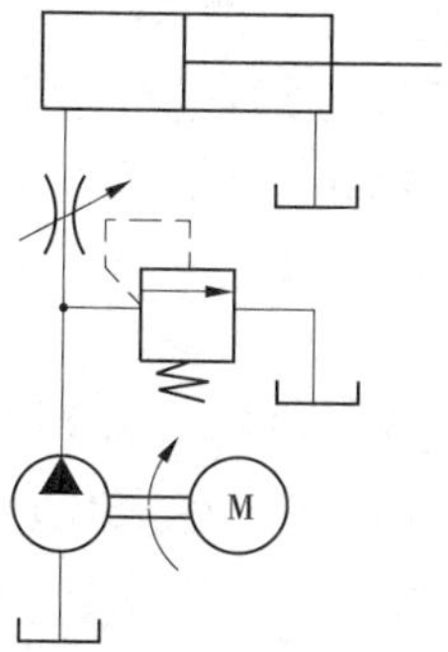

图 3-3　溢流阀用于调压的回路

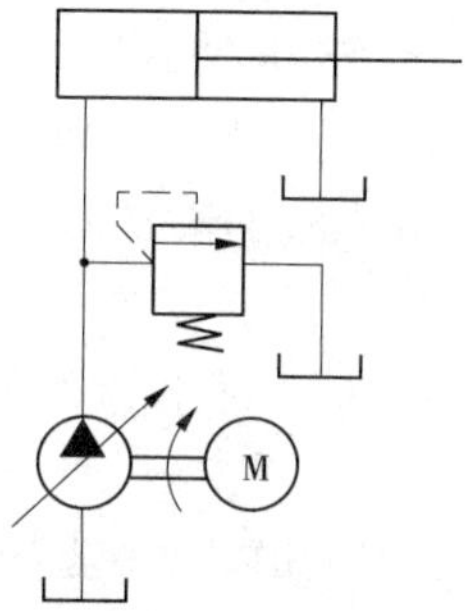

图 3-4　溢流阀用于过载保护的回路

使泵卸荷，即使泵在零压或在很低压力下运转，以减少功率损耗和噪声，降低系统发热，延长泵和电动机的寿命。此时所构成的回路称为卸荷回路，又称卸载回路。

所谓卸荷，即执行元件短时间停止时工作泵的功率损耗接近于零的运转状态。功率为流量与压力的乘积，理论上，两者任意一项近似为零，功率损耗也就接近为零，故卸荷有流量卸荷和压力卸荷两种方法。液压系统通常采用压力卸荷法，使液压泵在接近于零压下运行。泵的压力卸荷法有两种：一种是用 M 形、H 形或 K 形中位机能的三位换向阀，当换向阀处于中位工作时，直接使系统压力接近于零，泵即卸荷，如图 3-5 所示。另一种是用换向阀接先导式溢流阀的远控口，使溢流阀全开，从而使系统压力接近于零。图 3-6 所示为用先导式溢流阀的卸荷回路。用二位二通电磁换向阀与先导式溢流阀的远程控制口 K 相连，当电磁铁通电时，换向阀左位工作，溢流阀远程控制口 K 与油箱连通，此时主阀芯后腔压力接近于零，由于主阀弹簧很软，于是主阀芯在进口压力很低时即可迅速抬起，溢流阀阀口全开，泵输出的油液便在此低压下经溢流阀全部流回油箱。泵接近于空载运转，功耗很小，即处于卸荷状态。这种卸荷方法所用的二位二通阀可以是通径很小的阀。由于在实用中经常采用这种卸荷方法，目前已有将溢流阀和微型电磁阀组合在一起的电磁溢流阀，其管路连接更为简便。

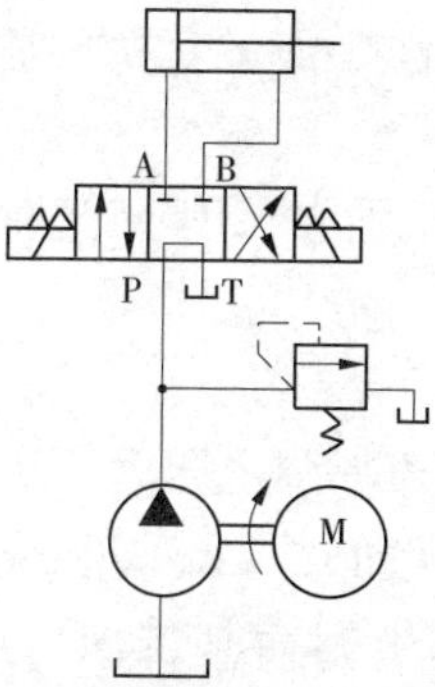

图 3-5　用换向阀的卸荷回路

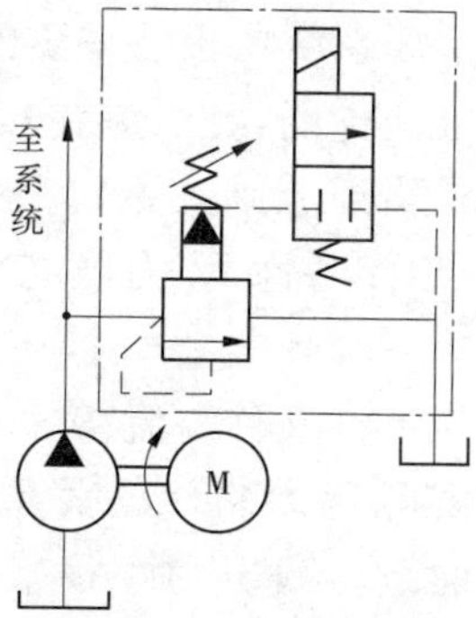

图 3-6　用先导式溢流阀的卸荷回路

4. 远程调压

当系统需要随时调整压力时，可采用远程调压回路，如图 3-7 所示。将先导式溢流阀的远程控制口与另外一个设在别处并且调定压力值较低的溢流阀（或远程调压阀）连通，当电磁阀不通电即右位工作时，其主阀芯上腔的油压只要达到低压阀的调整压力，主阀芯即可抬起溢流(其先导阀不再起调压作用),即实现远程调压。实际使用时,先导式溢流阀安装在最靠近液压泵的出口处,起安全保护作用。而远程调压阀(其调定压力须低于先导式溢流阀的调定压力)则安装在操作台上,起调压作用。无论是两者中的哪个阀起作用,先导式溢流阀的溢流流量始终经主阀阀口回油箱。

5. 多级调压

如图 3-8 所示为三级调压回路。当系统需多级压力控制时,可将先导式溢流阀 1 的远控口通过三位四通电磁换向阀 4 分别连接具有不同调定压力的调压阀 2 和 3,使系统获得三种压力调定值,其中先导式溢流阀 1 的压力调定值最高。当换向阀左位工作时,系统压力由阀 2 调定;换向阀右位工作时,系统压力由调压阀 3 调定;换向阀处于中位时为系统的最高压力,由先导式溢流阀 1 来调定。

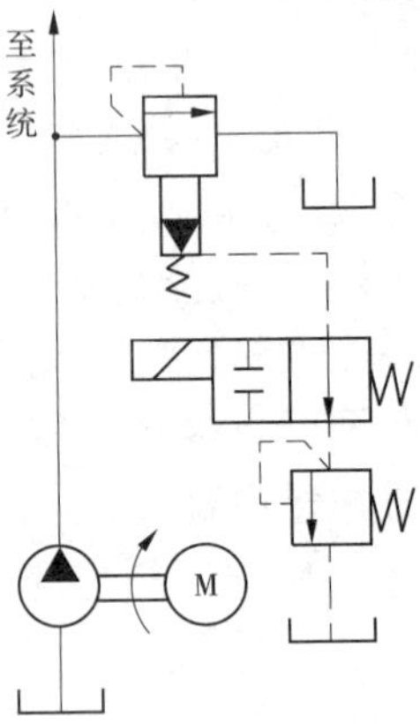

图 3-7 用溢流阀的远程调压回路

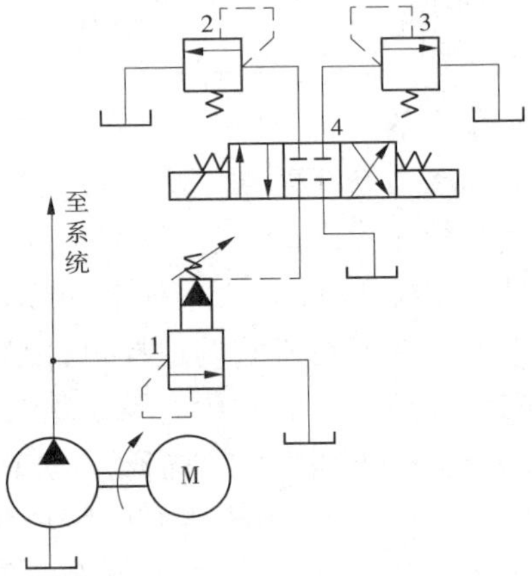

1—先导式溢流阀;2、3—调压阀;
4—三位四通电磁换向阀

图 3-8 用溢流阀的三级调压回路

3.1.2.3 溢流阀的特性

溢流阀是液压系统中极为重要的控制元件,其工作性能的优劣对液压系统的工作性能影响很大。溢流阀的特性包括静态特性和动态特性。

静态特性是指溢流阀在稳定工作状态下(即系统压力没有突变时)的特性,包括压力–流量特性、启闭特性、压力稳定性及卸荷压力等。

1. 压力–流量特性

压力–流量特性又称溢流特性,它表示溢流阀在某一调定压力下工作时,其溢流量的变化与阀进口实际压力之间的关系。图 3-9(a)为直动式溢流阀和先导式溢流阀的压力–流量特性曲线。图 3-9 中,横坐标为溢流量 q,纵坐标为阀进油口压力 p。溢流量为额定值 q_n时所对应的压力 p_s称为溢流阀的调定压力。溢流阀刚开启(溢流量为额定溢流量的 1%)时,阀进口的压力 p_0称为开启压力。p_s与 p_0之差称为调压偏差,也即溢流量变化时溢流阀工作压力的变化范围。其值越小,性能越好。由图 3-9(a)可见,先导式溢流阀的特性曲线比较平缓,调压偏差也小,故其性能要优于直动式溢流阀。因此,先导式溢流阀宜用于系统溢流稳压,直动式溢流阀因其灵敏性高,宜用作安全阀。

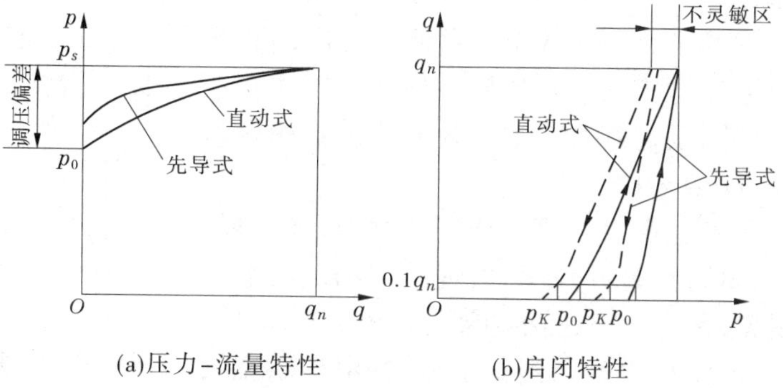

图 3-9 溢流阀的静态特性

2. 启闭特性

溢流阀的启闭特性是指溢流阀从刚开启到通过额定流量(也叫全流量),再由全流量到闭合(溢流量减小为额定值的1%以下)整个过程中的压力-流量特性。

溢流阀闭合时的压力 p_K 称为闭合压力。由于阀开启时阀芯所受的摩擦力与进油压力方向相反,而阀闭合时阀芯所受的摩擦力与进油压力方向相同,因此在相同的溢流量下,开启压力 p_0 大于闭合压力 p_K。图 3-9(b)所示为溢流阀的启闭特性。图 3-9(b)中,横坐标为溢流阀进油口的控制压力,纵坐标为溢流阀的溢流量,实线为开启曲线,虚线为闭合曲线。由图 3-9 可见这两条曲线不重合。在某溢流量下,两曲线压力坐标的差值称为不灵敏区。因压力在此范围内变化时,阀的开度无变化,它的存在相当于加大了调压偏差,且加剧了压力波动。因此,该差值越小,阀的启闭特性越好。由图 3-9(b)中的两组曲线可知,先导式溢流阀的不灵敏区比直动式溢流阀的不灵敏区小一些。

闭合压力 p_K 与调定压力 p_s 之比称为闭合比。开启压力 p_0 与调定压力 p_s 之比称为开启比。为保证溢流阀有良好的稳压性能,一般规定其开启比不应小于 90%,闭合比不应小于 85%。溢流阀的压力-流量特性的优劣可用调压偏差或开启比、闭合比来评价。调压偏差越小,开启比、闭合比越大,阀的性能越好。

3. 压力稳定性

溢流阀工作压力的稳定性由两个指标来衡量:一是在调定流量 q_s 和调定压力 p_s 下,其进口压力在规定时间(一般为 3 min)内的偏移值;二是在整个调压范围内,通过额定流量 q_n 时进口压力的振摆值。一般溢流阀这两项指标均不超过 ±0.2 MPa。如果溢流阀的压力稳定性不好,就会出现剧烈的振动和噪声。

4. 卸荷压力

当将溢流阀的远程控制口 K 与油箱连通时,其主阀阀口开度最大,液压泵处于卸荷状态。此时溢流阀进出油口的压力差,称为卸荷压力。卸荷压力越小,油液通过阀口时的功率损失就越小,发热也越小,说明阀的性能越好。一般卸荷压力不大于 0.2 MPa。

动态特性是指溢流阀在系统负载发生突然变化时,从阀口压力突然升高,开度增大,到稳定溢流使压力恢复到调定值,所经过的短暂动态过程中的工作特性。主要指标有:过

渡过程时间 Δt 和压力超调量 Δp。图 3-10 所示为溢流阀在突变负载作用下的压力变化情况。过渡过程时间是指溢流阀从一种稳定工作状态过渡到另一种稳定工作状态所需的时间，Δt 愈小，动态特性愈好。先导式溢流阀的过渡过程时间一般为 0.2 ~0.3 s。

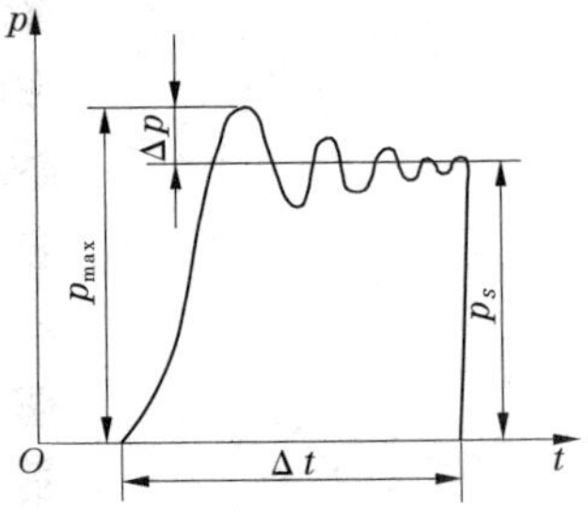

图 3-10 溢流阀的动态特性

压力超调量是最大压力峰值与调定值之差。溢流阀开始工作时，在阀口将要打开瞬间，出现系统油液压力高于调定压力的现象，称为压力超调现象。由图 3-10 可见，在升压过程中，当系统压力升高到调定值时，由于溢流阀阀芯动作较迟缓，阀门来不及开大，引起阀的进口压力迅速升高到某一峰值，阀门才打开足够大，接着压力逐渐衰减、振荡，并经过一段时间后，才稳定在调定压力上。因此，Δp 越小，说明阀的动作灵敏度越高。若 Δp 太大，则会发生元件损坏，管道破裂或使一些元件产生误动作。一般溢流阀的超调量为公称压力 p 的 10% ~30%。

任务 3.2 顺序阀的拆装与顺序回路

3.2.1 任务书

1. 学习目的

了解顺序阀的类型、结构组成、工作原理及用途；掌握各种顺序控制回路的构成以及顺序阀在顺序控制回路中的作用。

2. 学习器材

内六角扳手、固定扳手、螺丝刀、各类液压顺序阀。

3. 学习过程

(1)将学生分成若干组，确定组长。

(2)由教师布置任务，用多媒体简述直动式溢流阀及先导式溢流阀的功用、典型结构组成及拆卸注意事项。

(3)学生分小组讨论制订拆检方案，经老师核定批准后实施。

(4)拆装典型的直动式顺序阀及先导式顺序阀，观察内、外部结构及组成，分析其工作原理，了解其用途。注意应按先外后内顺序拆卸，将零件标号并按顺序摆放在橡胶板上。

(5)在实验台上连接四种顺序动作回路，分别由顺序阀、行程阀、行程开关及压力继电器实现顺序动作，先演示各回路，然后分析每种回路的工作原理；在由顺序阀和压力继电器构成的顺序动作回路中，改变顺序阀和压力继电器的压力调定值，观察回路所实现的动作顺序有何变化。

(6)全班集中，由学生分小组派代表汇报学习情况，教师点评并提出新的要求。

4. 学习报告

注意简述顺序阀的类型、工作原理、结构、应用，以及顺序回路、平衡回路的工作原理。

3.2.2　顺序控制

在液压系统中，除需要进行压力的调控外，还常常需要根据油路压力的变化来控制执行元件之间的动作顺序，这时就要使用顺序阀。顺序阀是利用油路中压力的变化来控制阀口启闭，以实现执行元件顺序动作的液压元件。

3.2.2.1　顺序阀的类型、原理与结构

顺序阀按控制方式分，可分为内控式顺序阀（又称自控式顺序阀）和外控式顺序阀；按泄油连通方式分，有内泄式和外泄式两种；按结构形式分，有直动式和先导式两种，其中直动式用于低压系统，先导式用于中、高压系统。

图 3-11(a)所示为直动式顺序阀的结构简图。当其进油口的油压低于弹簧 6 的调定压力时，控制活塞 3 下端油液向上的推力小，阀芯 5 处于最下端位置，阀口关闭，油液不能通过顺序阀流出。当进油口油压达到弹簧调定压力时，阀芯 5 抬起，阀口开启，压力油即可从顺序阀的出口流出，使阀后的油路工作。这种顺序阀利用其进油口压力进行控制，称为普通顺序阀（也称为内控式顺序阀），其图形符号如图 3-11(b)所示。由于阀出油口接压力油路，因此其上端弹簧处的泄油口必须另接一油管通油箱，这种连接方式称为外泄。若将下阀盖 2 相对于阀体转过 90°或 180°，将螺堵 1 拆下，在该处接控制油管并通入控制油，则阀的启闭便可由外供控制油控制。这时即成为外控外泄式顺序阀，也称为液控顺序阀，其图形符号如图 3-11(c)所示。若再将上阀盖 7 转过 180°，使泄油口处的小孔 a 与阀体上的小孔 b 连通，将泄油口用螺堵封住，并使顺序阀的出油口与油箱连通，则顺序阀就成为卸荷阀，即外控内泄式顺序阀。其泄漏油可由阀的出油口流回油箱，这种连接方式称为内泄。外控内泄式顺序阀的图形符号如图 3-11(d)所示。

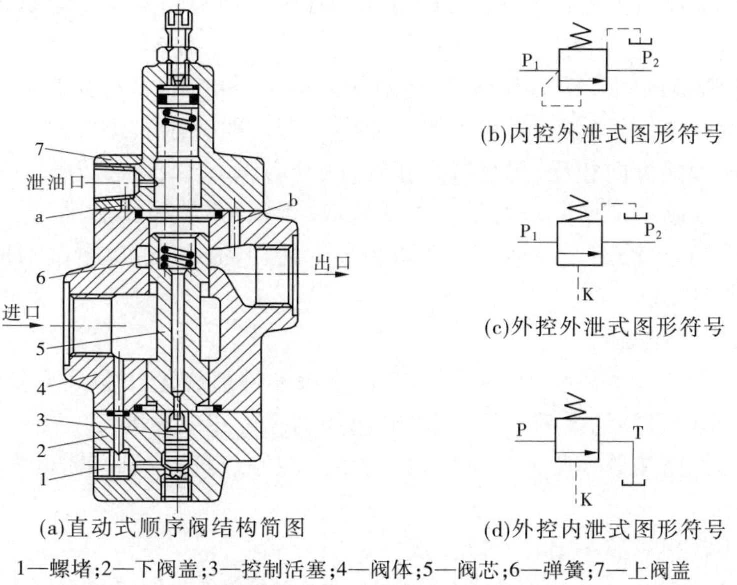

(a)直动式顺序阀结构简图　　(d)外控内泄式图形符号

1—螺堵；2—下阀盖；3—控制活塞；4—阀体；5—阀芯；6—弹簧；7—上阀盖

图 3-11　直动式顺序阀

顺序阀常与单向阀组合成单向顺序阀、液控单向顺序阀等使用。直动式顺序阀设置

控制活塞的目的是缩小阀芯受油压作用的面积,以便采用较软的弹簧来提高阀的压力－流量特性。直动式顺序阀的最高工作压力一般在 8 MPa 以下。先导式顺序阀如图 3-12 所示。其主阀弹簧的刚度可以很小,故可省去阀芯下面的控制柱塞,不仅启闭特性好,且工作压力也可大大提高。

3.2.2.2 **压力继电器**

压力继电器是一种将油液的压力信号转换成电信号的液－电信号转换元件。当油液压力达到压力继电器的调定压力时,能自动接通或断开电路,使电磁铁、继电器、电动机等电气元件通电运转或断电停止工作,以实现对液压系统工作程序的控制、安全保护或元件动作的联锁等。任何压力继电器都是由压力－位移转换装置和微动开关两部分组成的。按压力－位移转换装置的结构划分,有柱塞式、弹簧管式、膜片式和波纹管式四类,其中以柱塞式最常用。

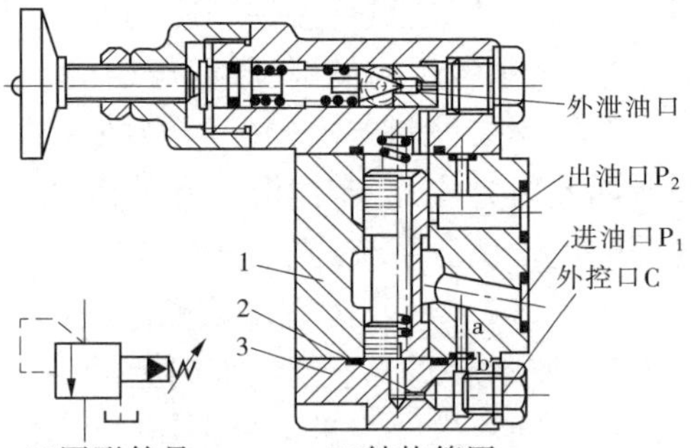

(a)图形符号　(b)结构简图

1—阀体;2—阻尼孔;3—下盖;a、b—阀芯下腔通孔

图 3-12　先导式顺序阀

图 3-13 所示为柱塞式压力继电器的结构简图和图形符号。主要零件包括柱塞 1、顶杆 2、调节螺钉 3 和微动开关 4。压力油从继电器下端油口通入后作用在柱塞 1 的底部,若其压力已达到弹簧的调定值,它便克服弹簧的阻力和柱塞表面的摩擦力推动柱塞上升,通过顶杆 2 使微动开关 4 的触点闭合,发出电信号。

压力继电器的主要性能包括:

(1)调压范围。指发出电信号的最低压力和最高压力的范围。拧动调节螺钉 3,即可调整工作压力。

(2)通断调节区间。压力升高,继电器接通电信号的压力,称为开启压力;压力下降,继电器复位切断电信号的压力,称为闭合压力。开启时,柱塞、顶杆移动时所受到的摩擦力的方向与压力的方向相反,闭合时则相同,故开启压力比闭合压力大。两者之差称为通断调节区间。通断调节区间应有足够大的数值;否则,系统压力脉动时,压力继电器发出的电信号会时断时续,产生误动作。中压系统中使用的压力继电器的通断调节区间一般为 0.35 ~0.8 MPa。

3.2.2.3 **顺序动作回路**

在多缸工作的液压系统中,往往要求各执行元件严格地按照预先给定的顺序动作。例如,自动车床中刀架的纵横向运动、夹紧机构的定位和夹紧等。

顺序动作回路按其控制方式不同,分为压力控制、行程控制和时间控制三类,其中前两类用得较多。

1. 用压力控制的顺序动作回路

图 3-14 是采用两个普通单向顺序阀的压力控制顺序动作回路。用普通单向顺序阀 2 和 3 与电磁换向阀配合动作,使 A、B 两液压缸实现①②③④顺序动作的回路。在图示状态下,换向阀处于中位,A、B 两液压缸活塞处于左端位置。当电磁铁 1YA 通电时,阀 1 左

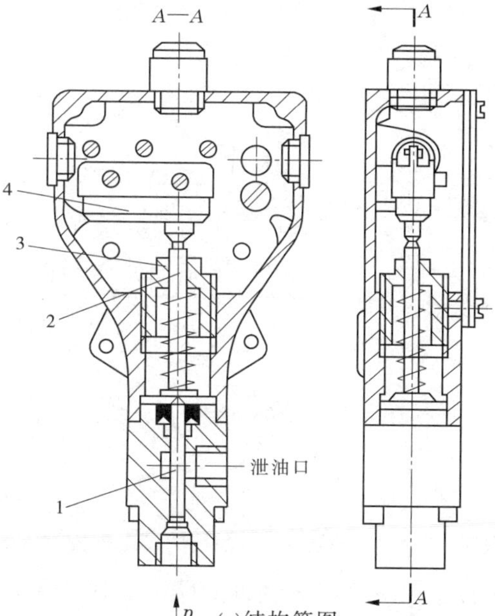

(a)结构简图

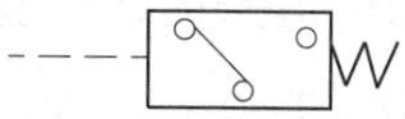

(b)图形符号

1—柱塞;2—顶杆;3—调节螺钉;4—微动开关

图 3-13　柱塞式压力继电器

位工作,压力油先进入 A 缸左腔,其右腔经阀 2 中的单向阀回油,此时由于压力较低,阀 3 中的顺序阀关闭,A 缸的活塞先动。其活塞右移实现动作①。当活塞行至终点停止时,系统压力升高。当压力升高到阀 3 中顺序阀的调定压力时,顺序阀开启,压力油进入 B 缸左腔,B 缸右腔直接回油,活塞右移实现动作②。当 B 缸的活塞右移到达终点后,电磁换向阀的电磁铁 1YA 断电复位,电磁铁 2YA 通电,换向阀右位工作,压力油先进入 B 缸右腔,B 缸左腔经阀 3 中的单向阀回油,其活塞左移实现动作③。当 B 缸活塞左移至终点停止时,系统压力升高。当压力升高到阀 2 中顺序阀的调定压力时,顺序阀开启,压力油进入 A 缸右腔,A 缸左腔回油,其活塞返回实现动作④。当 A 缸活塞返回至终点时,可用行程开关控制电磁换向阀断电换为中位停止,也可再使 1YA 电磁铁通电开始下一个工作循环。

图 3-15 是用压力继电器控制的顺序动作回路。用压力继电器 1KP 和 2KP 与两电磁换向阀配合动作,使 A、B 两液压缸实现①②③④顺序动作的回路。在图示状态下,两换向阀均处于中位,A、B 两液压缸活塞处于左端位置。按下启动按钮,使 1YA 通电,A 缸活塞向右运动,实现动作①;当 A 缸行至终点后,系统压力升高,当油压超过压力继电器 1KP 的调定压力值时,压力继电器 1KP 动作,发出电信号,使电磁铁 3YA 通电,B 缸活塞向右运动,实现动作②;按返回按钮,1YA、3YA 断电,4YA 通电,B 缸活塞向左退回,实现动作③;B 缸活塞退到原位后,回路压力升高,当油压超过压力继电器 2KP 的调定压力值时,压力继电器 2KP 发出电信号,使 2YA 通电,A 缸活塞后退完成动作④。

显然以上两种回路动作的可靠性,在很大程度上取决于顺序阀和压力继电器的性能及其调定值,顺序阀和压力继电器的调定压力应比先动作的液压缸的工作压力高 10% ~

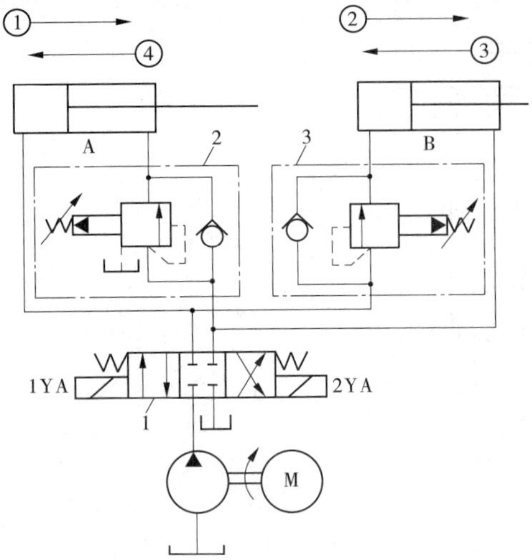

图 3-14　用压力控制的顺序动作回路

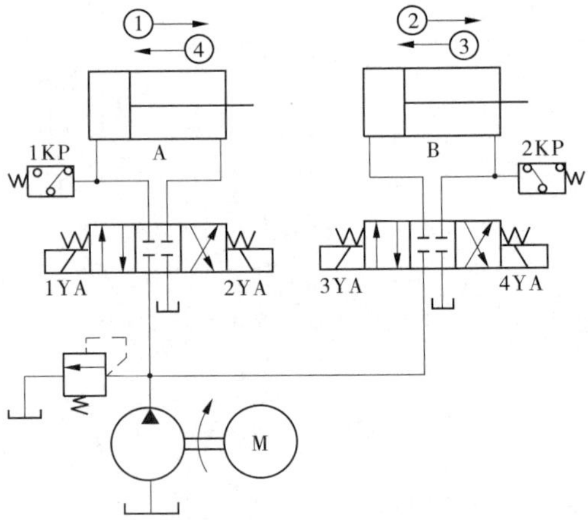

图 3-15　用压力继电器控制的顺序动作回路

15%，以免管路中的压力冲击或波动造成误动作。这种回路只适用于系统中执行元件数目不多、负载变化不大和可靠性要求不太高的场合。当运动部件卡住或压力脉动变化较大时，误动作不可避免。

2. 用行程控制的顺序动作回路

行程控制顺序动作回路是利用工作部件到达一定位置时，发出信号来控制液压缸的先后动作顺序的，它可以利用行程开关或行程阀来实现。

1)用行程开关控制的顺序动作回路

如图 3-16 所示，用行程开关控制的顺序动作回路是利用电气行程开关控制电磁换向阀 1、2 的通电顺序，从而来实现 A、B 两液压缸按①②③④顺序动作的。在图示状态下，电磁换向阀 1、2 均不通电，两液压缸的活塞均处于右端位置。动作顺序是：按下启动按钮，使电磁铁 1YA 通电，电磁换向阀 1 左位工作，压力油进入 A 缸的右腔，其左腔回油，活塞左移实现动作①；当 A 缸活塞杆上的挡铁触动行程开关 1XK 时，2YA 通电，电磁换向阀 2 换为左位工作，这时压力油进入 B 缸右腔，缸左腔回油，活塞左移实现动作②；当 B 缸活塞左行至其上的挡块触动行程开关 2XK 时，1YA 断电，电磁换向阀 1 换为右位工作，这时压力油进入 A 缸左腔，其右腔回油，活塞右移实现动作③；当 A 缸活塞右行，而后其上的挡块触动行程开关 3XK 时，2YA 断电，电磁换向阀 2 换为右位工作，这时压力油又进入 B 缸左腔，其右腔回油，活塞右移实现动作④。当 B 缸活塞上的挡块触动行程开关 4XK 时，又可使 1YA 通电，开始下一个工作循环。

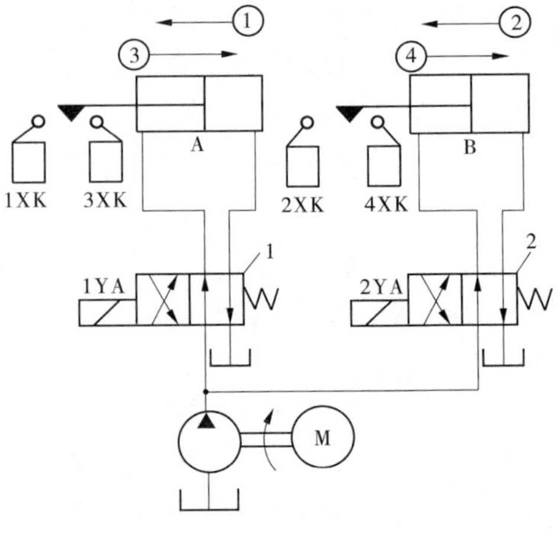

1，2—电磁换向阀

图 3-16　用行程开关控制的顺序动作回路

这种回路的优点是控制灵活方便，其动作顺序更换容易，液压系统简单，易实现自动控制。但顺序转换时有冲击声，位置精度与工作部件的速度和质量有关，而可靠性则由电气元件的质量决定。

2）用行程阀控制的顺序动作回路

如图 3-17 所示，在图示状态下，A、B 两液压缸活塞均处在右端位置。当电磁阀 1 通电时，压力油进入 B 缸右腔，B 缸左腔回油，其活塞左移实现动作①；当 B 缸活塞杆上的挡块压下行程阀 2 后，行程阀上位工作，压力油经行程阀进入 A 缸右腔，A 缸左腔回油，其活塞左移，实现动作②；当电磁阀 1 断电时，压力油先进入 B 缸左腔，B 缸右腔回油，其活塞右移，实现动作③；当 B 缸活塞杆上的挡块松开行程阀②使其恢复下位工作时，压力油经行程阀进入 A 缸的左腔，A 缸右腔回油，其活塞右移，实现动作④。到此完成一个工作循环。

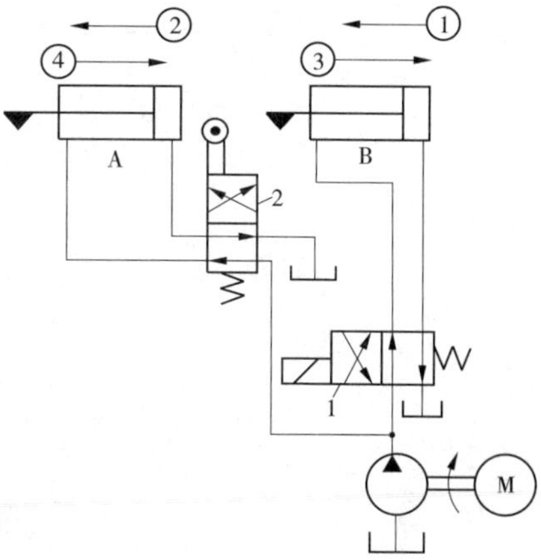

1—电磁阀；2—行程阀

图 3-17　用行程阀控制的顺序动作回路

这种回路工作可靠，动作顺序的换接平稳，但改变动作顺序比较困难，且管路长，压力损失大，不易安装，主要用于专用机械的液压系统。

3.2.2.4　平衡回路

为防止立式液压缸的工作部件在上位停止时因自重而自行下滑，或在下行时因自重而造成失控超速，运动不平稳，常采用平衡回路，即在其下行的回油路上设置单向顺序阀，使液压缸的回油腔产生一定的背压，以平衡其自重。平衡回路要求结构简单、闭锁性能好、工作可靠。

图 3-18（a）为采用单向顺序阀的平衡回路。顺序阀的调定压力应稍大于工作部件的自重在液压缸下腔形成的压力。这样，当换向阀处于中位，液压缸不工作时，顺序阀关闭，工作部件不会自行下滑。当换向阀左边电磁铁得电时，其左位工作，液压缸上腔通压力油，下腔的背压大于顺序阀的调定压力时，顺序阀开启，活塞与运动部件下行。由于自重得到平衡，故不会产生超速现象。当换向阀右边电磁铁得电时，其右位工作，压力油经单向阀进入液压缸下腔，缸上腔回油，活塞及工作部件上行。这种回路采用 M 形机能换向阀，可使液压缸停止工作时，缸上下腔油被封闭，从而有助于锁住工作部件。另外，它还可使泵卸荷，以减少能耗。

采用单向顺序阀的平衡回路，当自重较大时，顺序阀调定压力较高，下行时回油腔背压大，必须提高进油腔工作压力，故功率损失较大。因此，这种回路只用于工作部件重量较小的场合，如插床的液压系统中。

图 3-18（b）为采用液控单向顺序阀的平衡回路。它适用于工作部件重量变化较大的场合，如起重机立式液压缸的油路。

换向阀右位工作时，压力油进入缸下腔，缸上腔回油，使活塞上升吊起重物。当换向阀处于中位时，缸上腔卸压，液控顺序阀关闭，缸下腔油被封闭，因而不论其重量大小，活

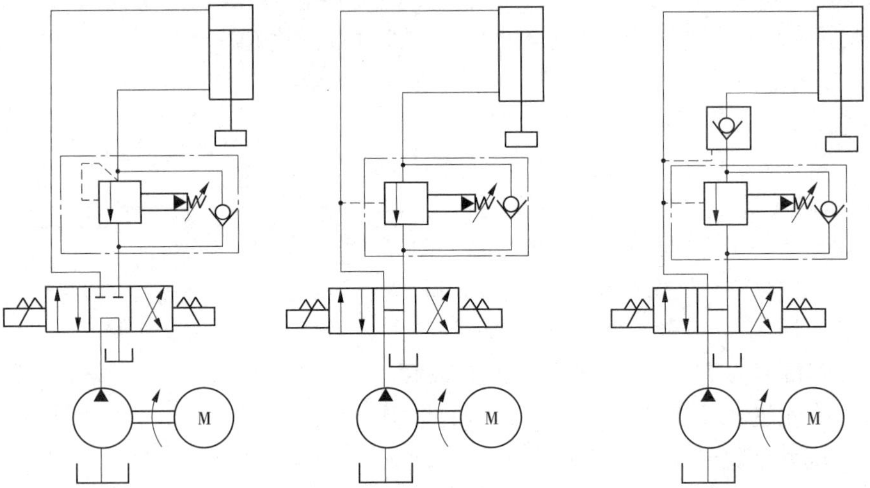

(a) (b) (c)

图 3-18 采用单向顺序阀的平衡回路

塞及工作部件均能停止运动并被锁住。当换向阀左位工作时,压力油进入缸上腔,同时进入液控顺序阀的外控口,使顺序阀开启,液压缸下腔可顺利回油,于是活塞下行,放下重物。由于背压较小,因而功率损失较小。下行时,若速度过快,必然使缸上腔油压降低,顺序阀控制油压也降低,因而液控顺序阀在弹簧力的作用下关小阀口,使背压增加,阻止活塞下降,故亦能保证工作安全可靠。但由于下行时液控顺序阀处于不稳定状态,其开口量有变化,故运动的平稳性较差。

以上两种平衡回路中,由于滑阀本身的泄漏,故在长时间停止时,工作部件仍会有缓慢的下移。为此,若要使工作部件长时间被锁在任意位置,可在液压缸与顺序阀之间加一个密封性能较好的液控单向阀,如图 3-18(c)所示。当泵突然停转或换向阀处于中位时,液控单向阀将回路锁紧,并且重物的重量越大,液压缸下腔的油压越高,液控单向阀关得越紧,其密封性越好。因此,这种回路能将重物较长时间地停留在空中某一位置而不下滑,平衡效果较好。

任务 3.3 减压阀的拆装与减压回路

3.3.1 任务书

1. 学习目的

了解减压阀的类型、结构组成、工作原理及用途;掌握减压回路的构成以及减压阀在减压回路中的作用。

2. 学习器材

内六角扳手、固定扳手、螺丝刀、各类减压阀。

3. 学习过程

(1)将学生分成若干组,确定组长。

（2）由教师布置任务，用多媒体简述先导式减压阀的功用、典型结构组成及拆卸注意事项。

（3）学生分小组讨论制订拆卸方案，经老师核定批准后实施。

（4）拆装典型的先导式减压阀，观察内、外部结构及组成，分析其工作原理，了解其用途。注意应按先外后内的顺序拆卸，将零件标号并按顺序摆放在橡胶板上。

（5）在实验台上连接几种减压回路，然后分析每种回路的工作原理；将减压阀与溢流阀做对比，观察两者在结构组成、回路中的连接方法及作用上有何异同。

（6）全班集中，由学生分小组派代表汇报学习情况，教师点评并提出新的要求。

4. 学习报告

注意简述减压阀的类型、工作原理、结构、应用，以及典型压力控制回路的工作原理。

3.3.2　减压控制

在液压系统中，有时需要某一支路获得比系统压力低而平稳的压力油，此时可采用减压阀控制。

3.3.2.1　减压阀的类型、特点及应用

减压阀是利用油液流过缝隙时产生压降的原理，使出口压力低于进口压力的压力控制阀。按调节要求不同，减压阀有三种：用于保持出口压力为定值的定值减压阀；用于保持进、出口压力差不变的定差减压阀；用于保持进、出口压力成比例的定比减压阀。其中定值减压阀应用最广，如不指明，通常所称的减压阀即为定值减压阀。这里只介绍定值减压阀。

定值减压阀也有直动式和先导式两种。直动式很少单独使用，先导式则应用较多。

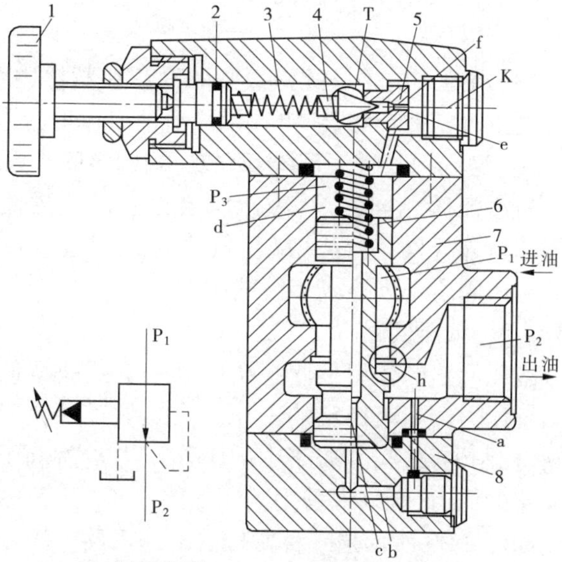

(a)图形符号　　(b)线构简图

1—调压手轮；2—密封圈；3—弹簧；4—先导阀芯；5—阀座；6—主阀芯；7—主阀体；8—阀盖

图 3-19　先导式减压阀结构简图和图形符号

图 3-19 为先导式减压阀结构简图和图形符号。它由先导阀与主阀组成。油压为 p_1 的压力油，由主阀的进油口流入，经减压阀口 h 后由出油口流出，其压力为 p_2。出口油液经主阀体 7 和阀盖 8 上的孔道 a、b 及主阀芯 6 上的阻尼孔 c 流入主阀芯上腔 d 及先导阀右腔 e。当出口压力 p_2 低于先导阀弹簧的调定压力时，先导阀呈关闭状态，主阀芯上、下腔油压相等，它在主阀弹簧力作用下处于最下端位置（图示位置）。这时减压阀口 h 开度最大，不起减压作用，其进、出口油压基本相等。当 p_2 达到先导阀弹簧调定压力时，先导阀开启，主阀芯上腔油经先导阀阀座 5 上的小孔 f 和通道口 T 流回油箱，下腔油经阻尼孔 c 向上

流动,使主阀芯两端产生压力差。阀芯在此压差作用下克服上端弹簧的阻力向上抬起,关小减压阀口 h,阀口压降 Δp 增加。阀起到了减压作用。这时若由于负载增大或进口压力向上波动而使 p_2 增大,在 p_2 大于弹簧调定值的瞬时,主阀芯立即上移,使减压阀口 h 迅速减小,Δp 进一步增大,出口压力 p_2 便自动下降,仍恢复为原来的调定值。由此可见,减压阀能利用出油口压力的反馈作用,自动控制阀口开度,保证出口压力基本上为定值。因此,它也被称为定值减压阀。

减压阀的阀口为常开型,其泄油口必须由单独设置的油管通往油箱,且泄油管不能插入油箱液面以下,以免造成背压,使泄油不畅,影响阀的正常工作。

当阀的外控口 K 接一远程调压阀,且远程调压阀的调定压力低于减压阀的调定压力时,可以实现二级减压。

将先导式减压阀与先导式溢流阀进行比较,可以发现二者的差别,其不同点归纳为如下四点:

(1)控制阀口启闭的油压及控制点,溢流阀引自于进口油压,保持进口压力为定值;而减压阀引自于出口油压,保持出口压力恒定。

(2)在常态下减压阀阀口为常开,进、出油口互通;溢流阀阀口则为常闭,进、出油口不通。

(3)溢流阀的先导阀弹簧腔的油液在阀体内引至回油口(即内泄式);减压阀的出口油液通执行元件,因此须单独设置泄油口(即外泄式)。

(4)溢流阀并联于系统,而减压阀则串联于系统。

与溢流阀相同的是,减压阀也以直动式溢流锥阀作为先导阀,先导式减压阀亦可以远程控制口接调压阀实现远控或多级减压。

3.3.2.2 减压回路

减压回路的作用是使系统中某一支路获得低于系统压力调定值稳定的工作压力。如工件夹紧油路、控制油路、润滑油路中的工作压力常需低于主油路的压力,所以常采用减压回路。

如图 3-20 所示是一种常用的减压回路。液压泵的供油压力根据主系统的负载要求由溢流阀 1 调定,回路中串联一个减压阀 2,使夹紧缸能获得较低而又稳定的夹紧力。减压阀的出口压力可以从 0.5 MPa 至溢流阀的调定压力范围内调节,当系统压力有波动时,减压阀出口压力可稳定不变。

图 3-20 中单向阀 3 的作用为:当主油路压力低于减压阀的压力调定值时,使夹紧油路和主油路隔开,防止油倒流,起到短时保压作用,使夹紧缸的夹紧力在短时间内保持不变。为了确保安全,夹紧回路中常采用带定位的二位四通电磁换

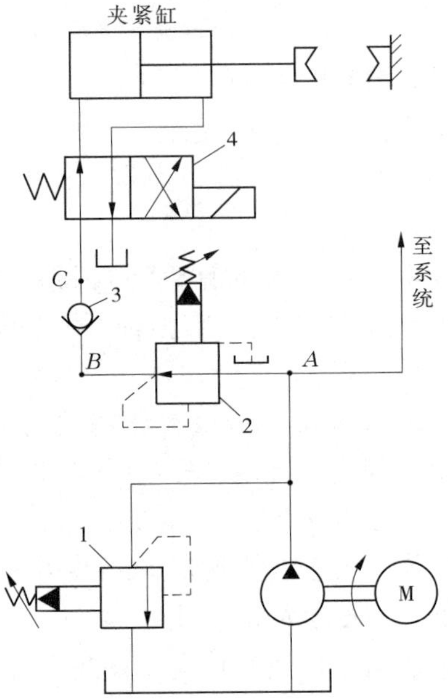

1—溢流阀;2—减压阀;
3—单向阀;4—换向阀

图 3-20 减压回路

向阀 4，或采用失电夹紧的二位四通电磁换向阀换向，防止在电路出现故障时松开工件出事故。

设计减压回路时应注意以下几点：

（1）为确保安全，减压回路中的换向阀可选用带定位式的电磁换向阀，如用普通电磁换向阀应设计成断电夹紧。

（2）为使减压回路可靠地工作，减压阀的最低调整压力不应小于 0.5 MPa，一般减压阀调整的最高值，要比系统中控制主回路压力的溢流阀调定值低 0.5 ~ 1 MPa。

（3）当减压回路中的执行元件需要调速时，调速元件应放在减压阀出口的油路上，以免减压阀的泄漏口流回油箱的油液对执行元件的速度产生影响。

【拓展知识】

其他压力控制回路

1. 增压回路

增压回路的功用是在系统整体工作压力较低的情况下，提高系统中某一支路的工作压力，以满足局部工作机构的需要。

图 3-21（a）所示为采用单作用增压器的增压回路。当换向阀处于左位（图示位置）时，泵输出压力为 p_1 的压力油，进入增压器 1 的左腔，推动活塞右行，增压器 1 右腔输出压力为 $p_2 = p_1A_1/A_2$ 的压力油进入工作缸 2，由于 $A_1 > A_2$，因此输出压力 $p_2 > p_1$，以此达到增压的目的。当换向阀处于右位时，增压缸活塞左移，工作缸 2 靠弹簧复位，补油箱 3 经单向阀向增压缸右腔补油。增压回路利用压力较低的液压泵，获得压力较高的工作压力，节省能源的消耗。

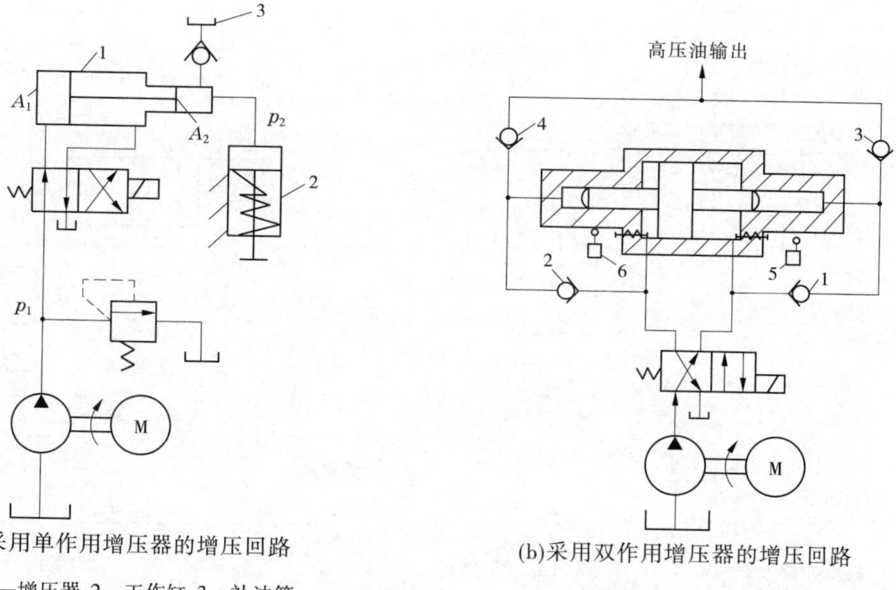

(a)采用单作用增压器的增压回路

1—增压器；2—工作缸；3—补油箱

(b)采用双作用增压器的增压回路

1 ~ 4—单向阀；5、6—行程开关

图 3-21 采用单作用增压器的增压回路

单作用增压回路只能断续供油，不能获得连续的高压油，适用于行程较短的单作用液压缸。如工作缸行程长、需要连续的高压油，就要采用双作用增压器的增压回路，如图 3-21(b)所示。当换向阀处于左位(图示位置)时，液压泵输出的压力油进入增压器右端大、小油腔，左端大油腔回油，活塞左移，左端小油腔增压后的高压油经单向阀 4 输出，此时单向阀 2 和 3 均关闭。当活塞触动行程开关 6 时，换向阀得电换向，右位工作，油路换向，活塞开始右移，右端小油腔的压力油增压后经单向阀 3 输出，此时单向阀 1 和 4 均关闭。当活塞触动行程开关 5 时，换向阀又失电换向，左位工作，开始下一个循环。换向阀不断地得电与失电，增压器活塞就不断地往复运动，两端便交替输出的高压油，从而获得连续输出的高压油。

2. 保压回路

图 3-22 所示为夹紧机构采用蓄能器的保压回路，采用了压力继电器 1 和蓄能器 2。当电磁铁 1YA 通电时，三位四通电磁换向阀 3 左位工作，液压泵向蓄能器和夹紧缸左腔同时供油，并推动活塞右移。当接触工件后，系统压力开始升高。当压力达到压力继电器的开启压力时，表示工件已被夹紧，蓄能器已储备了足够的压力油。这时压力继电器发出电信号，使 3YA 通电，二位电磁换向阀 4 上位工作，溢流阀 5 远控口与油箱连通，其主阀阀口全开，泵通过溢流阀卸荷。此时单向阀关闭，液压缸若有泄漏，油压下降则可由蓄能器补油保压。当夹紧缸压力下降到压力继电器的闭合压力时，压力继电器自动复位，又使二位电磁换向阀断电，液压泵重新向夹紧缸和蓄能器供油。这种回路可用于长时间保压，夹紧工件，并可有效节能。

3. 背压回路

如图 3-23 所示，采用溢流阀形成背压的背压回路中的溢流阀 1 起过载保护作用。溢

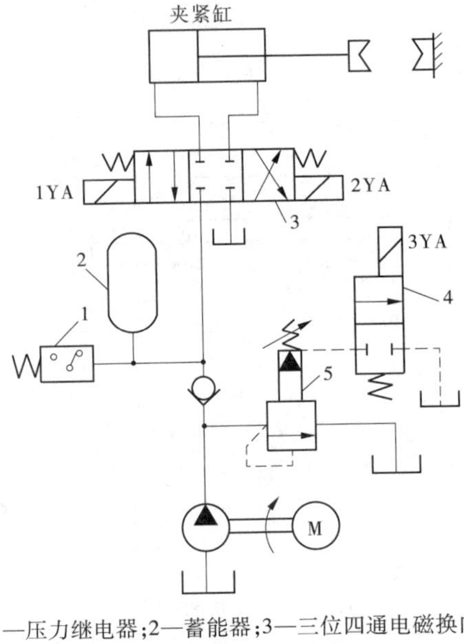

1—压力继电器;2—蓄能器;3—三位四通电磁换向阀;
4—二位电磁换向阀;5—溢流阀

图 3-22 采用蓄能器的保压回路

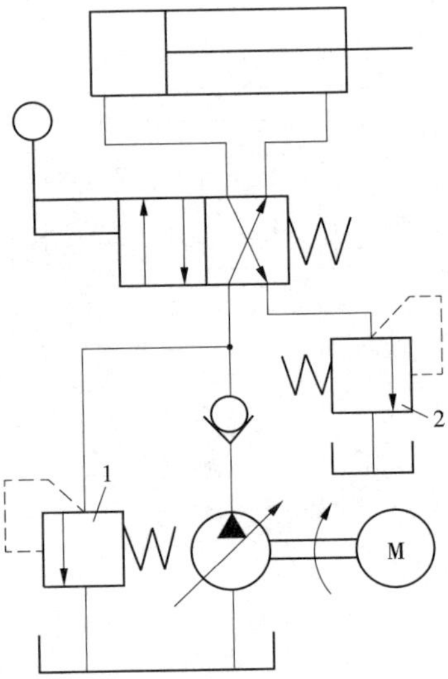

1、2—溢流阀

图 3-23 采用溢流阀形成背压的背压回路

流阀 2 设置在液压缸的回油路上，使缸的回油腔形成一定压力，一般称之为背压。此背压可以使负载突然减小时避免活塞前冲，从而提高运动部件运动的平稳性。这种用途的阀也称背压阀。

4. 卸压回路

对于液压缸直径大于 25 cm、压力大于 7 MPa 的液压系统，通常要设置卸压回路，使液压缸高压腔的压力能在换向前缓慢释放，以缓和冲击。

1）采用节流阀的卸压回路

图 3-24（a）所示为采用节流阀的卸压回路。工作行程结束后，H 形中位机能的换向阀首先切换至中位，使泵卸荷，同时液压缸上腔仍为高压，经节流阀卸压。用节流阀卸压可控制卸压速度。当压力降至压力继电器的闭合压力时，微动开关复位发出信号，使电磁换向阀切换至右位，压力油打开液控单向阀，液压缸上腔回油至上油箱，活塞上升。

2）采用溢流阀的卸压回路

图 3-24（b）所示为采用溢流阀的卸压回路。工作行程结束后，M 形中位机能的换向阀首先切换至中位，使泵卸荷。同时，溢流阀的远控口通过节流阀和单向阀通油箱，因而溢流阀开启使液压缸上腔卸压。调节节流阀即可调节溢流阀的开启速度，也就调节了液压缸的卸压速度。溢流阀的调定压力应大于系统的最高工作压力，因此溢流阀也起安全阀的作用。

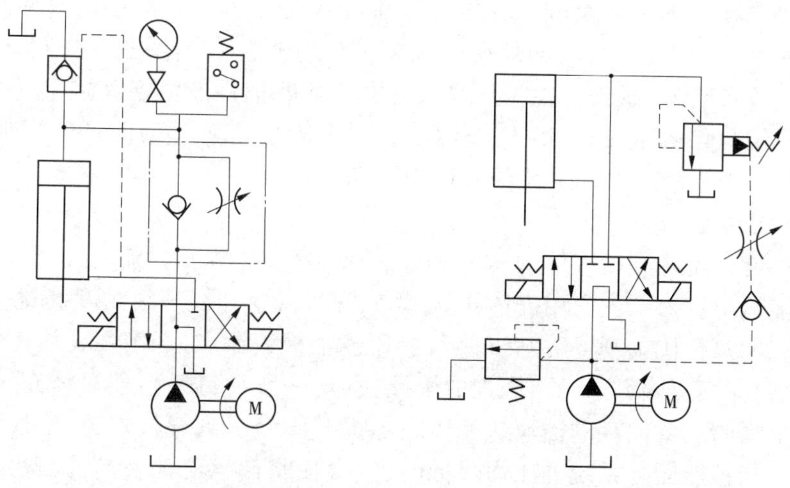

(a)采用节流阀的卸压回路　　(b)采用溢流阀的卸压回路

图 3-24　采用溢流阀的卸压回路

5. 蓄能器的类型、结构特点及应用

蓄能器是液压系统的储能元件，它能储存一定量的压力油，并在需要时迅速地或适量地释放出来，供系统使用。

1）蓄能器的功用

（1）用作辅助动力源（节能）。当执行元件做间歇运动或只做短时高速运动时，可采用一个蓄能器与一个较小流量（整个工作循环的平均流量）的液压泵配合使用。在执行元件不工作时，所需流量较小，可利用蓄能器将多余的油液储存起来，即泵向蓄能器充油；

而在执行元件需快速运动时，则由蓄能器与液压泵同时向液压缸供给压力油。这样就可以用流量较小的泵使运动元件获得较快的速度，不但可减少功率损耗，还可降低系统的温升。

(2)用作应急油源。在有些特殊的场合，如电源突然中断或液压泵发生故障，蓄能器可作为应急油源，释放出所储存的压力油，使执行元件继续完成必要的动作和避免可能因缺油而引起的事故。

(3)保压和补充泄漏。当液压系统要求在较长时间内保压而无动作(如机床夹具夹紧工件)时，可使液压泵卸荷，以降低能耗，而利用蓄能器储存的油液来补偿系统泄漏，使系统压力保持不变。

(4)缓和冲击，吸收压力脉动。在控制阀快速换向、突然关闭或执行元件的运动突然停止时，都会产生液压冲击，齿轮泵、柱塞泵等元件工作时也会使系统产生压力和流量的脉动。因此，当液压系统的工作平稳性要求较高时，可在冲击源和脉动源附近设置蓄能器，以缓和冲击和吸收脉动，降低压力峰值。

2)蓄能器的类型和结构特点

蓄能器主要有重锤式、弹簧式和充气式三种，常用的是充气式。充气式又分为活塞式、气囊式和隔膜式三种。下面主要介绍活塞式和气囊式两种。

(1)活塞式蓄能器。

活塞式蓄能器是利用气体的压缩和膨胀来储存、释放压力能的。图3-25(a)所示为活塞式蓄能器结构简图。它是利用在缸筒2中浮动的活塞1把缸中的气体与油液隔开的。活塞上装有密封圈，活塞的凹部面向气体，以增加气室的容积。这种蓄能器结构简单，工作可靠，安装容易，维修方便，寿命长；但由于活塞惯性及活塞和缸壁间摩擦阻力的影响，反应不够灵敏，容量较小，最高工作压力为17 MPa，总容量为1 ~ 39 L。该蓄能器主要用来储存能量，或供中、高压系统吸收压力脉动之用。

(2)气囊式蓄能器。

气囊式蓄能器也是利用气体的压缩和膨胀来储存、释放压力能的。图3-25(c)所示为气囊式蓄能器结构简图。它由壳体4、气囊5、充气阀3和提升阀6等组成；工作压力为3.5 ~ 35 MPa，容量范围为0.6 ~ 200 L。气囊用耐油橡胶制成，固定在壳体4的上部。工作前，从充气阀向气囊内充入一定压力的惰性气体(一般为氮气)，然后将充气阀关闭，使气体封闭在气囊内。要储存的油液从壳体底部提升阀处引到气囊外腔，使气囊受压缩而储存液压能。当蓄能器外系统的压力降低时，气囊便将储存的油液向外挤出。提升阀是一个用弹簧加载的菌形阀，该阀既能使油液进入蓄能器，又能在液压油全部排出时，防止气囊膨胀挤出油口。该蓄能器结构尺寸小，重量轻，安装方便，维护容易，气囊惯性小，反应灵敏，充气后能长时间保存气体，且充气方便，所以被广泛应用于液压系统中。但其气囊和壳体制造都较困难。

3)蓄能器的安装及使用

蓄能器在安装和使用时应注意以下问题：

(1)蓄能器是压力容器，搬运和装拆时应先将充气阀打开，排出压缩气体，以免因振动或碰撞而发生意外事故。

(2)用于吸收压力脉动和液压冲击的蓄能器，应尽量安装在振源附近，并便于检修。

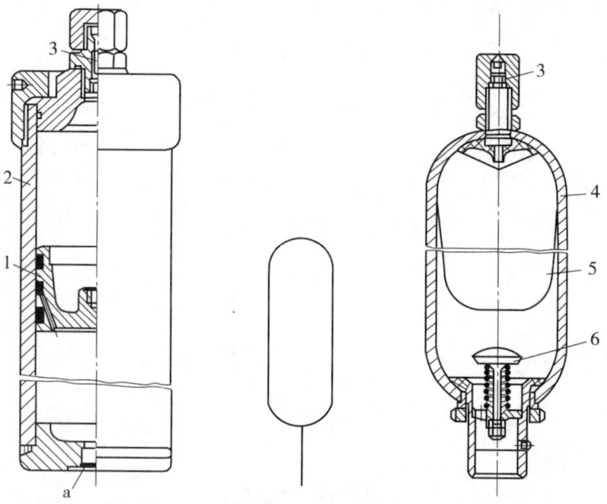

(a)活塞式　(b)职能符号　(c)气囊式

1—活塞;2—缸筒;3—充气阀;4—壳体;5—气囊;6—提升阀

图 3-25　蓄能器

(3)蓄能器应将油口向下竖直安装,且应由支板或支架固定。

(4)蓄能器与泵之间应设置单向阀,以防止停泵时,蓄能器的压力油向泵倒流。蓄能器与液压系统连接处应设置截止阀,供充气、调整或维修时使用。

(5)蓄能器的充气压力应在系统最低工作压力的 90% 和系统最高工作压力的 25% 之间选取。蓄能器的容量,则应根据其用途不同而用不同的方法确定。

小　结

本项目学习的主要内容是压力控制阀(如溢流阀、减压阀、顺序阀)及相关的压力控制回路(如调压回路、增压回路、减压回路、保压回路、背压回路、卸压回路、卸荷回路、顺序动作回路及平衡回路)。学完本项目后,希望大家掌握这些阀的类型、结构、工作原理及作用,并会结合它们的工作原理分析各种压力控制回路。

复习思考题

3-1　溢流阀有哪几种用法?

3-2　溢流阀、顺序阀、减压阀各有什么作用?它们在原理上和图形符号上有何异同?顺序阀能否当溢流阀用?

3-3　压力阀的铭牌已无法辨别,能否不拆阀而判断出其为溢流阀、减压阀与顺序阀?

3-4　什么叫压力继电器的开启压力和闭合压力?压力继电器的通断调节区间如何调整?

3-5　蓄能器有哪几种类型?各有哪些功用?

3-6　图 3-26 所示两个液压系统的泵组中,各溢流阀的调整压力分别为 $p_A = 4$ MPa,

$p_B=3$ MPa，$p_C=2$ MPa，若系统的外负载趋于无限大，则泵出口的压力各为多少？

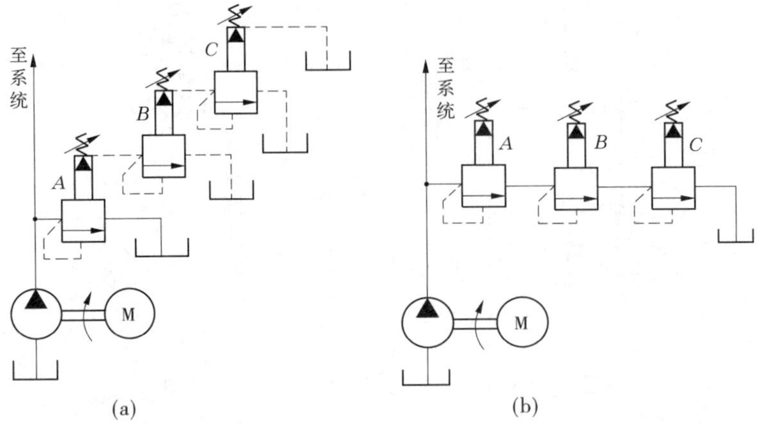

图 3-26　题 3-6 图

3-7　图 3-18(a)所示的平衡回路中，已知液压缸直径 $D=100$ mm，活塞杆直径 $d=70$ mm，活塞及负载总重 $G=16\times10^3$ N，提升时要求在 0.1 s 内达到稳定上升速度 $v=6$ m/min。试确定溢流阀和顺序阀的调定压力。

3-8　如图 3-27 所示，试确定下列各种情况下系统的调定压力各为多少？

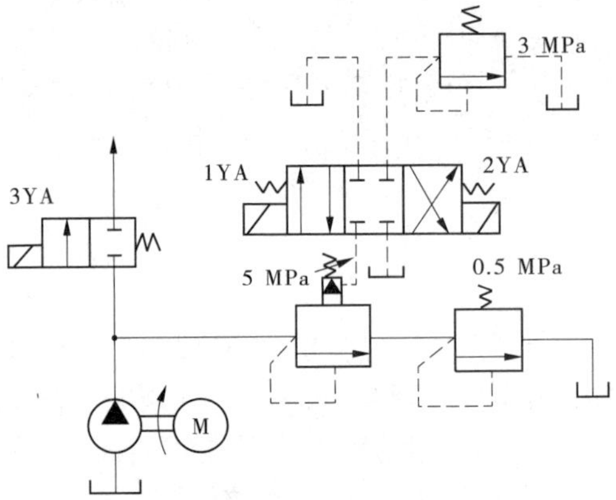

图 3-27　题 3-8 图

(1)1YA、2YA 和 3YA 都断电；

(2)2YA 通电，1YA 和 3YA 断电；

(3)2YA 断电，1YA 和 3YA 通电。

3-9　在图 3-20 所示的减压回路中，若溢流阀的调定压力为 5 MPa，减压阀的调定压力为 2.5 MPa，试分析下列各种情况，并说明减压阀的阀口处于什么状态：

(1)夹紧缸在夹紧工件前做空载运动时，不计摩擦力和压力损失，A、B、C 三点的压力各为多少？

(2)夹紧缸夹紧工件其运动停止后，主油路截止时，A、B、C 三点的压力各为多少？

(3)工件夹紧后，当主系统工作缸快进，主油路压力降到 1.5 MPa 时，A、B、C 三点的压力各为多少？

项目四　速度控制

【教学目标要求】

1. 知识目标

(1)了解节流阀、液压泵、液压马达和蓄能器的种类、用途,熟悉它们的图形符号及画法。理解液压泵、液压马达的工作原理和流量、速度、扭矩、推力的计算方法。

(2)熟悉液压速度控制基本回路的类型;掌握液压速度控制基本回路的组成及功能;重点掌握节流调速回路的速度负载特性,快速运动和速度换接回路的工作原理,多缸运动同步回路的实现方式。

2. 技能目标

(1)掌握流量控制阀、液压泵、液压马达的基本结构。

(2)熟练掌握流量控制阀、液压泵、液压马达的拆装技巧,具备正确选用液压元器件以及进行系统的安装、调试和故障诊断、排除等实践能力。

任务 4.1　流量控制阀的拆装

4.1.1　任务书

1. 学习目的

了解流量控制阀的种类、用途及其工作原理,熟悉它们的图形符号及画法,掌握各种流量控制阀的选用方法,具备各种流量控制阀拆装、测试及维护等实践能力。

2. 学习器材

(1)实物:节流阀、调速阀。

(2)工具:内六角扳手1套、耐油橡胶板1块、油盆1个及钳工常用工具1套。

3. 学习过程

(1)拆卸顺序:以L-25B型节流阀(见图4-1)为例,旋下手柄上的止动螺钉,取下手柄,持孔用卡簧钳卸下卡簧;取下面板,旋出推杆和推杆座;旋下弹簧座,取出弹簧和节流阀芯,将阀芯放在清洁的软布上;用光滑的挑针把密封圈从槽内撬出,并检查其弹性和尺寸精度。

(2)主要零件分析:节流阀芯多为圆柱型滑阀,其上开有三角沟槽节流口和中心小孔,转动手柄,阀芯做轴向运动,从而改变节流口通流面积,便可调节流经节流阀(或调速阀)的流量。在拆卸过程中,注意观察主要零件的结构,各油孔、油道的作用,并结合结构图分析其工作原理。

(3)装配顺序:装配前,清洗各零件,将节流阀芯、推杆及配合零件的表面涂润滑液,然后按拆卸的反向顺序装配。要注意节流阀芯在阀体内的方向,切不可装反。

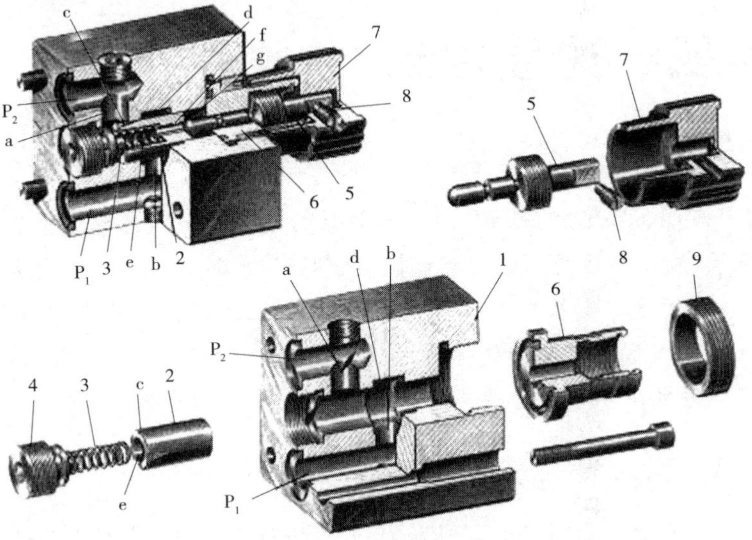

1—阀座;2—阀芯;3—复位弹簧;4—后盖;5—推杆;6—套;7—手柄;8—紧定螺钉;9—螺盖;

a—出油孔道;b—进油孔道;c—轴向三角槽;d—环槽;e—阀芯内腔;f—单向阀前通道;g—单向阀后通道

图 4-1　L－25B 型节流阀

4. 学习报告

根据阀的结构简述液流从进油到出油的全过程;分析节流阀与调速阀的不同之处,画出它们的职能符号;分析阀芯上中心小孔的作用;分析调速阀失灵的原因及故障排除方法。

4.1.2　流量控制阀

4.1.2.1　流量控制原理及节流口形式

从 $v = q/A$[见式(1-4)]知,执行元件的工作速度取决于进入执行元件的流量,流量越大则速度越高。可见,控制了进入执行元件的流量就等于控制了执行元件的工作速度。

液压传动中常利用液体流经阀的小孔或间隙来控制流量和压力,达到调速和调压的目的。讨论小孔的流量计算,了解其影响因素,对于合理设计液压系统、正确分析液压元件和系统的工作性能是很有必要的。

小孔结构形式一般可以分为三种:当小孔的长径比 $l/d \leqslant 0.5$ 时,称为薄壁孔;当 $l/d > 4$时,称为细长孔;当 $0.5 < l/d \leqslant 4$ 时,称为短孔。

各种小孔的流量与压力、小孔断面面积的关系,可用下式来表示

$$q = CA_T \Delta p^{\varphi} \tag{4-1}$$

式中:C 为由孔的形状、尺寸和液体的性质决定的系数,对于薄壁孔,计算时一般取 $C = 0.6\sqrt{2/\rho}$,ρ 为液体密度;A_T为小孔的通流截面面积;Δp 为小孔两端的压力差;φ 为由孔的长径比决定的指数,薄壁孔 $\varphi = 0.5$,细长孔 $\varphi = 1$,短孔 $0.5 < \varphi < 1$。

由式(4-1)可见,不论是哪种小孔,其通过的流量均与小孔的通流断面面积A_T成正比,改变A_T即可改变通过小孔流入液压缸或液压马达的流量,从而达到对运动部件进行调速的目的。在实际应用中,中、小功率的液压系统常用的节流阀就是利用这种原理工作的。

在液压系统中,常用薄壁孔作为节流元件的阀口,而短孔适合于作固定节流器用。图4-2是常用的三种节流口形式。图4-2(a)所示为针阀式节流口,其通道长,易堵塞,流量受油温影响较大,一般用于对性能要求不高的场合;图4-2(b)所示为偏心槽式节流口,其性能与针阀式节流口相同,但容易制造,其缺点是阀芯上的径向力不平衡,旋转阀芯时较费力,一般用于压力较低、流量较大和流量稳定性要求不高的场合;图4-2(c)所示为轴向三角槽式节流口,其结构简单,流量较小而稳定,且调节范围较大,但节流通道有一定的长度,油温变化对流量有一定的影响,目前被广泛应用。

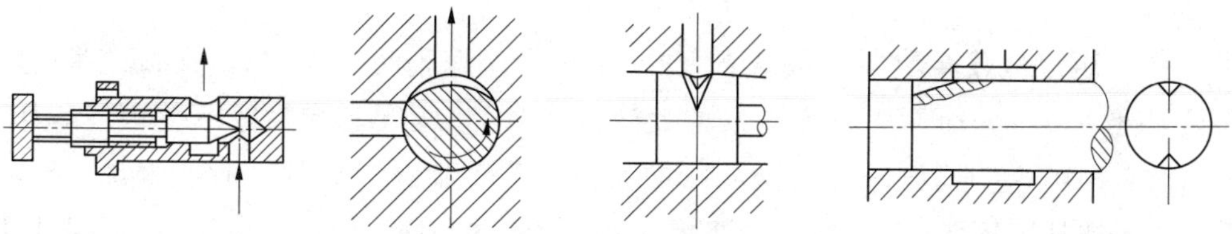

(a)针阀式　(b)偏心槽式　(c)轴向三角槽式

图4-2　常用的节流口形式

4.1.2.2　节流阀

节流阀是流量阀中使用最普遍的一种型式,图4-3所示为普通节流阀的典型结构和图形符号。它由节流口与用来调节节流口开口大小的调节元件组成,即由阀体1、手轮2、推杆3、阀芯4和弹簧5等组成。压力油从进油口p_1流入孔道a和阀芯4左端的节流槽进入孔道c,再从出油口p_2流出。调节手轮2,可通过推杆3使阀芯4做轴向移动,以改变节流口的通流截面面积来调节流量。阀芯在弹簧的作用下始终贴紧在推杆上,实现无间隙动作;阀芯上的小孔b用来沟通阀芯两端,使其两端的液压力平衡,并使阀芯顶杆端不致形成封闭油腔,从而使阀芯能轻便移动。

节流阀结构简单、体积小、使用方便、成本低,但没有解决负载和温度的变化对流量稳定性影响较大的问题,因此只适用于负载和温度变化不大或速度稳定性要求不高的液压系统。

4.1.2.3　调速阀

1. 调速阀的工作原理

调速阀是由定差减压阀与节流阀串联而成的组合阀,节流阀用来调节通过的流量,定差减压阀则自动调节使节流阀前后的压差为定值,由式(4-1)知:保持节流阀前后压力差为恒定,即可消除负载变化对流量的影响。如图4-4(a)所示,减压阀1与节流阀2串联,定差减压阀上下两腔b和d也分别通过a孔和b孔与节流阀后端和前端沟通。设定差减压阀的进口压力为p_1,油液经减压后出口压力为p,通过节流阀又降至p_2进入液压缸。p_2

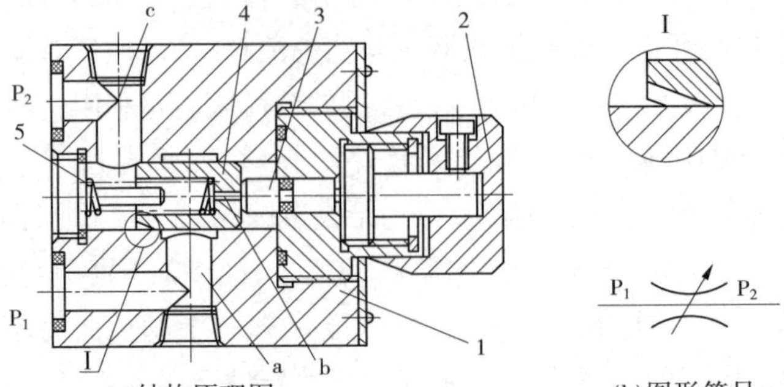

(a)结构原理图　　(b)图形符号

1—阀体;2—手轮;3—推杆;4—阀芯;5—弹簧

图 4-3　普通节流阀

的大小由液压缸负载 F 决定。负载 F 变化,则 p_2 和调速阀两端压差 p_1-p 随之变化,但节流阀两端压差 p_2-p 却不变。例如 F 增大使 p_2 增大,减压阀芯弹簧腔 b 的液压作用力也增大,使减压阀阀芯下移,减压口开度 h 加大,减压作用减小,导致 p 有所增加,结果是压差 p_2-p 保持基本不变;反之亦然。调速阀通过的流量因此就保持恒定了。图 4-4(b)和图 4-4(c)分别表示调速阀的图形符号和简化图形符号。

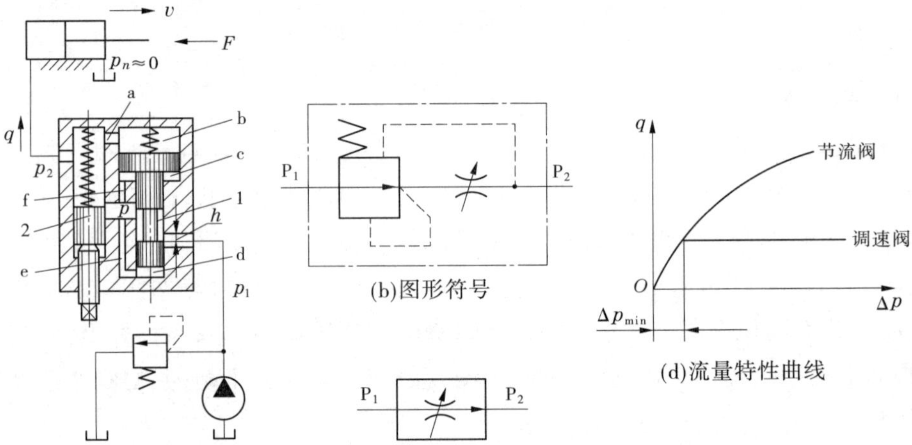

(a)工作原理图　　(b)图形符号　　(c)简化图形符号　　(d)流量特性曲线

1—减压阀;2—节流阀

图 4-4　调速阀

2. 调速阀和节流阀的流量特性

图 4-4(d)所示为调速阀和节流阀的流量特性曲线,节流阀的流量随着压力差的变化而按近似平方根曲线规律变化,而调速阀在压力差大于一定数值后,流量基本是稳定的。调速阀在压差很小时,定差减压阀阀口全开,减压阀不起作用,这时调速阀的特性和节流阀相同。可见要使调速阀正常工作,一般应保证最小压差大于 0.5 MPa。

任务 4.2 节流调速控制回路组装

4.2.1 任务书

1. 学习目的

熟悉节流阀的图形符号及节流调速控制回路的工作原理，获得各种液压回路的安装、调试等实践能力的训练。

2. 学习器材

(1)实物：液压系统实训台、节流阀、调速阀、液压缸及油管、接头等常用液压辅助元件。

(2)工具：内六角扳手 1 套、耐油橡胶板 1 块、油盆 1 个及钳工常用工具 1 套。

3. 学习过程

(1)在教师指导下按照任务书的要求设计利用节流阀或调速阀的回油节流调速回路。具体可参见图 4-5。

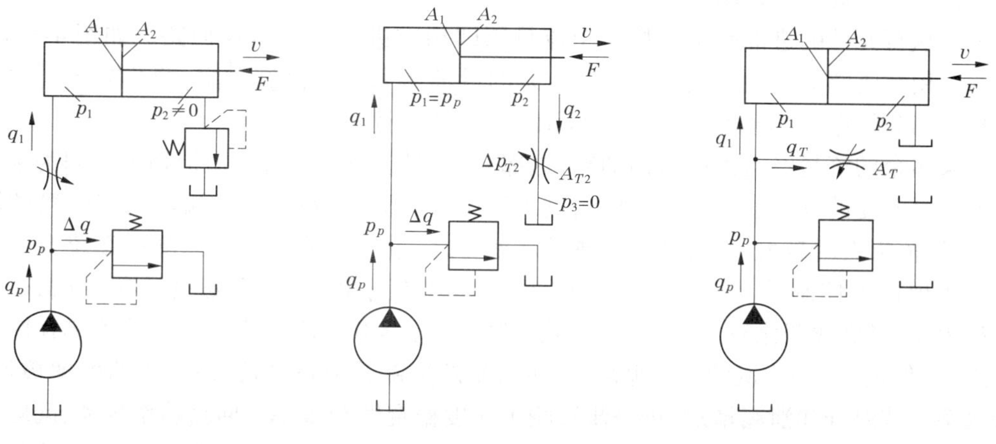

(a)进油节流调速回路　(b)回油节流调速回路　(c)旁路节流调速回路

图 4-5 节流调速回路的工作原理

(2)检查实验台上搭建的液压回路是否正确，各接管连接部分是否插接牢固，确定无误则接通电源，将换向阀插座与二位四通电磁换向阀进行连接，启动电气控制面板上的开关。

(3)调节安全溢流阀使液压泵的输出压力达到预定值，将回路中的节流阀或调速阀调节旋钮调至较小位置(使通流面积尽可能小)，进行该回路的预运行。

(4)缓慢调节节流阀或调速阀调节旋钮，以使节流口逐渐增大(其调节量应与速度传感器的测速精度相适应)，测定并记录工作液压缸活塞的运动速度以及调节量。

1—前泵盖;2—泵体;3—后泵盖;4—端盖;5—密封圈;6—主动轴;7—主动齿轮;8—从动轴;
9—从动齿轮;10、11—滚针轴承;a、b—卸压通道;c—密封槽;d—进油孔;
e—压油孔;f、g—卸荷槽;m—进油口;n—压油口

图 4-6　CB－B 型齿轮泵

1—后泵体;2—左配油盘;3—叶片;4—转子;5—定子;6—右配油盘;7—前泵体;8—盖板;
9、12—径向球轴承;10—油封;11—传动轴;13—螺钉;a—进油腔;b—进油窗口;c—压油窗口;
d、e—压油环槽;f—推片通油环槽;g—卸压通道;h—推片通油孔;k—进油环槽;m—进油口;n—压油口

图 4-7　YB1 型双作用定量叶片泵

（2）拆卸步骤：拧下盖板 8 上的螺钉，取下盖板 8；卸下前泵体 7；卸下左配油盘 2 和右配油盘 6、定子 5 与转子 4、叶片 3 和传动轴 11，使它们与后泵体 1 脱离。在拆卸过程中注意：由于左右配油盘、定子、转子、叶片之间及轴与轴承之间是预先组成一体的，不能分离的部分不要强拆。

（3）主要零件的结构及作用观察：观察定子内表面四段圆弧和四段过渡曲线组成情况；观察转子上叶片槽的倾斜角度和倾斜方向；观察配油盘的结构；观察吸油口、压油口、三角槽、环形槽及槽底孔，并分析其作用；观察泵中所用密封圈的位置和形式。

（4）装配要领：装配前清洗各部件，按拆卸时的反向顺序装配。

4. 学习要求及报告

（1）解释齿轮泵铭牌上主要参数的含义；齿轮泵的密封容积是怎样形成的？分析齿轮泵的工作原理；齿轮泵中存在哪几种可能产生泄漏的途径？为了减小泄漏、提高泵的额定压力，CB－F 型齿轮泵采取了什么措施？齿轮泵采取什么措施来减小径向不平衡力？齿轮泵是如何消除困油现象的？（画图示意）

（2）解释叶片泵铭牌上标出的主要参数的含义、主要组成零件的名称及作用；画出密封工作腔（共 12 个）和吸油区、压油区，分析吸油和压油过程；泵工作时叶片一端靠什么力量始终顶住定子内圆表面而不产生脱空现象？该叶片泵的困油现象是如何解决的？（画图示意）

4.3.2　液压动力元件

4.3.2.1　液压动力元件概述

液压动力元件即液压泵，是液压系统的动力来源，是液压系统的重要组成部分。其作用是将原动机输入的机械能转换为液压能输出，为系统提供具有一定流速的压力油。液压泵是依靠密封容积变化的原理来进行工作的，故一般称之为容积式液压泵。

液压泵的类型很多，按排量是否可调分为定量泵和变量泵，按结构形式可分为齿轮泵、叶片泵、柱塞泵等，具体参见表 4-1。

表 4-1　液压泵的分类及特点

分类				特点
定量泵	齿轮泵	外啮合式	渐开线	优点：无配流机构，结构简单，易制造，成本低，对油液污染不敏感； 缺点：存在径向不平衡力和内泄漏，轴向泄漏约占 80%
		内啮合式	摆线、渐开线、楔块垫隙	优点：结构紧凑，尺寸小，重量轻，运转平稳，噪声低，高转速下有较高容积效率； 缺点：齿形复杂，加工困难，价格贵，不适合低速高压工况
	叶片泵	双作用式		优点：结构紧凑，运动平衡，噪声小，输油均匀，寿命长等； 缺点：结构复杂，吸油特性差，对油液的污染敏感
		单作用式		

续表 4-1

分类				特点
定量泵	螺杆泵	双螺杆、三螺杆		
	柱塞泵	轴向柱塞泵	斜盘式、斜轴式	密封性能好，容积效率高，易于实现变量，适宜于在高压下使用
		径向柱塞泵		工艺性好，易变量，轴向尺寸小；径向尺寸大，配流轴受偏载易磨损，封油区小，易泄漏，限制压力和转速的提高，应用极少
变量泵	柱塞泵	轴向柱塞泵	斜盘式	改变斜盘的倾角 γ 实现泵的变量
			斜轴式	改变斜轴的摆角 γ 实现泵的变量
		径向柱塞泵	阀配流式	改变定子和转子的偏心距 e 实现泵的变量
			轴配流式	
	叶片泵	单作用式		有径向偏载使压力的提高受限制

4.3.2.2 液压泵的主要性能参数

液压泵的主要性能参数有压力 p、排量 V、流量 q、功率 P、效率 η，详见表 4-2。

表 4-2 液压泵(马达)的主要性能参数

主要性能参数		计算表达式	说明
压力 p	工作压力 p	$p=P_o/q$	工作压力 p 为液压泵实际工作时的输出压力，P_o 为输出功率，q 为实际输出流量
	额定压力 p_n		p_n 为按实验标准规定连续运转的最高压力
功率 P	输入功率 P_i	$P_i=T\omega=T2\pi n$	驱动泵的机械功率。P_i 为输入功率，T 为输入转矩，ω 为泵的角速度，n 为泵的转速
	输出功率 P_o	$P_o=\Delta pq$	泵输出的液压功率 P_o 为输出功率。Δp 为进、出油口间的油压差，q 为实际输出流量
效率 η	机械效率 η_m	$\eta_m=T_t/T=pV/(2\pi T)$	T_t 为理论转矩，V 为液压泵的排量，q_t 为理论流量，q_s 为泄漏流量； 马达正好相反，取 $\eta_m=T/T_t$、$\eta_v=q_t/q$
	容积效率 η_v	$\eta_v=q/q_t=1-q_s/q_t$	
	总效率 η	$\eta=\eta_m\eta_v$	
排量 V	齿轮泵/马达	$V=2\pi zm^2B$，通常取 $V=6.66zm^2B$	排量的定义：液压泵(马达)每转一周，由其密封容积几何尺寸变化计算而得的排出液体的体积。z、m、B 分别为齿轮齿数、模数、齿宽

续表 4-2

主要性能参数		计算表达式	说明
排量 V	双作用叶片泵/马达	$V=2\pi(R^2-r^2)R$	R、r 分别为定子长半径、短半径，B 为转子厚，e 为偏心距
	单作用叶片泵/马达	$V=4\pi ReB$	
	轴向柱塞泵/马达	$V=\frac{\pi}{4}d^2zD\tan\gamma$	d、z、D 分别为柱塞直径、数目和分布直径，γ 为斜盘倾角
	径向柱塞泵/马达	$V=\pi d^2 2ez/4$	d、z 分别为柱塞直径和数目，e 为定子和转子之间的偏心距
流量 q	理论流量 q_t	$q_t=Vn$	不考虑泄漏，单位时间内排出的液体体积的平均值；V 为液压泵的排量，n 为其主轴转速
	实际流量 q	$q=q_t-q_s=q_t\eta_v$	单位时间内所排出的液体体积
	额定流量 q_n		按实验标准规定必须保证的流量

1. 液压泵的压力 p

(1)工作压力 p:液压泵实际工作时的输出压力称为工作压力。工作压力的大小取决于外负载的大小和排油管路上的压力损失，而与液压泵的流量无关。

(2)额定压力 p_n:液压泵在正常工作条件下，按实验标准规定连续运转的最高压力称为液压泵的额定压力，超过此值，将使泵过载。

2. 液压泵的排量 V

在无泄漏的情况下，液压泵每转一周，由其密封容积几何尺寸变化计算而得的排出液体的体积叫液压泵的排量，单位为 mL/r。

3. 液压泵的流量 q

1)理论流量 q_t

理论流量是指在不考虑液压泵的泄漏流量的情况下，在单位时间内所排出的液体体积的平均值。显然，如果液压泵的排量为 V，其主轴转速为 n，则该液压泵的理论流量 q_t 为

$$q_t = Vn \tag{4-2}$$

2)实际流量 q

液压泵在某一具体工况下，单位时间内所排出的液体体积称为实际流量，它等于理论流量 q_t 减去泄漏流量 q_s，即

$$q = q_t - q_s \tag{4-3}$$

3)额定流量 q_n

额定流量是指液压泵在正常工作条件下，按实验标准规定(如在额定压力和额定转速下)必须保证的流量。

4. 液压泵的功率 P

1) 输入功率 P_i

驱动泵的机械功率叫泵的输入功率。当泵的实际输入转矩为 T,泵的角速度为 ω 时,有

$$P_i = T\omega = 2T\pi n \tag{4-4}$$

2) 输出功率 P_o

泵输出的液压功率叫泵的输出功率,是泵在工作过程中的实际进、出油口间的油压差 Δp 和输出流量 q 的乘积。

$$P_o = \Delta pq \tag{4-5}$$

5. 液压泵的效率

1) 机械效率 η_m

由于泵内有各种摩擦(机械摩擦、液体摩擦)损失,泵的实际输入转矩 T 总是大于其理论转矩 T_t。其机械效率 η_m 为

$$\eta_m = \frac{T_t}{T} \tag{4-6}$$

根据能量守恒原理,泵的理论输出功率 pq_t 等于泵的理论输入功率 $2\pi nT_t$,求得

$$T_t = \frac{pq_t}{2\pi n} = \frac{pV}{2\pi} \tag{4-7}$$

代入式(4-6)得

$$\eta_m = \frac{pV}{2\pi T} \tag{4-8}$$

2) 容积效率 η_v

泵的容积损失主要是液体泄漏造成的功率损失,所以液压泵的实际流量 q 与理论流量 q_t 的比值称为容积效率,用 η_v 表示

$$\eta_v = \frac{q}{q_t} = \frac{q}{Vn} = \frac{q_t - q_s}{q_t} = 1 - \frac{q_s}{q_t} \tag{4-9}$$

3) 总效率 η

由于泵在能量转换时有能量损失(机械摩擦损失、泄漏流量损失),泵的输出功率 P_o 总是小于泵的输入功率 P_i。其总效率 η 为

$$\eta = \frac{P_o}{P_i} = \frac{pq\eta_v}{2\pi nT_i} = \frac{pVn}{2\pi nT_i}\eta_v = \frac{pV}{2\pi T_i}\eta_v = \eta_m\eta_v \tag{4-10}$$

即泵的总效率 η 等于机械效率 η_m 和容积效率 η_v 的乘积。

更多的性能参数参见表 4-2。

4.3.3 液压泵的选用

液压泵的主要特点及其应用范围详见表 4-3,供选用时参考。

表 4-3　液压泵的选用

性能参数	外啮合齿轮泵	双作用叶片泵	限压式变量叶片泵	轴向柱塞泵	径向柱塞泵	螺杆泵
工作压力(MPa)	<20	6.3～21	≤7	20～35	10～20	<10
转速范围(r/min)	300～7 000	500～4 000	500～2 000	600～6 000	700～1 800	1 000～18 000
容积效率	0.70～0.95	0.80～0.95	0.80～0.90	0.90～0.98	0.85～0.95	0.75～0.95
总效率	0.60～0.85	0.75～0.85	0.70～0.85	0.85～0.95	0.75～0.92	0.70～0.85
功率质量比	中等	中等	小	大	小	中等
流动脉动率	大	小	中等	中等	中等	很小
自吸性能	好	较差	较差	较差	差	好
油污染敏感性	不敏感	敏感	敏感	敏感	敏感	不敏感
噪声	大	小	较大	大	大	很小
寿命	较短	较长	较短	长	长	很长
单位功率造价	最低	中等	较高	高	高	较高
应用范围	机床、工程机械、农用机械、航空、船舶、一般机械	机床、注塑机、液压机、起重运输及工程机械、飞机	机床、注塑机	工程、锻压、起重、矿山、冶金等机械及船舶、飞机	机床、液压机、船舶、机械	食品、化工、石油、纺织等机械，精密机械、精密机床

4.3.4　定量泵

排量为常数的液压泵则称为定量泵。

4.3.4.1　外啮合齿轮泵

外啮合齿轮泵是液压系统中应用最广的一种液压泵，它一般做成定量泵，具有结构简单、制造容易、成本低，对油液污染不敏感，工作可靠、维护方便、寿命长等优点。

1. 工作原理和结构

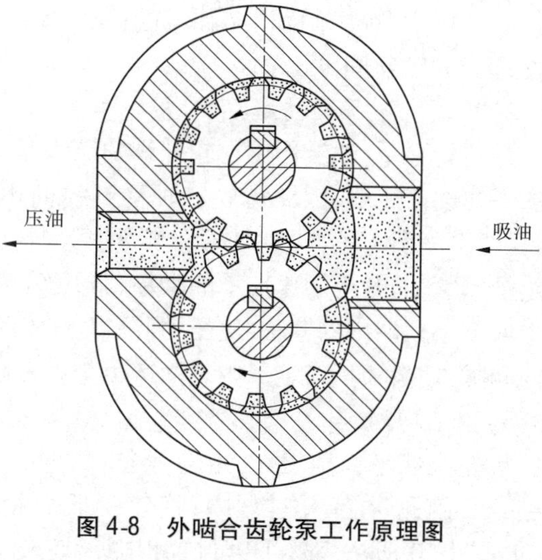

图 4-8　外啮合齿轮泵工作原理图

外啮合齿轮泵工作原理如图 4-8 所示。泵主要由一对外啮合齿轮、驱动轴、泵体及侧板等主要零件构成。泵体内相互啮合的主、从动齿轮与两端盖及泵体一起构成密封工作容积，齿轮的啮合线将左、右两腔隔开，形成了吸、压油腔。当齿轮按图示方向旋转时，右侧吸油腔内的轮齿脱离啮合，密封工作腔容积不断增大，形成部分真空，油液在大气压力作用下从油箱经吸油管进入吸油腔，并被旋转的轮齿带入左侧的压油腔。左侧压油腔内的轮齿不断进入啮合，使密封工作腔容积减小，油液受到挤压被排往系统压力区，这就是齿轮泵的吸油和压油过程。外啮合齿轮泵的结构如图 4-6 所示。

2. 排量和流量

齿轮泵的排量 V 相当于一对齿轮所有齿槽容积之和，假如齿槽容积大致等于轮齿的体积，那么齿轮泵的排量等于一个齿轮的齿槽容积与轮齿容积体积的总和，即相当于以有效齿高($h=2$ m)和齿宽 B 构成的平面所扫过的环形体积，即

$$V = \pi DhB = 2\pi zm^2B \tag{4-11}$$

式中：D 为齿轮分度圆直径，$D=mz$；h 为有效齿高，$h=2$ m；B 为齿轮宽；m 为齿轮模数；z 为齿数。

实际上齿槽的容积要比轮齿的容积稍大一些，故式(4-11)修正为

$$V = 6.66zm^2B \tag{4-12}$$

所以，泵的输出流量为

$$q = 6.66zm^2Bn\eta_v \tag{4-13}$$

式中：n 为齿轮泵转速，r/min；η_v 为齿轮泵的容积效率。

实际上齿轮泵在啮合过程中压油腔容积变化率是不均匀的，因此泵输油量是有脉动的，故式(4-13)所表示的是泵的平均流量。

3. 外啮合齿轮泵存在的几个问题

1）泄漏问题

外啮合齿轮泵压油腔的压力油向吸油腔泄漏有三个途径：一是通过啮合侧隙，即齿轮啮合处的间隙；二是通过顶隙，即泵体内表面和齿顶圆间的径向间隙；三是通过端面间隙，即齿轮两端面和盖板间的间隙。在三类间隙中，端面间隙的泄漏量最大，占 75% ~80%，而且泵的压力愈高，间隙泄漏量就愈大。要提高齿轮泵的压力，一般用自动补偿装置，并采用适当的轴向间隙。

2）径向力不平衡问题

在齿轮泵中，油液作用在轮外缘的压力是不均匀的，从低压腔到高压腔，压力沿齿轮旋转的方向逐齿递增，因此齿轮和轴受到径向不平衡力的作用，如图 4-9 所示。工作压力越高，径向不平衡力越大，径向不平衡力很大时，能使泵轴弯曲，导致齿顶压向定子的低压端，使定子偏磨，同时也加速轴承的磨损，减短轴承使用寿命。为了减小径向不平衡力的影响，常采取缩小压油口的办法，使压油腔的压力仅作用在 1 ~2 个齿的范围内。同时，适当增大径向间隙，使齿顶不与定子内表面产生金属接触，并在支撑上多采用滚针轴承或滑动轴承。

3）困油问题

齿轮泵要平稳地工作，齿轮啮合时的重合度必须大于 1，即至少有一对以上的轮齿同时啮合。因此，在工作过程中，就有一部分油液困在两对轮齿啮合时所形成的封闭油腔之内，如图 4-10 所示。这个密封容积随齿轮转动，先由最大[见图 4-10(a)]逐渐减到最小[见图 4-10(b)]，又由最小逐渐增到最大[见图 4-10(c)]，如此产生了密封容积周期性的增大减小。受困油液受到挤压而产生瞬时高压，导致油液发热，轴承等零件也受到附加冲

击载荷的作用;若密封容积增大,又会造成局部真空,使溶于油液中的气体分离出来,产生气穴。这就是齿轮泵的困油现象。困油现象使齿轮泵产生强烈的噪声,并引起振动和气蚀,同时降低泵的容积效率,影响工作的平稳性和使用寿命。消除困油的方法,通常是在两端盖板上开卸荷槽(如图4-10中虚线所示),使密封容积减小时与压油腔相通,密封容积增大时与吸油腔相通。

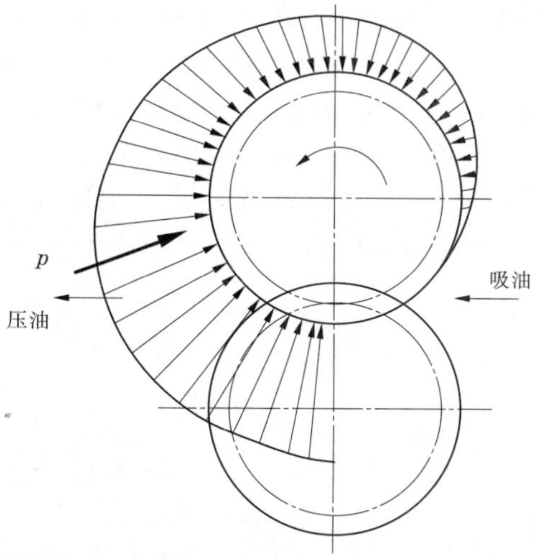

图 4-9 齿轮泵的径向不平衡力

4.3.4.2 内啮合齿轮泵

内啮合齿轮泵有渐开线齿形和摆线齿形两种,其工作原理也是利用齿间密封容积的变化来实现吸油、压油的。内啮合齿轮泵内可做到无困油现象,流量脉动也小。它结构紧凑,尺寸小,重量轻,运转平稳,噪声低,在高转速工作时有较高的容积效率。但在低速、高压下工作时,压力脉动大,容积效率低,所以一般用于中、低压系统。在闭式系统中,常用这种泵作为补油泵。内啮合齿轮泵的缺点是齿形复杂,加工困难,价格较贵,且不适合高速高压工况。

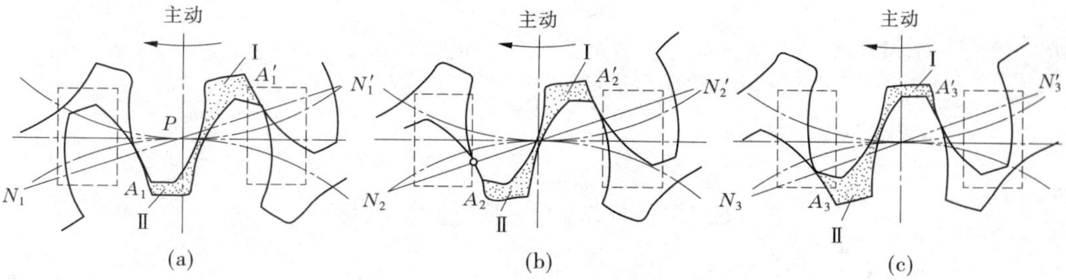

图 4-10 齿轮泵困油

4.3.4.3 双作用叶片泵

叶片泵具有结构紧凑、运动平衡、噪声小、输油均匀、寿命长等优点。其缺点是结构复杂、吸油特性差、对油液的污染敏感。一般叶片泵工作压力为 7 MPa,高压叶片泵可达 14 MPa,现有产品的额定压力可高达 28 MPa。

叶片泵分为单作用和双作用两种。单作用叶片泵往往是变量的,而双作用泵是定量的。

1. 双作用叶片泵的工作原理和结构

如图 4-11 所示为双作用叶片泵的工作原理图。该泵主要由转子 1、定子 2、叶片 3、配油盘和泵体等组成。定子内由两段长半径圆弧、两段短半径圆弧和四段过渡曲线所组成,且定子和转子是同心的。当转子由轴带动旋转时,叶片在离心力和根部油压(叶片根部与压油腔连通)的作用下压向定子内表面,并随定子内表面曲线的变化而被迫在转子槽内往复滑动,于是相邻两叶片间的密封腔容积就发生增大或缩小的变化。在图 4-11 中,当转子顺时针方向旋转时，密封工作腔的容积在左上角和右下角处逐渐增大，为吸油区，在左下角和右上角处逐渐减小，为压油区；吸油区和压油区之间有一段封油区将吸油压、压油区隔开。这种泵的转子每转一转，每个密封工作腔完成吸油和压油动作各两次，所以称为双作用叶片泵。又因泵的两个吸油区和压油区对称分布，作用在转子和轴承上的径向液压力平衡，所以这种泵又称为卸荷式叶片泵。这种泵的排量不可调，是定量泵。图 4-7所示为 YB1 型双作用定量叶片泵的结构。

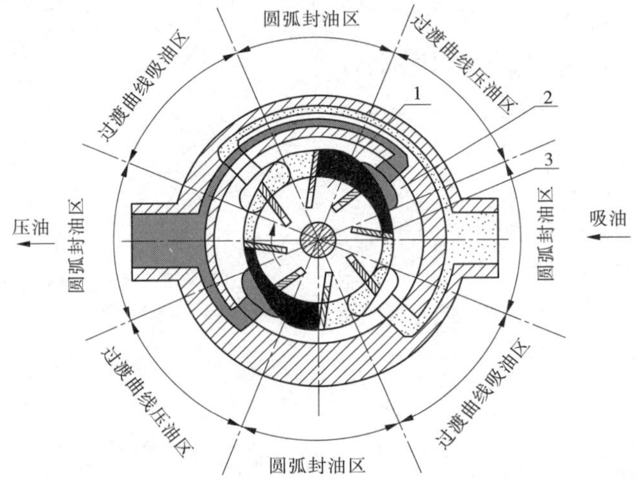

1—转子；2—定子；3—叶片

图 4-11　双作用叶片泵的工作原理图

2. 双作用叶片泵的排量和流量

由叶片泵的工作原理可知，当叶片泵每转一周，每两叶片间油液的排出量等于长半径 R 圆弧段的容积与短半径 r 圆弧段的容积之差。若叶片数为 z，则泵轴每转排油量应等于上述容积差的 $2z$ 倍。若不计叶片所占的体积，泵的排量正好为环形体积的 2 倍。公式如下

$$V = 2\pi(R^2 - r^2)B \tag{4-14}$$

式中：R 为定子长半径；r 为定子短半径；B 为转子厚度。

双作用叶片泵的平均实际流量为

$$q = 2\pi(R^2 - r^2)Bn\eta_v \tag{4-15}$$

双作用叶片泵的瞬时流量是脉动的，在叶片数为 4 的整数倍且大于 8 时，流量脉动率最小，故双作用叶片泵的叶片数一般都取为 12 或 16。

任务 4.4　变量泵的拆装

4.4.1　任务书

1. 学习目的

掌握变量泵的类型、结构、性能、特点和工作原理。

2. 学习器材

(1)实物:YBX 型限压式变量叶片泵、SCY14 - 1B 型手动变量轴向柱塞泵。

(2)工具:内六角扳手 1 套、钳工常用工具 1 套、油盘 1 个、耐油橡胶板 1 块。

3. 学习过程

1)限压式变量叶片泵拆装分析

(1)叶片泵型号:YBX 型限压式变量叶片泵(见图 4-12)。

(2)拆卸步骤:①松开固定螺钉,拆下弹簧压盖 12,取出调压弹簧 13 及弹簧座 14;②松开固定螺钉,拆下活塞压盖,取出活塞 21;③松开固定螺钉,拆下滑块压盖 15,取出上滑块 16、下滑块 20 及滚针 19;④松开固定螺钉,拆下传动轴左泵盖 1、右泵盖 8,取出配流盘 6、定子 4、转子传动轴组件等;⑤分解、清洗、检验、分析以上各零部件。

(3)装配与拆卸顺序相反。

(4)学习中应明确:①单作用叶片泵密封空间由哪些零件组成?共有几个?②单作用叶片泵和双作用叶片泵在结构上有什么区别?③限压式变量叶片泵配流盘上开有几个槽孔?各有什么用处?④应操纵何种装置来调节限压式变量叶片泵最大流量和限定压力?

2)柱塞泵拆装分析

(1)柱塞泵型号:SCY14 - 1B 型手动变量轴向柱塞泵(见图 4-13)。

(2)拆卸步骤:松开固定螺钉,分开左端手动变量机构、中间泵体和右端泵盖三部件;分解各部件;清洗、检验和分析。

(3)装配:先装部件后总装。

4. 学习报告

阐述柱塞泵、限压式变量叶片泵铭牌上标出的主要参数的含义;分析上述两种液压泵的工作原理及其流量的控制。

4.4.2 变量泵 - 定量执行元件的容积调速控制

4.4.2.1 变量叶片泵

排量可手调或自调的泵称为变量泵,通过改变泵的排量可实现液压执行元件的速度控制。变量泵有单向和双向变量泵之分。单向变量泵只能改变泵的排量大小,不能改变排油方向,而双向变量泵的排量与方向均可改变。

1. 单作用叶片泵的工作原理

如图 4-14 所示为单作用叶片泵的工作原理图,泵由转子 1、定子 2、叶片 3 和配流盘等部件组成。与双作用叶片泵显著不同之处是,其定子内表面是一个圆形,转子与定子之间有一偏心距 e,两端的配油盘上只开有一个吸油口 a 和一个压油口 b。当转子旋转一周时,每一叶片在转子槽内往复滑动一次,每相邻两叶片间的密封腔容积发生一次增大和减小的变化,容积增大时通过吸油口吸油,容积减小时则通过压油口压油。由于这种泵在转

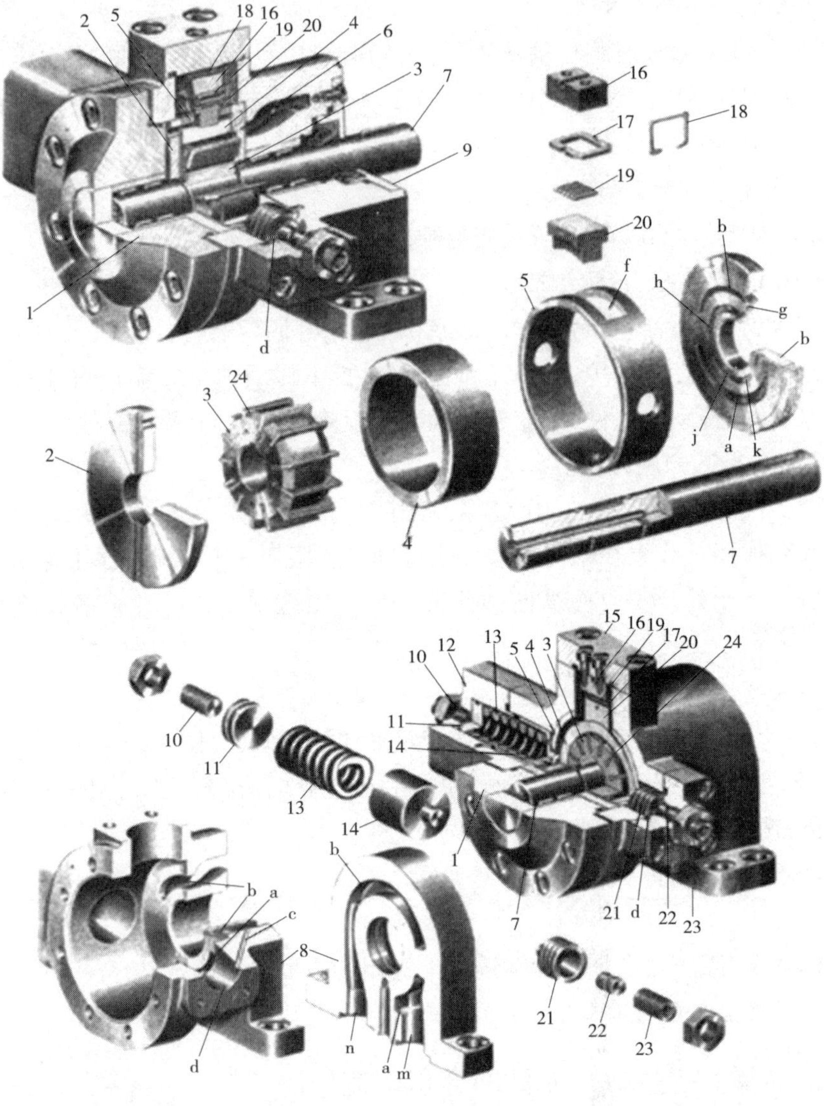

1—左泵盖;2—侧板;3—转子;4—定子;5—隔套;6—配流盘;7—传动轴;8—右泵盖;
9—密封盖;10—调压螺钉;11—圆压片;12—弹簧压盖;13—调压弹簧;14—弹簧座;
15—滑块压盖;16—上滑块;17—滚针架;18—弹簧扣;19—滚针;20—下滑块;21—活塞;
22—柱塞;23—流量调节螺钉;24—叶片

图 4-12　YBX 型限压式变量叶片泵结构图

子每转一周过程中,吸油、压油各一次,故称单作用叶片泵。又因这种泵的转子受有不平衡的径向液压力,故又称非平衡式叶片泵,也因此使泵工作压力的提高受到了限制。通过改变定子和转子间的偏心距 e,便可改变泵的排量,故这种泵都是变量泵。

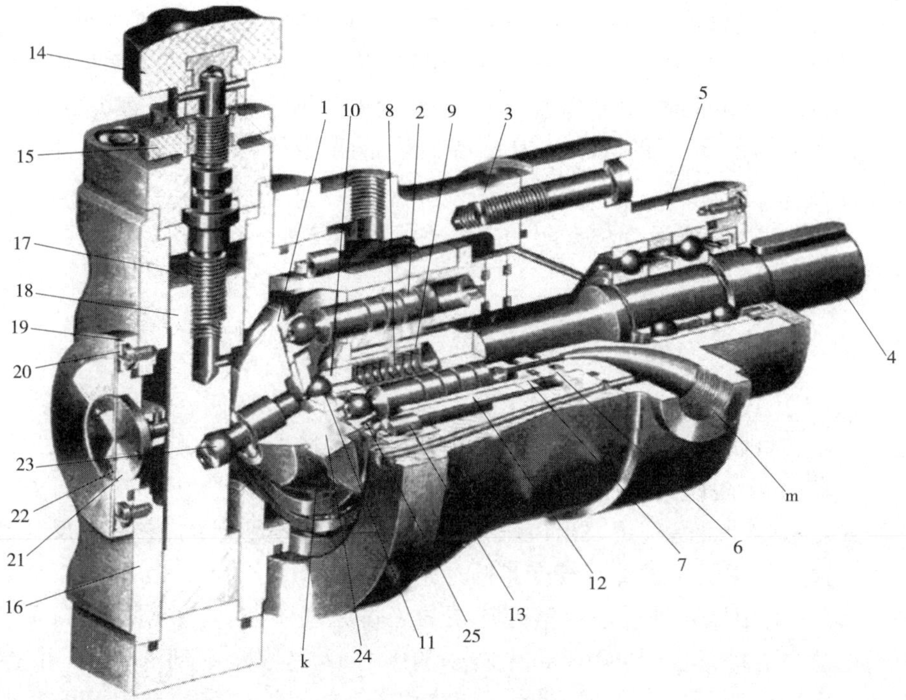

1—滑履;2—柱塞;3—中间泵体;4—传动轴;5—前泵体;6—配流盘;7—缸体;8—中心弹簧;
9—外套;10—内套;11—钢珠;12—钢套;13—滚动轴承;14—手轮;15—锁紧螺母;
16—变量泵体;17—丝杆;18—变量活塞;19—盖;20—刻箭头铁皮;21—刻度盘;
22—带刻度铁皮;23—销轴;24—斜盘;25—压盘

图 4-13 SCY14－1B 型手动变量轴向柱塞泵结构图

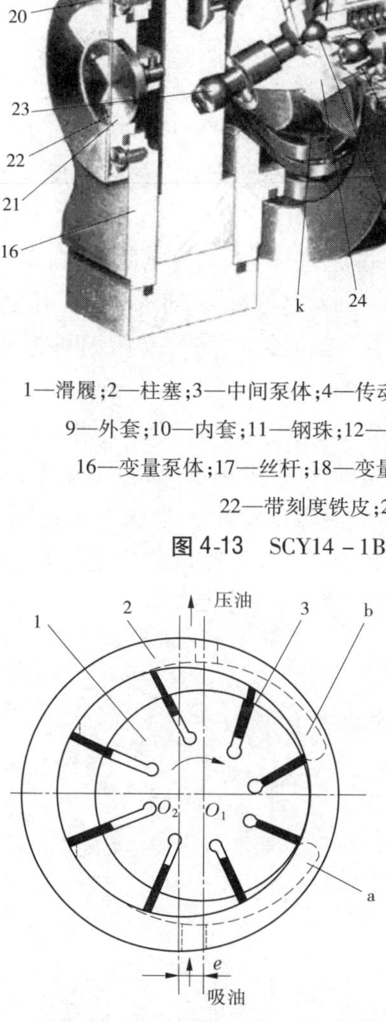

1—转子;2—定子;3—叶片

图 4-14 单作用叶片泵工作原理图

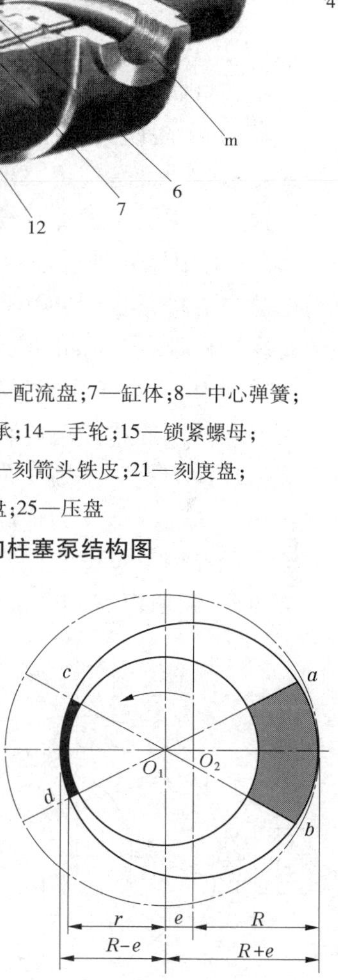

图 4-15 单作用叶片泵排量计算原理图

2. 单作用叶片泵的排量和流量

图 4-15 为单作用叶片泵排量计算原理图。假定两叶片正好位于过渡区 ab 位置,此时两叶片间的空间容积为最大,当转子沿图示方向旋转 π 弧度到定子 cd 位置时,两叶片

间排出容积为 ΔV 的油液；当两叶片从 cd 位置沿图示方向再旋转 π 弧度回到 ab 位置时，两叶片间又吸满了容积为 ΔV 的油液。由此可见，转子旋转一周，两叶片间排出油液容积为 ΔV。当泵有 z 个叶片时，就排出 z 块与 ΔV 相等的油液容积。若将各块容积加起来，就可以近似为环形体积，环形的大半径为 $R+e$，环形的小半径为 $R-e$。因此，单作用叶片泵的理论排量为

$$V=\pi[(R+e)^2-(R-e)^2]B=4\pi ReB \tag{4-16}$$

单作用叶片泵的流量为

$$q=Vn=4\pi ReBn\eta_v \tag{4-17}$$

3. 限压式外反馈变量叶片泵

由式(4-16)、式(4-17)可知，单作用叶片泵可以通过改变偏心距 e 来改变流量，改变的方法有手调和自调两种。自调变量泵又根据其工作特性的不同分为限压式、恒压式和恒流量式三类，其中限压式应用较多。

限压式变量叶片泵是利用泵出口压力的反馈作用实现变量的，它有外反馈和内反馈两种形式。这里介绍限压式外反馈变量叶片泵。

图 4-16(a) 为限压式外反馈变量叶片泵的工作原理图，它能根据泵出口负载压力的大小自动调节泵的排量。图 4-16(a) 中转子的中心 O_1 是固定不动的，定子可左右移动。定子左边有反馈柱塞，它的油腔与泵的压油腔相通。设反馈柱塞的受压面积为 A，则作用在定子上的反馈力 pA 小于作用在定子上的弹簧力 kx_0 时，弹簧 3 把定子推向最左边。调节螺钉 1 用以调节泵的原始偏心距 e_0，也就是调节泵的最大输出流量。当泵的压力升高到 $pA>kx_0$ 时，反馈力克服弹簧 3 的预紧力，推动定子右移距离 x，偏心距减小，泵的输出流量随之减小。泵的出口压力愈高，偏心愈小，输出流量也愈小。当压力达到使泵的偏心所产生的流量全部用于补偿泄漏时，泵的输出流量为零，不管外负载再怎样加大，泵的输出压力不会再升高，所以这种泵被称为限压式外反馈变量叶片泵。

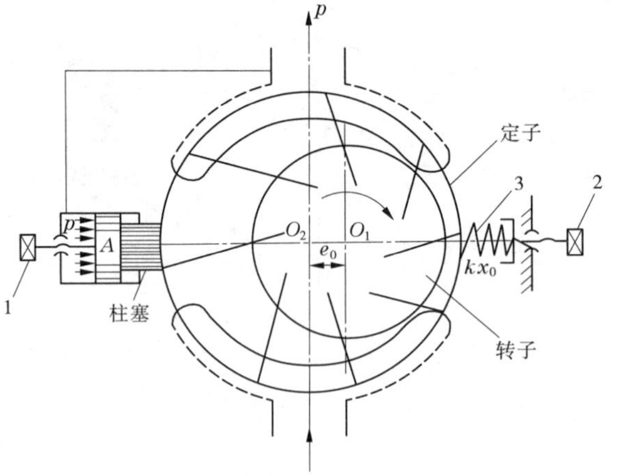

(a)工作原理图

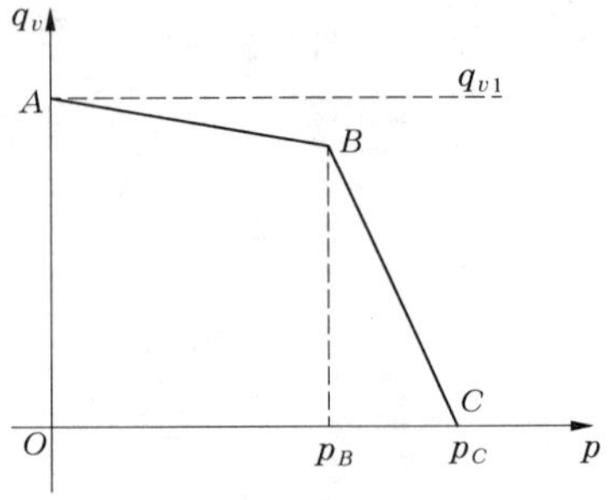

(b)流量与压力特性

1、2—调节螺钉；3—弹簧

图 4-16　限压式外反馈变量叶片泵

如图 4-16(b)所示为限压式变量叶片泵的流量与压力特性。图 4-16(b)中 *AB* 段表示工作压力小于限定压力 p_B时,流量最大且基本保持不变,之所以有所减小降到 *B* 点,是因为随工作压力的增加泄漏增加,使实际输出流量减小。*B* 为拐点,此后泵的输出流量随着工作压力的升高而急剧下降,直到 C 点。这时,输出流量为零,压力为截止压力 p_C。

限压式变量叶片泵对既要实现快速行程,又要实现保压和工作进给的执行元件来说是一种合适的油源;快速行程需要大的流量,负载压力较低,正好使用其 *AB* 段部分;保压和工作进给时负载压力升高,需要流量减小,正好使用其 *BC* 段部分。

4. 主要零件分析

如图 4-12 所示为 YBX 型变量叶片泵的结构图。

(1)定子和转子。定子的内表面和转子的外表面是圆柱面,转子中心固定,定子中心可以左右移动,定子径向开有 13 个槽可以安置叶片。

(2)叶片。该泵共有 13 个叶片,流量脉动较偶数叶片小,叶片后倾角为 24°,有利于叶片在惯性力的作用下向外伸出。

(3)配流盘。配流盘 6 上有四个圆弧槽:a 为吸油窗口、b 为压油窗口、h 和 j 是通叶片底部的油槽;油槽 h 通过孔 g 与压油腔相通,油槽 j 通过孔 k 与吸油腔相通。这样可以保证压油腔一侧的叶片底部油槽和压油腔相通,吸油腔一侧的叶片底部油槽与吸油腔相通,保持叶片的底部和顶部所受的液压力是平衡的。

(4)滑块。上、下滑块用来支持定子,并承受压力油对定子的作用力。

(5)压力调节装置。由调压弹簧 13、调压螺钉 10 和弹簧座 14 组成,调节弹簧的预压缩量,可以改变泵的限定压力。

(6)最大流量调节装置。流量调节螺钉 23 可以改变活塞 21 的原始位置,也改变了定子与转子的原始偏心量,从而改变了泵的最大流量。

(7)压力反馈装置。泵的出口压力作用在活塞上,活塞对定子产生反馈力。

4.4.2.2 轴向变量柱塞泵

柱塞泵具有密封性能好、容积效率高、易于实现变量等特点,适宜于在高压下使用。柱塞泵按柱塞的排列和运动方向不同,可分为径向柱塞泵和轴向柱塞泵两大类。轴向柱塞泵按其结构特点又分为斜盘式和斜轴式两类。

1. 斜盘式轴向柱塞泵的工作原理

图 4-17 为斜盘式轴向柱塞泵的工作原理。泵由斜盘 1、柱塞 2、泵体 3、配流盘 4 等主要零件组成,斜盘 1 和配流盘 4 固定不动,传动轴 5 带动泵体 3、柱塞 2 一起转动,柱塞 2 靠机械装置或在低压油作用下压紧在斜盘上。当传动轴按图示方向旋转时,柱塞 2 在其沿斜盘自下而上回转的半周内逐渐向泵体外伸出,使泵体孔内密封工作腔容积逐渐增加,产生局部真空,从而将油液经配流盘 4 上的吸油窗口 a 吸入;柱塞在其自上而下回转的半周内又逐渐向里推入,使密封工作腔容积逐渐减小,将油液从配流盘上的压油窗口 b 向外排出。泵体每转一周,每个柱塞往复运动一次,完成一次吸油、压油动作。由于柱塞和泵体孔采用圆柱形间隙密封,可以达到很高的加工精度;泵体和配流盘之间的端面密封采用液压自动压紧,轴向泄漏可以得到严格控制,在高压下其容积效率较高。改变斜盘的倾角 γ,就可以改变密封工作容积的有效变化量,实现泵的变量。

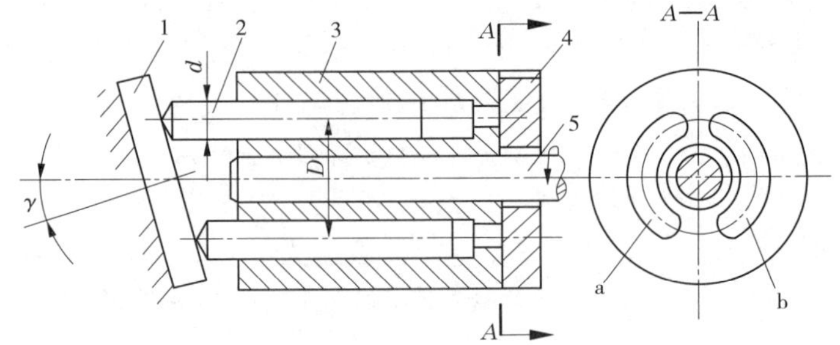

1—斜盘;2—柱塞;3—泵体;4—配流盘;5—传动轴;a—吸油窗口;b—压油窗口

图 4-17 斜盘式轴向柱塞泵工作原理

2. 斜盘式轴向柱塞泵的排量与流量

当柱塞的直径为 d,柱塞分布圆直径为 D,斜盘倾角为 γ 时,柱塞的行程为 $D\tan\gamma$,所以当柱塞数为 z 时,轴向柱塞泵的排量为

$$V = \frac{\pi}{4}d^2 zD\tan\gamma \tag{4-18}$$

设泵的转速为 n,容积效率为 η_v,则泵的实际输出流量为

$$q = \frac{\pi}{4}d^2 zDn\eta_v\tan\gamma \tag{4-19}$$

显然,改变斜盘倾角 γ 就可以使排量 V 成为变量泵。实际上,由于柱塞在泵体孔中运动的速度不是恒定的,因而输出流量是有脉动的。当柱塞数为奇数时,脉动较小,且柱塞数越多脉动就越小,因而一般常用的柱塞泵的柱塞个数为 7、9 或 11。

3. 斜盘式轴向柱塞泵的典型结构

图 4-18 所示为一种斜盘式轴向柱塞泵的结构。柱塞的球状头部装在滑履 12 内,以泵体作为支撑的弹簧 3 通过钢球推压回程盘 13,回程盘和滑履、柱塞一同转动。在排油过程中借助斜盘 16 推动柱塞做轴向运动;在吸油时依靠回程盘、钢球和弹簧组成的回程装置将滑履紧紧压在斜盘表面上滑动,这样的泵具有较强的自吸能力。在滑履与斜盘相接触的部分有一油室,它通过柱塞中间的小孔与泵体中的工作腔相连,压力油进入油室后在滑履与斜盘的接触面间形成了一层油膜,起着静压支承的作用,使滑履作用在斜盘上的力大大减小,因而磨损也减小。传动轴 8 通过左端的花键带动泵体 5 旋转,由于滑履 12 贴紧在斜盘表面上,柱塞在随泵体旋转的同时做轴向往复运动。泵体中柱塞底部的密封工作容积是通过配流盘 6 与泵的进出口相通的。随着传动轴的转动,液压泵就连续地吸油和排油。

通过控制系统或手动调节手轮,使变量活塞 17 处在不同位置,以改变斜盘的倾角 γ 实现变量。

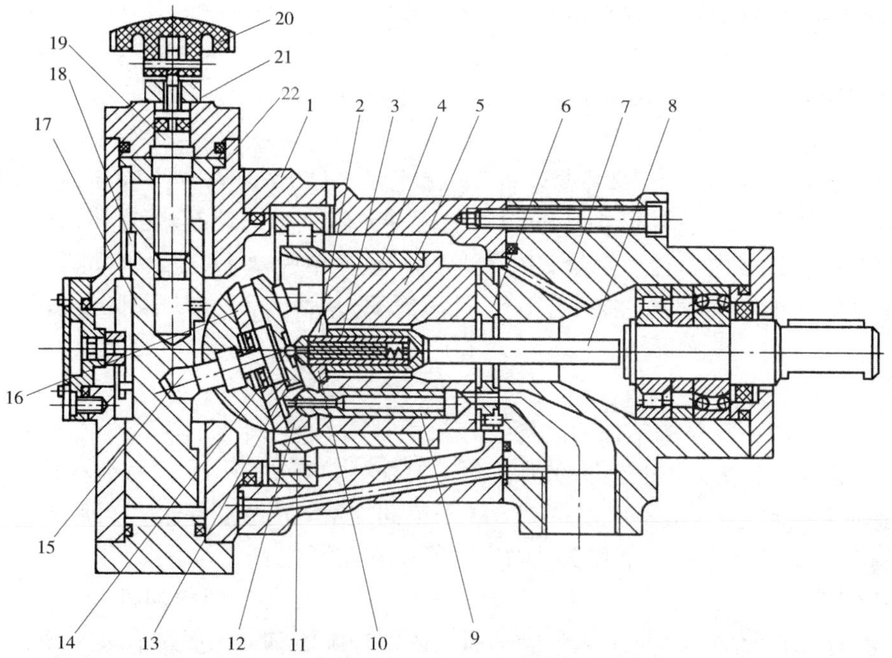

1—中间泵体;2—内套;3—弹簧;4—钢套;5—泵体;6—配流盘;7—前泵体;8—传动轴;
9—柱塞;10—外套;11—滚动轴承;12—滑履;13—回程盘;14—钢珠;15—轴销;16—斜盘;
17—变量活塞;18—滑键;19—丝杆;20—手轮;21—螺帽;22—变量缸体

图 4-18　斜盘式轴向柱塞泵的结构

4. 斜盘式轴向柱塞泵的主要结构分析

1)泵体 5

缸体用铝青铜制成,它上面有 7 个与柱塞相配合的圆柱孔,其加工精度很高,以保证既能相对滑动,又有良好的密封性能。缸体中心开有花键孔,与传动轴 8 相配合。缸体右端面与配流盘 6 相配合。缸体外表面镶有钢套 4 并装在滚动轴承 11 上。

2)柱塞 9 与滑履 12

柱塞的球头与滑履铰接。柱塞在缸体内作往复运动,并随缸体一起转动。滑履随柱塞做轴向运动,并在斜盘 16 的作用下绕柱塞球头中心摆动,使滑履平面与斜盘斜面贴合。柱塞和滑履中心开有直径 1 mm 的小孔,缸中的压力油可进入柱塞和滑履、滑履和斜盘间的相对滑动表面,形成油膜,起静压支承作用,以减小这些零件的磨损。

3)中心弹簧机构

中心弹簧 3 通过内套 2、钢珠 14 和回程盘(压盘)13 将滑履压向斜盘,使活塞得到回程运动,从而使泵具有较好的自吸能力。同时,弹簧 3 又通过外套 10 使泵体 5 紧贴配流盘 6,以保证泵启动时基本无泄漏。

4)配流盘 6

配流盘上开有两条月牙形配流窗口 a、b,外圈的环形槽 f 是卸荷槽,与回油相通,使直径超过卸荷槽的配流盘端面上的压力降低到零,保证配流盘端面可靠地贴合。2 个通孔 c(相当于叶片泵配流盘上的三角槽)起减少冲击、降低噪声的作用。4 个小盲孔起储油润滑作用。配流盘下端的缺口,用来与右泵盖准确定位。

5)滚动轴承

滚动轴承用来承受斜盘16作用在泵体上的径向力。

6)变量机构

变量活塞17装在泵体5内,并与丝杆19相连。斜盘16前后有两根耳轴(图中未示出)支承在变量缸体22上,并可绕耳轴中心线摆动。斜盘中部装有轴销15,其左侧球头插入变量活塞17的孔内。转动手轮20,丝杆19带动变量活塞17上下移动(因导向键的作用,变量活塞不能转动),通过轴销15使斜盘摆动,从而改变了斜盘倾角 γ,达到变量目的。

5. 径向柱塞泵

图4-19为径向柱塞泵的工作原理图。该泵由柱塞1、转子(泵体)2、衬套3、定子4、配流轴5等主要零件组成。若干个柱塞沿径向均匀分布安装在转子上。衬套和转子紧密配合,并套装在配流轴上,配流轴固定不动。转子连同柱塞由电动机带动一起旋转。柱塞靠离心力(有些结构是靠弹簧或低压补油作用)紧压在定子的内壁面上。由于定子和转子之间有一偏心距 e,所以当转子按图示方向旋转时,柱塞在上半周内向外伸出,其底部的密封腔容积逐渐增大,产生局部真空,于是通过固定在配流轴上的吸油孔 a 吸油。当柱塞处于下半周时,柱塞底部的密封腔容积逐渐减小,通过配流轴的压油孔 d 把油液压出。转子转一周,每个柱塞各吸油、压油一次。若改变定子和转子的偏心距 e,则泵的输出流量也改变,即为变量径向柱塞泵;若偏心距 e 从正值变为负值,则吸油口和压油口互换,即为双向变量径向柱塞泵。

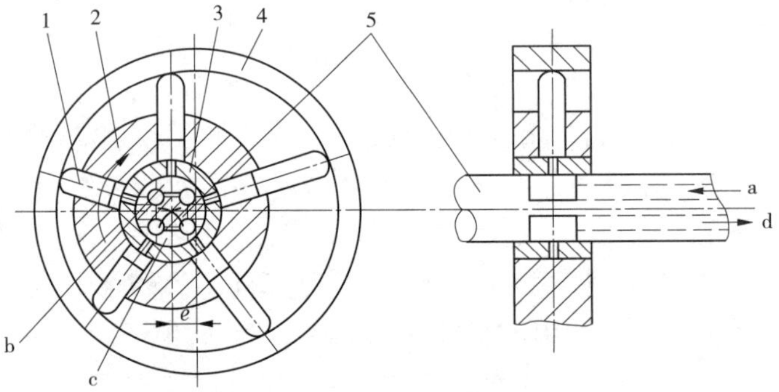

1—柱塞;2—转子;3—衬套;4—定子;5—配流轴

图4-19　径向柱塞泵的工作原理

径向柱塞泵制造工艺性好(主要配合面为圆柱面),变量容易,工作压力较高,轴向尺寸小,便于做成多排柱塞的形式。但其径向尺寸大,配流轴中的吸油、压油流道的尺寸受到限制不能做大,影响了泵的吸入性能。配流轴受有径向不平衡液压力的作用,易磨损,封油区尺寸小,容易泄漏,限制了工作压力和转速的提高,故应用极少。

4.4.2.3　变量泵－定量执行元件的容积调速回路

变量泵－定量执行元件的容积调速回路可由变量泵与液压缸或变量泵与定量液压马达组成。其回路原理图如图4-20所示。图4-20(a)所示为变量泵与液压缸所组成的开式容积调速回路;图4-20(b)所示为变量泵与定量液压马达组成的闭式容积调速回路。

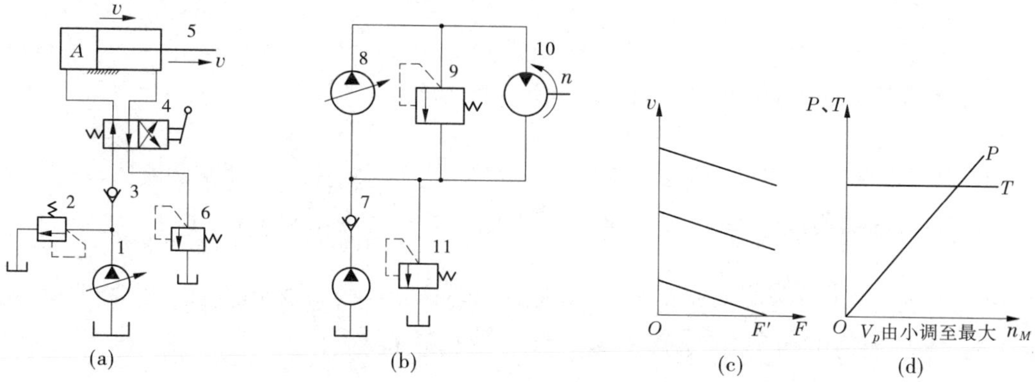

1、8—变量泵;2、11—安全溢流阀;3、7—单向阀;4—换向阀;
5—液压缸活塞;6—定量泵;9—缓冲溢流阀;10—液压马达

图4-20　变量泵－定量执行元件调速特性

图4-20(a)中活塞5的运动速度v由变量泵1调节。若不考虑液压泵以外的元件和管道的泄漏时,这种回路的活塞运动速度为

$$v = \frac{q_p}{A} = \frac{q_t - kF/A}{A} \tag{4-20}$$

式中:q_p为变量泵的实际流量;q_t为变量泵的理论流量;A为缸的活塞面积;k为变量泵的泄漏系数;F为缸的负载。

将式(4-20)按不同的q_t值作图,可得一组平行直线,如图4-20(c)所示。由于变量泵有泄漏,活塞运动速度会随负载的加大而减小。负载增大至某值时,在低速下会出现活塞停止运动的现象(F'点),这时变量泵的理论流量等于泄漏量,可见这种回路在低速下的承载能力是很差的。

图4-20(b)所示为采用变量泵8来调节定量液压马达10的转速的调速回路。变量泵8和液压马达10两者组成一个封闭系统,理论上泵输出的流量与马达输入、输出的及泵吸入的流量都是相等的,调节变量泵的流量q_p也就调节了定量马达的转速n_M。但是,实际上存在泄漏使密封系统内油液不能满足循环的需要,故用低压辅助泵补油,其补油压力由安全溢流阀11来调节。在运行中如果马达的负载突然增加甚至制动,会造成密封系统的压力急剧上升,为防止过载设置了缓冲溢流阀9。当马达的负载转矩恒定时,输出转矩T恒定不变,马达的输出功率$P = Tn_M$与转速n_M成正比关系变化,故本回路的调速方式又称为恒转矩调速,回路的调速特性如图4-20(d)所示。

变量泵和定量液动机所组成的容积调速回路为恒转矩输出,可正反向实现无级调速,调速范围较大。其适用于调速范围较大,要求恒转矩输出的场合,如大型机床的主运动或进给系统中。

任务 4.5　液压马达的拆装

4.5.1　任务书

1. 学习目的

掌握液压马达的类型、结构、性能、特点和工作原理。

2. 学习器材

(1)实物:YM 型双作用叶片式液压马达、ZM 型缸体旋转式轴向柱塞式液压马达。

(2)工具:内六角扳手 1 套、钳工常用工具 1 套、油盘 1 个、耐油橡胶板 1 块。

3. 学习过程

(1)双作用叶片式液压马达拆卸步骤:YM 型双作用叶片式液压马达结构见图 4-21。拆卸步骤参考双作用叶片泵的拆卸步骤。拆卸后清洗、检验、分析。

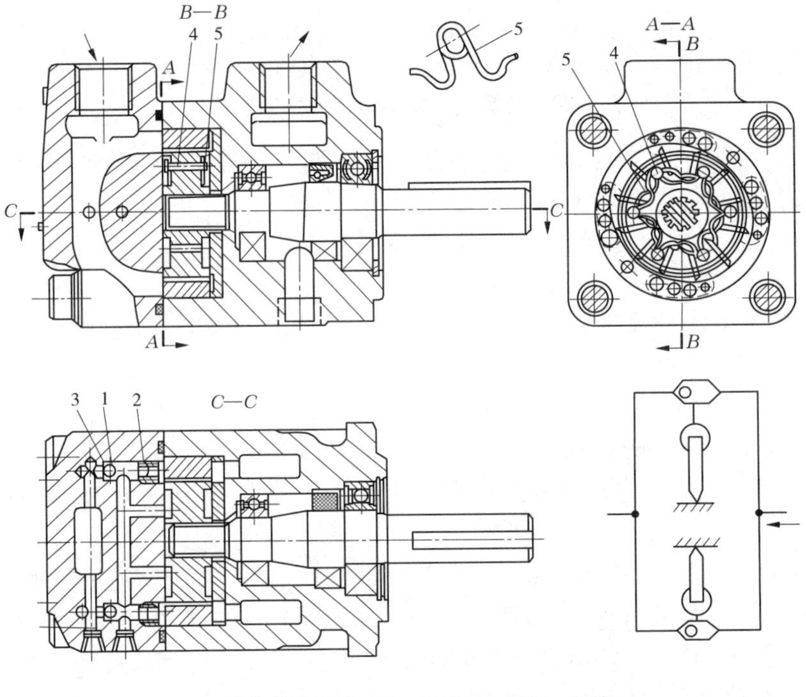

1—单向阀的钢球;2、3—阀座;4—销;5—扭簧

图 4-21　YM 型双作用叶片式液压马达结构

(2)双作用叶片式液压马达结构分析要点:为适应正反转,叶片底部设有扭簧 5,径向安放且叶片倾角为 0°,顶部对称倒角,壳体内设有两个单向阀,保证叶片底部在两种转向时都能依靠油压使叶片顶端与定子内表面压紧。

(3)轴向柱塞式液压马达拆装步骤:ZM 型缸体旋转式轴向柱塞式液压马达结构见图 4-22。松开固定螺钉,分开左端壳体、中间壳体和右端壳体三部件;分解各部件;清洗、检验和分析。

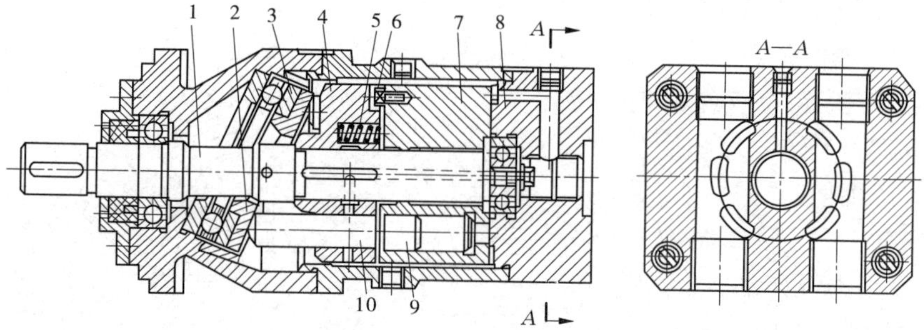

1—输出轴;2—斜盘;3—滚动轴承;4—鼓轮;5—弹簧;6—销钉;7—缸体;8—配流盘;9—柱塞;10—推杆

图 4-22 ZM 型缸体旋转式轴向柱塞式液压马达

(4)双作用叶片式液压马达结构分析要点:缸体 7 装在输出轴 1 上,与之一起旋转;支承在滚动轴承 3 上的斜盘 2 角度固定不变;在缸体上均布 7 个柱塞,配流盘 8 与后端做成一体。为了使配流盘表面不受缸体的倾翻力矩,减少磨损,缸体分为两部分,左半部分为鼓轮 4 与推杆 10,它用键与输出轴相连,用以传递力;右半部分为缸体 7 及柱塞 9,由销钉 6 带动,与鼓轮一起旋转。缸体 7 在弹簧 5 的作用下,压向配流盘 8 的工作面,因此柱塞及缸体只承受轴向力,没有翻转力矩的影响。

(5)装配要领。装配前清洗各部件,按拆卸时的反向顺序装配,复杂的可先装部件后总装。

4. 学习报告

阐述铭牌上标出的主要参数的含义;分析上述两种液压马达的工作原理及其转速的控制:比较双作用叶片式液压马达和双作用叶片泵,分析双作用叶片式液压马达壳体内所设两个单向阀的作用;说明轴向柱塞式液压马达的柱塞及缸体如何做到不受倾翻力矩的影响。

4.5.2 用液压马达作执行元件的容积调速控制

液压缸是定量的执行元件,而液压马达可以是变量的执行元件,除采用变量泵外,通过改变液压马达的排量,可以实现速度控制。

4.5.2.1 液压马达

1. 液压马达的分类

液压马达是执行元件,它能将液体的压力能转换为机械能,输出转矩和转速。液压马达与液压泵工作原理是可逆的,结构基本相同,按其结构形式可分为齿轮式、叶片式和柱塞式;按其排量是否可调分为变量式和定量式;按其额定转速分为高速液压马达(高于 500 r/min)和低速液压马达(低于 500 r/min)两大类。

从原理上讲液压泵可作液压马达,液压马达也可作液压泵,但由于二者的使用目的和工作条件不同,故实际结构有所区别。通过调节变量马达的排量,可以实现执行元件液压马达的转动速度控制。

2. 液压马达的工作原理及其应用

液压马达结构与同类型液压泵相似,现以叶片式液压马达(简称叶片马达)和轴向柱塞式液压马达为例，介绍液压马达的工作原理。

1）叶片式液压马达

如图 4-23 所示为双作用叶片式液压马达的工作原理图。当压力油进入压油腔后，在叶片 1、3 和叶片 5、7 上，一面作用有高压油，另一面则为低压油，由于叶片 3、7 受力面积大于叶片 1、5，从而由叶片受力差构成的力矩推动转子和叶片做顺时针方向旋转。当改变输油方向时，液压马达反转。叶片式液压马达在结构上与叶片泵有一些重要区别。为适应马达正反转要求，马达叶片均径向安装；为防止马达启动时（离心力尚未建立）高低压腔串通，叶片槽底装有弹簧，以便使叶片始终伸出贴紧定子；另外，为保证叶片槽底始终与高压腔相通，在吸、压油腔通入叶片根部的油路中设有单向阀。叶片马达的体积小，转动惯量小，因此动作灵敏，可适应的换向频率较高；但泄漏较大，不能在很低的转速下工作。因此，叶片马达一般用于转速高、转矩小和动作灵敏的场合。

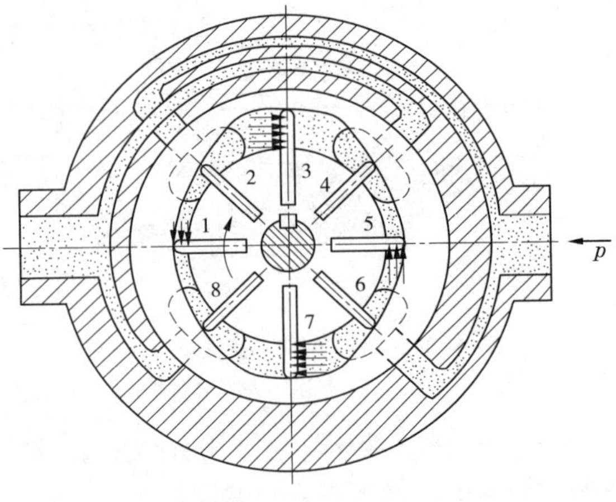

图 4-23　双作用叶片式液压马达的工作原理图

与单作用式相比，双作用叶片马达是对称叶片受力，形成在力偶作用下旋转，运行更为平稳。单作用叶片马达可以制作成变量马达，而双作用叶片马达只能为定量马达。

2）轴向柱塞式液压马达

轴向柱塞式液压马达（简称轴向柱塞马达）的结构形式基本上与轴向柱塞泵一样，故其种类与轴向柱塞泵相同，也分为直轴式轴向柱塞马达和斜轴式轴向柱塞马达两类。直轴式轴向柱塞马达的工作原理如图 4-24 所示。当压力油进入液压马达的高压腔之后，工作柱塞便受到油压作用力 pA（p 为油压力，A 为柱塞面积），通过滑靴压向斜盘，其反作用为 F。F 分解成两个分力：沿柱塞轴向分力 F_x 与柱塞所受液压力平衡；另一分力 F_y 与柱塞轴线垂直，它与缸体中心线的距离为 a，这个力便产生驱动马达旋转的力矩。设斜盘倾斜角为 γ，柱塞和缸体的垂直中心线成 φ 角，此柱塞产生的转矩为

$$T_i = F_y a = F_y R\sin\varphi = F_x R\tan\gamma\ \sin\varphi \tag{4-21}$$

式中：R 为柱塞在缸体中的分布圆半径。

液压马达输出的转矩应是高压腔柱塞产生转矩的总和，即

$$T = \sum F_x R\ \tan\gamma\ \sin\varphi \tag{4-22}$$

由于柱塞的瞬时方位角 φ 是变量，柱塞产生的转矩也发生变化，故液压马达产生的总转矩也是脉动的。柱塞数越多，且柱塞数为单数时脉动越小。

3）液压马达的主要性能参数

（1）压力、排量和流量。压力、排量和流量均是指液压马达进油口处的输入值，它们的定义与液压泵相同。

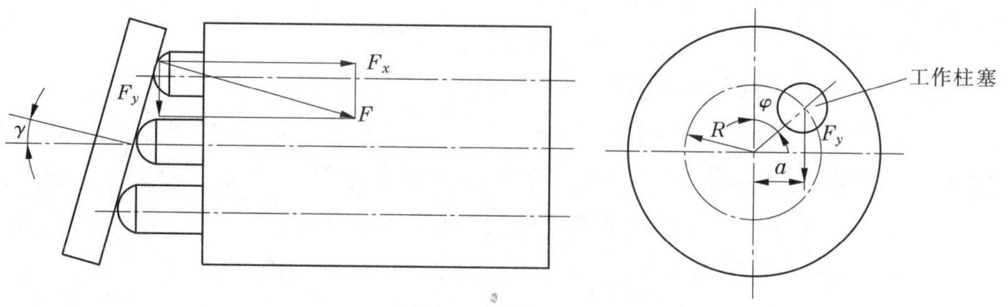

图 4-24　直轴式轴向柱塞马达工作原理图

(2)转速和容积效率。若液压马达的排量为 V_M(下标 M 均表示为马达),以转速 n_M 旋转时,在理想情况下,液压马达需要油液流量为 $V_M n_M$。由于马达存在泄漏,故实际所需流量应大于理论流量。设马达的泄漏量为 Δq,则实际供给马达的流量应为

$$q_M = V_M n_M + \Delta q$$

液压马达的容积效率为理论流量和实际流量之比,即

$$\eta_{M_V} = \frac{V_M n_M}{q_M} \tag{4-23}$$

液压马达的转速为

$$n_M = \frac{q_M}{V_M}\eta_{M_V} \tag{4-24}$$

当液压马达工作转速过低时,往往保持不了均匀的速度,进入时动时停的不稳定状态,称为爬行现象。液压马达最低稳定转速是指液压马达在额定负载下,不出现爬行现象的最低转速。

(3)转矩和机械效率。若不考虑马达的摩擦损失,液压马达的理论输出转矩 T_{Mt} 的公式与泵相同,即

$$T_{Mt} = \frac{p_M V_M}{2\pi}$$

实际上液压马达存在机械损失,设由摩擦损失造成的转矩为 ΔT_M,则液压马达实际输出转矩 $T_M = T_{Mt} - \Delta T_M$。设马达机械效率为 η_{Mm},则

$$\eta_{Mm} = \frac{T_M}{T_{Mt}} \tag{4-25}$$

液压马达的输出转矩

$$T_M = T_{Mt}\eta_{Mm} = \frac{p_M V_M}{2\pi}\eta_{Mm} \tag{4-26}$$

(4)功率和总效率。液压马达输入液压能,输出机械能:

输入功率　　$$P_{Mi} = p_M q_M \tag{4-27}$$

输出功率　　$$P_{Mo} = \omega T_M = 2\pi n_M T_M \tag{4-28}$$

实际上,液压马达在能量转换过程中是有损失的,因此输出功率小于输入功率。两者之间的差值即为功率损失,功率损失可以分为容积损失和机械损失两部分,可见液压马达

的总效率等于机械效率和容积效率的乘积，即

$$\eta_M = \eta_{Mm}\eta_{M_V} \tag{4-29}$$

4.5.2.2 定量泵－变量执行元件的容积调速回路

定量泵－变量马达容积调速回路如图 4-25(a)所示，基本原理和各辅助元件与图 4-20(b)相似。定量泵 1 输出流量不变，改变液压马达 2 的排量 V_M 就可以改变液压马达的转速。在这种调速回路中，由于液压泵的转速和排量均为常数，当负载功率恒定时，马达输出功率 P_M 和回路工作压力 p 都恒定不变，因为马达的输出转矩 $T = \Delta p_M V_M / 2\pi$ 与马达的排量 V_M 成正比，马达的转速 $n_M = q_p/V_M$，则与 V_M 成反比。所以，这种回路称为恒功率调速回路，其调速特性如图 4-25(b)所示。这种回路调速范围很小，且不能用来使马达实现平稳的反向。因为反向时，双向液压马达的偏心量(或倾角)即排量必然要经历一个变小→为零→反向增大的过程，输出转矩就要经历转速变高→输出转距太小而不能带动负载转矩，甚至不能克服摩擦转距而使转速为零→反向高速的过程，调节很不方便，所以这种回路目前很少单独使用。

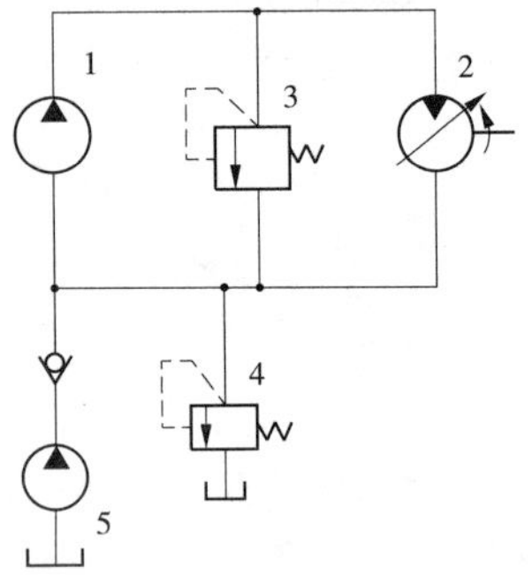

(a)调速回路

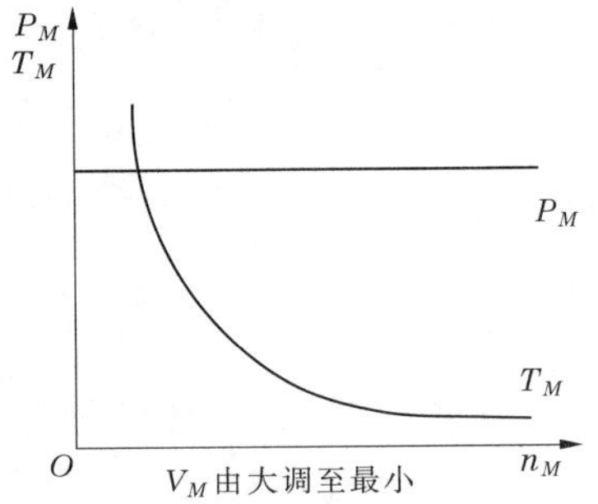

(b)调速特性

1—定量泵；2—变量马达；3—安全阀；4—补油溢流阀；5—补油辅助泵

图 4-25 定量泵－变量马达容积调速回路及其特性

4.5.2.3 变量泵－变量执行元件的容积调速控制

图 4-26(a)所示为变量泵－变量马达容积调速回路，图中双向变量泵 1 既可改变流量大小，又可改变供油方向，用以实现液压马达的调速和换向。单向阀 6 和 8 用以实现双向补油，单向阀 7 和 9 使安全阀 3 能在两个方向上起安全保护作用。由于液压泵和马达的排量都可改变，扩大了调速范围，也扩大了对马达转矩和功率输出特性的选择，即工作部件对转矩和功率上的要求可通过对二者排量的适当调节来达到。例如，一般机械设备启动时，需较大转矩；高速时，要求有恒功率输出，以不同的转矩和转速组合进行工作。这时可分两步调节转速：第一步，把马达排量固定在最大值上(相当于定量马达)，从小到大调节泵的排量，使马达转速升高，此时属恒转矩调速；第二步，把泵的排量固定在调好的最大值上(相当于定量泵)，从大到小调节马达的排量，使马达转速进一步升高，达到所需要求，此时属恒功率调速。其特性曲线如图 4-26(b)所示。显然，图 4-26(b)是图 4-20(d)

和图 4-25(b)的组合。

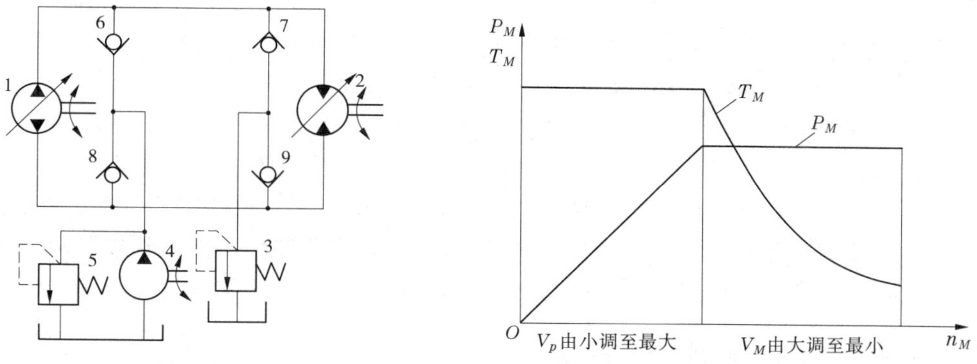

(a)调速回路　　(b)回路特性

1—双向变量泵;2—双向变量马达;3—安全阀;4—补油泵;5—补油溢流阀;6、7、8、9—单向阀

图 4-26　变量泵 - 变量马达容积调速回路及其特性

这种调速回路是上述变量泵 - 定量执行元件、定量泵 - 变量马达调速回路的组合,其调速特性也具有两者之特点,调速范围是变量泵调节范围和变量马达调节范围的乘积,所以其调速范围大(可达 100 倍),并且有较高的效率,它适用于大功率的场合,如矿山机械、起重机械以及大型机床的主运动液压系统。

任务 4.6　快速运动回路的组装

4.6.1　任务书

1. 学习目的

(1)掌握单杆活塞缸差动连接原理和增速缸工作原理。

(2)通过对快速运动回路的组装、观察与分析,进一步理解液压系统的工作原理及各液压元件所起的作用。

2. 学习设施

(1)液压系统实验台。

(2)液压元件:齿轮泵、三位四通换向阀、二位三通换向阀、单向调速阀、溢流阀、单杆活塞缸等。

3. 学习过程

(1)在实验教师指导下设计液压缸差动连接快速运动回路(参考图 4-27)。

(2)检查实验台上搭建的液压回路是否正确,各接管连接部分是否插接牢固,确定无误后接通电源,将换向阀插座与电磁换向阀进行连接,启动电气控制面板上的开关。

(3)旋转液压泵开关,调节液压泵的转速使压力表达到预定压力。将回路中的三位四通换向阀 1 左电磁铁通电和二位三通换向阀 3 电磁铁断电,使液压缸差动连接快进,测定并记录工作液压缸活塞的运动速度。

(4)将回路中的换向阀3电磁铁通电,切除差动连接,使液压回路工进,缓慢调节调速阀调节旋钮,以使节流口逐渐增大(其调节量与速度传感器的测速精度相适应),测定并记录工作液压缸活塞的运动速度以及调节量。

(5)组装增速缸快速运动回路(参考图4-29)。

(6)组装速度换接回路(参考图4-31~图4-33)。

4. 实习报告

画出所组装的快速运动回路图;阐述实验用液压泵、缸、阀等元器件的名称及性能;阐述单杆活塞缸差动连接为什么能实现快速进给,写出差动连接时液压缸速度计算公式;分析单杆活塞缸差动连接时缸产生的推力大小;简述增速缸的工作原理。

4.6.2 快速运动与速度换接控制

为了提高生产效率,工作部件常常要求实现空行程(或空载)的快速运动。这时要求液压系统流量大而压力低。这和工作运动时一般需要的流量较小和压力较高的情况正好相反。对快速运动回路的要求主要是在快速运动时,尽量减小需要液压泵输出的流量,或者在加大液压泵的输出流量后,在工作运动时又不至于引起过多的能量消耗。以下介绍几种常用的快速运动控制方法。

4.6.2.1 液压缸差动连接快速运动控制

图4-27是利用二位三通换向阀实现的液压缸差动连接快速运动回路,在这种回路中,液压缸采用差动连接获得快进运动。在回路中,当阀1和阀3在左位工作时,液压缸差动连接做快进运动;当阀3通电时,差动连接即被切除,液压缸回油经过调速阀,实现工进;阀1切换至右位后,压力油顶开单向阀绕过调速阀经阀3(右位)直接进入缸的有杆腔实现快退。

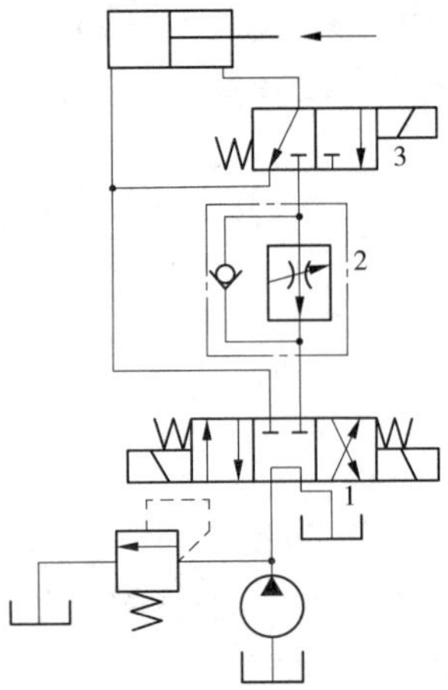

1—三位四通换向阀;2—调速阀;3—二位三通换向阀

图4-27 液压缸差动连接快速运动回路

采用差动连接的快速回路方法简单、经济,可在不增加液压泵流量的情况下提高液压执行元件的运动速度,但快、慢速度的换接不够平稳。另外,泵的流量和有杆腔排出的流量合在一起流过的阀和管路应按合成流量来选择;否则会使压力损失过大,泵的供油压力过大,致使泵的部分压力油从溢流阀溢回油箱而达不到差动快进的目的。

液压缸的差动连接也可用P型中位机能的三位换向阀来实现。

4.6.2.2 用蓄能器的快速运动控制

图4-28是采用蓄能器的快速回路。该回路适用于系统短期需要大流量的场合。

当液压缸停止工作时,液压泵向蓄能器充油,油液压力升至液控顺序阀的调定压力时,打开液控顺序阀,液压泵卸荷。当液压缸工作时,由蓄能器和液压泵同时供油,使活塞获得短期较大的速度。这种回路可以采用小容量液压泵,实现短期大量供油,减小能量损耗。

4.6.2.3　增速缸快速运动控制

执行元件与速度控制密切相关。调节变量马达的排量,可以实现执行元件的速度控制;采用单杆活塞液压缸差动连接,可以获得较快的运动速度;另外,也可以采用增速缸实现快速运动。

1. 增速缸

增速缸实际上是活塞缸与柱塞缸组成的复合缸,如图 4-29 所示,其活塞 2 内含有柱塞缸,中间有孔的活塞杆 1 又和增速缸体固定连接。当液压油进入柱塞缸时,活塞将快速运动;当液压油同时进入柱塞缸和活塞缸时,活塞慢速运动。

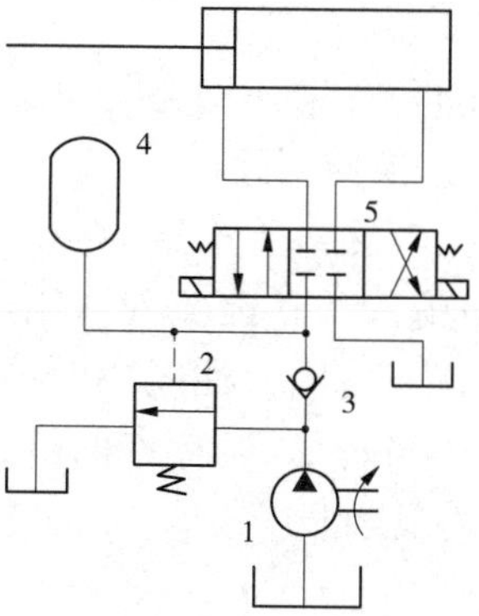

1—液压泵;2—安全溢流阀;3—单向阀;
4—蓄能器;5—换向阀

图 4-28　采用蓄能器的快速回路

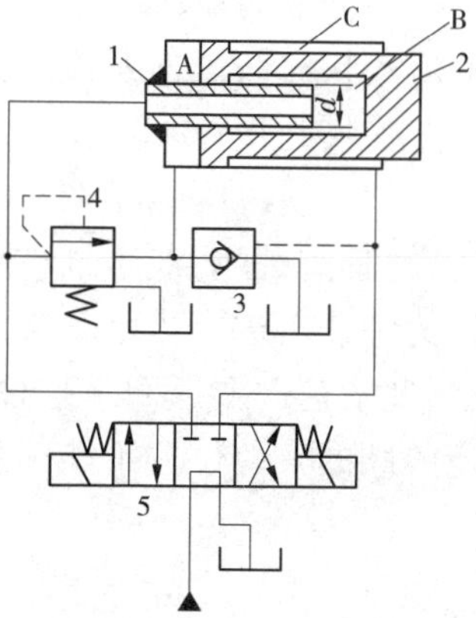

1—活塞杆;2—活塞;
3—液控单向阀;4—顺序阀;5—换向阀

图 4-29　增速缸快速运动回路

2. 增速缸快速运动回路

如图 4-29 所示,当换向阀 5 在左位工作时,液压泵输出的压力油先进入工作面积小的柱塞缸内的 B 腔,使活塞快进,增速缸 A 腔内出现真空,便通过液控单向阀 3 补油。活塞 2 伸出到工作位置时由于负载加大,压力升高,打开顺序阀 4,高压油进入 A 腔,同时关闭单向阀。此时活塞杆 1 在压力油作用下继续外伸,但因有效面积加大,便获得大推力、低速运动,实现工作进给。换向阀 5 在右位工作时,压力油便进入工作面积很小的 C 腔并打开液控单向阀 3,增速缸快退。这种回路常被用于液压机的系统中。

4.6.2.4　双泵供油快速运动控制

双泵供油快速运动回路是利用低压大流量泵和高压小流量泵并联为系统供油,回路见图 4-30。图 4-30 中 1 为低压大流量泵,用以实现快速运动;2 为高压小流量泵,用以实现工作进给运动。在快速运动时,液压泵输出的油经单向阀 4 和液压泵输出的油共同向系统供油。在工作进给时,系统压力升高,打开液控顺序阀(卸荷阀)3 使液压泵卸荷,此时单向阀 4 关闭,由液压泵单独向系统供油。溢流阀 5 控制液压泵的供油压力,是根据系统所需最大工作压力来调节的,而卸荷阀 3 使液压泵在快速运动时供油,在工作进给时则卸荷,因此它的调整压力应比快速运动时系统所需的压力要高,但比溢流阀 5 的调整压力低 10% ~20% 。

双泵供油快速运动回路效率高,功率利用合理,快慢换接平稳,常用在执行元件快进和工进速度相差较大的场合,特别是在组合机床液压系统中得到了广泛的应用。其缺点是要用一个双联泵,油路系统也稍复杂。

4.6.2.5 速度换接回路

设备的工作部件在自动循环工作过程中,需要进行速度换接。例如,机床的二次进给工作循环为:快进—第一次工进—第二次工进—快退。这就存在着由快速转换为慢速、由第一种慢速转换为第二种慢速的速度换接等要求。实现这些功能的回路应该具有较高的速度换接平稳性。

1. 快速—慢速的换接回路

能够实现快速与慢速换接的方法很多,前面提到的各种增速回路都可以使液压缸的运动由快速换接为慢速。下面介绍采用行程阀的快慢速换接回路。

如图 4-31 所示的回路在图示状态下,液压缸快进,当活塞所连接的挡块压下液压行程阀 4 时,行程阀关闭,液压缸右腔的油液必须通过节流阀 6 才能流回油箱,液压缸就由快进转换为慢速工进。当手动换向阀 2 的左位接入回路时,压力油经单向阀 5 进入液压缸右腔,活塞快速向左返回。这种回路的快慢速换接比较平稳,换接点的位置比较准确;缺点是行程阀的安装位置不能任意布置,管路连接较为复杂。

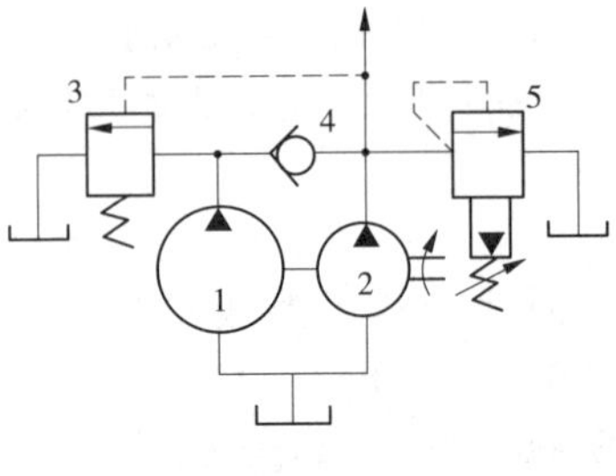

1—低压大流量泵;2—高压小流量泵;3—液控顺序阀;4—单向阀;5—溢流阀

图 4-30 双泵供油快速运动回路

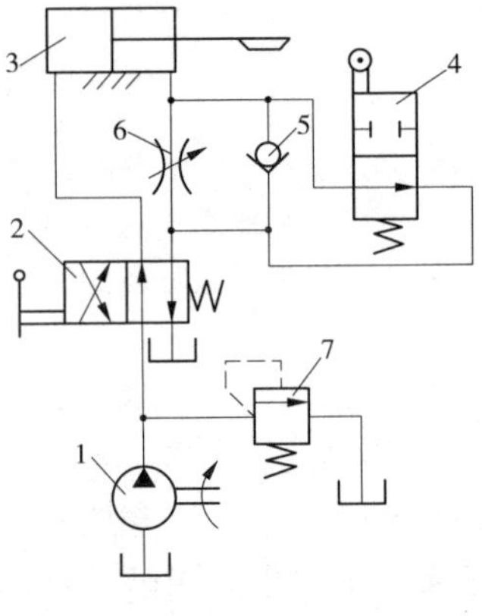

1—泵;2—手动换向阀;3—液压缸;4—液压行程阀;5—单向阀;6—节流阀;7—安全溢流阀

图 4-31 采用行程阀的快慢速换接回路

2. 慢速—慢速的换接回路

对于某些自动机床、注塑机等,需要在自动工作循环中变换两种以上的工作进给速度,这时需要采用两种(或多种)工作进给速度的换接回路。图 4-32 所示为两个调速阀串联的二工进速度换接回路。当电磁换向阀 2 左位工作且电磁换向阀 5 接通时,实现第一次工进;当电磁换向阀 5 断开时,实现第二次工进。此回路的速度换接平稳性好,但调速阀 4 的开口需调得比调速阀 3 小,即二工进速度必须比一工进速度低。此外,二工进时油液经过两个调速阀,能量损失较大。

图 4-33(a)所示为两个调速阀并联的二工进速度换接回路,由换向阀 6 换接,便可实

现第一次工进和第二次工进速度的换接。两个调速阀可单独调节,两速度互无干涉。但一阀工作,另一无油液通过的定差减压阀部分处于非工作状态,阀口完全打开,一旦换接,油液无节制地流进液压缸,使之出现前冲现象。因此,其不宜用于在工作过程中的速度换接,只可用在速度预选的场合。

将图 4-33(a)的二位三通阀 6 改为图 4-33(b)的五通阀后,两个调速阀始终处于工作状态,在由一种工作速度转换为另一种工作速度时,不会出现工作部件突然前冲现象,因而工作可靠。但是,液压系统在工作中总有一定量的油液通过不起调速作用的那个调速阀流回油箱,造成能量损失,使系统发热。

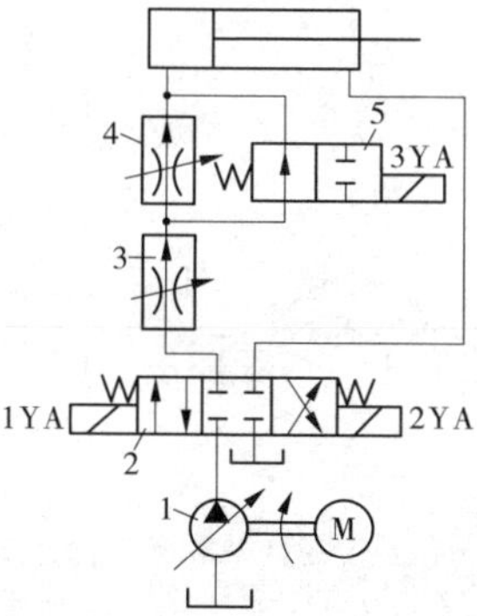

1—变量泵;2、5—电磁换向阀;3、4—调速阀

图 4-32　串联调速阀的二工进速度换接回路

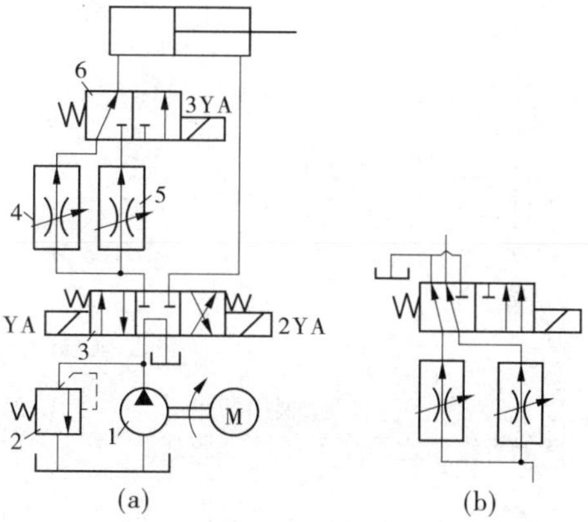

1—液压泵;2—安全溢流阀;3、6—电磁换向阀;4、5—调速阀

图 4-33　并联调速阀的二工进速度换接回路

【拓展知识】

容积节流调速与多缸同步回路

容积节流调速的基本工作原理是采用压力补偿式变量泵供油,调速阀(或节流阀)调节进入液压缸的流量并使泵的输出流量自动地与液压缸所需流量相适应。这种调速回路没有溢流损失,效率较高,速度稳定也比单纯的容积调速回路好,常用在速度范围大,中、小功率的场合,例如组合机床的进给系统等。

常用的容积节流调速回路有:由限压式变量泵和调速阀组成的容积节流调速回路、由差压式变量泵和节流阀组成的容积节流调速回路。

1. 限压式变量泵和调速阀的容积节流调速回路

图 4-34(a)、(b)所示分别为由限压式变量泵与调速阀组成的容积节流调速回路的工作原理和工作特性图。在图示位置,活塞快速向右运动,限压式变量泵 1 按快速运动要求调节其输出流量 q_{max},同时调节限压式变量泵的压力调节螺钉,使泵的限定压力 p_c 大于快速运动所需压力,如图 4-34(b)中 AB 段。当换向阀 3 通电时,泵输出的压力油经调速阀 2 进入液压缸 4,其回油经背压阀 5 回油箱。调节调速阀 2 的流量 q_1 就可调节活塞的运动速度 v。在关小速度阀的一瞬间,q_1 减小,而此时液压泵的输油量还未来得及改变,使得

$q_1 < q_B$,压力油迫使泵的出口与调速阀进口之间的油压憋高,即泵的供油压力升高。由限压式变量泵的输出特性可知:当压力超过限定压力 p_c 后,液压泵的流量会随压力的增加而自动变小,直至 $q_B \approx q_1$;反之,开大调速阀的瞬间,将出现 $q_B < q_1$,从而会使限压式变量泵出口压力降低,输出流量自动增加,直至液压泵的输出流量与系统所需流量相适应。因此,工作部件的运动速度可由调速阀调节。

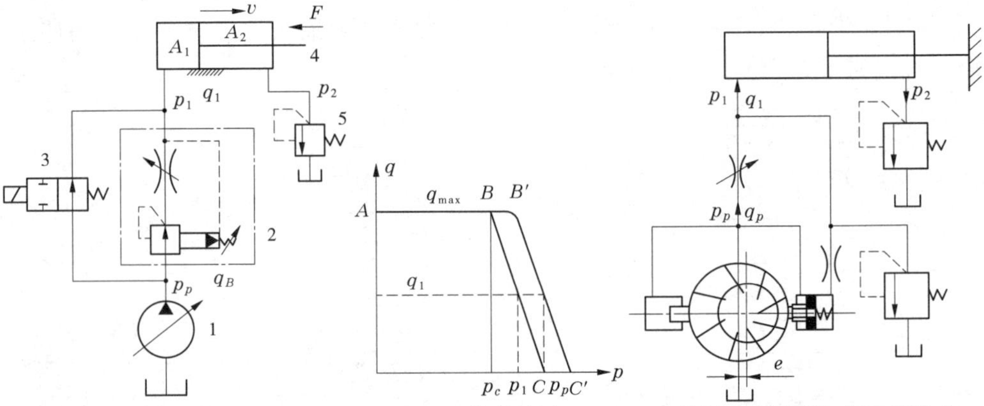

(a)限压式变量泵和调速阀组成的容积节流调速回路工作原理图 (b)工作特性图 (c)差压式变量泵和节流阀组成的容积节流调速回路工作原理图

1—限压式变量泵;2—调速阀;3—二位电磁换向阀;4—液压缸;5—背压阀

图 4-34 容积节流调速回路

这种回路的特点是:由于没有多余的油液溢回油箱,所以它的效率比节流调速回路高,发热少。调速阀也可装在回油路上,其承载能力、运动平稳性、速度刚性等与对应的节流调速回路相同。

2. 差压式变量泵和节流阀的容积节流调速回路

图 4-34(c)所示为差压式变量泵和节流阀组成的容积节流调速回路,其工作原理与上述回路基本相似:节流阀控制进入液压缸的流量 q_1,并使变量泵输出的流量 q_P 自动和 q_1 相适应。当外负荷减轻时,油缸压力 p_1 降低,节流阀进出口压差 $p_P - p_1$ 增加,则通过节流阀的流量 q_1 会增加,但由于 p_1 降低又会使油泵定子左右两侧控制柱塞产生向右运动,差压式变量泵的偏心量减小,使液压泵输出的流量减小,p_P 降低,这样能使节流阀进出口压差 $p_P - p_1$ 基本保持恒定,q_1 基本保持不变,活塞运动速度稳定;反之,当外负荷增加时,油缸压力 p_1 增加,定子左移,加大泵的偏心量,使泵输出的流量增大,p_P 增加,节流阀进出口压差基本保持恒定,活塞运动速度稳定。

在这种容积节流调速回路中,输入液压缸的流量基本上不受负载变化的影响,因为节流阀进出口压差基本上是由作用在变量泵控制柱塞上的弹簧力确定的,这和调速阀的原理相似,其速度刚性、运动平稳性和承载能力与限压式变量泵和调速阀组成的容积节流调速回路相似。此外,这种回路因能补偿由负载变化引起的泵泄漏量的变化,在低速、小流量场合下使用显得更优越。因此,其适用于负载变化大,速度较低的中、小功率场合。

这种容积节流调速回路不但没有溢流损失,而且泵的供油压力随负载而变化,回路中

的功率损失只有节流阀压降造成的节流损失一项，因此发热少，效率高。这种回路的效率表达式为

$$\eta = \frac{p_1 q_1}{p_p q_p} = \frac{p_1}{p_1 + \Delta p} \tag{4-30}$$

式中：p_1为液压缸的工作压力；p_p为液压泵的供油压力；Δp 为节流阀进出口压差。

3. 多缸速度同步回路

使两个或两个以上的液压缸，在运动中保持相同位移或相同速度的回路称为同步回路。从理论上讲，对两个工作面积相同的液压缸输入等量的油液即可使两液压缸速度同步，但泄漏、摩擦阻力、制造精度、外负载、结构弹性变形以及油液中的含气量等因素都会使同步难以保证。为此，同步回路要尽量克服或减小这些因素的影响，有时要采取补偿措施，消除累积误差。

1）机械连接同步回路

如图 4-35 所示为机械连接同步回路。它是用刚性梁、齿轮及齿条等机械零件，使两缸活塞杆间建立刚性的运动联系，使它们的运动相互受到牵制，实现位移同步。这种回路简单、方便、可靠，适用于两液压缸相互靠近的场合，但同步精度较低，不能用于负载较大的系统中。

2）并联液压缸同步回路

图 4-36 是两个并联的液压缸，分别用调速阀控制的同步回路。两个调速阀分别调节两缸活塞的运动速度，当两缸有效面积相等时，流量也调整得相同；若两缸面积不等，则改变调速阀的流量也能达到同步的运动。

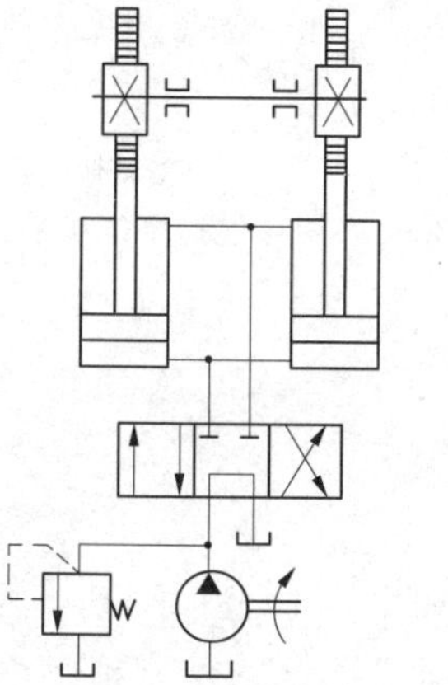

图 4-35　机械连接同步回路

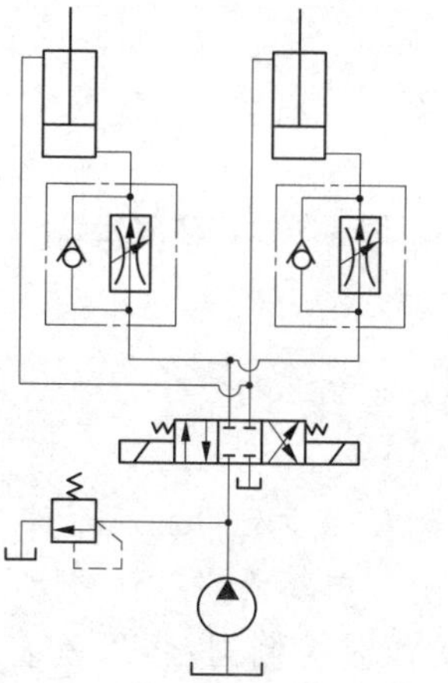

图 4-36　并联液压缸同步回路

用调速阀控制的同步回路，结构简单，并且可以调速。但是，由于受到油温变化以及调速阀性能差异等影响，同步精度较低，一般为 5% ~7%。

3）串联液压缸同步回路

图 4-37 所示为两个液压缸串联的同步回路。第一个液压缸回油腔排出的油液被送入第二个液压缸的进油腔，若两缸的有效工作面积相等，两活塞必然有相同的位移，从而实现同步运动。但是，由于制造误差和泄漏等因素的影响，同步精度较低。这种回路两缸

能承受不同的负载,但泵的供油压力要大于两缸工作压力之和。

由于泄漏和制造误差,影响了串联液压缸的同步精度,当活塞往复多次后,会产生严重的失调现象,为此要采取补偿措施。图4-38是两个单作用缸串联,并带有补偿装置的同步回路。为了达到同步运动,A腔和B腔面积相等,使进、出流量相等,两缸的升降便得到同步回路。而补偿措施使同步误差在每一次下行运动中都可消除。例如电磁换向阀6在右位工作时,缸下降,若缸1的活塞先运动到底,它就触动电气行程开关1XK,使电磁换向阀3通电,压力油便通过该阀和液控单向阀5向缸2的B腔补入,推动活塞继续运动到底,误差即被消除。若缸2的活塞先到底,触动行程开关2XK,阀4通电,控制压力油使液控单向阀反向通道打开,缸1的A腔通过液控单向阀回油,其活塞即可继续运动到底。这种串联液压缸同步回路只适用于负载较小的液压系统。

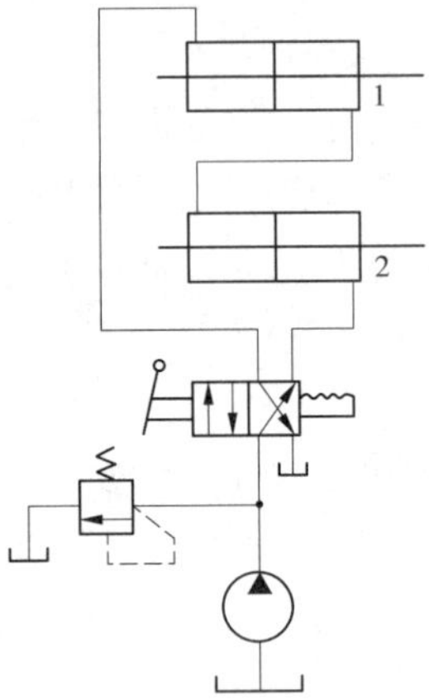

1、2—液压缸

图4-37 串联液压缸同步回路

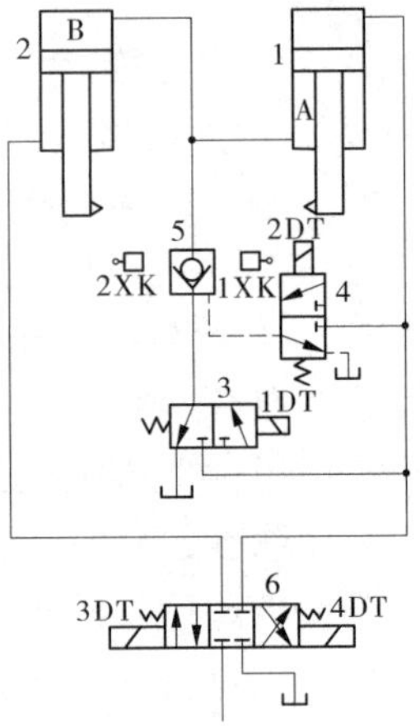

1、2—液压缸;3、4、6—电磁换向阀;5—液控单向阀

图4-38 采用补偿措施的串联液压缸同步回路

小 结

1. 本项目涉及的液压元件

本项目涉及的液压元件主要有:流量控制阀、液压泵、液压马达、蓄能器等。

(1)流量控制阀:在压差基本稳定的情况下,通过改变节流口面积调节阀口流量是节流阀的基本原理。节流口的形式以薄壁孔最为理想。调速阀由定差减压阀与节流阀串联而成,可以补偿负载变化对流量的影响,具有较好的流量稳定性。

(2)液压泵:是液压动力元件,定量泵有齿轮泵、双作用叶片泵,变量泵有单作用叶片泵、轴向柱塞泵和径向柱塞泵。其基本工作原理可简要概括为高低压腔要隔开、密封容积可变化及相应的配流方法。分析液压泵的密封容积构成及转动时密封容积变化规律是分析各种液压泵工作原理的基本方法。

(3)液压马达:是液压执行元件,类型、结构与泵相似,原理与泵可逆。在分析马达的工作原理时,一定要找出可使马达转动的液压力产生的转矩。

(4)蓄能器:是装于液压系统中用来储存和释放压力能的容器。

2.液压系统的无级调速回路

液压系统的无级调速回路有节流调速回路、容积调速回路和容积节流调速回路三种类型。

节流调速回路有进油节流调速、回油节流调速和旁路节流调速回路。进油节流调速和回油节流调速的性能相似,速度－负载特性优于旁路节流调速回路,但效率较低。在三种节流调速回路中,使用调速阀取代节流阀可获得较好的速度平稳性。

在容积调速回路中,变量泵－定量马达调速和变量泵－变量马达调速应用较多,定量泵－变量马达调速应用较少。注意恒转矩和恒功率调速特性的命题条件。要区分开恒功率变量泵－定量马达调速中恒功率特性与定量泵－变量马达调速中恒功率特性的区别:前者回路中的工作压力为变量,后者回路中的工作压力为常量。在容积调速回路的分析计算中,因回路中无流量损失,液压泵的出口流量即液压马达入口流量。

对于容积节流调速,应着重掌握变量泵的输出流量与调速阀或节流阀的调节流量自动相适应原理,要注意变量泵的流量－压力特性曲线与阀的流量－压力特性曲线的交点即回路工作点。

3.液压缸的快速运动实现

液压缸的快速运动可以通过单杆活塞缸的差动连接、蓄能器、增速缸、双泵供油等方法实现。液压缸两种速度的换接可以通过调速阀的并联或串联以及行程阀、电磁阀的控制来实现。多个液压缸的速度同步可以通过机械连接、串联或并联液压缸来实现。

复习思考题

4-1　流量控制阀有哪些类型?常用节流口有哪些类型?为何多选用薄壁孔作节流孔?分析并说明调速阀的工作原理。

4-2　在进油节流调速回路和回油节流调速回路中,如果没有溢流阀,调节节流阀的通流面积是否能改变执行元件的速度?分析并说明原因。

4-3　在图4-5(c)旁路节流调速回路中,液压泵输出流量$q=10$ L/min,液压缸无杆腔面积$A_1=50$ cm^2,有杆腔面积$A_2=25$ cm^2,溢流阀调定压力$p_s=2.4$ MPa,节流阀通流面积$A_T=0.05$ cm^2,负载$F=10$ kN。试计算液压缸速度和液压泵的工作压力。液压油密度$\rho=870$ kg/m^3。

4-4　按图4-39所示进油节流调速回路,说明油液通过各元件上的功率损失,并用数学表达式列出各部分的功率损失以及系统回路的效率公式。

4-5　在图4-40所示回路中,若泵的输出流量$q=10$ L/min,溢流阀调整压力$p_s=2$ MPa,两个薄壁孔型节流阀的开口面积分别是$A_{T1}=0.02$ cm^2,$A_{T2}=0.01$ cm^2,油液密度$\rho=900$ kg/m^3,试求不考虑溢流阀的调压偏差时:

(1)液压缸无杆腔的最高工作压力;

(2)溢流阀的最大溢流量。

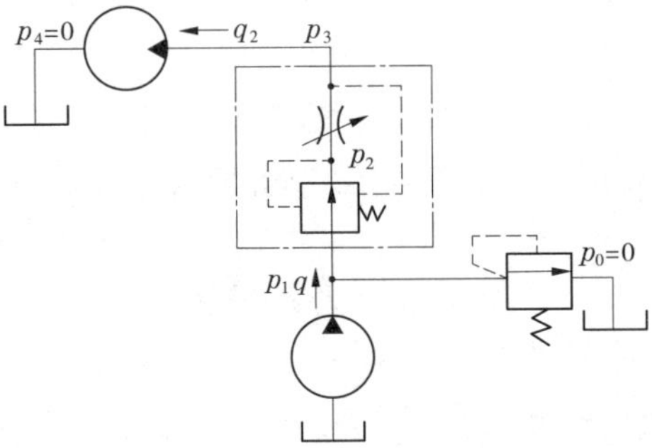

图 4-39　题 4-4 图

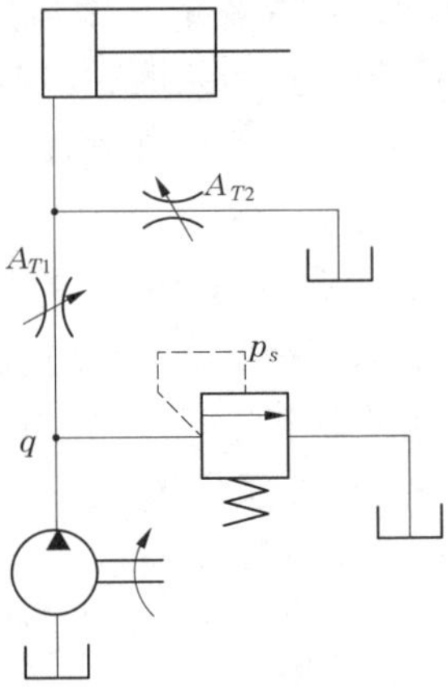

图 4-40　题 4-5 图

4-6　某液压泵在转速为 950 r/min 时的理论流量为 160 L/min，在压力 29.5 MPa 和同样的转速下测得的实际流量为 150 L/min，总效率为 0.87，试求：

(1)泵的容积效率；

(2)泵在上述工况下所需的电机功率；

(3)泵在上述工况下的机械效率；

(4)驱动此泵需多大转矩？

4-7　某液压泵的输出油压 $p=10$ MPa，转速 $n=1\ 450$ r/min，排量 $V=200$ mL/r，容积效率 $\eta_V=0.95$，总效率 $\eta=0.9$，求泵的输出功率和电动机的驱动功率。

4-8　图 4-41 所示为凸轮转子泵，其定子内曲线为完整的圆弧，壳体上有两片不旋转但可以伸缩(靠弹簧压紧)的叶片。转子外形与一般叶片泵的定子曲线相似。说明泵的工作原理，在图上标出其进、出油口，并指出凸轮转一圈泵吸排油几次。

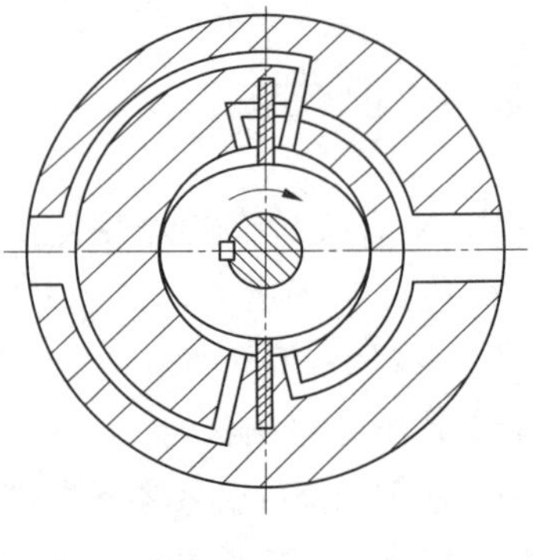

图 4-41　题 4-8 图

4-9　如图 4-20(b)所示变量泵－定量马达容积调速回路，泵的最大流量 $q_{max}=30$ L/min，马达几何排量 $V_M=25$ mL/r。回路最大允许工作压力 $p_{max}=8$ MPa，辅助泵溢流阀压力 $p_s=1$ MPa。不计元件管路机械和容积损失，试求：

(1)液压马达的最大输出功率、转速和转矩。

(2)当液压马达输出功率 $P_M=2$ kW 并保持稳定时，液压马达的最低转速是多少？

(3)当液压马达输出功率为最大输出功率的 20%，液压马达最大转矩时的转速是多少？

4-10　某液压马达的排量 $V=200$ cm^3/r，总效率 $\eta=0.90$，容积效率 $\eta_V=0.92$，液压马达入口压力 $p_1=10$ MPa，出口压力 $p_2=0.5$ MPa，当输入流量 $q=20$ L/min 时，试求液压

马达的实际输出转速 n 和输出转矩 T 为多少?

4-11 一泵当工作压力为 8 MPa 时,输出流量为 96 L/min;当工作压力为 10 MPa 时,输出流量为 94 L/min。用此泵带动一排量 $V=80$ cm^3/r 的液压马达,当马达转矩为 120 N·m 时,液压马达的机械效率为 0.94,其转速为 1 100 r/min,求此时液压马达的容积效率。(提示:先求马达的工作压力)

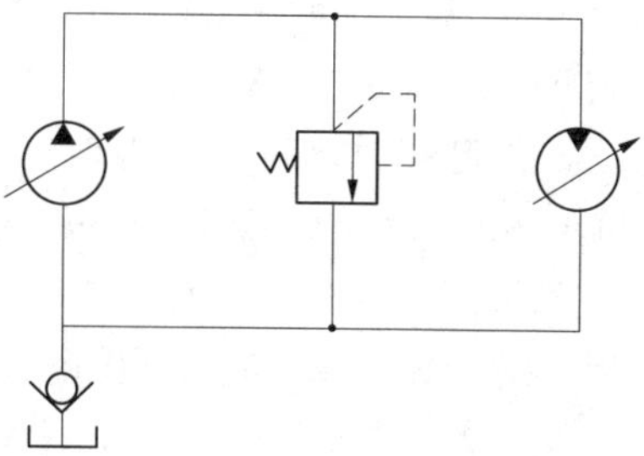

图 4-42 题 4-12 图

4-12 在图 4-42 所示容积调速回路中,已知变量泵排量 $V_P=0\sim8$ cm^3/r,变量泵转速 $n_P=1\ 200$ r/min,变量马达排量为 $V_M=4\sim12$ cm^3/r;安全阀调定压力 $p=4.0$ MPa。忽略所有损失,求:马达转速 n_M 分别为 200 r/min、400 r/min、1 000 r/min、1 600 r/min 时,可能输出的最大转矩 T_{max} 和最大功率 P_{max},并将结果填入表内。

计算项目	n_M(r/min)			
	200	400	1 000	1 600
P_{max}(kW)				
T_{max}(N·m)				

4-13 图 4-43 所示回路能实现快进(差动连接)—慢进—快退—停止的工作循环,试列出其电磁铁动作表(通电用"+",断电用"-")。

4-14 如图 4-44 所示液压系统,已知液压泵流量 $q=10$ L/min,液压缸慢进速度为 0.5 m/min,液压缸快进和快退的速度比为 3/2。试求液压缸两腔有效面积 A_1、A_2 及缸的快进和快退速度。

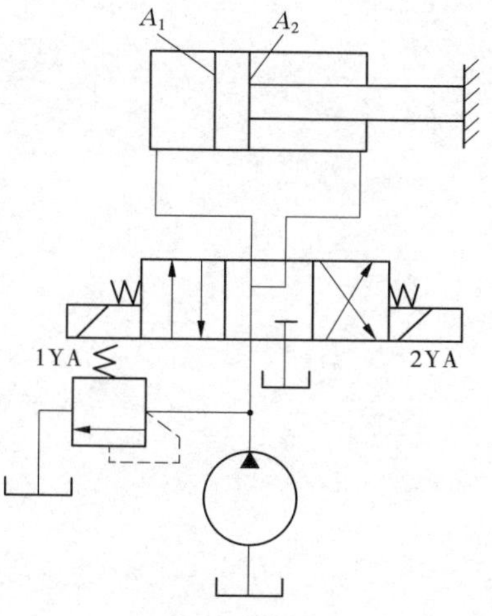

图 4-43 题 4-13 图

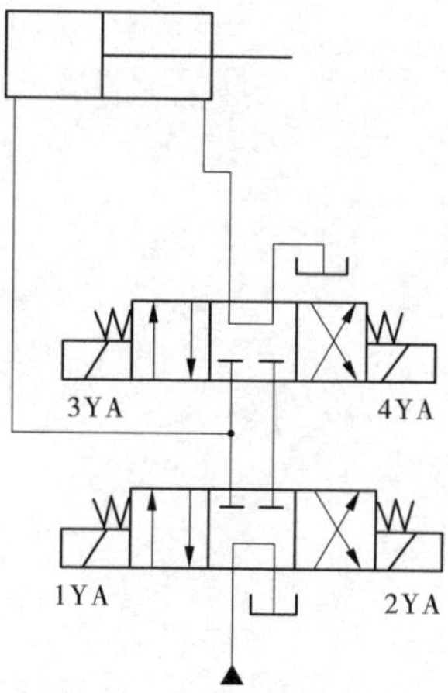

图 4-44 题 4-14 图

4-15　在图 4-30 所示双泵供油回路中，已知液压缸大、小腔面积为 A_1 和 A_2，快进和工进时负载为 F_1 和 F_2（$F_1 < F_2$），相应的活塞移动速度为 v_1 和 v_2，若液流通过节流阀 7 和卸荷阀 3 时的压力损失为 Δp_7 和 Δp_3，其他的阻力可忽略不计，试求：

（1）溢流阀和卸荷阀的压力调整值 p_Y 和 p_3；

（2）大、小流量泵的输出流量 q_1 和 q_2；

（3）快进和工进时的回路效率 η_1 和 η_2。

4-16　解答图 4-45 所示液压系统的下列问题：

（1）列出实现“快进—工进Ⅰ—工进Ⅱ—快退—原位停且泵卸荷”工作循环的电磁铁动作顺序表；

（2）若溢流阀调整压力为 2 MPa，液压缸有效工作面积 $A_1 = 80\ \text{cm}^2$、$A_2 = 40\ \text{cm}^2$，在工进中当负载 F 突然为零时，节流阀进口压力为多少；

（3）在工进时若负载 F 变化，分析活塞速度有无变化，并说明理由。

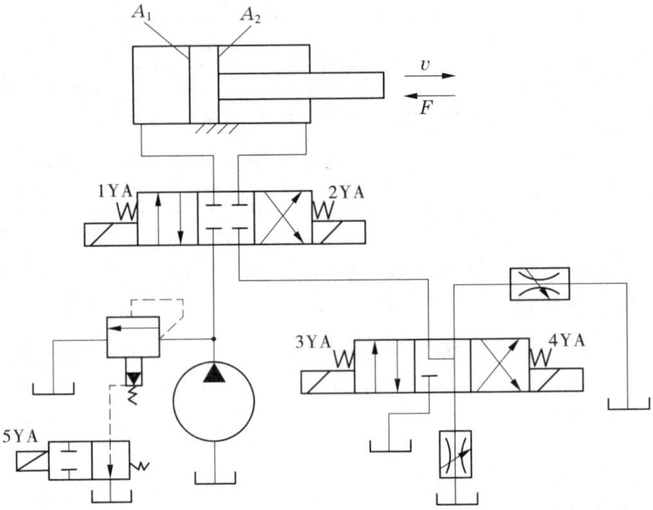

图 4-45　题 4-16 图

项目五　液压系统的安装调试及使用与维护

【教学目标要求】

1. 知识目标

了解常用液压辅助元件的种类及其应用场合。

2. 技能目标

(1)系统地练习掌握液压系统的安装调试方法。

(2)初步掌握液压系统的使用与维护要点。

(3)能通过原理图查找液压系统的故障部位,掌握排除故障的基本方法。

任务 5.1　液压系统的安装调试

5.1.1　任务书

1. 学习目的

(1)学会按液压系统图选择安装液压元件。

(2)掌握液压系统的调试方法,使之达到系统的设计要求。

(3)对前面所学内容有一个整体性的选择运用,学会全面考虑液压系统所需要解决的实际问题。

(4)在学习过程中发现问题,能通过教师的指导解决问题,为下一步的学习设定目标和兴趣动力。

2. 学习器材

中等复杂程度的液压设备 1 套(各学习小组可根据实际情况确定,最好选用同时具备方向控制回路、压力控制回路和速度控制回路的综合学习设备),常用拆装工具 1 套。

3. 学习过程

(1)把学生分组,每组发一份系统原理图(根据各学校实际,提供的元件由教师确定),提出系统的设计要求(如压力、流量、速度、动作顺序等)。

(2)由学生自己列出清单选择元件,教师检查修正后才能发放学习器材。

(3)安装后由教师检查同意才能试运行。

(4)系统安装无误后方可运行、调试。

(5)在学习过程中发现问题尽量指导学生自己查找解决。

4. 学习报告

学习报告应包含以下内容:画出系统原理图,阐述系统的工作原理和工作参数要求、元件的型号和规格、安装调试过程,学习过程遇到的问题及解决方法。

5.1.2 液压系统图

5.1.2.1 如何阅读液压系统图

液压传动系统是根据机械设备的工作要求,由若干液压元件(包括能源装置、控制元件、执行元件等)与管路组合而成,并能完成一定动作的整体;或能完成一定动作的各个液压基本回路的组合。

液压系统图有两种表示方法,其中一种是采用半结构式表示的工作原理图。这种原理图虽然直观性强,容易理解,当液压系统发生故障时,根据原理图检查也较方便,但图形较复杂,特别是当系统中元件较多时,绘制也不方便。因此,在实际工作系统图中基本不用这种图,而是采用国标 GB/T 786.1—1993 所规定的液压与气动图形符号(参看附录)绘制的液压系统图。使用图形符号可方便绘图,并能使液压系统图简单明了,只是直观性较差。要正确看懂液压系统图,首先必须熟悉液压元件图形符号,本书附录中有一些常用的液压元件图形符号,以供参考;其次要了解清楚各种常用液压元件的结构与工作原理;另外还要常看勤练,结合实物看图、画图,弄清楚各种元件在图中的位置和在实物中的位置。在实际安装时,液压系统除采用手动控制外,还采用电气、计算机等控制手段。而液压系统图往往是独立画出来的,在读图时则要考虑各种控制元件的控制方法,把机、电、液、气、计算机相结合,做到各种控制系统的有机统一。

总之,要多熟悉一些机器的液压系统图,既要能看懂液压系统图,也要能看懂图中所示元件在机器上的具体位置,还要能根据实物图画出系统图并结合工作原理分析改正所画的系统图,这对从事液压系统的设计、安装和分析维护工作是十分必要的。本项目给出一些典型的液压系统实例,通过学习和分析,加深对液压元件功用的理解和对基本回路组合的运用,掌握阅读液压系统图的方法和步骤,为以后从事液压技术工作打下一定的基础。

5.1.2.2 按液压传动系统的工况要求与特点分类

液压传动系统种类繁多,它的应用涉及机械制造、轻工、纺织、工程机械、船舶、航空和航天等各个领域。但根据其工作情况,典型液压系统视液压传动系统的工况要求与特点,可分为如下几种类型。

(1)以速度变换为主的液压系统(例如组合机床系统):①能实现工作部件的自动工作循环,生产率较高;②快进与工进时,其速度与负载相差较大;③要求进给速度平稳、刚性好,有较大的调速范围;④进给行程终点的重复位置精度高,有严格的顺序动作;⑤能实现严格的顺序动作。

(2)以压力变换为主的液压系统(例如液压压力机系统):①系统压力要能经常变换和调节,并能产生很大的压力(吨位);②空程时速度大,加压时推力大,系统的功率大,利用率高;③系统多采用高低压泵组合或恒功率变量泵供油,以满足空程与压制时低压快速行程和高压慢速行程速度与压力的变化的要求。

(3)以换向精度为主的液压系统(如磨床系统):①运动平稳性高,有较低的稳定速度;②启动与制动迅速平稳、无冲击,有较高的换向频率(最高可达 150 次/min);③换向精度高,换向前停留时间可调。

(4)多个执行元件配合工作的液压系统(例如注塑机液压系统):①在各执行元件动

作频繁换接，压力急剧变化情况下，系统足够可靠，避免误动作；②能实现严格的顺序动作，完成工作部件规定的工作循环；③满足各执行元件对速度、压力及换向精度的要求。

5.1.2.3　阅读液压系统图的一般步骤

阅读一个较复杂的液压系统图，大致可按以下步骤进行：

（1）了解机械设备工况对液压系统的要求，了解在工作循环中的各个工步对力、速度和方向这三个参数质与量的要求。

（2）初读液压系统图，一般“先看两头，后看中间”，了解系统中包含哪些元件，且以执行元件为中心，将系统分解为若干个工作单元。

（3）先单独分析每一个子系统，一般“先看图示位置，后看其他位置”“先看主油路，后看其他油路”，了解其执行元件与相应的阀、泵之间的关系和有哪些基本回路。参照电磁铁动作表和执行元件的动作要求，理清其液流路线。

（4）在全面读懂液压系统的基础上，根据系统所使用的基本回路的性能，对系统做综合分析，归纳总结整个液压系统的特点，以加深对液压系统的理解。

5.1.2.4　液压系统图阅读实例（YWT 系列水轮机调速器液压系统原理分析）

配合阅读机器说明书，了解水轮机调速器的功能，分析压力油的供给和执行元件各种工况的动作原理，达到阅读液压系统图的目的。

1. 了解水轮机调速器的功能

利用水能生产电能的工厂称为水电站，它先利用水轮机把水流的能量转换为旋转的机械能，再利用发电机把旋转的机械能转换为电能。在水轮机调节系统和发电机励磁系统的控制下，发电机产生的电能以稳定的频率和电压输送到电力系统或电能用户。

当电力系统的负荷发生变化时，应当及时调节机组发出电能的多少，以获得系统中发电量与用电量的平衡。如果不能及时调整系统能量的平衡，会导致水轮机转速不稳定，供电频率变化过大，威胁各种用电设备的安全，严重影响工农业生产、社会经济活动和人们的正常生活。为此，必须通过水轮机调速器，根据机组转速的变化，自动地调节进入水轮机的流量，使水轮发电机组在维持额定转速的同时不断适应外界负荷的变化。另外，水轮机调速器还担负着开机、停机及调整机组所带负荷的作用。

水轮机调节系统是由调节控制器、液压随动系统和调节对象组成的闭环控制系统。通常把调节控制器和液压随动系统统称为水轮机调速器。水轮机调速器自 1901 年问世以来先后经历了三代的发展：机械液压调速器、电液调速器和微机调速器。前两种已逐渐被微机调速器所替代。YWT 系列中小型高油压数字式可编程微机调速器，是国内的新一代高性能调速器。该系列调速器采用高油压、数字式、标准化设计，适用于中小型水轮发电机组的调节与控制，运行可靠、性能良好、操作和调试简便，已经在多个电站投入运行。

由于调速器调节对象的数学模型比较复杂，无法准确地对其进行数学描述。一般是先利用位置型 PID（比例积分微分）替代被控对象的离散化数字模型，再结合最优控制，实现直接数字控制。

2. 水轮机调速器液压系统的工作原理和特点

YWT 系列水轮机调速器的液压系统如图 5-1 所示。YWT 系列水轮机调速器由微机调节器、机械液压系统、油压装置等三大部分构成，实现对水轮机的调节控制功能。机械液压系统是整个调速器的执行机构,它接收微机调节器发出的控制信号,控制调速器接力器的开和关,置于机械柜内。油压装置为调速器的机械液压部分提供动力油源。机械液压系统和油压装置组成水轮机调节器的液压系统。下面通过分析压力油的供给和执行元件几种工况的动作原理,详细阅读该液压系统图。

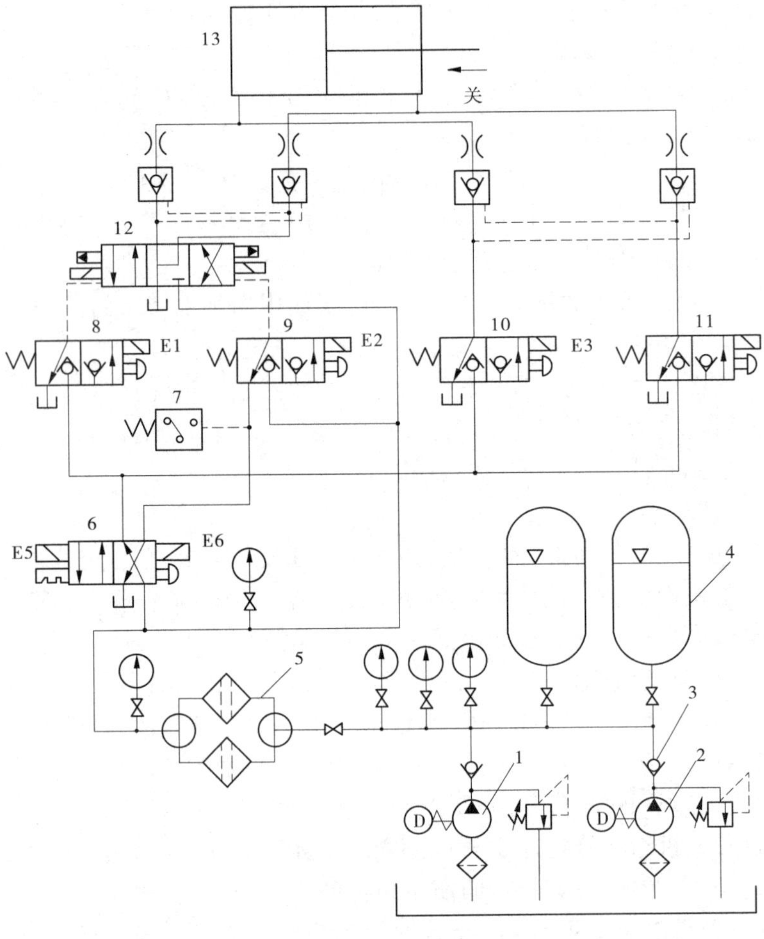

1、2—液压泵;3—止回阀;4—蓄能器;5—精滤器;6—紧急停机电磁阀;7—压力继电器;
8、9、10、11—换向球阀;12—液动换向阀;13—液压缸(接力器)

图 5-1　YWT 系列水轮机调速器的液压系统

1)油压装置

油压装置由液压泵 1 和 2、止回阀 3、蓄能器 4、精滤器 5 及其他辅助元件组成,如图 5-2所示。由于水电站调速器液压系统的执行元件(接力器)要输出很大的工作推力,因此液压缸通常很大,这就要求油压装置的输出流量很大。为减小液压泵的流量,通常采用高压齿轮泵加蓄能器的方案,并配备两个气囊式蓄能器和两套油泵及电机,实现冗余备用。在机组启动前,应预先启动油压装置,使蓄能器充满工作油。

2)液压系统的工作原理

液压系统采用双油路控制方式控制执行元件 13(通常称为接力器)的位移。正常运

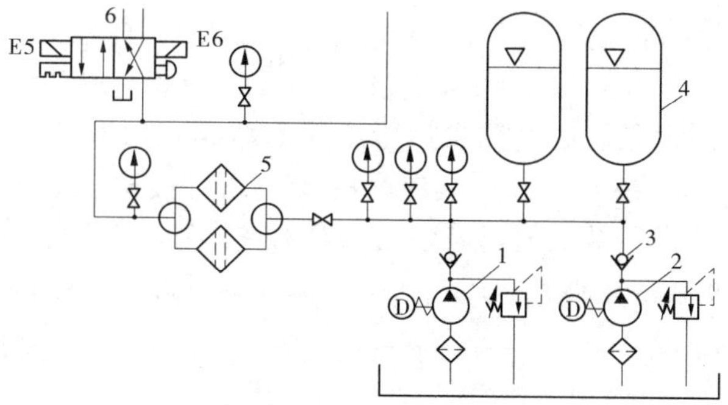

1、2—液压泵;3—止回阀;4—蓄能器;5—精滤器;6—紧急停机电磁阀

图 5-2　油压装置

行时水轮机根据具体的控制量选择不同的液压回路进行控制。主要有微幅调节、大幅调节、电磁铁失电、事故停机等四种工况。在图示状态,从油压装置输出的压力油分两路走:一路是经紧急停机电磁阀 6 送出,到达 4 个换向球阀 8、9、10、11 的左位而被锁止;另一路是直接与液动换向阀 12 连接于中位而被锁止。执行元件 13 被锁定在既定位置。

(1)调节器微幅调节。微幅调节回路由紧急停机电磁阀 6、换向球换向球阀 10 和 11 及液压锁组成,如图 5-3 所示。当调节器微幅调节时,电气输出信号给换向球阀 10 的电磁铁 E3,换向球阀 10 动作得右位,压力油直接进入接力器大腔,推动活塞杆伸出,使导水装置(图中未画出)开大;同时液控单向节流阀(俗称液控锁)逆向开启,接力器 13 小腔通过换向球阀 11 接通回油道排回油箱。阀 11 的 E4 得电时, 阀右位,压力油直接进入接力器小腔,活塞杆收缩,使导水装置关小;同时液控单向节流阀(俗称液控锁)逆向开启,接力器大腔通过换向球阀 10 接通回油道排回油箱。应该注意到,因电磁球阀额定流量相对而言比较小,所以通过电磁球阀直接控制接力器,只能实现对接力器的微幅调节。

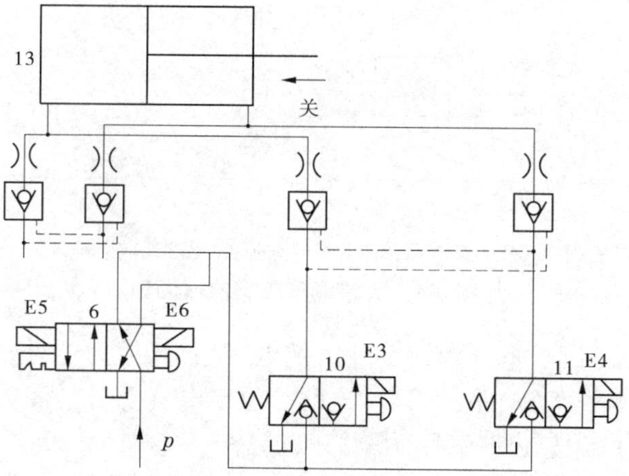

6—紧急停机电磁阀;10、11—换向球阀;13—液压缸(接力器)

图 5-3　微幅调节工况液压回路

(2)调节器大幅调节。大幅调节回路由紧急停机电磁阀 6、换向球阀 8 和 9、液动换向

阀 12 及液压锁组成,如图 5-4 所示。当调节器需大幅调节时,电气输出信号给换向球阀 9 的电磁铁 E2,球阀动作得右位,控制油进入液动换向阀 12 右端,液动换向阀 12 得右位,从油压装置来的压力油直接进入接力器的大腔,实现大流量打开导水机构;接力器小腔油液通过阀 12 直接排回油箱。电气输出信号给换向球阀 8 的 E1,控制油进入液动换向阀 12 左端,换向球阀 12 得左位,从油压装置来的压力油直接进入接力器小腔,实现大流量关闭导水机构;接力器大腔油液通过液动换向阀 12 接通油道排回油箱。由于从油压装置来的压力油没有经过电磁球阀就直接进入接力器,因此可以实现对接力器的大幅调节。

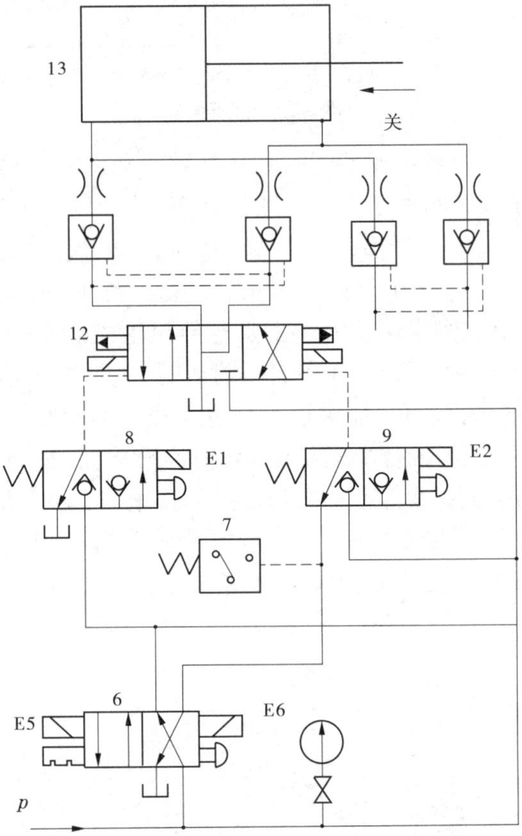

6—紧急停机电磁阀;7—压力继电器;8、9—换向球阀;12—液动换向阀;13—液压缸(接力器)

图 5-4 大幅调节工况液压回路

(3)电磁铁失电工况。此时控制脉冲为低电平信号,接力器处在稳定平衡状态下,各液压阀件均处于自锁状态(油路封闭)。这就是说当电气部分故障时,接力器将维持原开度不变。此时可用手动按钮进行手动操作。

(4)事故停机工况。在事故停机情况下,紧急停机电磁阀 6 通过自动或手动信号动作,使液动换向阀 12 左端控制腔接压力油,液动换向阀 12 左位,压力油直通接力器小腔、大腔排油;同时微调节油路全部封闭,接力器以液动换向阀整定好的调节保证计算时间紧急关机。

由上述分析可知，本系统是以换向精度为主的液压系统，主要特点有：①运动平稳性高，有较低的稳定速度，通过PID电路控制，准确获得较复杂的运动规律；②启动与制动迅速平稳、无冲击，有较高的换向频率；③换向精度高，换向前停留时间可调。

5.1.3　液压系统安装、调试

5.1.3.1　油箱的用途与结构

1. 油箱的用途

油箱的功用主要是储存油液，此外还起着散发油液中热量（在周围环境温度较低的情况下则是保持油液中热量）、释出混在油液中的气体、沉淀油液中污物等作用。

2. 油箱的结构

按油面是否与大气相通，可分为开式油箱与闭式油箱。开式油箱广泛用于一般的液压系统，闭式油箱则用于水下和高空无稳定气压的场合。这里仅介绍开式油箱。

下面根据图5-5所示的油箱结构示意图分述其设计要点。

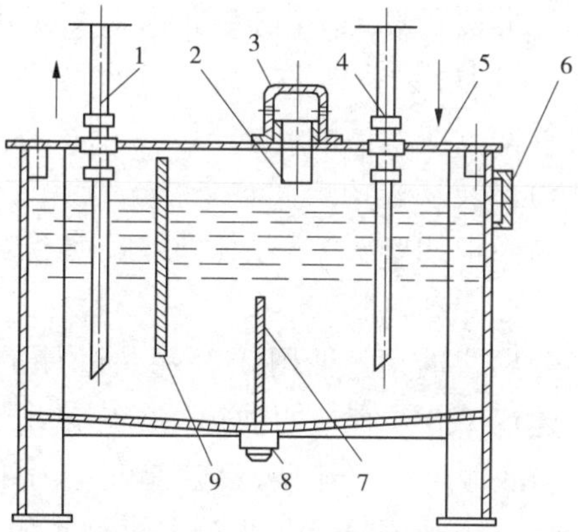

1—吸油管；2—滤油网；3—盖；4—回油管；5—上盖；6—油位计；7、9—隔板；8—放油阀

图5-5　油箱结构示意图

1）油箱的有效容积

油箱的有效容积，是指油面高度为油箱高度80%时的容积。应根据液压系统发热、散热平衡的原则来计算，这项计算在系统负载较大、长期连续工作时是必不可少的。但对于一般情况来说，油箱的有效容积可以按液压泵的额定流量 q_p（L/min）估计出来。

$$V = \xi q_p \tag{5-1}$$

式中：V 为油箱的有效容量；q_p 为液压泵的额定流量；ξ 为经验系数，对低压系统 $\xi = 2 \sim 4$，对中压系统 $\xi = 5 \sim 7$，对中高压或高压系统 $\xi = 6 \sim 12$。

对功率较大且连续工作的液压系统，必要时还要进行热平衡计算，以此确定油箱容量。

2）吸油管和回油管

吸油管和回油管应尽量相距远些，两管之间要用隔板隔开，以拉长油液循环路线，使油液有足够的时间分离气泡、沉淀杂质、消散热量。隔板高度一般为箱内油面高度的3/4。吸油管入口处要装粗滤油器。精滤油器与回油管管端在油面最低时仍应淹没在油中，通常离油箱底要大于管径的2～3倍，以防止吸油时卷吸空气或回油冲入油箱时搅动油面而混入气泡。粗滤油器距箱底不应小于20 mm，离箱壁要有3倍管径的距离，以便四面进油。管端与箱底、箱壁间距离均不宜小于管径的3倍。回油管管端宜斜切约45°，以增大出油口截面面积，减慢回油出口流速。此外，应使回油管斜切口面对箱壁，以利油液散热。当回油量很大时，宜使出口高出油面并向一个倾角为5°～15°的斜槽排油，使油流散开，一方面减慢流速，另一方面排走油液中的空气。也可以采取让回油通过扩散室的办法来达到消减回油流速和冲击搅拌作用的目的。泄油管管端亦可斜切面对箱壁，但不可淹没油中。

3)防止油液污染

为了防止油液污染,油箱上各盖板、管口处都要妥善密封。注油器上要加滤油网。防止油箱出现负压,设置的通气孔上须装空气滤清器。空气滤清器的作用是使油箱与大气相通,保证泵的自吸能力,滤除空气中的灰尘杂物,有时兼作加油口,它一般布置在顶盖上靠近油箱边缘处。空气滤清器的容量至少应为液压泵额定流量的2倍。油箱内回油集中部分及清污口附近宜装设一些磁性块,以去除油液中的铁屑和带磁性颗粒。

4)油箱底部和滤油器安装位置

为了易于散热和便于对油箱进行搬移及维护保养,按GB 3766—83规定,箱底离地至少应在150 mm以上。箱底应适当倾斜,在最低部位处设置堵塞或放油阀,以便排放污油。为了便于换油时清洗油箱,大容量的油箱一般均在侧壁设清洗窗口。按照GB 3766—83规定,箱体上注油口的近旁必须设置油位计。滤油器的安装位置应便于装拆。箱内各处应便于清洗。

5)热交换器的安装位置

油箱中如要安装热交换器,必须考虑好它的安装位置以及测温、控制等措施。

6)油箱壁

分离式油箱一般用2.5~4 mm厚的钢板焊成。一般来说,箱壁愈薄,散热愈快。有资料建议100 L容量的油箱箱壁厚度取1.5 mm,400 L以下的取3 mm,400 L以上的取6 mm,箱底厚度大于箱壁,箱盖厚度应为箱壁的4倍。大尺寸油箱要加焊角板、筋条,以增加刚性。当液压泵及其驱动电机和其他液压件都要装在油箱上时,油箱顶盖要相应地加厚。最高油面只允许达到油箱高度的80%;油箱底脚高度应在150 mm以上,以便散热、搬移和放油;油箱四周要有吊耳,以便起吊装运。

7)油箱防锈

油箱内壁应涂上耐油防锈的涂料。外壁如涂上一层极薄的黑漆(厚度不超过0.025 mm),会有很好的辐射冷却效果。铸造的油箱内壁一般只进行喷砂处理,不涂漆。油箱正常工作温度应在15~66 ℃,必要时应安装温度控制系统或设置加热器和冷却器。

5.1.3.2 滤油器的用途与结构类型

1.滤油器的功用

滤油器的功用是过滤混在液压油液中的杂质,降低进入系统中油液的污染度,保证系统正常地工作。

2.滤油器的类型

滤油器按其滤心材料的过滤机制来分,有表面型滤油器、深度型滤油器和吸附型滤油器三种。

1)表面型滤油器

整个过滤作用是由一个几何面来实现的。滤下的污染杂质被截留在滤心元件靠油液上游的一面。在这里,滤心材料具有均匀的标定小孔,可以滤除比小孔尺寸大的杂质。由于污染杂质积聚在滤心表面上,因此它很容易被阻塞住。编网式滤心、线隙式滤心属于这种类型。

2)深度型滤油器

这种滤心材料为多孔可透性材料，内部具有曲折迂回的通道。大于表面孔径的杂质直接被截留在外表面，较小的污染杂质进入滤材内部，撞到通道壁上，由于吸附作用而得到滤除。滤材内部曲折的通道也有利于污染杂质的沉积。纸心、毛毡、烧结金属、陶瓷和各种纤维制品等属于这种类型。

3)吸附型滤油器

滤心材料把油液中的有关杂质吸附在其表面上。磁心即属于此类。

常见的滤油器式样及其特点示于表5-1中。

表5-1　常见的滤油器式样及其特点

类型	名称及结构简图		特点说明
表面型	编网式滤心	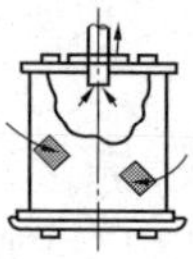	1. 过滤精度与铜丝网层数及网孔大小有关，在压力管路上常用100目、150目、200目(每英寸长度上孔数)的铜丝网，在液压泵吸油管路上常采用20～40目铜丝网； 2. 压力损失不超过0.004 MPa； 3. 结构简单，通流能力大，清洗方便，但过滤精度低
表面型	线隙式滤心	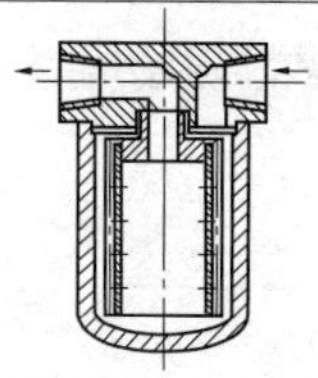	1. 滤心由绕在心架上的一层金属线组成，依靠线间微小间隙来挡住油液中杂质的通过； 2. 压力损失为0.03～0.06 MPa； 3. 结构简单，通流能力大，过滤精度高，但滤心材料强度低，不易清洗； 4. 用于低压管道中，当用在液压泵吸油管上时，它的流量规格宜选得比泵大
深度型	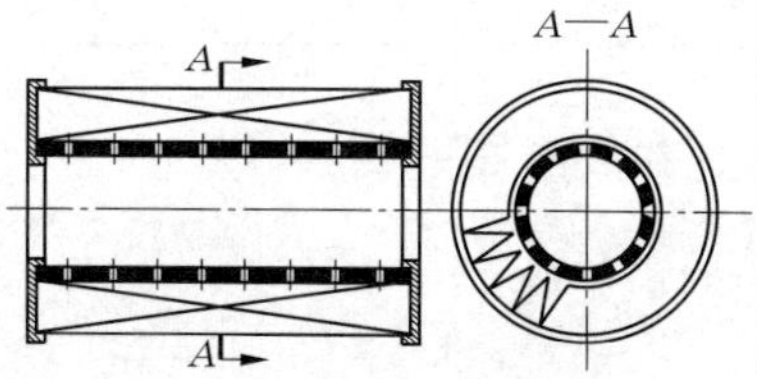		1. 结构与线隙式相同，但滤心为平纹或波纹的酚醛树脂或木浆微孔滤纸制成的纸心，为了增大过滤面积，纸心常制成折叠形； 2. 压力损失为0.01～0.04 MPa； 3. 过滤精度高，但堵塞后无法清洗，必须更换纸心； 4. 通常用于精过滤
深度型	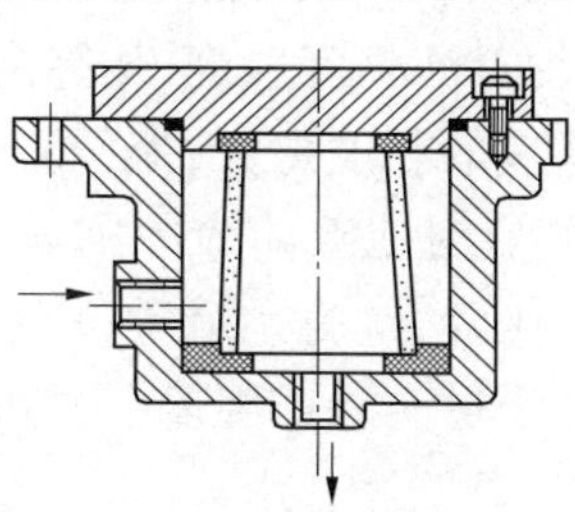		1. 滤心由金属粉末烧结而成，利用金属颗粒间的微孔来挡住油中杂质通过，改变金属粉末的颗粒大小，就可以制出不同过滤精度的滤心； 2. 压力损失为0.03～0.2 MPa； 3. 过滤精度高，滤心能承受高压，但金属颗粒易脱落，堵塞后不易清洗； 4. 适用于精过滤
吸附型	磁性滤油器		1. 滤心由永久磁铁制成，能吸住油液中的铁屑、铁粉和带磁性的磨料； 2. 常与其他型式滤心合起来制成复合式滤油器； 3. 对加工钢铁件的机床液压系统特别适用

3. 滤油器的主要性能指标

1）过滤精度

过滤精度表示滤油器对各种不同尺寸的污染颗粒的滤除能力，用绝对过滤精度、过滤比和过滤效率等指标来评定。

（1）绝对过滤精度 μ_m。是指通过滤心的最大坚硬球状颗粒的尺寸，它反映了过滤材料中最大通孔尺寸。它可以用实验的方法进行测定。

（2）过滤比 β_x。是指滤油器上游油液单位容积中大于某给定尺寸的颗粒数 N_u 与下游油液单位容积中大于同一尺寸的颗粒数 N_d 之比，即对于某一尺寸为 x 的颗粒来说，其过滤比 β_x 的表达式为

$$\beta_x = N_u/N_d \tag{5-2}$$

式中：N_u 为上游油液中大于某一尺寸 x 的颗粒数；N_d 为下游油液中大于同一尺寸 x 的颗粒数。

从式（5-2）可看出，β_x 愈大，过滤精度愈高。当过滤比的数值达到 75 时，x 即被认为是滤油器的绝对过滤精度。过滤比能确切地反映滤油器对不同尺寸颗粒污染物的过滤能力，它已被国际标准化组织采纳作为评定滤油器过滤精度的性能指标。一般要求系统的过滤精度要小于运动间隙的一半。此外，压力越高，对过滤精度要求越高。其推荐值见表 5-2。

表 5-2　过滤精度推荐值

系统类别	润滑系统	传动系统			伺服系统
工作压力（MPa）	0～2.5	≤14	14 < p < 21	≥21	21
过滤精度（μm）	100	25～50	25	10	5

（3）过滤效率 E_c。可以通过式（5-3）由过滤比 β_x 值直接换算出来：

$$E_c = (N_u - N_d)/N_u = 1 - 1/\beta_x \tag{5-3}$$

2）压降特性

液压回路中的滤油器对油液流动来说是一种阻力，因而油液通过滤心时必然要出现压降。一般来说，在滤心尺寸和流量一定的情况下，滤心的过滤精度愈高，压降愈大；在流量一定的情况下，滤心的有效过滤面积愈大，压降愈小；油液的黏度愈大，流经滤心的压降也愈大。滤心所允许的最大压降，应以不致滤心元件发生结构性破坏为原则。在高压系统中，滤心在稳定状态下工作时承受到的仅仅是它那里的压降，这就是纸质滤心亦能在高压系统中使用的道理。油液流经滤心时的压降，大部分是通过实验或经验公式来确定的。

3）纳垢容量

纳垢容量是指滤油器在压降达到其规定限值之前可以滤除并容纳的污染物数量，这项性能指标可以用多次通过性实验来确定。滤油器的纳垢容量愈大，使用寿命愈长，所以它是反映滤油器寿命的重要指标。一般来说，滤心尺寸愈大，即过滤面积愈大，纳垢容量就愈大。增大过滤面积，可以使纳垢容量至少成比例地增加。滤油器过滤面积 A 的表达式为

$$A = q\mu / a\Delta p \tag{5-4}$$

式中：q 为滤油器的额定流量，L/min；μ 为油液的黏度，Pa · s；Δp 为压降，Pa；a 为滤油器单位面积通过能力，L/cm^2，由实验确定。在 20 ℃时，对特种滤网 $a = 0.003 \sim 0.006$，纸质滤心 $a = 0.035\ L/cm^2$，线隙式滤心 $a = 10\ L/cm^2$，一般网式滤心 $a = 2\ L/cm^2$。

式(5-4)清楚地说明了过滤面积与油液的流量、黏度、压降和滤心形式的关系。

4. 选用和安装

滤油器应根据液压系统的技术要求，按过滤精度、通流能力、工作压力、油液黏度、工作温度等条件选定其型号，选用注意事项见表 5-3。

表 5-3　滤油器选用和安装的技术要求和应用特点

<table>
<tr><th colspan="3">分　类</th><th>技术要求和应用特点</th></tr>
<tr><td rowspan="4">选用</td><td>粗过滤器</td><td>精度大于 100 μm</td><td rowspan="4">1. 过滤精度应满足预定要求；
2. 能在较长时间内保持足够的通流能力；
3. 滤心具有足够的强度，不因液压的作用而损坏；
4. 滤心抗腐蚀性能好，能在规定的温度下持久地工作；
5. 滤心清洗或更换简便</td></tr>
<tr><td>普通过滤器</td><td>精度为 10 ~ 100 μm</td></tr>
<tr><td>精密过滤器</td><td>精度为 5 ~ 10 μm</td></tr>
<tr><td>特精过滤器</td><td>精度为 1 ~ 5 μm</td></tr>
<tr><td rowspan="6">安装</td><td colspan="2">装在泵的吸油口处</td><td>一般安装表面型滤油器，目的是滤去较大的杂质微粒，以保护液压泵。此外，滤油器的过滤能力应为泵流量的 2 倍以上，压力损失小于 0.02 MPa</td></tr>
<tr><td colspan="2">安装在泵的出口油路上</td><td>目的是滤除可能侵入阀类等元件的污染物。过滤精度应为 10 ~ 15 μm，承受工作压力和冲击压力，压降应小于 0.35 MPa。同时，应安装安全阀以防滤油器堵塞</td></tr>
<tr><td colspan="2">安装在系统的回油路上</td><td>这种安装起间接过滤作用。一般与过滤器并联安装一背压阀，当过滤器堵塞达到一定压力值时，背压阀打开，保持系统的暂时运转</td></tr>
<tr><td colspan="2">安装在系统分支油路上</td><td>在某些大流量开式液压系统中，为减小滤油器的尺寸，常采用通过能力较小的滤油器并且安装在系统的某些支路上，对部分工作液体进行过滤。为保证过滤效果，支路流量不得小于系统流量的 20% ~ 30%</td></tr>
<tr><td colspan="2">单独过滤系统</td><td>大型液压系统可专设一液压泵和滤油器组成独立过滤回路</td></tr>
<tr><td colspan="2">安装在重要元件前面</td><td>如伺服阀、精密节流阀等，单独安装精滤油器来确保它们的正常工作</td></tr>
</table>

滤油器在液压系统中的安装位置不同，就有不同的要求和特点，详见表 5-3。

5.1.3.3 液压元件的安装

1. 安装前的准备

(1)审查液压系统。主要是审查该项设计能否达到预期的工作目标,能否实现机器的各项性能指标;安装工艺有无实现的可能,并全面了解设计总体及各部分的组成和作用。审查的主要内容包括:①审查液压系统的设计;②鉴定液压系统原理图的合理性;③评价系统的制造工艺水平;④检查并确认液压系统的净化程度;⑤液压系统零部件的确认。

(2)技术资料的准备与熟悉。液压系统原理图、电气原理图、管道布置图、液压元件、辅件、管件清单和有关元件样本等,这些资料都应准备齐全,以便工程技术人员对具体内容和技术要求逐项熟悉和研究。

(3)物资准备。按照液压系统图和液压件清单,核对液压件的数量,确认所有液压元件的质量状况。尤其要严格检查压力表的质量,查明压力表交验日期,对检验时间过长的压力表要重新进行校验,确保准确可靠。

(4)质量检查。液压元件在运输或库存过程中极易被污染和锈蚀,库存时间过长会使液压元件中的密封件老化而丧失密封性,有些液压元件由于加工及装配质量不良,性能不可靠,所以必须对液压元件进行严格的质量检查。液压元件质量检查项目与要求见表5-4。

表5-4 液压元件质量检查项目与要求

类型	检查项目与要求
液压元件质量检查	1. 各类液压元件型号必须与元件清单一致。 2. 要查明液压元件保管时间是否过长,或保管环境是否符合要求,应注意液压元件内部密封件老化程度,必要时要进行拆洗、更换,并进行性能测试。 3. 每个液压元件上的调整螺钉、调节手轮、锁紧螺母等都要完整无损。 4. 液压元件所附带的密封件表面质量应符合要求,否则应予更换。 5. 板式连接元件连接平面不准有缺陷,安装密封件的沟槽加工精度要符合有关标准。 6. 管式连接元件的连接螺纹口不准有破损和活扣现象。 7. 板式阀安装底板的连接平面不准有凹凸不平缺陷,连接螺纹不准有破损和活扣现象。 8. 将通油口封口塞取下,检查元件内部是否清洁。 9. 检查电磁阀中的电磁铁芯及外表质量,若有异常不准使用。 10. 各液压元件上的附件必须齐全
液压辅件质量检查	1. 油箱要达到规定的质量要求。油箱上附件必须齐全。箱内部不准有锈蚀,装油前油箱内部一定要清洗干净。 2. 所领用的滤油器型号规格与设计要求必须一致,确认滤心精度等级,滤心不得有缺陷,连接螺口不准有破损,所带附件必须齐全。 3. 各种密封件外观质量要符合要求,并查明所领密封件保管期限。有异常或保管期限过长的密封件不准使用。 4. 蓄能器质量要符合要求,所带附件要齐全。查明其保管期限,对存放过长的蓄能器要严格检查质量,不符合技术指标和使用要求的蓄能器不准使用。 5. 空气滤清器用于过滤空气中的粉尘,通气阻力不能太大,应保证箱内压力为大气压,所以空气滤清器要有足够大的通过空气的能力

续表 5-4

类型	检查项目与要求
管子和接头质量检查	1. 管子的材料、通径、壁厚和接头的型号规格及加工质量都要符合设计要求。 2. 所用管子不准有缺陷。若有下列异常,不准使用: ①管子内、外壁表面已腐蚀或有显著变色;②管子表面伤口裂痕深度为管子壁厚的 10% 以上;③管子壁内有小孔;④管子表面凹入程度达到管子直径的 10% 以上。 3. 使用弯曲的管子时,有下列异常不准使用: ①管子弯曲部位内、外壁表面曲线不规则或有锯齿形;②管子弯曲部位的椭圆度大于 10% 以上;③扁平弯曲部位的最小外径为原管子外径的 70% 以下。 4. 所用接头不准有缺陷。若有下列异常,不准使用: ①接头体或螺母的螺纹有伤痕、毛刺或断扣等现象;②接头体各结合面加工精度未达到技术要求;③接头体与螺母配合不良,有松动或卡涩现象;④安装密封圈的沟槽尺寸和加工精度未达到规定的技术要求。 5. 软管和接头有下列缺陷的不准使用: ①软管表面有伤皮或老化现象;②接头体有锈蚀现象;③螺纹有伤痕、毛刺、断扣和配合有松动、卡涩现象。 6. 法兰件有下列缺陷不准使用: ①法兰密封面有气孔、裂缝、毛刺、径向沟槽;②法兰密封沟槽尺寸、加工精度不符合设计要求;③法兰上的密封金属垫片不准有各种缺陷,材料硬度应低于法兰硬度

2. 泵的安装

(1)在安装时,油泵、电动机、支架、底座各元件相互结合面上必须无锈、无凸出斑点和油漆层。在这些结合面上应涂一薄层防锈油。

(2)安装液压泵、支架和电动机时,泵与电动机两轴之间的同轴度允许误差,平行度允许误差应符合规定,或者不大于泵与电动机之间联轴器制造商推荐的同轴度、平行度要求。

(3)直角支架安装时,泵支架的支口中心高允许比电动机的中心高略高 0 ~ 0.8 mm。这样在安装时,调整泵与电动机的同轴度时,可只垫高电动机的底面。允许在电动机与底座的接触面之间垫入图样未规定的金属垫片(垫片数量不得超过 3 个,总厚度不大于 0.8 mm)。一旦调整好后,电动机一般不再拆动。必要时只拆动泵支架,而泵支架应有定位销定位。

3. 集成块的安装

对于集成块的安装应注意以下几点:

(1)阀块所有油流通道内,尤其是空腔与孔贯穿交汇处,都必须仔细去净毛刺,用探灯伸入孔中仔细检查清除;阀块外周及各周棱边必须倒角去毛刺。加工完毕的阀块与液压阀、管接头、法兰相贴合的平面上不得留有伤痕,也不得留有划线的痕迹。

(2)阀块加工完毕后必须用防锈清洗液反复用加压清洗。各孔流道,尤其是对盲孔应特别注意洗净。清洗槽应分粗洗和精洗。清洗后的阀块,如暂不装配,应立即将各孔口盖住,可用大幅的胶纸封在孔口上。

(3)往阀块上安装液压阀时,要核对它们的型号、规格,各阀都必须有产品合格证,并确认其清洁度合格。

(4)核对所有密封件的规格、型号、材质及出厂日期,应在使用期内。

(5)装配前再一次检查阀块上所有的孔道是否与设计图一致、正确。

(6)检查所用的连接螺栓的材质及强度是否达到设计要求以及液压件生产厂规定的要求。各液压阀的连接螺栓都必须用测力扳手拧紧。拧紧力矩应符合液压阀制造厂的规定。

(7)凡有定位销的液压阀,必须装上定位销。

(8)阀块上应订上金属小标牌,标明各液压阀在设计图上的序号、各回路名称、各外接口的作用。

(9)阀块装配完毕后,在装到阀架或液压系统上之前,应先将阀块单独进行耐压实验和功能实验。

5.1.4 管道的安装

液压系统中使用的油管种类很多,有钢管、铜管、尼龙管、塑料管、橡胶管等,须按照安装位置、工作环境和工作压力来正确选用。管道的种类、特点和适用场合如表 5-5 所示。

表 5-5 管道的种类、特点和适用场合

种类		特点和适用场合
硬管	钢管	能承受高压,价格低廉,耐油,抗腐蚀,刚性好,但装配时不能任意弯曲;常在装拆方便处用做压力管道,中、高压用无缝管,低压用焊接管
	紫铜管	易弯曲成各种形状,但承压能力一般不超过 6.5 ~ 10 MPa,抗振能力较弱,又易使油液氧化;通常用在液压装置内配接不便之处
软管	尼龙管	乳白色半透明,加热后可以随意弯曲成形或扩口,冷却后又能定形不变,承压能力因材质而异,自 2.5 ~ 8 MPa 不等
	塑料管	质轻耐油,价格便宜,装配方便,但承压能力低,长期使用会变质老化,只宜用作压力低于 0.5 MPa 的回油管、泄油管等
	橡胶管	高压管由耐油橡胶夹几层钢丝编织网制成,钢丝网层数越多,耐压越高,价格昂贵,用作中、高压系统中两个相对运动件之间的压力管道;低压管由耐油橡胶夹帆布制成,可用作回油管道

管道的内径 d 和壁厚可采用下列两式计算,并需圆整为标准数值,即

$$d = 2\sqrt{\frac{q}{\pi v}} \tag{5-5}$$

$$\delta = \frac{pdn}{2\sigma_b} \tag{5-6}$$

式中:v 为允许流速,推荐取值:吸油管为 0.5 ~ 1.5 m/s,回油管为 1.5 ~ 2 m/s,压力油管为 2.5 ~ 5 m/s,控制油管取 2 ~ 3 m/s,橡胶软管应小于 4 m/s;n 为安全系数,对于钢管,$p<7$ MPa 时,$n=8$,7 MPa$\leq p \leq$17.5 MPa 时,$n=6$,$p\leq$17.5 MPa 时,$n=4$;σ_b 为管道材料的抗拉强度,可由材料手册查出。

管道应尽量短,最好横平竖直,拐弯少。为避免管道皱褶,减少压力损失,管道装配的

弯曲半径要足够大，管道悬伸较长时要适当设置管夹。

管道尽量避免交叉，平行管距要大于 100 mm，以防接触振动，并便于安装管接头。

软管直线安装时要有 30% 左右的余量，以适应油温变化、受拉和振动的需要。弯曲半径要大于 9 倍软管外径，弯曲处到管接头的距离至少等于 6 倍外径。

液压管道安装是液压设备安装的一项主要工程。管道安装质量的好坏是关系液压系统工作性能是否正常的关键之一。管道安装的具体要求如下：

（1）布管设计和配管时都应先根据液压原理图，对所需连接的组件、液压元件、管接头、法兰作一个通盘的考虑。

（2）管道的敷设排列和走向应整齐一致，层次分明。尽量采用水平或垂直布管，水平管道的不平行度应≤2/1 000，垂直管道的不垂直度应≤2/400，用水平仪检测。

（3）平行或交叠的管系之间，应有 10 mm 以上的空隙。

（4）管道的配置必须使管道、液压阀和其他元件装卸、维修方便。系统中任何一段管道或元件应尽量能自由拆装而不影响其他元件。

（5）配管时必须使管道有一定的刚性和抗振动能力。应适当配置管道支架和管夹。弯曲的管子应在起弯点附近设支架或管夹。管道不得与支架或管夹直接焊接。

（6）管道的重量不应由阀、泵及其他液压元件和辅件承受，也不应由管道支承较重的元件重量。

（7）较长的管道必须考虑有效措施，以防止温度变化使管子伸缩而引起的应力。

（8）使用的管道材质必须有明确的原始依据材料，对于材质不明的管子不允许使用。

（9）液压系统管子直径在 50 mm 以下的可用砂轮切割机切割，直径在 50 mm 以上的管子一般应采用机械加工方法切割。如用气割，则必须用机械加工方法车去因气割形成的组织变化部分，同时可车出焊接坡口；除回油管外，压力油管道不允许用滚轮式挤压切割器切割；管子切割表面必须平整，去除毛刺、氧化皮、熔渣等，切口表面与管子轴线应垂直。

（10）一条管路由多段管段与配套件组成时应依次逐段接管，完成一段组装后，再配置其后一段，以避免一次焊完产生累积误差。

（11）为减少局部压力损失，管道各段应避免断面的局部急剧扩大或缩小以及急剧弯曲。

（12）与管接头或法兰连接的管子必须是一段直管，即这段管子的轴心线应与管接头、法兰的轴心平行、重合。此直线段长度要大于或等于 2 倍管径。

（13）外径小于 30 mm 的管子可采用冷弯法。管子外径在 30 ~ 50 mm 时可采用冷弯法或热弯法。管子外径大于 50 mm 时，一般采用热弯法。

（14）焊接液压管道的焊工应持有有效的高压管道焊接合格证。

（15）焊接工艺的选择：乙炔气焊主要用于管壁厚度小于或等于 2 mm 的一般碳钢管。电弧焊主要用于管壁厚大于 2 mm 的碳钢管。管子的焊接最好用氩弧焊。对壁厚大于 5 mm 的管子应采用氩弧焊打底，电弧焊填充。必要的场合应采用管孔内充保护气体方法焊接。

（16）焊条、焊剂应与所焊管材相匹配，其牌号必须有明确的依据资料，有产品合格证，且在有效使用期内。焊条、焊剂在使用前应按其产品说明书规定烘干，并在使用过程中保持干燥，在当天使用。焊条药皮应无脱落和显著裂纹。

(17)液压管道焊接都应采用对接焊。焊接前应将坡口及其附近宽 10 ~ 20 mm 处表面脏物、油迹、水分和锈斑等清除干净。

(18)管道与法兰的焊接应采用对接焊法兰,不可采用插入式法兰。

(19)管道与管接头的焊接应采用对接焊,不可采用插入式的焊接形式。

(20)管道与管道的焊接应采用对接焊,不允许用插入式的焊接形式。

(21)液压管道采用对接焊时,焊缝内壁必须比管道高出 0.3 ~ 0.5 mm。不允许出现凹入内壁的现象。在焊完后,再用锉或手提砂轮把内壁中高出的焊缝修平。去除焊渣、毛刺,达到光洁程度。

(22)对接焊焊缝的截面应与管子中心线垂直。

(23)焊缝截面不允许在转角处,也应避免在管道的两个弯管之间。

(24)在焊接配管时,必须先按安装位置点焊定位,再拆下来焊接,焊后再组装整形。

(25)在焊接全过程中,应防止风、雨、雪的侵袭。管道焊接后,对壁厚小于或等于 5 mm 的焊缝,应在室温下自然冷却,不得用强风或淋水强迫冷却。

(26)焊缝应焊透,外表应均匀平整。压力管道的焊缝应抽样探伤检查。

(27)管道配管焊接以后,所有管道都应按所处位置预安装一次。将各液压元件、阀块、阀架、泵站连接起来。各接口应自然贴和、对中,不能强扭连接。当松开管接头或法兰螺钉时,相对结合面中心线不许有较大的错位、离缝或翘角。若发生此种情况可用火烤整形消除。

(28)可以在全部配管完毕后将管夹与机架焊牢,也可以按需求交替进行。

(29)管道在配管、焊接、预安装后,再次拆开进行酸洗、磷化处理。经酸洗、磷化后的管道,向管道内通入热空气进行快速干燥。干燥后,如在几日就复装成系统、管内通入液压油,一般可不做防锈处理,但应妥善保管。如须长期搁置,需要涂防锈涂料,则必须在磷化处理 48 h 后才能涂装。应注意,防锈涂料必须与以后管道清洗时的清洗液或使用的液压油相容。

(30)管道在酸洗、磷化、干燥后再次安装起来以前,需对每一根管道内壁先进行一次预清洗。预清洗完毕后应尽早复装成系统,进行系统的整体循环净化处理,直至达到系统设计要求的清洁度等级。

(31)软管的应用只限于以下场合:设备可动元件之间、便于替换件的更换处 、抑制机械振动或噪声的传递处。

(32)软管的安装一定要注意不能给软管和接头造成附加的受力、扭曲、急剧弯曲、摩擦等不良工况。

(33)软管在装入系统前,也应将内腔及接头清洗干净。

任务 5.2 液压系统的使用与维护

5.2.1 任务书

1. 学习目的

(1)了解液压系统使用与维护基本知识。

(2)掌握对液压系统使用注意事项与维护方法。

2. 学习器材

中等复杂程度的液压设备1套(各学习小组可根据实际情况确定,最好选用同时具备方向控制回路、压力控制回路和速度控制回路的综合学习设备),常用拆装工具1套。

3. 学习过程

(1)学生分组沿用按任务5.1。

(2)由学生自己对任务5.1安装调试好的系统制订使用与维护方案。

(3)经教师检查同意才能实施。

(4)在学习过程中发现问题尽量指导学生自己查找解决,重点强调操作的规范性和认真细致的素质培养。

4. 学习报告

学习报告应包含以下内容:针对任务5.1安装调试好的系统所制订的使用与维护方案,学习过程遇到的问题及解决方法,经学习后自己的感受。

5.2.2 液压系统使用与维护基本知识

液压系统安装完毕后,在使用前必须对管道、流道等进行循环清洗,使系统清洁度达到设计要求:

(1)清洗液要选用低黏度的专用清洗油,或本系统同牌号的液压油。

(2)清洗工作以主管道系统为主。清洗前将溢流阀压力调到0.3~0.5 MPa,对其他液压阀的排油回路,要在阀的入口处临时切断,将主管路连接临时管路,并使换向阀换向到某一位置,使油路循环。

(3)在主回路的回油管处临时接1个回油过滤器。滤油器的过滤精度,一般液压系统的不同清洗循环阶段,分别使用30 μm、20 μm、10 μm的滤芯;伺服系统用20 μm、10 μm、5 μm的滤芯,分阶段分次清洗。清洗后液压系统必须达到净化标准,不达净化标准的系统不准运行。

(4)复杂的液压系统可以按工作区域分别对各个区域进行清洗。

(5)清洗后,将清洗油排尽,确认清洗油排尽后,才算清洗完毕。

(6)确认液压系统净化达到标准后,将临时管路拆掉,恢复系统,按要求加油。

5.2.3 液压系统使用与维护注意事项

1. 液压系统使用注意事项

(1)确认液压系统净化符合标准后,向油箱加入规定的介质。加入介质时一定要过滤,滤芯的精度要符合要求,并要经过检测确认。

(2)检查液压系统各部分,确认安装合理无误。

(3)向油箱灌油,当油液充满液压泵后,用手转动联轴节,直至泵的出油口出油不见气泡。有泄油口的泵,要向泵壳体中灌满油。

(4)放松并调整液压阀的调节螺钉,使调节压力值能维持空转即可。调整好执行机构的极限位置,并维持在无负载状态。如有必要,伺服阀、比例阀、蓄能器、压力传感器等重要元件应临时与循环回路脱离。节流阀、调速阀、减压阀等应调到最大开度。

(5)接通电源,启动液压泵电机,检查电源连线是否正确。延长启动时间,检查空运转有无异常。按说明书规定的空运转时间进行试运转。此时,要随时了解滤油器的滤芯堵塞情况,并注意随时更换堵塞的滤芯。

(6)在空运转正常的前提下,进行加载实验,即压力调试。加载可以利用执行机构移到终点位置,也可用节流阀加载,使系统建立起压力。压力升高要逐级进行,每一级为1 MPa,并稳压5 min左右。最高实验调整压力应按设计要求的系统额定压力或按实际工作对象所需的压力进行调节。

(7)压力实验过程中出现的故障应及时排除。排除故障必须在泄压后进行。若焊缝需要重焊,必须将该件拆下,除净油污后方可焊接。

(8)调试过程应详细记录,整理后纳入设备档案。

(9)注意:不准在执行元件运动状态下调节系统压力;调压前应先检查压力表,无压力表的系统不准调压;压力调节后应将调节螺钉锁住,防止松动。

2. 液压系统维护注意事项

(1)按设计规定和工作要求,合理调节液压系统的工作压力与工作速度。压力阀、调速阀调到所要求的数值时,应将调节螺钉紧固,防止松动。

(2)液压系统生产运行过程中,要注意油质的变化状况,要定期取样化验。若发现油质不符合要求,要进行净化处理或更换新油液。

(3)液压系统油液工作温度不得过高。

(4)为保证电磁阀正常工作,应保持电压稳定,其波动值不应超过额定电压的5%~10%。

(5)电气柜、电气盒、操作台和指令控制箱等应有盖子或门,不得敞开使用。

(6)当系统某部位产生异常时,要及时分析原因并进行处理,不要勉强运转。

(7)定期检查冷却器和加热器工作性能。

(8)经常观察蓄能器工作性能,若发现气压不足或油气混合,要及时充气和修理。

(9)高压软管、密封件要定期更换。

(10)主要液压元件定期进行性能测定,实行定期更换维修制。

(11)定期检查润滑管路是否完好,润滑元件是否运动灵活,润滑油脂量是否达标。

(12)检查所有液压阀、液压缸、管件是否有泄漏。

(13)检查液压泵或马达运转是否有异常噪声。

(14)检查液压缸运动全行程是否正常平稳。

(15)检查系统中各测压点压力是否在允许范围内,压力是否稳定。

(16)检查系统各部位有无高频振动。

(17)检查换向阀工作是否灵敏。

(18)检查各限位装置是否变动。

【拓展知识】

液压装置的噪声和振动

在流动的液体中,因某点处的压力低于空气分离压而产生气泡的现象,称之为空穴现象。空穴现象使液压装置产生噪声和振动,使金属表面受到腐蚀。

1. 空穴现象

1)油液的空气分离压和饱和蒸汽压

油液中都溶解一定量的空气,一般溶解5% ~6%体积的空气,油液能溶解的空气量与绝对压力成正比。在大气压下正常溶解于油液中的空气,当压力低于大气压时,就成为过饱和状态,在一定的温度下,如压力降低到某一值,过饱和的空气将从油液中分离出来形成气泡,这一压力值称为该温度下的空气分离压。含有气泡的液压油的体积弹性模量将减小,所含的气泡越多,液压油的体积弹性模量将越低。

当液压油在某温度下的压力低于某一数值时,油液本身迅速汽化,产生大量蒸汽气泡,这时的压力低于液压油在该温度下的饱和蒸汽压。一般来说,液压油的饱和蒸汽压相当小,比空气分离压小得多,因此要使液压油不产生大量气泡,它的压力最低不得低于液压油所在温度下的空气分离压。

2)节流口处的空穴现象

当液流经过节流口喉部位置时,流速加快,压力降低。如压力低于液压油工作温度下的空气分离压,溶解在油液中的空气将迅速地大量分离出来,变成气泡。这些气泡随着液流流到下游压力较高的部位时会破灭,发出噪声并引起振动,当附着在金属表面上的气泡破灭时,它所产生的局部高温和高压会使金属剥落、表面粗糙,或出现海绵状的小洞穴,这种现象称为气蚀。显然,气蚀通常发生在节流口下游部位。

在液压元件中,只要某点处的压力低于液压油所处温度下的空气分离压,就会产生空穴现象。如液压泵中,当液压泵吸油管直径太小使吸油管阻力太大、滤网堵塞或液压泵转速过高等,都会使其吸油腔的压力低于液压油工作温度下的空气分离压,造成液压泵吸油不足、流量下降、噪声激增、输出流量和压力剧烈波动、系统无法稳定地工作,严重时使泵的机件腐蚀,出现气蚀现象。

3)减小空穴现象的措施

在液压系统中的任何地方,只要压力低于空气分离压,就会发生气穴现象。防止空穴现象的产生,就是要防止液压系统中的压力过度降低,具体措施有:

(1)减小流经节流小孔前后的压力差,一般希望小孔前后的压力比小于3.5。

(2)正确设计液压泵的结构参数,适当加大吸油管内径,使吸油管中液流速度不致太高,尽量避免急剧转弯或存在局部狭窄处,接头应有良好密封,过滤器要及时清洗或更换滤芯以防堵塞,对高压泵宜在吸油口设置辅助泵供应足够的低压油。

(3)提高零件的抗气蚀能力——增加零件的机械强度,采用抗腐蚀能力强的金属材料,提高零件的表面加工质量等。

2. 液压冲击

1) 液压冲击产生的原因

在液压系统中,由于某种原因,液体压力在一瞬间会突然升高,产生很高的压力峰值,这种现象称为液压冲击。液压冲击的压力峰值往往比正常工作压力高几倍,且常伴巨大的振动和噪声,使液压系统产生温升,有时会使一些液压元件或管件损坏,并使这些液压元件(如压力继电器、液压控制阀等)产生误动作,导致设备损坏。因此,搞清液压冲击的本质,估算出它的压力峰值并研究抑制措施,是十分必要的。液压冲击的实质主要是管道中的液体突然停止运动而导致动能向压力能的瞬时转变。

另外,液压系统中运动着的工作部件突然制动或换向时,工作部件的动能突变将引起液压执行元件的回油腔和管路内的油液产生液压激振,导致液压冲击。

液压系统中某些元件的动作不灵敏,也会产生液压冲击,如系统压力突然升高,但溢流阀反应迟钝,不能迅速打开,便产生压力超调,也即压力冲击。

2) 减小液压冲击的措施

由以上分析可知,采取以下措施可减小液压冲击:

(1) 使直接冲击改变为间接冲击,这可用减慢阀的关闭速度和减小冲击波传递距离来达到。

(2) 限制管中油液的流速 v。

(3) 改用橡胶软管或在冲击源处设置蓄能器,以吸收液压冲击的能量。

(4) 在容易出现液压冲击的地方,安装限制压力升高的安全阀。

小　结

本项目介绍了液压系统的安装调试、使用与维护及故障诊断方法。油箱、滤油器、蓄能器、压力表、油管、管接头和密封装置在液压系统中属于辅助元件,正确选用安装这些辅助元件对整个液压系统的使用具有重大意义,液压系统的故障有时往往是由辅助元件引起的。选用安装时主要考虑系统使用要求、工作环境、压力大小等因素。液压系统的使用与维护要从液压油、液压缸、液压泵与液压马达、液压阀和管道及密封件等各方面考虑,根据它们的各自特点使用与维护,把故障消灭在原始阶段,做到预防为主。

复习思考题

5-1　安装液压系统要注意哪些问题?

5-2　如何调试液压系统?

5-3　如何检测液压系统的压力?

5-4　选用液压元件要注意什么问题?

5-5　如何安装管道?

5-6　在液压系统的使用中如何防止液压油受到污染?

5-7　液压系统的正常维护要注意什么问题?

项目六　基于 COMET 能力模型的液压系统故障诊排

【教学目标要求】

通过对典型液压系统的分析，掌握对液压系统进行分析的步骤和方法，掌握液压系统图的看图方法；能正确分析液压系统图，写出动作流程；能根据实物系统地画出正确的液压系统图，并确定系统所具有的特点，特别要注意基本回路在一个复杂液压系统中的作用，等等。

任务 6.1　液压压力机液压系统故障诊断排除

6.1.1　任务书

1. 学习目的

(1)学会根据液压系统故障现象分析故障原因，结合液压系统原理图快速查找故障点。

(2)学会运用故障分析表，提高查找、判断故障点的速度与准确率。

(3)掌握排除故障现象的基本方法。

(4)在学习过程中发现的问题，能通过教师的指导解决，为下一步的学习设定目标和兴趣动力。

(5)熟练掌握中等复杂液压系统故障的分析与处理，并且通过采用 COMET 能力模型对学习者提出要求，培养学习者的综合职业能力。

2. 学习设备和器材

(1)已安装调试合格的典型液压系统 1 套，由教师设置适当的故障点。

(2)常用拆装工具 1 套，有条件的学校可提供液压测试器、液压泵故障测试器、液压油污染度检查器等。

(3)液压压力机不少于 1 台，专用修理工具 1 套。

3. 学习过程

(1)把学生分组，每组发一份系统原理图。

(2)教师设置好故障点后，由教师或学生自己开机观察故障现象，运转时间根据实际情况而定。给学生布置任务，注意强调本任务采用 COMET 能力模型按大学二年级学生到技术服务企业实习的要求进行学习。在保证安全的前提下可让学生相互设置故障点，更能提高学生水平及兴趣。

(3)教师介绍 COMET 能力模型，包括 8 个二级能力模块和 40 个观测点(参见附录2)。

(4)查找故障时要求学生按 COMET 能力模型行动维度的六个步骤进行,先写出故障现象,并分析故障原因,经教师审查无误后才可以进行故障排除。

(5)学生排除故障结束,必须经教师检查合格后才能开机调试。

(6)在学习过程中,教师应指导学生尽量自己查找、发现问题并解决。

4. 案例任务

液压压力机压出的钢梁不合格问题分析处理:

(1)情景描述。某制造厂修理班长陈先生找到公司求助,反映该厂负责压制特型钢梁的液压压力机压出的钢梁不合格,初步判断为系统压力不足,经修理班6人抢修7天也未能解决问题,严重影响全厂生产。

(2)工作目标。委托方采用的是 YB32－200 型液压压力机,系统额定压力 32 MPa;试件材料为16Mn,厚10,长600,折弯角为90°的U形槽钢。

(3)工作任务。你需要制订一份完整而详细的解决方案,并对其进行全面而细致的说明。如果你还有附加问题需要询问顾客或者自己的师傅,请把这些问题整理成一份提纲,以便面谈时进行沟通和协调。

(4)参考资料。所有的常见资料,例如教材、维修手册、相关计算机应用软件、个人笔记、专用工具等。

5. 学习报告

学习报告应包含以下内容:

(1)系统原理图,系统的工作原理和工作参数要求。

(2)系统出现的故障现象。

(3)分析故障原因及提出解决的措施。

(4)排除故障的方法及过程。

(5)调试过程。如果不合格也要如实写在学习报告上,然后重复(3)和(4),直到调试合格、解决故障现象。

(6)学习过程遇到的其他问题及解决方法。

6.1.2 项目任务学习过程

学习任务的总步骤按 COMET 能力模型行动维度的获取信息、制订计划、作出决策、实施计划、检查控制、归纳评价等六步进行。基于 COMET 能力模型行动维度的学习总体框架如表6-1所示。

6.1.2.1 获取压力机液压系统故障诊排相关信息

项目任务主要是解决某制造厂液压压力机压出的钢梁不合格问题。为此,首先做好如下知识准备。

1. 液压系统故障特点及检查分析的一般方法

液压设备是由机械、液压、电气等装置组合而成的,故出现的故障也是多种多样的。某一种故障现象可能是由许多因素造成的,因此分析液压系统故障必须能看懂液压系统

表 6-1　基于 COMET 能力模型行动维度的学习总体框架

<table>
<tr><td colspan="5">学习题目：液压压力机压力不足故障诊断与处理</td></tr>
<tr><td colspan="2">学习情景</td><td colspan="3">你（小李）作为大学二年级的学生到一家机电技术服务公司实习</td></tr>
<tr><td colspan="2">行动步骤</td><td>情境描述</td><td>目标参数</td><td>项目任务</td></tr>
<tr><td>0</td><td>总任务描述</td><td>修理班长陈先生给公司来电话求助，反映该厂负责压制特型钢梁的液压压力机压出的钢梁不合格，仔细观察发现根本压不到位置，初步判断为系统压力不足，经修理班 6 人抢修 7 天也未能解决问题，严重影响全厂生产</td><td>YB32 - 200 型液压压力机。
系统额定压力 32 MPa，试件材料为 16Mn，厚 10，长 600，折弯角为 90°的 U 形槽钢</td><td>你需要制订一份完整而详细的解决方案，并对其进行全面而细致的说明。如果你还有附加问题需要询问顾客或者自己的师傅，请你把这些问题整理成一份提纲，以便面谈时进行沟通和协调。解决该故障时，你可以使用所有的常见资料，例如教材、维修手册、相关计算机应用软件、个人笔记、专用工具等。</td></tr>
<tr><td>1</td><td>获取信息</td><td>某修理班长陈先生找到公司求助，希望与你公司探讨液压压力机压力不足故障诊断与处理事宜。你的师傅（张）想让你开始接触这个课题，因此让你参与这次会谈。陈先生想请人到他们厂里解决液压压力机压出的钢梁不合格问题</td><td>建立定向性和概括性的知识；制定相关评价标准，并且准备实施与客户的商谈，进行故障分析</td><td>【了解任务，准备知识】
你要参加这次与客户之间的商谈。请你在会谈开始前了解有关液压系统，尤其是液压压力机的基本信息：技术、经济性、环境保护等。请将所有信息按照适宜形式进行整理并准备进行故障分析（角色扮演）</td></tr>
<tr><td>2</td><td>制订计划</td><td>在与客户进行会谈之后，你受委托要为陈班长制订一份初步处理问题的路线图，包括参与该项工作的人员要求、时间进度要求、完成后的具体技术参数等</td><td>制订出要求说明书，需考虑应有相关要求的目录；通过咨询师傅或进一步询问客户，填补缺失的信息；制订出在技术和经济方面有所区别的各种备选方案；制订一份包括不同备选方案的报价单</td><td>【制订初步工作方案，包括人力、时间、报价，注意应准备备选方案】
请你制订初步处理问题的路线图，其中应包括不同的备选方案（在技术和经济方面），并且编写要求说明。请你为客户预备一份大致的路线图，包括参与该项工作的人员要求、时间进度要求、完成后的具体技术参数等，并做一次展示</td></tr>
</table>

续表 6-1

学习题目:液压压力机压力不足故障诊断与处理				
学习情景		你(小李)作为大学二年级的学生到一家机电技术服务公司实习		
行动步骤		情境描述	目标参数	项目任务
3	作出决策	在计划阶段结束以后,向客户介绍分析处理方案,包括故障的各种可能性原因及其排查方法、处理方案。客户在做决定时,为其提供帮助和支持	决定采用某个备选方案,并且应用评价标准;准备并进行阶段性展示,然后进行总结;制订需求清单	【沟通客户,完善工作路线图】 请你准备并进行演示。选择合适的演示媒体,帮助客户做出有理由的决定。在客户做出决定以后,进行完成任务的准备工作,制订需求清单。请对工作路线图进行补充完善
4	实施计划	陈班长与公司签订了合作协议。工作路线图制订完成。师傅委托你完成这项任务	整理出安装设施所需要的全部资料,包括技术文献、往来信函、申请、检查清单和会谈记录等;遵循各种工作过程及业务流程;考虑劳动保护、事故防范等方面的问题	【整理项目实施所需资料,实施计划】 携项目成员带上相关技术资料和工具到现场按制订的路线图逐一进行故障原因排查,最后确定故障原因并实施故障处理
5	检查控制	将该设备试运行,试压钢梁合格后,交付陈班长并签字确认。为了让你积极参与这方面的工作,师傅让你为上述任务做好准备,而且要以合适的方式记录相关结果。陈班长所在单位为确保此后生产正常进行,打算与公司签订液压设备维修保养合同	制订出试运行方案;交付给客户;准备后续服务合同	【制订试运行方案,完成交付手续】 请你制订出设备的试运行方案,要注意国家/行业/企业的相关标准和规定。请你完成向客户移交设备的准备工作,并且起草一份液压设备维修保养合同
6	归纳评价	在全部工作结束以后,你要对整个工作过程和工作成果进行评价。陈班长还希望针对以后的委托提出优化建议	利用评价表进行自我评价,并评价工作过程和工作成果	【评价性小结,提出改进建议】 请评价你的工作过程和工作成果。在评价时,请利用需求清单。你的工作在哪些地方还可以改进?说明理由
备注				

原理图，对原理图中各个元件的作用有一个大体的了解，然后根据故障现象进行分析、判断。针对由许多因素引起的故障，其原因需逐一分析，抓住主要矛盾，才能较好地解决和排除。液压系统中工作液在元件和管路中的流动情况，外界是很难了解到的，给分析、诊断带来了较多的困难，因此要求人们具备较强的分析和判断故障的能力，在机械、液压、电气诸多复杂的关系中找出故障原因和部位，并及时、准确地加以排除。

1）简易故障诊断法

简易故障诊断法是目前采用最普遍的方法。维修人员凭个人的经验，利用简单仪表，根据液压系统出现的故障，客观地采用问、看、听、摸、闻等方法了解系统工作情况，进行分析、诊断，确定产生故障的原因和部位。具体做法如下：

（1）询问设备操作者，了解设备运行状况。其中包括：液压系统工作是否正常；液压泵有无异常现象；液压油检测清洁度的时间及结果；滤芯清洗和更换情况；发生故障前是否对液压元件进行了调节，是否更换过密封元件；故障前后液压系统出现过哪些不正常现象；过去该系统出现过什么故障，是如何排除的等，需逐一进行了解。

（2）看液压系统工作的实际状况，观察系统压力、速度、油液、泄漏、振动等是否存在问题。

（3）听液压系统的声音，如冲击声、泵的噪声及异常声，判断液压系统工作是否正常。

（4）摸温升、振动、爬行及连接处的松紧程度，判定运动部件工作状态是否正常。

总之，简易故障诊断法只是一个简易的定性分析法，对快速判断和排除故障具有较广泛的实用性。

2）液压系统原理图分析法

液压系统原理图分析法是指根据液压系统原理图分析液压传动系统出现的故障，找出故障产生的部位及原因，并提出排除故障的方法。液压系统原理图分析法是目前工程技术人员应用最为普遍的方法，它要求人们对液压知识具有一定基础，并能看懂液压系统图，掌握各图形符号所代表元件的名称、功能，对元件的原理、结构及性能也应有一定的了解。有了这样的基础，结合动作循环表对照分析、判断故障就很容易了。所以，认真学习液压基础知识、掌握液压系统原理图是故障诊断与排除最有力的助手，也是其他故障分析法的基础，必须认真掌握。

3）其他分析法

液压系统发生故障时，往往不能立即找出故障发生的部位和根源。为了避免盲目性，人们必须根据液压系统原理进行逻辑分析或采用因果分析等方法逐一排除，最后找出发生故障的部位，这就是用逻辑分析的方法查找出故障。为了便于应用，故障诊断专家设计了逻辑流程图或其他图表对故障进行逻辑判断，为故障诊断提供了方便。

2. 液压系统常见故障与分析排除

液压系统常见故障包含液压元件和液压系统的常见故障。主要液压元件有泵、马达、缸、阀，其常见故障及处理分别见表6-2～表6-7；液压系统常见故障主要有噪声、振动大，压力不正常、冲击大，动作不正常、油温过高等，其故障分析及消除方法详见表6-8～表6-10。

表 6-2 液压泵常见故障及处理

故障现象	原因分析		消除方法
1. 泵不输出油	1.1 泵不转	1.1.1 电动机轴未转动 ①未接通电源;②电气线路及元件故障	检查电气线路并排除故障
		1.1.2 电动机发热跳闸 ①溢流阀调压过高;②溢流阀阀芯卡死,阀芯中心油孔堵塞或溢流阀阻尼孔堵塞,造成超压不溢流;③泵出口单向阀装反或阀芯卡死;④电动机故障	①调节溢流阀压力值;②检修溢流阀;③检修单向阀;④检修或更换电动机
		1.1.3 泵轴与电动机轴连接失效 ①键折断;②漏装键	①更换键;②补装键
		1.1.4 泵内部滑动副卡死 ①配合间隙太小;②零件精度差、装配质量差、齿轮与轴同轴度偏差太大,柱塞头部卡死,叶片垂直度差,转子摆差太大,转子槽有伤口,叶片有伤痕,受力后断裂而卡死;③油液太脏;④油温过高使零件热变形;⑤泵的吸油腔进入脏物而卡死	①拆检泵,按要求选配间隙;②更换零件,重新装配,使配合间隙达到要求;③检查油质,过滤或更换油液;④检查冷却器的冷却效果,检查油箱油量并加油至油位线;⑤拆开清洗,并在吸油口安装吸油过滤器
	1.2 泵反转	①电动机电气线路接错;②泵体上旋向箭头错误	①纠正电气线路;②纠正泵体上旋向箭头
	1.3 泵轴正常转动	1.3.1 泵轴内部折断 ①轴质量差;②泵内滑动副卡死	①检查原因,更换新轴;②处理见本表 1.1.4
		1.3.2 泵不吸油 ①油箱油位过低;②吸油过滤器堵塞,过滤精度太高或通油面积太小;③泵吸油管上阀门未打开;④泵或吸油管密封不严;⑤泵吸油高度超标准且吸油管细长、弯头太多;⑥油的黏度太高;⑦叶片泵叶片未伸出,或变量机构动作不灵使偏心量为零;⑧柱塞泵变量机构失灵,如加工精度差,装配不良,配合间隙太小,泵内部摩擦阻力太大,伺服活塞、变量活塞及弹簧心轴卡死,通向变量机构的个别油道有堵塞以及油液太脏、油温太高,使零件热变形等;⑨柱塞泵缸体与配油盘之间不密封(如柱塞泵中心弹簧折断);⑩叶片泵配流盘与泵体之间不密封	①加油至油位线;②清洗或更换滤心、选择合适的过滤精度或加大滤油器规格;③检查打开阀门;④检查和紧固接头处,紧固泵盖螺钉,在泵盖结合处和接头连接处涂上油脂,或先向泵吸油口灌油;⑤降低吸油高度,更换管子,减少弯头;⑥检查油的黏度,更换适宜的油液,冬季要检查加热器的效果;⑦拆开清洗,合理选配间隙,检查油质,过滤或更换油液,或更换或调整变量机构;⑧拆开检查,修配或更换零件,合理选配间隙,过滤或更换油液,检查冷却器效果,检查油箱内的油位并加至油位线;⑨更换弹簧;⑩拆洗重新装配

续表 6-2

故障现象	原因分析		消除方法
2. 泵噪声大	2.1　吸空现象严重	①吸油过滤器有部分堵塞，吸油阻力大；②吸油管距油面较近；③吸油位置太高或油箱液位太低；④泵和吸油管口密封不严；⑤油的黏度过高；⑥泵的转速太高（使用不当）；⑦吸油过滤器通过面积过小；⑧非自吸泵的辅助泵供油量不足或有故障；⑨油箱上空气过滤器堵塞；⑩泵轴油封失效	①清洗或更换过滤器；②适当加长或调整吸油管长度或位置；③降低泵的安装高度或提高液位高度；④检查连接处和结合面的密封，并紧固；⑤检查油质，按要求选用油的黏度；⑥控制在最高转速以下；⑦更换通油面积大的过滤器；⑧修理或更换辅助泵；⑨清洗或更换空气过滤器；⑩更换
	2.2　吸入气泡	①油液中溶解一定量的空气，在工作过程中又生成气泡；②回油涡流强烈生成泡沫；③管道内或泵壳内存有空气；④吸油管浸入油面的深度不够	①在油箱内增设隔板，将回油经过隔板消泡后再吸入，油液中加消泡剂；②吸油管与回油管要隔开一定距离，回油管口要插入油面以下；③进行空载运转，排除空气；④加长吸管，往油箱中注油使其液面升高
	2.3　液压泵运转不良	①泵内轴承磨损严重或破损，零件破损或磨损；②定子环内表面磨损严重；③齿轮精度低、摆差大	①拆开清洗，更换；②更换定子圈；③研配修复或更换
	2.4　泵的结构因素	①泵的卸荷槽设计不佳，加工精度差；②变量泵变量机构工作不良（间隙过小，加工精度差，油液太脏等）；③双级叶片泵的压力分配阀工作不正常（间隙过小，加工精度差，油液太脏等）	①改进设计，提高卸荷能力，提高加工精度；②拆开清洗，修理，重新装配达到性能要求，过滤或更换油液；③拆开清洗，修理，重装达到性能要求，过滤或更换油液
	2.5　泵安装不良	①泵轴与电动机轴同轴度差；②联轴器安装不良，同轴度差并有松动	重新安装

续表 6-2

故障现象	原因分析		消除方法
3.泵出油量不足	3.1 容积效率低	3.1.1 泵内部滑动零件磨损严重 ①叶片泵配流盘端面磨损严重;②齿轮端面与测板磨损严重;③齿轮泵因轴承损坏使泵体孔磨损严重;④柱塞泵柱塞与缸体孔磨损严重;⑤柱塞泵配流盘与缸体端面磨损严重	拆开清洗,修理或更换 ①研磨配流盘端面;②研磨修理或更换;③更换轴承并修理;④更换柱塞并配研到要求间隙,清洗后重新装配;⑤研磨两端面达到要求,清洗后重新装配
		3.1.2 泵装配不良 ①定子与转子、柱塞与缸体、齿轮与泵体、齿轮与侧板之间的间隙太大;②叶片泵及泵盖上螺钉拧紧力矩不匀或有松动;③叶片和转子反装	①重新装配,按技术要求选配间隙;②重新拧紧螺钉并达到受力均匀;③纠正方向重新装配
		3.1.3 油的黏度过低(如用错油或油温过高)	更换油液或检查油温过高的原因并提出降温措施
	3.2 泵吸气现象	参见本表2.1、2.2	参见本表2.1、2.2
	3.3 泵内部不良	参见本表2.3	参见本表2.3
	3.4 供油不足	非自吸泵的辅助泵供油量不足或有故障	修理或更换辅助泵
4.压力不足或压力升不高	4.1 漏油严重	参见本表3.1.1	参见本表3.1.1
	4.2 驱动机构功率过小	4.2.1 电动机输出功率过小 ①设计不合理;②电动机有故障	①核算电动机功率,若不足应更换;②检查电动机并排除故障
		4.2.2 机械驱动机构输出功率过小	核算驱动功率并更换驱动机构
	4.3 泵排量过大或调压过高	驱动机构或电动机功率不足	重新计算匹配压力、流量和功率,使之合理
5.压力/流量不稳定	5.1 泵吸有气	参见本表2.1、2.2	参见本表2.1、2.2
	5.2 油液过脏	个别叶片在转子槽内卡住或伸出困难	过滤或更换油液
	5.3 泵装配不良	①个别叶片在转子槽内间隙过大,造成高压油向低压腔流动;②个别叶片在转子槽内间隙过小,造成卡住或伸出困难;③个别柱塞与缸体孔配合间隙过大,造成漏油量大	①拆开清洗,修配或更换叶片,合理选配间隙;②修配,使叶片运动灵活;③修配后使间隙达到要求
	5.4 泵结构因素	参见本表2.4	参见本表2.4
	5.5 供油量波动	非自吸泵的辅助泵有故障	修理或更换辅助泵

续表 6-2

故障现象	原因分析		消除方法
6. 异常发热	6.1　装配不良	6.1.1　间隙选配不当（如柱塞与缸体、叶片与转子槽、定子与转子、齿轮与测板等配合间隙过小，造成滑动部件过热烧伤）	拆开清洗，测量间隙，重新配研达到规定间隙
		6.1.2　装配质量差，传动部分同轴度未达到技术要求，运转时有别劲现象	拆开清洗，重新装配，达到技术要求
		6.1.3　轴承质量差，或装配时被打坏，或安装时未清洗干净，造成运转时别劲	拆开检查，更换轴承，重新装配
		6.1.4　经过轴承的润滑油排油口不畅通 ①回油口螺塞未打开（未接管子）；②安装时油道未清洗干净，有脏物堵住；③安装时回油管弯头太多或有压扁现象	①安装好回油管；②清洗管道；③更换管子，减少弯头
	6.2　油液质量差	①油液的黏—温特性差，黏度变化大；②油中含大量水分造成润滑不良；③油液污染严重	①按规定选用液压油；②更换合格的油液，清洗油箱内部；③更换油液
	6.3　管路故障	①泄油管压扁或堵死；②泄油管管径太细，不能满足排油要求；③吸油管管径细，吸油阻力大	①清洗更换；②更改设计，更换管子；③加粗管径、减少弯头，降低吸油阻力
	6.4　受外界影响	外界热源高，散热条件差	清除外界影响，增设隔热措施
	6.5　内漏大	参见本表 3.1.1	参见本表 3.1.1
7. 轴封漏油	7.1　安装不良	①密封件唇口装反；②轴的倒角不适当，密封唇口翻开或装轴时不小心，使弹簧脱落；③密封唇部粘有异物；④密封唇口通过花键轴时被拉伤；⑤沟槽内径尺寸太小或沟槽倒角过小使油封装斜；⑥装配时造成油封严重变形；⑦轴倒角太小或轴倒角处太粗糙，导致密封唇翻卷	①拆下重新安装，拆装时不要损坏唇部，若有变形或损伤应更换；②按加工图纸要求重新加工并重新安装；③取下清洗，重新装配；④更换后重新安装；⑤检查沟槽尺寸，按规定重新加工；⑥检查沟槽尺寸及倒角；⑦检查轴倒角尺寸和粗糙度，可用砂布打磨倒角处，装配时在轴倒角处涂上油脂
	7.2　轴和沟槽加工不良	7.2.1　轴加工错误 ①轴颈不适宜，使油封唇口部位磨损，发热；②轴倒角不合要求，使油封唇口拉伤，弹簧脱落；③轴颈外表有车削或磨削痕迹；④轴颈表面粗糙使油封唇边磨损加快	①检查尺寸，换轴，油封处的公差常用 h8；②重新加工轴的倒角；③重新修磨，消除磨削痕迹；④重新加工达到图纸要求
		7.2.2　沟槽加工错误 ①沟槽尺寸过小，使油封装斜；②沟槽尺寸过大，油从外周漏出；③沟槽表面有划伤或其他缺陷，油从外周漏出	更换泵盖，修配沟槽达到配合要求
	7.3　油封本身有缺陷	油封质量不好，不耐油或对液压油相容性差，变质、老化、失效造成漏油	更换相适应的油封橡胶件
	7.4　容积效率低	参见本表 3.1	参见本表 3.1
	7.5　泄油孔被堵	泄油孔被堵后，泄油压力增加，造成密封唇口变形太大，接触面增加，摩擦产生热老化，使油封失效，引起漏油	清洗油孔，更换油封
	7.6　外接泄油管过细或过长	泄油困难，泄油压力增加	适当增大管径或缩短泄油管长度
	7.7　未接泄油管	泄油管未打开或未接泄油管	打开螺塞接上泄油管

表 6-3　液压马达常见故障及处理

故障现象	原因分析		消除方法
1. 转速低、转矩小	1.1　泵供油量不足	①电动机转速不够;②吸油过滤器滤网堵塞;③油箱中油量不足或吸油管管径过细造成吸油困难;④密封不严,内部泄漏,空气侵入内部;⑤油的黏度过高;⑥液压泵轴向及径向间隙过大、内泄增大	①找出原因,进行调整;②清洗或更换滤心;③加足油量、适当加大管径,使吸油通畅;④拧紧有关接头,防止泄漏或空气侵入;⑤选择黏度低的油液;⑥适当修复液压泵
	1.2　泵输出油压不足	①液压泵效率太低;②溢流阀调整压力不足或发生故障;③油管阻力过大(管道过长或过细);④油的黏度较低,内部泄漏较大	①检查液压泵故障,并加以排除;②检查溢流阀故障,排除后重新调高压力;③更换孔径较大的管道或尽量减少长度;④检查内泄漏部位的密封情况,更换油液或密封
	1.3　马达泄漏	①液压马达结合面没有拧紧或密封不好,有泄漏;②液压马达内部零件磨损,泄漏严重	①拧紧结合面,检查密封情况或更换密封圈;②检查其损伤部位,并修磨或更换零件
	1.4　失效	配流盘的支承弹簧疲劳,失去作用	检查、更换支承弹簧
2. 泄漏	2.1　内部泄漏	①配流盘磨损严重;②轴向间隙过大;③油盘与缸体端面磨损,轴向间隙过大;④弹簧疲劳;⑤柱塞与缸体磨损严重	①检查配流盘接触面,并加以修复;②检查并将轴向间隙调至规定范围;③修磨缸体及配流盘端面;④更换弹簧;⑤研磨缸体孔,重配柱塞
	2.2　外部泄漏	①油端密封,磨损;②盖板处的密封圈损坏;③结合面有污物或螺栓未拧紧;④管接头密封不严	①更换密封圈并查明磨损原因;②更换密封圈;③检查、清除并拧紧螺栓;④拧紧管接头
3. 噪声		①密封不严,有空气侵入内部;②液压油被污染,有气泡混入;③联轴器不同心;④液压油黏度过高;⑤液压马达的径向尺寸严重磨损;⑥叶片已磨损;⑦叶片与定子接触不良,有冲撞现象;⑧定子磨损	①检查有关部位的密封,紧固各连接处;②更换清洁的液压油;③校正同心;④更换黏度较低的油液;⑤修磨缸孔,重配柱塞;⑥尽可能修复或更换;⑦进行修整;⑧进行修复或更换,如因弹簧过硬造成磨损加剧,则应更换刚度较小的弹簧

表6-4 液压缸常见故障及处理

故障现象	原因分析		消除方法
1. 活塞杆不能动作	1.1 压力不足	1.1.1 油液未进入液压缸 ①换向阀未换向;②系统未供油	①检查换向阀未换向的原因并排除;②检查液压泵和主要液压阀的故障原因并排除
		1.1.2 虽有油,但没有压力 ①系统故障,主要是泵或溢流阀故障;②内漏严重,活塞与活塞杆松脱,密封件损坏严重	①检查泵或溢流阀的故障原因并排除;②紧固活塞与活塞杆并更换密封件
		1.1.3 压力达不到规定值 ①密封件老化、失效,密封圈唇口装反或有破损;②活塞环损坏;③系统调定压力过低;④压力调节阀有故障;⑤通过调整阀的流量过小,液压缸内泄漏量增大时,流量不足,造成压力不足	①更换密封件,并正确安装;②更换活塞环;③重新调整压力,直至达到要求值;④检查原因并排除;⑤调整阀的通过流量必须大于液压缸内泄漏量
	1.2 压力已达到要求但仍不动作	1.2.1 液压缸结构上的问题 ①活塞端面与缸筒端面紧贴在一起,工作面积不足,故不能启动;②具有缓冲装置的缸筒上单向阀回路被活塞堵住	①端面上要加一条通油槽,使工作液体迅速流进活塞的工作端面;②缸筒的进出油口位置应与活塞端面错开
		1.2.2 活塞杆移动“别劲” ①缸筒或导向套与活塞杆配合间隙过小;②活塞杆与夹布胶木导向套之间配合间隙过小;③液压缸装配不良(如活塞杆、活塞和缸盖之间同轴度差,液压缸与工作台平行度差)	①检查配合间隙,并配研到规定值;②检查配合间隙,修刮导向套孔,达到要求的配合间隙;③重新装配和安装,不合格零件应更换
		1.2.3 液压回路引起的原因,主要是液压缸背压腔油液未与油箱相通,回油路上的调速阀节流口调节过小或连通回油的换向阀未动作	检查原因并消除
2. 速度达不到规定值	2.1 内泄漏严重	①密封件破损严重;②油的黏度太低;③油温过高	①更换密封件;②更换适宜黏度的液压油;③检查原因并排除
	2.2 外载荷过大	①设计错误,选用压力过低;②工艺和使用错误,造成外载荷比预定值大	①核算后更换元件,调大工作压力;②按设备规定值使用
	2.3 活塞移动时“别劲”	2.3.1 加工精度差,缸筒孔锥度和圆度超差	检查零件尺寸,更换无法修复的零件
		2.3.2 装配质量差 ①活塞、活塞杆与缸盖之间同轴度差;②液压缸与工作台平行度差;③活塞杆与导向套配合间隙过小	①按要求重新装配;②按照要求重新装配;③检查配合间隙,修刮导向套孔,达到要求的配合间隙
	2.4 脏物进入滑动部位	①油液过脏;②防尘圈破损;③装配时未清洗干净或带入脏物	①过滤或更换油液;②更换防尘圈;③拆开清洗,装配时要注意清洁
	2.5 活塞在端部行程时速度急剧下降	①缓冲调节阀的节流口调节过小,在进入缓冲行程时,活塞可能停止或速度急剧下降;②固定式缓冲装置中节流孔直径过小;③缸盖上固定式缓冲节流环与缓冲柱塞之间间隙过小	①缓冲调节阀的开口度要调节适宜,并能起到缓冲作用;②适当加大节流孔直径;③适当加大间隙
	2.6 活塞移动中途速度变慢或停止	①缸筒内径加工精度差,表面粗糙,使内泄量增大;②缸壁胀大,当活塞通过增大部位时,内泄漏增大	①修复或更换缸筒;②更换缸筒

续表 6-4

故障现象	原因分析		消除方法
3. 液压缸产生“爬行”	3.1 液压缸活塞杆运动“别劲”	参见本表 2.3	参见本表 2.3
	3.2 缸内进入空气	①新液压缸,修理后的缸或长时间停机的缸,缸内有气或液压缸管道中排气未排净;②缸内部形成负压,从外部吸入空气;③从缸到换向阀之间管道的容积比液压缸容积大得多,液压缸工作时这段管道油液未排完,空气很难排净;④泵吸入空气(参见液压泵故障);⑤油液中混入空气(参见液压泵故障)	①空载大行程往复运动,直到把空气排完;②先用油脂封住结合面和接头处,若吸空情况有好转,则紧固螺钉和拧紧接头;③可在靠近液压缸的管道中取高处加排气阀,拧开排气阀,活塞在全行程情况下运动多次,把气排完后再关闭排气阀;④参见液压泵故障消除对策;⑤参见液压泵故障消除对策
4. 缓冲装置故障	4.1 缓冲作用过度	①缓冲调节阀节流口开口过小;②缓冲柱塞“别劲”,如柱塞头与缓冲环间隙太小,活塞倾斜或偏心;③在柱塞头与缓冲环之间有脏物;④固定式缓冲装置柱塞头与衬套间隙太小	①将节流口调节到合适位置并紧固;②拆开清洗,适当加大间隙,不合格的零件应更换;③修去毛刺,清洗干净;④适当加大间隙
	4.2 缓冲作用失灵	①缓冲调节阀处于全开状态;②惯性能量过大;③缓冲调节阀不能调节;④单向阀处于全开状态或单向阀阀座封闭不严;⑤活塞上密封件破损,当缓冲腔压力升高时,工作液体从此腔向工作压力一侧倒流,使活塞不减速;⑥柱塞头或衬套内表面上有伤痕;⑦镶在缸盖上的缓冲环脱落;⑧缓冲柱塞锥面长度和角度不适宜	①调节到合适位置并紧固;②应设计合适的缓冲机构;③修复或更换;④检查尺寸,更换锥阀芯或钢球,更换弹簧,并配研修复;⑤更换密封件;⑥修复或更换;⑦更换新缓冲环;⑧修正
	4.3 缓冲行程段出现“爬行”	①加工不良,如缸盖、活塞端面的垂直度不合要求,在全长上活塞与缸筒间隙不匀,缸盖与缸筒不同心:缸筒内径与缸盖中心线偏差大,活塞与螺帽端面垂直度不合要求造成活塞杆挠曲等;②装配不良,如缓冲柱塞与缓冲环相配合的孔有偏心或倾斜等	①对每个零件均仔细检查,不合格的零件不准使用;②重新装配,确保质量

续表 6-4

故障现象	原因分析		消除方法
5.有外泄漏	5.1　装配不良	①液压缸装配时端盖装偏,活塞杆与缸筒不同心,使活塞杆伸出困难,加速密封件磨损;②液压缸与工作台导轨面平行度差,使活塞伸出困难,加速密封件磨损;③密封件安装差错,如密封件划伤、切断,密封唇装反,唇口破损或轴倒角尺寸不对,密封件装错或漏装;④密封压盖未装好	①拆开检查,重新装配;②拆开检查,重新安装,并更换密封件;③更换并重新安装密封件;④重新安装
	5.2　密封件质量问题	①保管期太长,密封件自然老化失效;②保管不良,变形或损坏;③胶料性能差,不耐油或胶料与油液相容性差;④制品质量差,尺寸不对,公差不符合要求	更换
	5.3　活塞杆和沟槽加工质量差	5.3.1　活塞杆表面粗糙,活塞杆头部倒角不符合要求或未倒角	表面粗糙度 R_a 应为0.2 μm,并按要求倒角
		5.3.2　沟槽尺寸及精度不符合要求 ①设计图纸有错误;②沟槽尺寸加工不符合标准;③沟槽精度差,毛刺多	①按有关标准设计沟槽;②检查尺寸,并修正到要求尺寸;③修正并去毛刺
	5.4　油的黏度过低	用错了油品或油液中渗有其他牌号的油液	更换适宜的油液
	5.5　油温过高	①液压缸进油口阻力太大;②周围环境温度太高;③泵或冷却器等有故障	①检查进油口是否畅通;②采取隔热措施;③检查原因并排除
	5.6　高频振动	①紧固螺钉松动;②管接头松动;③安装位置产生移动	①应定期紧固螺钉;②应定期紧固接头;③应定期紧固安装螺钉
	5.7　活塞杆拉伤	①防尘圈老化、失效,侵入砂粒切屑等脏物;②导向套与活塞杆之间的配合太紧,使活动表面产生过热,造成活塞杆表面铬层脱落而拉伤	①清洗更换防尘圈,修复活塞杆表面拉伤处;②检查清洗,用刮刀修刮导向套内径,达到配合间隙

表 6-5　溢流阀常见故障及处理

故障现象	原因分析		消除方法
1.调不上压力	1.1　主阀故障	①主阀芯阻尼孔堵塞(未清洗干净,油液过脏);②主阀芯在开启位置卡死(如零件精度低,装配质量差,油液过脏);③主阀芯复位弹簧折断或弯曲,使主阀芯不能复位	①清洗阻尼孔使之畅通;过滤或更换油液;②拆开检修,重新装配,阀盖紧固螺钉拧紧力要均匀,过滤或更换油液;③更换弹簧
	1.2　先导阀故障	①调压弹簧折断;②调压弹簧未装;③锥阀或钢球未装;④锥阀损坏	①更换弹簧;②补装;③补装;④更换
	1.3　远腔口电磁阀故障或远控口未加丝堵而直通油箱	①电磁阀未通电;②滑阀卡死;③电磁铁线圈烧毁或铁芯卡死;④电气线路故障	①检查电气线路,接通电源;②检修、更换;③更换;④检修
	1.4　装错	进出油口安装错误	纠正
	1.5　液压泵故障	①滑动副之间间隙过大(如齿轮泵、柱塞泵);②叶片泵的多数叶片在转子槽内卡死;③叶片和转子方向装反	①修配间隙到适宜值;②清洗,修配间隙达到适宜值;③纠正方向

续表 6-5

故障现象	原因分析		消除方法
2. 压力调不高	2.1 主阀故障（若主阀为锥阀）	2.1.1 主阀芯锥面封闭性差 ①主阀芯锥面磨损或不圆；②阀座锥面磨损或不圆；③锥面处有脏物粘住；④主阀芯锥面与阀座锥面不同心；⑤主阀芯工作有卡滞现象，阀芯不能与阀座严密结合	①更换并配研；②更换并配研；③清洗并配研；④修配使之结合良好；⑤修配使之结合良好
		2.1.2 主阀压盖处有泄漏（如密封垫损坏，装配不良，压盖螺钉有松动等）	拆开检修，更换密封垫，重新装配，并确保螺钉拧紧力均匀
	2.2 先导阀故障	①调压弹簧弯曲，或太弱，或长度过短；②锥阀与阀座结合处封闭性差（如锥阀与阀座磨损，锥阀接触面不圆，接触面太宽，进入脏物或被胶质粘住）	①更换弹簧；②检修更换清洗，使之达到要求
3. 压力突然升高	3.1 主阀故障	主阀芯工作不灵敏，动作工件突然卡死（如零件加工精度低，装配质量差，油液过脏等）	检修，更换零件，过滤或更换油液
	3.2 先导阀故障	①先导阀阀芯与阀座结合面突然粘住，脱不开；②调压弹簧弯曲造成卡滞	①清洗修配或更换油液；②更换弹簧
4. 压力突然下降	4.1 主阀故障	①主阀芯阻尼孔突然被堵死；②主阀芯工作不灵敏，在关闭状态突然卡死（如零件加工精度低，装配质量差，油液过脏等）；③主阀盖处密封垫突然破损	①清洗，过滤或更换油液；②检修更换零件，过滤或更换油液；③更换密封件
	4.2 先导阀故障	先导阀阀芯突然破裂或调压弹簧突然折断	更换阀芯或弹簧
	4.3 远腔口电磁阀故障	电磁铁突然断电，使溢流阀卸荷	检查电气故障并消除
5. 压力波动不稳	5.1 主阀故障	①主阀芯动作不灵活，有时有卡住现象；②主阀芯阻尼孔有时堵有时通；③主阀芯锥面与阀座锥面接触不良，磨损不均匀；④阻尼孔孔径太大，造成阻尼作用差	①检修更换零件，压盖螺钉拧紧力应均匀；②拆开清洗，检查油质，更换油液；③修配或更换零件；④适当缩小阻尼孔孔径
	5.2 先导阀故障	①调压弹簧弯曲；②锥阀与锥阀座接触不良，磨损不均；③压力调节螺钉锁紧螺母松动使压力变动	①更换弹簧；②修配或更换零件；③调压后应把锁紧螺母锁紧
6. 振动与噪声	6.1 主阀故障	①阀体与主阀芯几何精度差，棱边有毛刺；②阀体内有污物使配合间隙增大或不均匀	①检查零件精度，不符合要求的零件应更换并去掉棱边毛刺；②检修更换零件
	6.2 先导阀故障	①锥阀与阀座接触不良、圆度不好、粗糙度数值大，造成调压弹簧受力不平衡，使锥阀振荡加剧，产生尖叫声；②调压弹簧轴心线与端面不够垂直，这样针阀会倾斜，造成接触不均匀；③调压弹簧在定位杆上偏向一侧；④阀座装偏；⑤调压弹簧侧向弯曲	①把封油面圆度误差控制在 0.005 ~ 0.01 mm；②提高锥阀精度，粗糙度 R_a 应达 0.4 μm；③更换弹簧；④提高装配质量；⑤更换弹簧
	6.3 系统有空气	泵吸入空气或系统存在空气	排除空气
	6.4 阀使用不当	通过流量超过允许值	在额定流量范围内使用
	6.5 回油不畅	回油管路阻力过高或回油过滤器堵塞或回油管贴近油箱底面	适当增大管径，减少弯头，回油管口应离油箱底面 2 倍管径以上，更换滤心
	6.6 远控口管径选择不当	溢流阀远控口至电磁阀之间的管子通径不宜过大，过大会引起振动	一般管径取 6 mm 较适宜

表 6-6　减压阀常见故障及处理

故障现象	原因分析		消除方法
1. 无二次压力	1.1　主阀故障	主阀芯在全闭位置卡死(如零件精度低),主阀弹簧折断、变形,阻尼孔堵塞	修理、更换零件和弹簧,过滤或更换油液
	1.2　无油源	未向减压阀供油	检查油路消除故障
2. 不起减压作用	2.1　使用错误	①螺塞未拧开;②泄油管细长弯多阻力大;③泄油管与主回油管道相连,回油背压太大;④泄油通道堵塞、不通	①将螺塞拧开;②更换符合要求的管子;③泄油管必须与回油管道分开,单独流回油箱;④清洗泄油通道
	2.2　主阀故障	主阀芯在全开位置时卡死(如零件精度低、油液过脏等)	修理、更换零件,检查油质或换油
	2.3　锥阀故障	调压弹簧太硬,弯曲并卡住不动	更换弹簧
3. 二次压力不稳定	主阀故障	①主阀芯与阀体几何精度差,工作时不灵敏;②主阀弹簧太弱、变形使阀芯移动困难或卡住;③阻尼小孔时堵时通	①检修,使其动作灵活;②更换弹簧;③清洗阻尼小孔
4. 二次压力不升高	4.1　外泄漏	①顶盖结合面漏油,其原因如:密封件老化失效,螺钉松动或拧紧力矩不均;②各丝堵处有漏油	①更换密封件,紧固螺钉,并保证力矩均匀;②紧固并消除外漏
	4.2　锥阀故障	①锥阀与阀座接触不良;②调压弹簧太弱	①修理或更换;②更换

表 6-7　顺序阀常见故障及处理

故障现象	原因分析	消除方法
1. 始终出油,不起顺序阀作用	①阀芯在打开位置上卡死(如几何精度差,间隙太小,弹簧弯曲、断裂,油液太脏);②单向阀在打开位置上卡死(如几何精度差,间隙太小,弹簧弯曲、断裂,油液太脏);③单向阀密封不良(如几何精度差);④调压弹簧断裂;⑤调压弹簧漏装;⑥未装锥阀或钢球	①修理,使配合间隙达到要求,并使阀芯移动灵活,检查油质,若不符合要求应过滤或更换,更换弹簧;②修理,使配合间隙达到要求,并使单向阀芯移动灵活,检查油质,若不符合要求应过滤或更换,更换弹簧;③修理,使单向阀的密封良好;④更换弹簧;⑤补装弹簧;⑥补装
2. 始终不出油,不起顺序阀作用	①阀芯在关闭位置卡死(如几何精度差、弹簧弯曲、油脏);②控制油液流动不畅通(如阻尼孔堵死或远控管道被压扁堵死);③远控压力不足或下端盖结合处漏油严重;④通向调压阀油路的阻尼孔堵死;⑤泄油管道背压太高使滑阀不能移动;⑥调节弹簧太硬或压力调太高	①修理,使滑阀移动灵活,更换弹簧,过滤或更换油液;②清洗或更换管道,过滤或更换油液;③提高控制压力,拧紧端盖螺钉并使之受力均匀;④清洗;⑤泄油管道不能接在回油管道上,应单独接回油箱;⑥更换弹簧,适当调整压力
3. 调定压力值不符合要求	①调压弹簧调整不当;②调压弹簧侧向变形,最高压力调不上去;③滑阀卡死,移动困难	①重新调整所需要的压力;②更换弹簧;③检查滑阀的配合间隙,修配,使滑阀移动灵活,过滤或更换油液
4. 振动与噪声	①回油阻力(背压)太高;②油温过高	①降低回油阻力;②控制油温在规定范围内
5. 单向顺序阀反向不能回油	单向阀卡死打不开	检修单向阀

表 6-8　系统噪声、振动大的消除方法

故障现象及原因	消除方法
1. 泵中噪声、振动，引起管路、油箱共振	①在泵的进、出油口用软管连接；②泵不要装在油箱上，应将电动机和泵单独装在底座上，和油箱分开；③加大液压泵，降低电动机转数；④在泵的底座和油箱下面塞进防振材料；⑤选择低噪声泵，采用立式电动机将液压泵浸在油液中
2. 阀弹簧所引起的系统共振	①改变弹簧的安装位置；②改变弹簧的刚度；③把溢流阀改成外部泄油形式；④采用遥控的溢流阀；⑤完全排出回路中的空气；⑥改变管道的长短、粗细、材质、厚度等；⑦增加管夹使管道不致振动；⑧在管道的某一部位装上节流阀
3. 空气进入液压缸引起的振动	①很好地排出空气；②在液压缸活塞、密封衬垫上涂二硫化钼润滑脂即可
4. 管道内油流激烈流动的噪声	①加粗管道，使流速控制在允许范围内；②少用弯头，多采用曲率小的弯管；③采用胶管；④油流紊乱处不采用直角弯头或三通；⑤采用消声器、蓄能器等
5. 油箱有共鸣声	①增厚箱板；②在侧板、底板上增设筋板；③改变回油管末端形状或位置
6. 阀换向产生的冲击噪声	①降低电液阀换向的控制压力；②在控制管路或回油管路上增设节流阀；③选用带先导卸荷功能的元件；④采用电气控制方法，使两个以上的阀不能同时换向
7. 溢流阀、卸荷阀、液控单向阀、平衡阀等阀不良使管道振动、产生噪声	①适当处装上节流阀；②改变外泄形式；③对回路进行改造；④增设管夹

表 6-9　系统压力不正常、冲击大的消除方法

故障现象及原因		消除方法
1. 压力不足	溢流阀旁通阀损坏	修理或更换
	减压阀设定值太低	重新设定
	集成通道块设计有误	重新设计
	减压阀损坏	修理或更换
	泵、马达或缸损坏，内泄大	修理或更换
2. 压力不稳定	油中混有空气	堵漏、加油、排气
	溢流阀磨损、弹簧刚性差	修理或更换
	油液污染、堵塞阀阻尼孔	清洗、换油
	蓄能器或充气阀失效	修理或更换
	泵、马达或缸磨损	修理或更换
3. 压力过高	减压阀、溢流阀或卸荷阀设定值不对	重新设定
	变量机构不工作	修理或更换
	减压阀、溢流阀或卸荷阀堵塞或损坏	清洗或更换

故障现象及原因		消除方法
4. 换向时产生冲击	换向时瞬时关闭、开启，造成动能或势能相互转换时产生的液压冲击	①延长换向时间；②设计带缓冲的阀芯；③加粗管径、缩短管路
5. 缸运动中突然制动产生液压冲击	液压缸运动时，具有很大的动量和惯性，突然被制动，引起较大的压力增值，故产生液压冲击	①液压缸进出油口处分别设置反应快、灵敏度高的小型安全阀；②在满足驱动力时尽量减小系统工作压力，或适当提高系统背压；③液压缸附近安装囊式蓄能器
6. 缸到终点产生液压冲击	液压缸运动时产生很大的动量和惯性，活塞与缸体发生碰撞，引起冲击	①液压缸两端设缓冲装置；②液压缸进出油口处分别设置灵敏度高的小型溢流阀；③设置行程（开关）阀

表 6-10　系统动作不正常、油温过高的消除方法

系统动作不正常

	故障现象及原因	消除方法
1. 系统压力正常但执行元件无动作	电磁阀中电磁铁有故障	排除或更换
	限位或顺序装置(机械式、电气式或液动式)不工作或调得不对	调整、修复或更换
	机械故障	排除
	没有指令信号	查找、修复
	放大器不工作或调得不对	调整、修复或更换
	阀不工作	调整、修复或更换
	缸或马达损坏	修复或更换
2. 执行元件动作太慢	泵输出流量不足或系统泄漏量太大	检查、修复或更换
	油液黏度太高或太低	检查、调整或更换
	阀的控制压力不够或阀内阻尼孔堵塞	清洗、调整
	外负载过大	检查、调整
	放大器失灵或调得不对	调整修复或更换
	阀芯卡涩	清洗、过滤或换油
	缸或马达磨损严重	修理或更换
3. 动作不规则	压力不正常	见表 6-3 之 1 和 2
	油中混有空气	加油、排气
	指令信号不稳定	查找、修复
	放大器失灵或调得不对	调整、修复或更换
	传感器反馈失灵	修理或更换
	阀芯卡涩	清洗、滤油
	缸或马达磨损或损坏	修理或更换

系统油温过高

	故障原因	消除方法
1	设定压力过高	适当调整压力
2	溢流阀、卸荷阀、压力继电器等卸荷回路元件工作不良	改正各元件工作不正常状况
3	卸荷回路元件调定值不适当,卸压时间短	重新调定,延长卸压时间
4	阀的漏损大,卸荷时间短	修理漏损大的阀,考虑采用大规格阀
5	高压小流量、低压大流量时不要由溢流阀溢流	变更回路,采用卸荷阀、变量泵
6	因黏度低或泵故障使泵内漏增大,泵壳温度升高	换油、修理、更换液压泵
7	油箱内油量不足	加油,加大油箱
8	油箱结构不合理	改进结构,使油箱周围温升均匀
9	蓄能器容量不足或故障	更换或修理蓄能器
10	未安装冷却器,冷却器容量不足,冷却器有故障,进水阀门工作不良,水量不足,油温自动调节装置有故障	安装冷却器,加大冷却器容量,修理冷却器和阀门,增加水量,修理调温装置
11	溢流阀遥控口节流过量,卸荷的剩余压力高	进行适当调整
12	管路的阻力大	采用适当的管径
13	附近热源影响,辐射热大	采用隔热材料反射板或变更布置场所;设置通风、冷却装置等,选用合适的工作油液

3. 液压压力机液压系统原理

委托方采用的是 YB32－200 型液压压力机,其液压系统原理如图 6-1 所示。

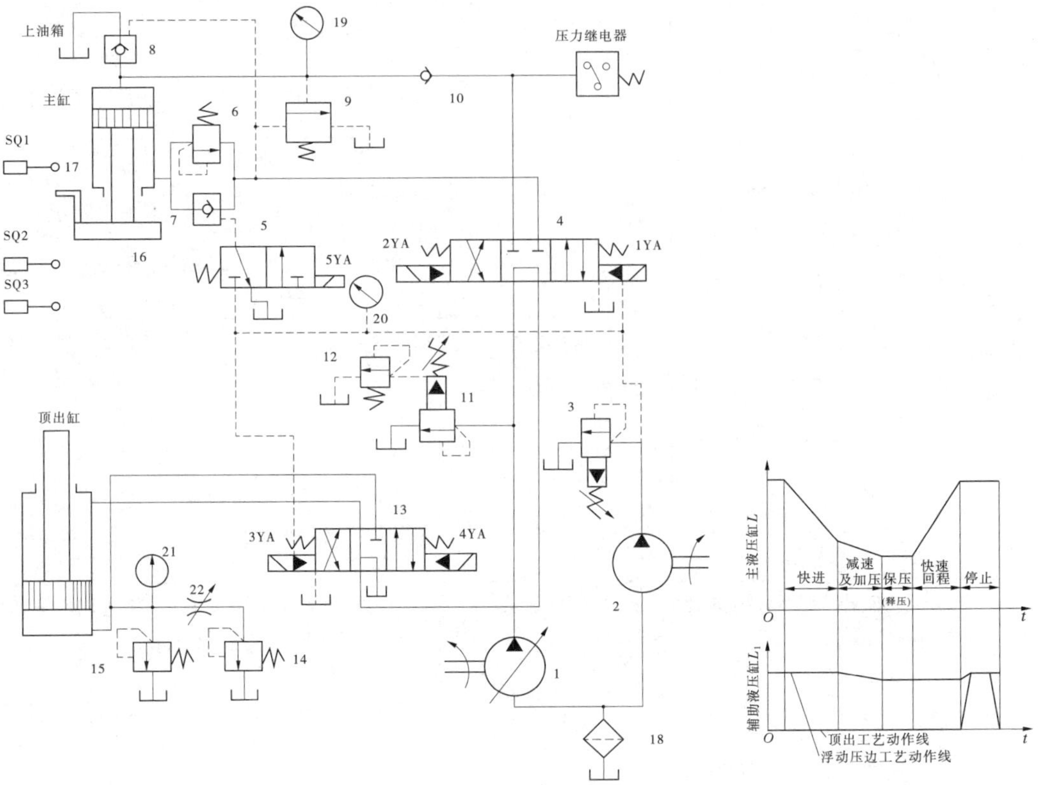

1—变量泵;2—定量泵;3、9、11、12、14、15—安全溢流阀;4、5、13—电磁换向阀;6—平衡阀;7、8—液控单向阀;10—单向阀;16—滑块;17—挡铁;18—滤油器;19、20、21—压力表;22—节流阀

图 6-1　YB32－200 型液压压力机液压系统原理图

液压压力机是一种用液压传动系统提供的静压力对金属、塑料、橡胶、粉末制品等进行压力加工的机械设备,可以用来完成调直、压装、冷冲压、冷挤压和弯曲等各种锻压及加压成型加工,是最早应用液压传动技术的机械之一。液压压力机液压系统是用于机器的主传动,这种液压系统通常具有如下要求:

(1)液压系统中压力要能经常实现加压、保压延时及泄压等压力变换和调节,并能产生较大的压力(吨位),以满足工况要求。

(2)空程时速度快,加压时推力大,因而系统功率大,且要求功率利用率高。

(3)空程与压制时,其速度与压力相差甚大,液压系统加压时,压力能缓慢或急剧上升,产生大推力,到最大负载点,保持恒定或急剧下降,应该特别注意如何提高系统效率和防止液压冲击。

液压压力机的类型很多,其中四柱式液压压力机是最为典型的机型,应用也最为广泛。这种液压压力机在它的四个立柱上安置着上、下两个液压缸,液压压力机对液压系统主要完成如图 6-1 所示的液压压力机典型工艺循环。

主机动作要求:液压压力机根据其工作循环要求有快进、减速接近工件、加压、保压延时、泄压、快速回程及保持停留在行程的任意位置等基本动作,同时需要顶料缸活塞前进、停止和退回等配合动作。若对薄板进行拉伸,还要求有液压垫上升、停止和压力回程等辅助动作,有时还需用压边缸将料压紧。现以一般定压成型压制工艺为例,说明该液压压力机液压系统的工作原理。

1)主缸运动

(1)快速下行:按下启动按钮,电磁铁1YA、5YA通电,电磁换向阀4、电磁换向阀5切换至右位,泵2的控制油经阀5打开液控单向阀7,使主缸下腔的油液经阀7、4、13较小阻力地直通油箱;主泵1的出油经电液阀4顶开单向阀10进入主缸上腔。

进油路:泵1→电液阀4右位→单向阀10→主缸上腔;

回油路:主缸下腔→阀7→电液阀4右位→阀13中位→油箱。

另外,因回油通道畅通,主缸滑块16在自重作用下快速下降,主缸上腔出现微弱真空,上油箱油液顶开单向阀8大流量地补进主缸。

(2)减速接近:当滑块16上的挡铁17压下行程开关SQ2时,5YA断电,电磁阀5处于常态(左位),阀7关闭,主缸下腔油液要具备一定的背压才能打开平衡阀6经电液阀4和阀13流回油箱,在背压的作用下滑块16开始减速并以缓慢的速度接近工件。

(3)慢速加压:当滑块16接触工件后,阻力急剧增加,主缸上腔油压进一步升高,变量泵1的排油量自动减少,主缸活塞速度减慢。

(4)保压:当主缸上腔的压力达到预定值时,压力继电器发出信号,使电磁铁1YA断电,电液阀4回复中位。泵1经电液阀4中位、阀13中位卸荷。用单向阀10实现保压,保压时间由时间继电器设定(图中未给出)。

(5)卸压回程:时间继电器发出信号,使电磁铁2YA通电,电液阀4处于左位,接通回程油路,主缸下腔进压力油。此时主缸上腔油压很高,为防止高压油回流时产生冲击飞溅,必须先采用小流量卸压,使主缸上腔油压降低后才能快速回程。卸压前,主缸上腔没有通路,缸不动,主缸下腔压力上升,打开液控单向阀8中的小卸荷阀芯,上腔高压油经卸荷阀芯的开口处泄回上油箱。

快速回程:主缸上腔压力油压力逐渐减小,液控单向阀8的阀芯开口量也逐渐减小,阀8两端压力差逐渐变大,推开阀8的主阀芯,主缸油液通过阀8回到上油箱,主缸快速回程。

(6)停止:随着滑块上移,挡铁17推动行程开关SQ1,电磁铁2YA断电,各阀恢复常态,主缸停止运动。此时变量泵1在卸荷状态下继续运转,油路为:泵1→电液阀4中位→阀13中位→油箱。

表6-11为该液压系统的电磁铁动作顺序表。

2)顶出缸运动

(1)顶出:按下启动按钮,3YA通电,电液阀13切换至左位。压力油路:泵1→电液阀4中位→阀13左位→顶出缸下腔。上腔油液经阀13回油箱,顶出缸活塞上移。

(2)退回:3YA断电,4YA通电,电液阀13切换至右位,顶出缸上腔进油、下腔回油、活塞下降。

表 6-11 电磁铁动作顺序表

电磁铁		1YA	2YA	3YA	4YA	5YA
主缸运动	快速下行	+	−	−	−	+
	减速接近	+	−	−	−	−
	慢速加压	+	−	−	−	−
	保压	−	−	−	−	−
	泄压回程	−	+	−	−	−
	停止	−	−	−	−	−
顶出缸运动	顶出	−	−	+	−	−
	退回	−	−	−	+	−
	压边	+	−	−	−	±

注:表中“+”表示电磁铁通电,“−”表示断电,“±”表示原来通电至此断电。

3)其他运动要求

(1)压边运动:有压边要求时,顶出缸在主缸下滑前应处于上位,电磁换向阀 13 处于中位,顶出缸随主缸下压一起运动,顶出缸下腔回油经节流阀 22 和安全溢流阀 14 流回油箱,从而建立起所需的压边力,压边力的大小由阀 14 和阀 15 配合整定。其中阀 15 主要起安全保护作用。

(2)图 6-1 中阀 3、9、11、12 作为安全溢流阀使用,其具体的保护原理参看压力控制阀自行练习分析;电磁换向阀 4 和阀 13 互锁保证主缸和顶出缸的动作协调,即只有电磁换向阀 4 处于中位,主缸不工作时,液压油才能经阀 13 进入顶出缸使之上下运动。

4)YA32－200 型液压压力机液压系统的特点

(1)采用高压大流量恒功率变量泵供油,既符合工艺要求,又节省能源。

(2)采用顶置充液油箱解决主缸快速下行所需的特大流量,大大地减少了对主泵输出流量的要求,既提高了系统效率、降低了系统油温,又降低了系统元件成本。

(3)系统利用管道和油液的弹性变形来实现保压,方法简单,但对液控单向阀 8 和 10 以及管道的密封性能要求较高。

(4)液压压力机上、下两缸的动作协调由两个电磁换向阀 4 和 13 互锁来保证。

(5)采用变量泵 1 作为主动力源、定量泵 2 作为控制动力源,即主系统和控制系统分离的方案,避免了因系统干扰的误动作。

(6)在系统的总体布置上,为了检修方便,只有液控单向阀 8 浸泡于油中与上油箱一起置于液压压力机的顶部,其余控制元件和液压泵一起布置于压力机后部的下油箱上。

4. 液压压力机卸压振动噪声故障诊断处理

1)故障现象

在液压压力机从保压阶段转为回程工况时,系统振动并发出噪声。

2)故障分析处理

在液压压力机卸压工况刚刚开始时,主缸上腔从高压突然变为低压,会产生液压冲击,使系统振动并发出噪声。因此,在液压压力机从保压阶段转为回程工况时,要先小流量卸压,让压力的下降有一个过渡过程之后,再大流量回油,以避免振动和噪声。这个任务由液控单向阀 8 来完成。液控单向阀 8 的阀芯设计有一个卸荷小阀,当保压时间到时,时间继电器发出信号 2YA 得电、电磁换向阀 4 左位，主缸下腔进压力油；因上腔没有通路，主缸不动、系统压力上升，打开液控单向阀 8 上的卸荷阀芯，主缸上腔高压油经卸荷阀芯的开口处泄回上油箱使压力逐步下降，主缸缓缓提升；当主缸上腔压力降到一定程度时，液控单向阀 8 的主阀被打开，主缸快速提升，上腔油液经液控单向阀 8 返回上油箱。

由上述分析可知，在液压压力机从保压阶段转为回程工况时，系统振动并发出噪声的故障原因液控出自液控单向阀 8 上的卸荷小阀，通常是有异物卡死，拆检液控单向修复即可。

5. 液压压力机液压系统压力不足故障诊断处理

1）故障现象

用液压压力机进行工件压制时，系统压力不足，仅达到调定压力的 70% 左右，各部分运行正常。

2）故障原因分析处理

采取“操作性先易后难，可能性先高后低”的原则逐个排查。

（1）油箱缺油。检查并确保上下油箱均达正常油位。

（2）各个元件内漏严重，尤其是与主缸上腔相连的阀 8、4、11、12 的内漏和主泵 1 的内漏。因液控单向阀 8 高高在上并浸泡于油中，不便检查；泵的故障概率较低且检查处理困难；故先检查其余 3 个阀。检查处理的步骤如下：①应该注意到，因发生故障时压力不足，总是无法进入保压阶段。可以在加压阶段拆开阀 11 和 13 的回油管接头，观察出油量，应该有很小的出油，如果阀 11 出油量较大，则应停机并拆检阀 11、12；如果阀 13 出油量较大，则应停机并拆检阀 4；在确认阀 4、11、12 正常后，如果故障还存在，则执行下一步。②拆开阀 4 与主缸上腔的连接油管，在油泵来油出口装上压力表，启动试压，如果压力仍然不足，则需拆检主泵 1，在确认主泵 1 正常后，如果故障还存在，则执行下一步。③拆检液控单向阀 8 直至故障消除。

6. 液压压力机液压系统压力时高时低故障诊断处理

1）故障现象

用液压压力机进行工件压制时，系统压力时高时低，各部分运行正常。

2）故障分析处理

（1）油箱缺油。检查并确保上下油箱均达正常油位。

（2）其他。应该注意到，故障是在压制阶段发生的，虽然从前面分析知系统压力低的原因是各个元件内漏严重，对于老机器更是如此。但是，系统压力有时又高，内漏一般不会时多时少。像这种情况，原因通常是各个元件内漏比较严重，系统压力上升缓慢，但是，通过一段时间还是可以升到调定值的。这里就有一个升压的时间问题，升压时间长压力就高，反之压力就低。

在压制阶段与时间有关的应该是时间继电器，更换合格的时间继电器，故障应该消除。如果更换合格的时间继电器后系统压力时高时低故障虽然消除，但是系统压力达不到调定值，可以调长压制时间，其数值为升压时间加保压时间。

6.1.2.2　制订液压压力机液压系统故障诊排工作计划

1. 情景描述

在与客户进行会谈之后，你受委托要为陈班长制订一份初步处理问题的路线图，包括参与该项工作的人员要求、时间进度要求、完成后的具体技术参数等。

2. 工作目标要求

制订出要求说明书，需考虑应有相关要求的目录；通过咨询师傅或进一步询问客户，填补缺失的信息；制订出在技术和经济方面有所区别的各种备选方案；制订一份包括不同备选方案的报价单。

3. 制订初步工作方案

请你制订初步处理问题的路线图，其中应包括不同的备选方案（在技术和经济方面）、参与该项工作的人员要求、时间进度要求、完成后的具体技术参数等，注意编写要求说明，并对客户做一次展示。

1）初步故障解决路线图

（1）成立故障处理工作组。工作组成员共有 6 人：委托方派组长 1 名（建议陈班长担任）、机械维修师傅 2 名、电气维修工 1 名，服务公司派技术型副组长 1 名、技术员 1 名。

（2）为加快问题解决速度，工作组采取现场观察、分析、处理的工作模式。根据服务公司以往的经验，估计问题的解决需耗时 3 天。

（3）要求委托方提前准备的事项。设备的使用说明书及相关技术资料、修理钳工台 1 台、必备的机修工具 2 套、必备的电气维修工具 1 套、液压油容器 1 套（应该能装下全部设备的液压油）、吸油抹布和木糠若干（以确保工作过程中能随时清洁现场）、试机用样件毛坯若干，并确保供电和照明正常。

（4）如果要求更快处理问题就需要加班。估计连续不间断工作，有 24 h 可以解决问题，但是工作组成员需要委托方增加 1 名仓库保管员，以便随时申领需要更换的备件。

（5）确保储备有足够的设备易损件。有必要提请委托方注意，如果觉得厂里的设备易损件（如密封件、电磁阀线圈和时间继电器等）准备不足，工作组就要增加配件采购员及其交通工具。

2）报价

（1）按预算 3 天完成的方案服务公司收费。①1 名工程师：3 天 ×600 元（单价）= 1 800 元；②1 名技术员：3 天 ×500 元（单价）= 1 500 元；③人工服务费 = a + b = 3 300 元。上述报价已含 17% 的增值税。

（2）按连续 24 h 不间断的方案服务公司收费。服务公司在上述收费的基础上，要加收加班费 600 元。

6.1.2.3 作出液压压力机液压系统故障诊排方案决策

1. 情景描述

在计划阶段结束以后，向客户介绍分析处理方案，包括故障的各种可能性原因及其排查方法、处理方案。客户在做决定时，为其提供帮助和支持。

2. 工作目标要求

决定采用某个方案，并且应用评价标准；准备并进行阶段性展示，然后进行总结；制订需求清单。

3. 确定工作路线图

作为服务公司的技术员，在师傅的指导下完成了初步故障解决路线图，并通过投影向客户演示讲解。然后，通过与客户的沟通交流，确定采用连续24 h不间断工作方案。另外，委托方没有把握确保储备有足够的备件，而且也不能保证现有试件毛坯能满足试机需要，提出增加1名毛坯下料工。另外，通知后勤准备夜宵、早餐及工作餐送到车间。

根据上述工作结果，在师傅的指导下，制订了附有工作路线图和准备工作清单的协议书。

1）某公司技术服务协议

（略）

2）工作路线图

（1）成立故障处理工作组。工作组成员共有9人：委托方派组长1名（建议由陈班长担任）、机械维修师傅2名、电气维修工1名、仓库保管员1名、配件采购员1名并准备短途交通工具、毛坯下料工1名，服务公司派技术型副组长1名、技术员1名。

（2）工作模式和方案。为加快问题解决速度，工作组采取现场观察、分析、处理的工作模式，连续24 h不间断工作方案，确保24 h内完成项目，设备正常投入生产。

3）准备工作清单

清单主要内容：要求委托方提前准备的事项。设备的使用说明书及相关技术资料、修理钳工台1台、必备的机修工具2套、必备的电气维修工具1套、液压油容器1套（应该能装下全部设备的液压油）、吸油抹布和木糠若干（以确保工作过程中能随时清洁现场）、试机用样件毛坯若干、试件所需板料若干，配件采购员及短途交通工具，并确保供电和照明正常。

6.1.2.4　实施液压压力机液压系统故障诊排工作计划

1. 情景描述

陈班长与公司签订了合作协议，并约定当天20:00工作组全体成员到达现场正式开展工作。签订合作协议后，小李在吃饭前抓紧完成了工作计划制订。

2. 工作目标要求

整理出分析处理故障所需要的全部资料，包含技术文献、往来信函、检查清单和会谈记录等；遵循各种工作过程及业务流程；考虑劳动保护、事故防范等方面问题。

3. 确订工作计划并实施

工作方法是根据液压系统原理进行逻辑分析或采用因果分析等方法逐一排除，最后找出发生故障的部位，也就是用逻辑分析的方法查找出故障。

小李和师傅餐后按时赶到制造厂工作现场，委托方修理班全体人员及其他人员早已到达现场并做好了相关准备工作。

小李和师傅在现场又咨询了其他师傅。根据委托方修理班介绍，该设备已经过6天的抢修，液压系统基本正常，但工件就是达不到图纸要求。于是，小李指导修理班在设备工作台上垫一小块废钢板，施行空机试压（无工件直接压制），发现系统压力为22.5 MPa，比系统额定压力低9.5 MPa，仅达到调定压力的70%左右，初步判断是系统压力不足或不正常造成的故障。据此，小李和师傅基于图6-1，参考表6-9（系统压力不正常、冲击大的消除方法）、6.1.2.1之5（液压压力机液压系统压力不足故障诊断处理）、6.1.2.1之6（液压压力机液压系统压力时高时低故障诊断处理）进行分析，在师傅指导下按“液压压力机液压系统压力不足故障诊断处理”设计了逻辑流程图，并按设计好的逻辑流程图逐一进行排查。

1)液压压力机液压系统压力不足故障分析处理逻辑流程图

图6-2所示为故障分析处理逻辑流程图。

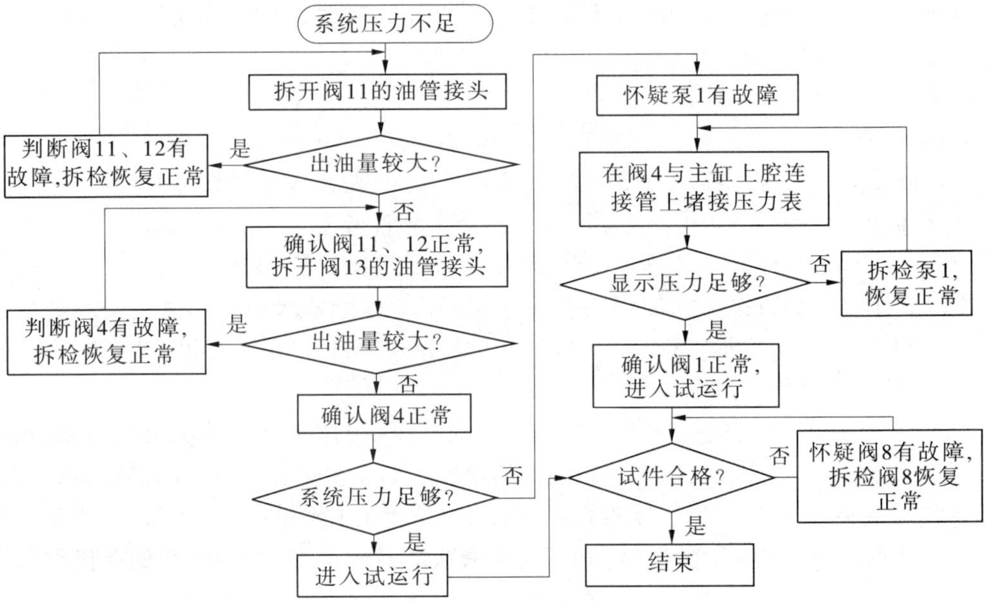

图6-2 故障分析处理逻辑流程图

2)检查处理过程

(1)排查控制阀4、11、12。在加压阶段拆开阀11和13的回油管接头,观察出油量:阀11仅有很小的出油,说明阀11、12正常;阀13出油量偏大,于是停机并拆检阀4,并处理使阀13出油量变小;至此,确认阀4、11、12正常,可以执行下一步。

(2)再次施行空机试压。虽然系统压力达到28 MPa,但压力仍然不足。

(3)排查液控单向阀8。爬上设备顶部,观察上油箱油面,发现在系统加压时油面严重波动,好像有动物在油箱里翻滚一样,判断是单向阀内漏。于是,卸去上油箱的液压油,拆检单向阀8,发现密封圈已损坏,更换密封圈后给上油箱加油,空机试压,系统压力达到额定值。

至此,基本可以判断问题解决了,故障原因为电磁换向阀13和液控单向阀8内漏所致。此时,已是次日10:00,陈师傅满怀信心地催促马上实施试运行。

6.1.2.5 检查控制液压压力机液压系统故障诊排效果

1.情景描述

将该设备试运行,试压钢梁合格后,交付陈班长并签字确认。师傅让你为上述任务做好准备,而且要以合适的方式记录相关结果。陈班长所在单位为确保此后生产正常进行,打算与公司签订液压设备维修保养合同。

2.工作目标要求

制订出试运行方案;项目完成交付表;准备后续服务合同。

3. 制订设备试运行方案,完成交付手续

在修理工给上油箱加液压油的时候,小李抓紧时间制订了试运行方案:安装模具,装上试件毛坯并确认可靠固定,启动设备按操作规程试行压制工件:快进、减速接近工件、加压、保压延时、泄压、快速回程、保持停留,然后顶料缸活塞伸出将试件顶出、随即退回,取工件检查是否合格。在整个试运行过程中要注意观察系统压力,尤其是加压和保压延时这两阶段的系统压力变化。

试运行过程基本正常,加压和保压延时这两阶段的系统压力达到额定值。但是,试件并没有达到图纸要求,主要是U形槽的两个折弯角大于90°。分析判断为保压时间不够,于是调整时间继电器,故意加长保压时间;再试压制第二试件,试件折弯角还是大于90°,此间观察发现保压时间还是很短。判断为时间继电器故障,但是厂里仓库没有储备相应的时间继电器,于是请采购员拿着原时间继电器到市场上紧急购买。2 h后将新购买的时间继电器装上,第三次试行压制工件,检验试件合格。至此,故障完全排除,陈班长高兴地在项目完成书上签字。此时时钟已指向16:00,完成整个项目耗时20个小时,提前了4个小时。

陈班长当即把设备可以正常投入生产的情况报告厂领导,领导非常高兴,提出马上通知车间加班投入生产,把耽误的时间夺回来,并指示为确保类似设备故障较长时间影响生产,希望与服务公司签订长期合作协议。师傅请小李完成向客户移交设备的相关资料等准备工作,并且起草一份液压设备维修保养合同。

6.1.2.6 归纳评价液压压力机液压系统故障诊排工作过程

1. 情景描述

在全部工作结束以后,你要对整个工作过程和工作成果进行评价。陈班长还希望针对以后的委托提出优化建议。

2. 工作目标要求

利用评价表进行自我评价;评价工作过程和工作成果。

3. 评价性小结及改进建议

1)评价性小结

项目推进顺利,还提前1/6时间完成任务,得益于事先准备了足够的技术资料,正确制订了故障处理路线图,各组成员按时到位并通力合作,下面做简要总结:

(1)认真听取了客户的诉求和前期故障分析处理的介绍,充分准备了相关技术资料,拟订了切实可行的多个工作方案供客户参考,并据此制订了包括有人员、物资、技术资料及时间进度等详细要求的故障处理路线图,并依此逐步推进。

(2)在到达现场再次咨询客户充分了解情况后,及时制订了故障分析处理逻辑框图。

(3)在实施故障分析处理过程中,基本执行原制订的逻辑框图,各项工作顺利推进。

(4)工作组各组成员责任心强,故障排查工作一直没有停顿,连吃饭和休息都是根据工作进程轮岗进行的。

(5)唯一欠缺的是,没有在排查控制阀4、11、12的同时,安排人手观察上油箱;另外,也没有严格观察记录保压时间,致使耽误不少时间。如果注意到这两点,将会提前更多时间完成任务。

2）本次任务执行评价

师傅拿出COMET评分表，对小李的工作过程按8个模块40个观测点逐一打分。详见表6-12。

表6-12　职业能力测评评分表

测试任务	液压压力机压出的钢梁不合格故障分析与处理					
编码		评分人姓名		日期		
能力模块	序号	评分项说明	完全不符合	基本不符合	基本符合	完全符合
1. 直观性展示	1	对委托方来说，解决方案的表述是否容易理解？			2	
	2	对专业人员来说，是否恰当地描述了解决方案？				2.5
	3	是否直观形象地说明了任务的解决方案？（如用图表或图画）				2.5
	4	解决方案的层次结构是否分明？描述解决方案的条理是否清晰？			2	
	5	解决方案是否与专业规范或技术标准相符合？（从理论、实践、制图、数学和语言方面）			2	
2. 功能性	6	解决方案是否满足功能性要求？				2.5
	7	是否达到“技术先进水平”？			2	
	8	解决方案是否可以实施？				2.5
	9	是否（从职业活动的角度）说明了理由？				2.5
	10	表述的解决方案是否正确？				2.5
3. 使用价值导向	11	解决方案是否提供方便的保养和维修？			2	
	12	解决方案是否考虑到功能扩展的可能性？			2	
	13	解决方案中是否考虑到如何避免干扰并说明了理由？			2	
	14	对于使用者来说，解决方案是否方便、易于使用？				2.5
	15	对于委托方（客户）来说，解决方案（如设备）是否具有使用价值？				2.5
4. 经济性	16	实施解决方案的成本是否较低？			2	
	17	时间与人员配置是否满足实施方案的要求？				2.5
	18	是否考虑到企业投入与收益之间的关系并说明理由？				2.5
	19	是否考虑到后续成本并说明理由？			2	
	20	是否考虑到实施方案的过程（工作过程）的效率？			2	
5. 工作过程导向	21	解决方案是否适应企业的生产流程和组织架构（包括自己的企业和客户）？				2.5
	22	解决方案是否以工作过程知识为基础？（而不仅是书本知识）				2.5
	23	是否考虑到上游和下游的生产流程并说明理由？			2	
	24	解决方案是否反映出与职业典型的工作过程相关的能力？				2.5
	25	解决方案中是否考虑到超出本职业工作范围的内容？			2	

续表6-12

测试任务		液压压力机压出的钢梁不合格故障分析与处理				
编码		评分人姓名	日期			
能力模块	序号	评分项说明	完全不符合	基本不符合	基本符合	完全符合
6. 社会接受度	26	解决方案在多大程度上考虑到人性化的工作设计和组织设计方面的可能?			2	
	27	是否考虑到健康保护方面的内容并说明理由?			2	
	28	是否考虑到人体工程学方面的要求并说明理由?			2	
	29	是否注意到工作安全和事故防范方面的规定与准则?		1		
	30	解决方案在多大程度上考虑到对社会造成的影响?				2.5
7. 环保性	31	是否考虑到环境保护方面的相关规定并说明理由?				2.5
	32	解决方案中是否考虑到所用材料是否符合环境可持续发展的要求?				2.5
	33	解决方案在多大程度上考虑到环境友好的工作设计?				2.5
	34	是否考虑到废物的回收和再利用并说明理由?			2	
	35	是否考虑到节能和能量效率的控制?		1		
8. 创新性	36	解决方案是否包含特别的和有意思的想法?		1		
	37	是否形成一个既有新意同时又有意义的解决方案?		1		
	38	解决方案是否具有创新性?		1		
	39	解决方案是否显示出对问题的敏感性?			2	
	40	解决方案中,是否充分利用了任务所提供的设计(创新)空间?			2	
小计			0	5	36	42.5
合计			83.5			

从表6-12中可以看出,总分83.5分,综合职业能力达到中上水平。其中,8个模块得分分别为11、12、11、11、11.5、9.5、10.5、7。第8创新性模块得分最低,仅为7分,具体表现是完全按照6.1.2.1介绍的普遍方法安排工作程序的,没有根据具体情况创新性地调整工作程序。另外,在成本控制方面分析不够详细,在安全防范和人性化方面也没有引起足够重视。

任务6.2 汽车起重机液压系统故障诊断排除

6.2.1 任务书

1. 学习目的

培养学生学会根据液压系统故障现象分析故障原因,结合液压系统原理图快速查找故障点。熟练掌握中等复杂液压系统故障的分析与处理。同时,通过采用 COMET 能力模型对学生提出要求,培养学生的综合职业能力。

2. 学习设备和器材

全液压汽车起重机不少于1台及常用修理工具1套。

3. 具体任务

全液压汽车起重机不能正常工作故障分析处理。

1)情景描述

修理班长陈先生找到公司求助,反映该单位的1台全液压汽车起重机不能正常工作,该起重机已经多次维修,因已非单一故障,本单位维修班已无能力解决问题,严重影响全厂生产。

2)工作目标

机型:QY -8 型全液压汽车起重机;参数:系统压力 21 MPa。

3)工作任务

需要制订一份完整而详细的解决方案,并对其进行全面而细致的说明。如果还有附加问题需要询问顾客或者自己的师傅,请把这些问题整理成一份提纲,以便面谈时进行沟通和协调。

4)参考资料

解决该故障时,可以使用所有的常见资料,例如教材、维修手册、相关计算机应用软件、个人笔记、专用工具等。

4. 学习过程

(1)把学生分组,每组发一份系统原理图并分时限时上机实训。

(2)教师设置好故障点后,给学生布置任务,注意强调本任务采用 COMET 能力模型按大学二年级学生到技术服务企业实习的要求进行学习。

(3)教师介绍 COMET 能力模型,包括8个二级能力模块和40个观测点。

(4)分析处理故障时,要求学生按 COMET 行动维度的6个步骤进行。

5. 学习报告

学习报告应包含以下内容:

(1)系统原理图,系统的工作原理和工作参数要求。

(2)系统出现的故障现象。

(3)分析故障原因及提出解决的措施。

(4)排除故障的方法过程及遇到的其他问题和解决方法。

6.2.2　项目任务学习过程

学习任务的总步骤按 COMET 能力模型行动维度的获取信息、制订计划、作出决策、实施计划、检查控制、总结评价等 6 个步骤进行。基于 COMET 能力模型行动维度的学习总体框架如表 6-13 所示。

表 6-13　基于 COMET 能力模型行动维度的学习总体框架

学习题目：全液压汽车起重机液压系统故障诊断与处理				
学习情景		你(小李)作为大学二年级的学生到一家服务公司实习		
行动步骤		情境描述	目标参数	项目任务
0	总任务描述	修理班长陈先生找到公司求助，反映该单位的 1 台全液压汽车起重机不能正常工作：吊臂停留位置不准确、有缓慢下降现象，工作时间长时有软腿现象。该起重机已经多次维修，因已非单一故障，本单位维修班已无能力解决问题，严重影响全厂生产	机型：QY－8 型全液压汽车起重机 参数：系统压力 21 MPa	你需要制订一份完整而详细的解决方案，并对其进行全面而细致的说明。如果你还有附加问题需要询问顾客或者自己的师傅，请你把这些问题整理成一份提纲，以便面谈时进行沟通和协调。解决该故障时，你可以使用所有的常见资料，例如教材、维修手册、相关计算机应用软件、个人笔记、专用工具等
1	获取信息	修理班长陈先生找到公司求助，希望与你公司探讨全液压汽车起重机不能正常工作的解决方案。你的师傅想让你开始接触这类课题，因此让你参与这次会谈。陈先生想请人到他们厂里解决全液压汽车起重机不能正常工作的问题	建立定向的和概括性的知识；制定相关评价标准；准备并且实施与客户的商谈，进行故障分析	【了解任务，准备知识】 你要参加这次与客户之间的商谈。请你在会谈开始前了解有关液压系统，尤其是全液压汽车起重机的基本信息：技术、经济性、环境保护等。请将所有信息按照适宜形式进行整理，并准备进行故障分析(角色扮演)
2	制订计划	在与客户进行会谈之后，你受委托要为陈班长制订一份初步处理问题的路线图，包括参与该项工作的人员要求、时间进度要求、完成后的具体技术参数等	制订要求说明书，需考虑相关要求的目录；通过咨询师傅或进一步询问客户，填补缺失的信息；制订出在技术和经济方面有所区别的各种备选方案；制订一份包括不同备选方案的报价单	【制订初步工作方案，包括人力、时间、报价，注意应准备备选方案】 请你制订初步处理问题的路线图，其中应包括不同的备选方案(在技术和经济方面)，并且编写要求说明。请你为客户预备一份大致的路线图，包括参与该项工作的人员要求、时间进度要求、完成后的具体技术参数等，并做一次展示

续表 6-13

学习题目:全液压汽车起重机液压系统故障诊断与处理				
学习情景		你(小李)作为大学二年级的学生到一家服务公司实习		
行动步骤		情境描述	目标参数	项目任务
3	作出决策	在计划阶段结束以后,向客户介绍分析处理方案,包括故障的各种可能性原因及其排查方法、处理方案。客户在做决定时,为其提供帮助和支持	决定采用某个备选方案,并且应用评价标准;准备并进行阶段性展示,然后进行总结;制订需求清单	请你准备并进行演示。选择合适的演示媒体,帮助客户做出有理由的决定。在客户做出决定以后,进行完成任务的准备工作,制订需求清单。请对工作路线图进行补充完善
4	实施计划	陈班长与公司签订了合作协议。工作路线图制订完成。师傅委托你完成这项任务	整理出安装设施所需要的全部资料,包括技术文献、往来信函、申请、检查清单和会谈记录等;遵循各种工作过程及业务流程;考虑劳动保护、事故防范等方面的问题	【整理项目实施所需资料,实施计划】 携项目成员带上相关技术资料和工具到现场按制订的路线图逐一进行故障原因排查,最后确定故障原因并实施故障处理
5	检查控制	将该设备试运行,试吊标准重物且各项作业动作合格后,交付陈班长并签字确认。为了让你积极参与这方面的工作,师傅让你为上述任务做好准备,而且要以合适的方式记录相关结果。陈班长所在单位为确保此后生产正常进行,打算与公司签订液压设备维修保养合同	制订试运行方案;交付给客户;准备后续服务合同	【制订设备试运行方案,完成交付手续】 请你制订出设备的试运行方案,要注意国家/行业/企业的相关标准和规定。请你完成向客户移交设备的准备工作,并且起草一份液压设备维修保养合同
6	总结评价	在全部工作结束以后,你要对整个工作过程和工作成果进行评价。陈班长还希望针对以后的委托提出优化建议	利用评价表进行自我评价;评价工作过程和工作成果	【评价性小结,提出改进建议】 请评价你的工作过程和工作成果。在评价时,请利用需求清单。你的工作在哪些地方还可以改进?说明理由
备注				

6.2.2.1 获取汽车起重机液压系统故障诊排相关信息

项目任务主要是全液压汽车起重机液压系统故障诊断与处理。为此,首先做好如下知识准备。

1. 汽车起重机液压系统分析

1)汽车起重机液压系统工作原理

汽车起重机液压系统工作原理如图6-3所示。

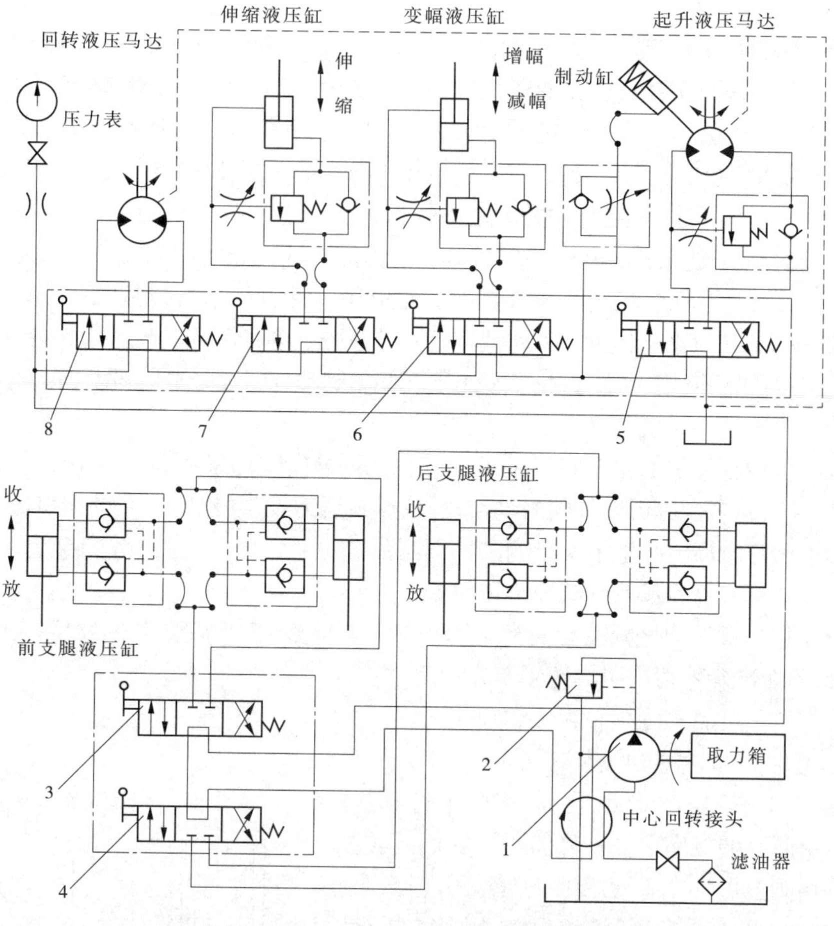

1—定量泵;2—安全溢流阀;3、4—前、后支腿控制阀;5—升降控制阀;
6—变幅控制阀;7—吊臂伸缩控制阀;8—回转控制阀

图6-3　汽车起重机液压系统工作原理

(1)液压泵1直接与发动机后的取力箱连接。液压泵提供的压力油,经三位四通换向阀3和4送给前支腿和后支腿,然后通过中心回转接头送到转台上的工作装置。安全溢流阀2用于限制系统的最高工作压力。

(2)支腿回路。三位四通换向阀3或4接通左位时,压力油经单向阀进入支腿液压缸大腔,活塞杆外伸,将起重台撑起,小腔油液经液控单向阀流回油箱。当三位四通换向阀3或4接通右位时,支腿液压缸收缩。这里每一个缸的出入口都设置有液控单向阀,俗称液压锁,以防因滑阀内漏造成软腿事故。

(3)工作台回转回路。工作台与回转液压马达连接,当三位四通换向阀8左位或右位接通时,压力油进入回转液压马达,马达转动并驱动工作台回转。

(4)吊臂伸缩回路。三位四通换向阀7接通右位,压力油经单向阀进入伸缩油缸大腔,活塞杆外伸,起重臂伸长,小腔油液直接经阀7流回油箱;吊臂液压缸收缩油路与外伸相反。应该注意到,吊臂液压缸大腔的回油需要经过平衡阀限速,以防止吊臂因自重回缩过快造成意外事故。

(5)吊臂俯仰回路。三位四通换向阀6接通右位,压力油经单向阀进入变幅液压缸大腔,活塞杆外伸,起重臂仰起减幅,小腔油液直接经阀7流回油箱;变幅液压缸收缩油路与外伸相反。变幅液压缸大腔的回油需要经过平衡阀限速,以防止吊臂因自重俯下过快造成意外事故。

(6)起升回路。卷扬机与起升液压马达连接,当三位四通换向阀6接通右位时,压力油经单向阀进入起升液压马达,马达转动并驱动卷扬机回转,把重物吊升;当三位四通换向阀6接通左位时,起升液压马达反转,重物下降。同理,吊臂液压缸大腔的回油需要经过平衡阀限速,以防止起吊物因自重下降过快造成意外事故。这里还设置有制动器,制动器由单作用液压缸驱动,阀5处在左或右工作位置时,制动液压缸均通入压力油而解除制动;阀5处在中立位置时,制动液压缸与回油道相通,活塞在弹簧作用下伸出制动,使起吊重物停留在预设位置。

2)汽车起重机液压系统的特点

汽车起重机液压系统的主要特点是:6个三位四通换向阀均采用M型中位机能,串联组合的方案,这样可以使多个执行元件同时动作;其缺点是压力发生叠加,使泵的出口压力升高,对泵的容积效率和寿命都会产生不良影响。

2. 汽车起重机变幅液压系统故障诊断排除

汽车起重机吊臂俯仰变幅装置的常见故障有:不能变幅或变幅缓慢,俯臂增幅出现点头甚至振动,吊臂不能准确停留或可靠地锁定在中途某位置。

1)汽车起重机变幅部分的液压系统原理

从表面上看,汽车起重机变幅部分的故障似乎是出在变幅液压缸和变幅操作阀上,但是,实际上检修这两个部件能解决问题的概率很低。经验告诉我们,问题通常出现在平衡阀上。为弄清楚原因,有必要分析汽车起重机变幅部分的液压系统原理。如图6-4所示,操纵滑阀右位时,泵来的油通过滑阀打开平衡阀的单向阀进入变幅缸的大腔,使缸的活塞杆伸出,小腔回油,实现仰臂;操纵滑阀左位时,泵来的油由滑阀直接进入变幅缸的小腔,使缸的活塞杆缩回,大腔回油经平衡阀才回到低压区,实现俯臂。

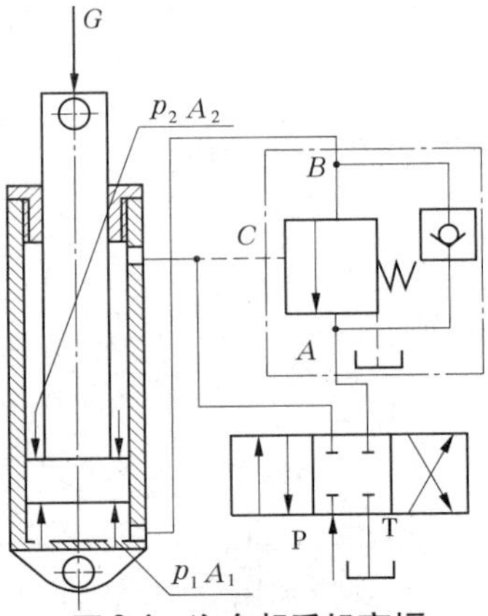

图6-4 汽车起重机变幅部分的液压系统原理

2)没有平衡阀时变幅油缸的受力情况分析

为了弄清平衡阀的作用和必要性,在假设没有平衡阀的情况下考察变幅油缸的受力,方程如下

$$p_1A_1 = p_2A_2 + G \tag{6-1}$$

式中:A_1、p_1和A_2、p_2分别为液压缸大腔和小腔的活塞受力面积及压力;G为沿液压缸伸缩方向的工作负载。

(1)仰臂减幅时。p_1为高压,$p_2 \approx 0$,有

$$p_1A_1 \approx G \quad 即 p_1 = G/A_1 \tag{6-2}$$

工作压力 p_1 取决于工作负载,而运动速度取决于系统流量,设计时只要选择适当的系统流量,即可获得较好的仰臂减幅速度,无需其他阀。

(2)俯臂增幅时。p_2 为进油压力、p_1 为回油压力。如果没有平衡阀,任由大腔的油直接流回油箱,即有 $p_1 \approx 0$,就会出现

$$p_2A_2 + G \approx 0 \tag{6-3}$$

式(6-3)只有 $p_2 \leqslant 0$ 才可能成立,即泵出口压力出现真空时才可能成立,而真空度最大约 0.1 MPa,也就是 $G \leqslant 0.1A_2$ 时式(6-3)才成立。假设采用的液压缸直径为 200 mm,$0.1A_2 =$ 3 140 N,两个缸能承受的垂直载荷不足 1 t;反算之可知,用两个直径为 600 mm 的液压缸才能承受 5 t 的垂直载荷,这样的结构吊重比是不能让人接受的。换言之,实际上汽车起重机不计吊臂的自重仅吊重就远远使 $G > 0.1A_2$。因此,结论只有一个,即:如果没有平衡阀,吊臂将和被吊物一起依靠自重加速下降。这种情况称为速度失去控制,简称失速。失速非常危险,是不允许出现的,必须设置限速阀。

(3)吊臂中途停留于某位置。此时,G 恒定作用于液压缸,有

$$p_1 = G/A_1 \tag{6-4}$$

液压缸大腔压力 p_1 等于工作压力,这个压力一直作用在操纵阀上。操纵阀是采用间隙密封的滑阀,在 p_1 的作用下必然产生渗漏使液压缸回缩,结果使吊臂连同被吊物一起渐渐下降,这在起重机作业时是不允许的。因此,应该设置液压锁。

由以上分析可知,在俯臂和停留工况分别需要限速和锁紧。因此,平衡阀的作用是限速和锁紧。在仰臂工况需装单向阀使油液绕过平衡阀直接进入液压缸大腔。

3)平衡阀的结构原理

为便于分析具体故障原因,有必要弄清楚平衡阀的结构原理。常用的平衡阀有锥阀式、滑阀式和组合式三种型式,这里只介绍应用最广泛的组合式平衡阀。组合式平衡阀又分为顺流式和倒流式两种,如图 6-5 所示为组合倒流式平衡阀的结构原理。根据系统对平衡阀的功能要求,在结构上应主要由单向阀和锁紧限速阀两部分组成。

(1)单向阀。由阀体 1、单向阀阀芯 2 及弹簧等组成,压力油经操纵阀由 A 口进入平衡阀,顶开单向阀阀芯 2 进入 B 口,到达变幅液压缸的大腔,实现仰臂减幅。俯臂时油液经操纵阀由 B 口进入平衡阀,关死了单向阀阀芯 2 使工作油不能直接从 B 口到 A 口。

(2)锁紧限速阀。锁紧限速阀主要是一个带滑阀机能的液控单向阀,在俯臂增幅和吊臂中途停留于某位置两种工况下使用。

①俯臂增幅工况,需要的是限速。操纵阀左位,压力油直接进入液压缸小腔,大腔的油液进入平衡阀 B 口,但因单向阀阀芯 2 和 6 的关闭作用而无法回到油箱。于是小腔油压上升,通过控制油道 C 推动活塞 7 连同阀芯 6 一起右移,打开单向阀 e 和滑阀 f,从 B 到 A 的油道开通,大腔油液经 A 口和操纵阀流回油箱,液压缸回缩,吊臂俯降增幅。此时小腔油压下降,在弹簧的作用下阀芯 6 连同活塞 7 一起左移,重新关闭阀口 e 和 f,小腔油压重新上升而重复上述吊臂俯降增幅过程。滑阀 f,在多次重复打开和关闭过程中起平稳过渡作用,阀口处开有纵向鼠尾槽以获得良好的过渡效果。阻尼孔 a 和 b 用于缓和活塞 7 的动作以获得平稳俯臂效果;小孔 d 用于使活塞 7 从静止到移动的加速启动,刚开始时小

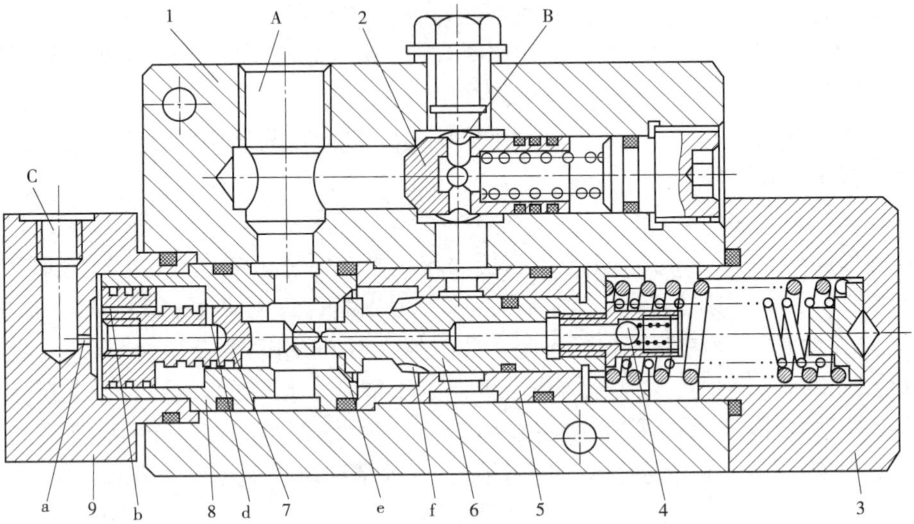

1—阀体；2、4—单向阀阀芯；3—后盖；5—后阀套；6—阀芯；7—活塞；8—小缸体；9—前盖

图 6-5　组合倒流式平衡阀的结构原理

孔 d 把活塞 7 右腔与中心孔相通，使阻尼孔 b 失去作用，当小孔 d 随活塞 7 右移而被遮盖后，阻尼孔 b 才起作用。

②吊臂中途停留于某位置，需要的是锁紧。操纵阀中位，液压缸大小腔油道截断，吊臂停留在某位置。由于操纵阀和单向滑阀 f 都是采用间隙密封，会产生微量的泄漏，造成吊臂缓慢下降。为此，增设锥面密封的单向阀 e，以保证大腔油道的可靠锁紧，获得吊臂的中途可靠停留。

有人不禁要问，既然用了单向阀 e，是否可以取消单向滑阀 f 呢？答案是否定的。因为锥面密封的单向阀开启通道增长快，在频繁地重复开启和关闭的平衡过程中会产生较大的液压冲击，造成俯臂振动。

4）汽车起重机变幅部分的液压故障原因分析及检查处理

汽车起重机变幅部分的液压故障主要有：仰臂速度慢或不能仰臂减幅，俯臂增幅出现点头甚至振动现象，吊臂停止位置不准确，吊臂不能可靠地锁定在中途某位置。故障原因分析及检查处理详见表 6-14。

表 6-14　汽车起重机变幅部分的液压故障原因分析及检查处理

序号	故障名称	原因分析	检查处理
1	仰臂速度慢或不能仰臂减幅	溢流阀故障使工作压力下降和流量损失较大。通常是溢流阀密封不良，使泵输出的油液有一部分经溢流阀直接流回油箱，导致进入变幅液压缸的流量减少、仰臂速度减慢，严重时全部漏完，使进入变幅液压缸的流量减少到 0，不能伸出仰臂减幅	①调整溢流阀压力，如果故障消除可投入工作，否则，进行下一步；②检查溢流阀工作弹簧，清洗密封面，必要时对研密封偶件，恢复溢流阀的功能

续表 6-14

序号	故障名称	原因分析	检查处理
2	俯臂增幅出现点头甚至振动现象	控制活塞 7 的阻尼孔堵塞不畅，滑阀内漏严重。当径向小孔 d 堵塞时，会使阀芯启动迟缓，导致变幅液压缸大小腔油压过度上升，造成平衡阀的内泄漏量增大，在阀口 f 开启的瞬间容易引起吊臂产生一小段急速下降，这就是点头现象。当控制活塞 7 的阻尼小孔 a 或 b 堵塞时，会使阀芯移动缓慢，容易引起吊臂产生连续点头，表现为吊臂下降振动	拆检平衡阀的控制活塞，清通各阻尼小孔和径向小孔，装复试机。如果故障消除可投入工作，否则，说明故障滑阀内漏严重，可以更换密封圈或试一试适当加大阻尼孔的直径
3	吊臂停止位置不准确	阻尼小孔或径向小孔堵塞及滑阀内漏严重。当阻尼小孔 a 或 b 堵塞及滑阀磨损严重时，其阀芯关闭，移动缓慢，在操纵阀关闭瞬间，吊臂靠自重惯性继续下降，导致变幅液压缸大腔油压上升，平衡阀的内泄漏量增大，吊臂在操纵阀关闭后产生一小段下降，造成吊臂不能准确停留	
4	吊臂不能可靠地锁定在中途某位置	单向阀 e 密封不严。平衡阀的锁定功能是依赖采用锥面密封的单向阀 e 来实现的，单向阀 e 密封不严，将使变幅液压缸大腔的油液经单向阀 e 和采用间隙密封的滑阀漏回油箱，导致变幅液压缸缓缓收缩、吊臂缓缓下降	检查平衡阀工作弹簧，清洗单向阀密封面，必要时对研密封偶件，恢复密封功能

3. 汽车起重机支腿液压系统故障分析处理

汽车起重机支腿液压系统的常见故障主要是软腿。在工作过程中，液压支腿未经操纵自动收缩，使底盘下沉甚至倾斜的现象称为软腿。软腿故障严重影响正常工作甚至威胁整机安全，必须及时处理。

1) 汽车起重机支腿缸液压系统原理

有的人认为动的是操纵阀，看到了液压缸收缩，未经详细分析就去拆检液压缸和操纵阀，结果往往是徒劳的，有时还越修毛病越多。为能够及时准确地处理故障，有必要弄懂系统原理，搞清故障原因。如图 6-6 所示为支腿缸液压系统原理图。图示状态操纵阀处于中位，液压缸在垂直载荷 G 的作用下上腔保持工作压力；操纵阀左位时，压力油从 P 口经操纵阀、上锁紧阀进入液压缸上腔，并经控制油道打开下锁紧阀，使液压缸下腔油液能通过下锁紧阀、操纵阀 T 口回到油箱，在此过程中支腿伸出；操纵阀右位时，压力油从 P 口经操纵阀、

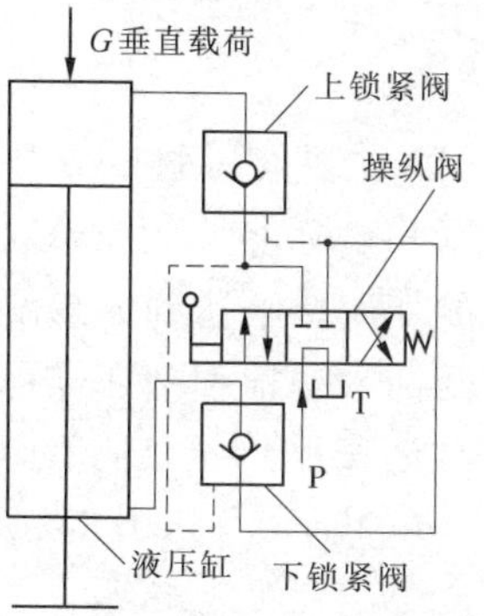

图 6-6　支腿缸液压系统原理

下锁紧阀进入液压缸下腔,并打开上锁紧阀,使液压缸下腔油液能通过上锁紧阀、操纵阀T口回到油箱,在此过程中支腿收缩。支腿缸液压系统的主要故障是工作速度缓慢和软腿。工作速度缓慢故障牵涉整机液压系统的其他因素较多,限于篇幅,这里只讨论支腿液压缸软腿故障的原因及其诊断处理。按照支腿缸液压系统原理图,换向操纵阀处于中位时,支腿液压缸的上下腔油道已被封死,似乎不会出现软腿现象。但是,由于换向操纵阀是采用间隙密封的滑阀,间隙密封不可避免地会有一些渗漏,即换向操纵阀不能把支腿液压缸的上下腔油道封死,从而造成软腿。为此,在支腿液压缸的上下腔加装锁紧阀。

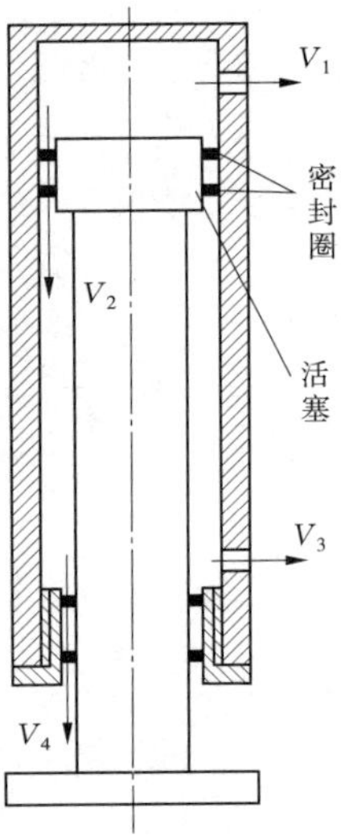

图 6-7 液压缸的泄漏

2)支腿液压缸泄漏特点分析

从表面上看,出现软腿的原因可能有二:其一,是支腿液压缸的上腔油道通过操纵阀漏回油箱;其二,是支腿液压缸的上腔油液通过活塞密封圈直接漏到下腔。弄清楚这两个原因的特点和主次,对指导我们分析处理故障是非常重要的。

如图6-7所示,液压缸上腔因上述两个原因产生的泄漏量分别为V_1和V_2,因泄漏所引起的液压缸活塞杆回缩量为Δh,设液压缸上腔的断面面积为A_1,则有上腔容积减少

$$V_1 + V_2 = \Delta h A_1 \tag{6-5}$$

同时,设液压缸下腔的断面面积为A_2,液压缸下腔油道泄漏量为V_3,活塞杆处泄漏量为V_4,则有下腔容积增加

$$\Delta h A_2 = V_2 - V_3 - V_4 \tag{6-6}$$

设活塞杆的断面面积为A_3,则有

$$A_1 - A_2 = A_3$$

实际上,因采用了橡胶密封,活塞杆处的外漏是可以避免的,即便真的有外漏,也便于用肉眼观察并及时处理。因此,为简化问题,以后把活塞杆处看成无外漏,即令$V_4 = 0$。

$$\Delta h A_2 = V_2 - V_3 \tag{6-7}$$

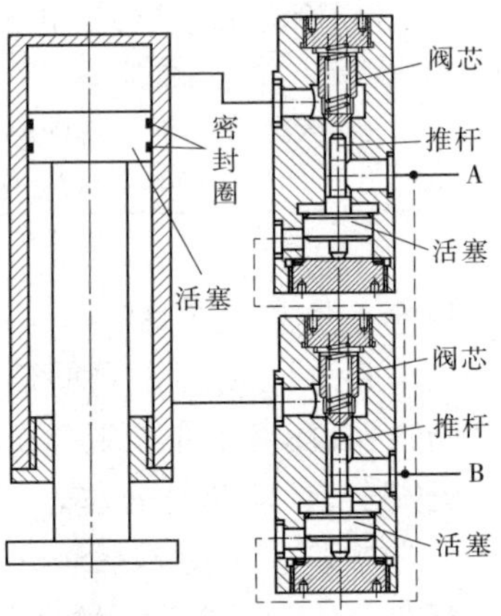

图 6-8 锁紧阀的结构原理

(1)支腿液压缸的上下腔油道装锁紧阀。这里说的锁紧阀实际上是液控单向阀,如图6-8所示,利用阀芯的外锥面与阀孔口在一定压力作用下的变形接触达到无渗漏密封,从而防止液压缸的软腿,就好像在液压缸的缸筒和活塞杆之间插入一根锁销那样可靠,故称该阀为锁紧阀,也称液压锁。吊车软腿的程度主要看液压缸活塞回缩量Δh_1的大小。当支腿液压缸的上下腔油道装锁紧阀,密封效果甚好,即$V_1 = 0$、$V_3 = 0$、$V_4 = 0$时,将其代入式(6-5)和式(6-7)得

$$V_2 = \Delta h_1 A_1 = \Delta h_1 A_2 \tag{6-8}$$

要使式(6-8)成立,必须$\Delta h_1 = 0$。由此可知,当支腿液压缸的上下腔油道被密封切断,且活塞杆处无外漏时,无论液压缸活塞的密封状态如何,上下腔之间都不会漏油,软腿

也就不会出现。换言之，吊车软腿的关键不是在液压缸活塞的密封，而是在上下腔油道的密封。

必须指出，当液压缸活塞的密封严重实效时，上下腔压力相等，活塞缸变成柱塞缸使用，缸内压力增加数倍，导致缸筒、活塞杆等发生较大变形，使活塞产生微量回缩，也会出现亚软腿现象。

(2)仅支腿液压缸的上腔油道装锁紧阀。即有 $V_1 = 0, V_4 = 0$，此时代入式(6-5)和式(6-7)得

$$V_2 = \Delta h_2 A_1 = \Delta h_2 A_2 + V_3$$

$$\Delta h_2 = V_3/(A_1 - A_2) \tag{6-9}$$

(3)仅支腿液压缸的下腔油道装锁紧阀。即有 $V_3 = 0, V_4 = 0$，此时代入式(6-5)和式(6-7)得

$$V_2 = \Delta h_3 A_1 - V_1 = \Delta h_3 A_2$$

$$\Delta h_3 = V_1/(A_1 - A_2) \tag{6-10}$$

由式(6-9)和式(6-10)有

$$\Delta h_2 = \Delta h_3 (V_3/V_1) \tag{6-11}$$

应该注意到，工作时上腔为高压腔，故 V_1 远远大于 V_3，可见 Δh_3 远远大于 Δh_2，锁紧上腔比锁紧下腔效果要好得多。

至此，可以得到支腿液压缸泄漏特点：吊车软腿的原因主要不是在液压缸活塞的密封，而是在上下腔油道的密封；上下腔油道的密封关键在上腔。

另外，活塞与缸壁之间采用橡胶密封，可以做到无渗漏，即 $V_2 = 0$。代入式(6-7)得 $\Delta h = -V_3/A_2$，出现 V_3 的负值，说明当活塞与缸壁之间密封良好时软腿与下腔油道泄漏 V_3 无关；代入式(6-5)得 $\Delta h = V_1/A_1$，软腿只与上腔油道泄漏 V_1 有关。这更说明了支腿液压缸上腔油道的密封是关键所在。

3)汽车吊软腿故障的诊断和处理

(1)总体原则。

由上述支腿液压缸泄漏特点分析可知，当液压缸上下腔都采用液压锁时，液压缸活塞的密封对软腿毫无影响，支腿液压缸上腔油道的密封是关键所在。这些只是指出了故障原因的可能性高低，但是，故障原因可能性高低的判断往往受人为因素影响较大，因此故障诊断的原则应该是首先执行从易到难，然后执行可能性从高到低。启动发动机，将支腿按工作状态伸出撑稳，吊钩上加上标准负载，观察支腿液压缸的回缩情况。如果回缩并不明显，则可以认为无软腿现象；否则，应及时对软腿故障进行检查和处理。

(2)检查和处理的步骤。

①检查处理液压缸活塞杆处的外漏：a. 将支腿液压缸外部及相关管道、接头清洗干净；b. 启动发动机，将支腿按工作状态伸出撑稳，熄火；c. 观察液压缸活塞杆处有无外漏，如有外漏，通常是密封圈损坏，应首先拆检处理至无外漏。

②检查液压缸上腔锁紧阀密封性：a. 拆卸如图6-8所示A处管接头，用干净的布料包扎好以防尘；b. 观察锁紧阀的出油情况，应很快减少至无油滴，若滴油不停，则说明上腔锁紧阀密封不严，应拆卸清洗吹干，检查阀芯移动灵活性、密封锥是否磨损起沟等，必要时进

行对研，直至无渗漏。

③装复液压系统，检查是否还存在软腿故障。若软腿故障已消失，则检修处理工作到此结束；否则，说明液压缸活塞和下腔锁紧阀密封不严，应继续以下步骤。

④检修液压缸下腔锁紧阀和活塞密封性：a. 拆卸如图 6-8 所示 B 处管接头，用干净的布料包扎好以防尘；b. 观察锁紧阀的出油情况，若密封不严，应检修密封环面至无渗漏；c. 顺便观察液压缸下腔的出油情况，该情况表明了活塞渗漏的程度，给液压缸的使用维护提供了技术参数，如果活塞渗漏严重将会影响支腿工作速度，可视具体工作情况决定是否检修。

⑤装复液压系统，检查支腿情况直至软腿故障消除。

6.2.2.2　制订汽车起重机液压系统故障诊排工作计划

1. 情景描述

在与客户进行会谈之后，你受委托要为陈班长制订一份初步处理问题的路线图，包括参与该项工作的人员要求、时间进度要求、完成后的具体技术参数等。

2. 工作目标要求

制订要求说明书，需考虑应有相关要求的目录；通过咨询师傅或进一步询问客户，填补缺失的信息；制订出在技术和经济方面有所区别的各种备选方案；制订一份包括不同备选方案的报价单。

3. 制订初步工作方案

制订初步处理问题的路线图，其中应包括不同的备选方案（在技术和经济方面），并且编写要求说明。为客户预备一份大致的路线图，包括参与该项工作的人员要求、时间进度要求、完成后的具体技术参数等，并对客户做一次展示。

1）初步故障解决路线图

（1）成立故障处理工作组。工作组成员共有 6 人：委托方派组长 1 名（建议由陈班长担任）、机械维修师傅 2 名、电气维修工 1 名，服务公司派技术型副组长 1 名、技术员 1 名。

（2）为加快问题解决速度，工作组采取现场观察、分析、处理的工作模式。根据服务公司以往的经验，估计问题的解决需耗时 3 天。

（3）要求委托方提前准备的事项。设备的使用说明书及相关技术资料、修理钳工台 1 台、必备的机修工具 2 套、必备的电气维修工具 1 套、液压油容器 1 套（应该能装下全部设备的液压油）、吸油抹布和木糠若干（以确保工作过程中能随时清洁现场）、试机用样件毛坯若干，并确保供电和照明正常。

（4）如果要求更快处理问题就需要加班。估计连续不间断工作，有 24 h 可以解决问题，但是工作组成员需要委托方增加 1 名仓库保管员，以便随时申领需要更换的备件。

（5）确保储备有足够的设备易损件。有必要提请委托方注意，如果觉得厂里的设备易损件（如密封件、电磁阀线圈和时间继电器等）准备不足，工作组就要增加配件采购员及其交通工具。

2）报价

（1）按预算 3 天完成的方案服务公司收费。①1 名工程师：3 天 ×600 元（单价）= 1 800 元；②1 名技术员：3 天 ×500 元（单价）= 1 500 元；③人工服务费 = a + b = 3 300 元。

上述报价已含 17% 的增值税。

(2)按连续 24 h 不间断的方案服务公司收费。服务公司在上述收费的基础上，要加收加班费 600 元。

(3)上述两点仅仅界定为处理“吊臂停留位置不准确、有缓慢下降现象，工作时间长时有软腿现象”的故障，如果需要整机检查保养，还需要增加 1 天时间，服务费增加 1 100 元。

6.2.2.3　做出汽车起重机液压系统故障诊排方案决策

1. 情景描述

在计划阶段结束以后，向客户介绍分析处理方案，包括故障的各种可能性原因及其排查方法、处理方案。客户在做决定时，为其提供帮助和支持。

2. 工作目标要求

决定采用某个备选方案，并且应用评价标准；准备并进行阶段性展示，然后进行总结；制订需求清单。

3. 确定工作路线图

请你准备并进行演示。选择合适的演示媒体，帮助客户做出有理由的决定。在客户做出决定以后，进行完成任务的准备工作，制订需求清单。请对工作路线图进行补充完善。

小李作为服务公司的技术员，在师傅的指导下完成了初步故障解决路线图，并通过投影向客户演示讲解。然后，通过与客户的沟通交流，确定采用 3 天完成的工作方案。另外，委托方有把握确保储备有足够的备件。

根据上述工作结果，在师傅的指导下，制订了附有工作路线图和准备工作清单的协议书。

1)某公司技术服务协议

(略)

2)工作路线图

(1)成立故障处理工作组。工作组成员共有 6 人：委托方派组长 1 名(建议由陈班长担任)、机械维修师傅 2 名、电气维修工 1 名，服务公司派技术型副组长 1 名、技术员 1 名。

(2)工作模式。为加快问题解决速度，工作组采取现场观察、分析、处理的工作模式。

(3)预定完成时间：3 个工作日。

3)准备工作清单

要求委托方提前准备的事项。设备的使用说明书及相关技术资料、修理钳工台 1 台、必备的机修工具 2 套、必备的电气维修工具 1 套、液压油容器 1 套(应该能装下全部设备的液压油)、试机用标准吊重物 1 件、吸油抹布和木糠若干(以确保工作过程中能随时清洁现场)。

6.2.2.4　实施汽车起重机液压系统故障诊排工作计划

1. 情景描述

陈班长与公司签订了合作协议；工作路线图制订完成；师傅委托你完成这项任务。

2. 工作目标要求

整理出分析处理故障所需要的全部资料，含技术文献、往来信函、检查清单和会谈记录等；遵循各种工作过程及业务流程；考虑劳动保护、事故防范等方面的问题。

3. 确定工作路线图

整理项目实施所需资料，实施计划。

工作方法是根据液压系统原理进行逻辑分析或采用因果分析等方法逐一排除，最后找出发生故障的部位，也就是用逻辑分析的方法查找出故障。

小李和师傅第二天早餐后带上相关技术资料按时赶到修理厂工作现场，委托方修理班全体人员及其他人员早已到达现场并做好了相关准备工作。

小李和师傅在现场又咨询了其他师傅。根据委托方修理班介绍，该设备已经过 10 天的检修，其他故障已消除，系统压力达到额定压力。但是，吊臂不能准确定位、位置锁不住和轻度软腿现象一直没有消除。于是，小李指导修理班首先启动发动机操作是变幅缸完成伸出，观察系统压力，显示为 21 MPa，说明泵和安全溢流阀正常，供油系统正常；然后检查系统油液，发现油液颜色过深，初步判断故障原因是系统油液严重污染，造成变幅平衡阀和支腿液压锁动作不正常。据此，小李和师傅基于图 6-3，参考 6.2.2.1 之 2（汽车起重机变幅液压系统故障诊断排除）、6.2.2.1 之 3（汽车起重机支腿液压系统故障分析处理）进行分析，并在师傅指导下按"吊臂不能准确定位、位置锁不住和轻度软腿故障诊断处理"设计了逻辑流程图，如图 6-9 所示。严格按设计好的逻辑流程图逐一进行排查。

1) 全液压汽车起重机不能正常工作故障分析处理逻辑流程图

全液压汽车起重机不能正常工作故障分析处理逻辑流程图见图 6-9。

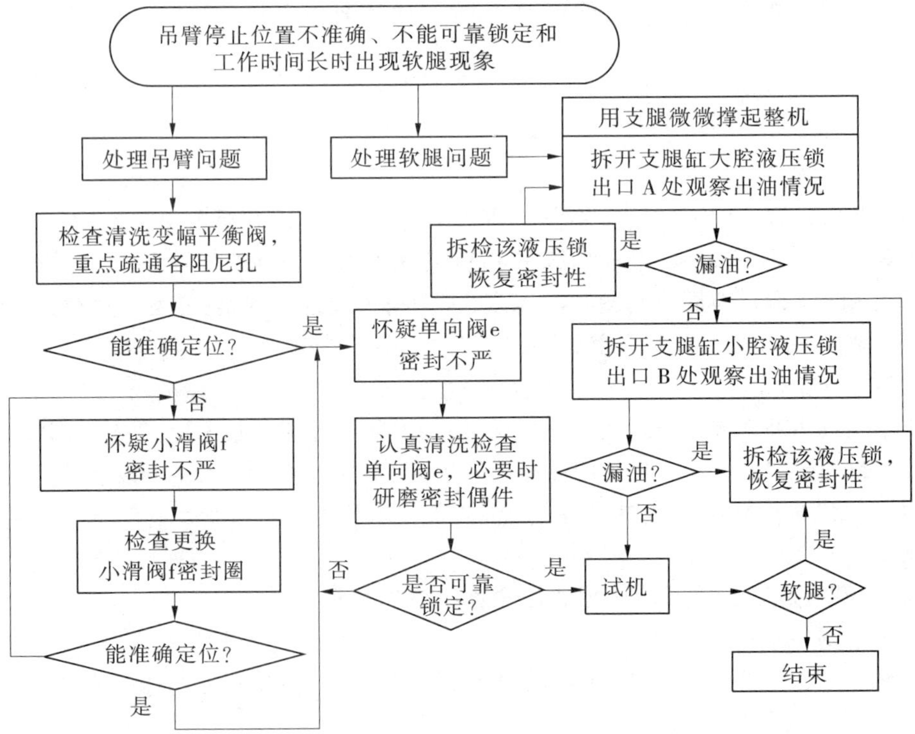

图 6-9　全液压汽车起重机不能正常工作故障分析处理逻辑流程图

2）检查处理过程

故障分两个子系统：变幅系统和支腿系统。问题出在两个元件：变幅平衡阀和支腿液压锁。于是，分两个工作组同时进行。

（1）变幅工作组。拆检变幅平衡阀，重点疏通各阻尼孔，注意检查并更换了小滑阀密封圈；试机，吊臂已能准确定位，但不能锁定故障仍然存在。于是，拆检单向阀 e，对密封偶件实施研磨，清洗装复；试机，变幅系统故障消除。至此，确认变幅系统正常，可以执行下一步。

（2）支腿工作组。启动发动机，用支腿系统把整机顶起，轮胎微微离地，目的是给支腿系统加载，找到 4 个支腿缸中的软腿那支液压缸。①检查软腿液压缸大腔锁紧阀密封性：拆开大腔锁紧阀出油口 A 处管接头，观察锁紧阀的出油情况，发现不停有微量滴油，拆卸清洗吹干，检查使阀芯移动灵活，研磨密封锥偶件以恢复密封性。装复锁紧阀，试机，微软腿故障仍然存在。②检修软腿液压缸小腔锁紧阀密封性：按上述处理大腔锁紧阀的程序拆检处理小腔锁紧阀，恢复密封性。装复锁紧阀，试机，微软腿故障消失。至此，确认支腿系统正常，可以执行下一步。

此时，已是第 3 天中午 12:00，陈师傅满怀信心地催促马上实施试运行。

6.2.2.5　检查控制汽车起重机液压系统故障诊排工作效果

1. 情景描述

将该设备试运行，试吊标准重物且各项作业动作合格后，交付陈班长并签字确认。师傅让小李为此做好准备，而且要以合适的方式记录相关结果。陈班长所在单位为确保此后生产正常进行，打算与公司签订液压设备委托维修保养合同。

2. 工作目标要求

制订出试运行方案；项目完成交付表；准备后续服务合同。

3. 制订设备试运行方案，完成交付手续

简单吃过午餐后，小李抓紧时间制订了试运行方案。下午一上班，就马上按小李制订的方案试运行：启动发动机，支起整机使轮胎达到规定离地高度，吊起标准重物，实施回转、伸缩、变幅（含准停、锁定）、升降等工作，在过程中注意观察是否有软腿现象和系统压力值。试机过程顺利，系统工作正常。

小李宣布任务完成，正在陈师傅准备签字确认时，有委托方修理班的师傅提出异议，说支腿伸缩速度比新机慢了不少。小李和师傅认为这种情况属于原来约定的工作任务之外，如果要彻底解决该问题，需要全面检查保养系统。需要增加 1 天时间，增加收费 1 100 元。

小李和师傅现场商量了一下，认定是支腿液压缸活塞密封不严所致，而且是正常磨损。于是，决定对 4 个支腿缸及其锁紧阀全部进行清洗检查，更换各缸活塞密封件和整机液压系统油液。装复系统，试机，系统工作正常，支腿伸缩速度正常。

至此，任务圆满完成。陈班长高兴地在项目完成书上签字。此时已是第 4 天过了 16:00，提前了 1 h 完成任务。

陈班长当即把设备可以正常投入使用的情况报告厂领导，领导非常高兴，指示为确保类似设备故障较长时间影响生产，希望与服务公司签订长期合作协议。师傅请小李完成向客户移交设备的相关资料等准备工作，并且起草一份液压设备维修保养合同。

6.2.2.6 归纳评价汽车起重机液压系统故障诊排工作过程

1. 情景描述

在全部工作结束以后,你要对整个工作过程和工作成果进行评价。陈班长还希望针对以后的委托提出优化建议。

2. 工作目标要求

利用评价表进行自我评价;评价工作过程和工作成果。

3. 评价性小结及改进建议

1)小李的小结

项目推进顺利,并且还提前1 h完成任务,得益于事先准备了足够的技术资料,正确制订了故障处理路线图,各组成员按时到位并通力合作。下面做简要总结:

(1)认真听取了客户的诉求和前期故障分析处理的介绍,充分准备了相关技术资料,拟订了切实可行的多个工作方案供客户参考,据此制订了包括有人员、物资、技术资料及时间进度等详细要求的故障处理路线图,并依此逐步推进。

(2)在到达现场再次咨询客户充分了解情况后,及时制订了故障分析处理逻辑框图。

(3)在实施故障分析处理过程中,基本执行原制订逻辑框图,各项工作顺利推进。

(4)工作组各组成员责任心强,积极工作,极少休息。

(5)觉得唯一欠缺的是,只知埋头分析处理故障,没有注意观察支腿缸的伸缩速度,更没有注意到系统使用时间比较长,各处密封出现磨损超标,且系统油液已严重污染。致使未能及时通报客户,及时改变方案,提前安排全面检查保养,耽误不少时间。

2)师傅对小李本次执行任务的评价

师傅拿出COMET评分表,对小李的工作过程按8个模块40个观测点逐一打分(评分表略),总分达到86分。创新性模块得分较低,具体表现是完全按委托方报告的表面故障去分析处理,未能从根本上以全局的角度去思考问题,只知道按照6.2.2.1介绍的普遍方法安排工作程序,没有根据具体情况创新性地调整工作程序。

【拓展知识】

典型液压系统分析

1. 组合机床液压动力滑台液压系统分析

1)组合机床液压动力滑台液压系统

组合机床是由通用部件和某些专用部件所组成的高效率和自动化程度较高的专用机床。它能完成钻、镗、铣、刮端面、倒角、攻螺纹等加工和工件的转位、定位、夹紧、输送等动作。组合机床液压动力滑台液压系统主要由通用滑台和辅助部分(如定位、夹紧)组成。动力滑台是组合机床的一种通用部件。动力滑台本身不带传动装置,可根据加工需要安装不同用途的主轴箱,以完成钻、扩、铰、镗、刮端面、铣削及攻丝等工序。

图6-10(a)所示为YT4543型组合机床液压动力滑台的组成简图。液压动力滑台是利用液压缸将泵站所提供的液压能转变成滑台运动所需的机械能的。它对液压系统性能的主要要求是速度换接平稳,进给速度稳定,功率利用合理,效率高,发热少。

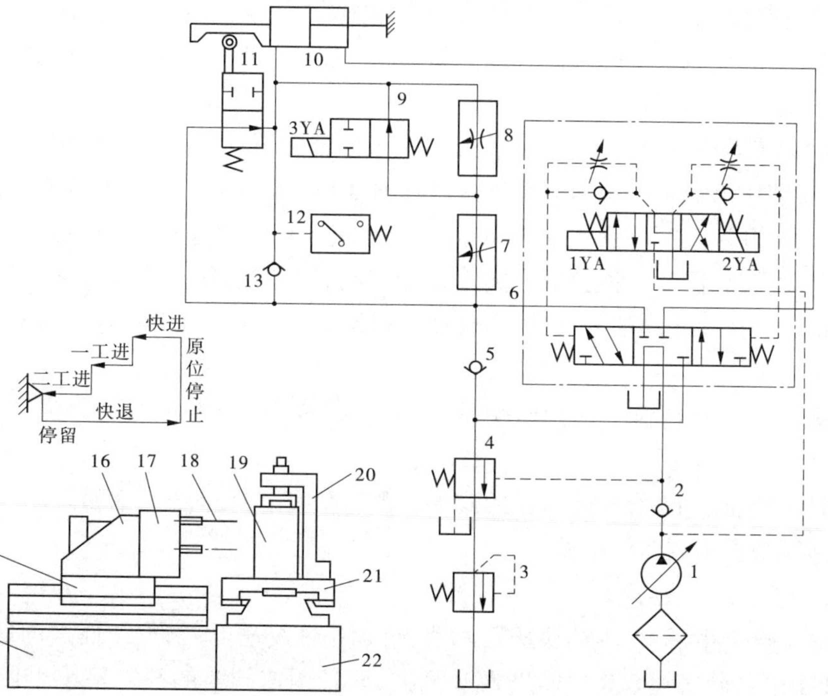

(a)机床滑台组成简图　　(b)滑台液压系统原理图

1—变量泵;2、5、13—单向阀;3—背压阀;4—液控顺序阀;6—电液动换向阀;7、8—调速阀;9—电磁换向阀;10—滑台液压缸;11—机动行程阀;12—压力继电器;14—床身;15—动力滑台;16—动力头;17—主轴箱;18—刀具;19—工件;20—夹具;21—工作台;22—底座

图 6-10　YT4543 型组合机床液压动力滑台

图 6-10(b)所示为 YT4543 型组合机床液压动力滑台的液压系统原理图。该系统采用变量泵 1 供油、电液动换向阀 6 换向,快进由滑台液压缸 10 差动连接来实现。用机动行程阀 11 实现快进与工进的转换,二位二通电磁换向阀 9 用来进行两个工进速度之间的转换,为了保证进给的尺寸精度,采用了止挡块停留来限位。通常实现的工作循环为:快进→第一次工作进给→第二次工作进给→止挡块停留→快退→原位停止。

2)YT4543 型组合机床液压系统的工作原理

(1)快进。

按下启动按钮,电磁铁 1YA 得电,电液动换向阀 6 的先导阀阀芯向右移动从而引起主阀芯向右移,使其左位接入系统,其主油路为:

进油路　泵 1→单向阀 2 →换向阀 6(左位) →行程阀 11(通位) → 液压缸 10 无杆腔。

回油路　液压缸 10 的有杆腔→换向阀 6→单向阀 5(与泵来油会合)→行程阀 11→液压缸 10 无杆腔,形成差动连接而获得快进。

因为快进阶段，滑台的载荷较小且进油道阻力小，使系统压力较低，所以变量泵 1 输出流量大，又加上液压缸小腔回油一起进入大腔，这就实现了动力滑台的快速前进。

(2)第一次工作进给。

当滑台快速运动到预定位置时，滑台上的行程挡块压下了机动行程阀 11 的阀芯，切断了该通道，使压力油须经调速阀 7 进入液压缸 10 的无杆腔。由于油液流经调速阀，系统压力上升，打开液控顺序阀 4，此时单向阀 5 因出口压力大于进口压力而关闭，切断了液压缸的差动回路，回油经液控顺序阀 4 和背压阀 3 流回油箱。此时因系统压力高使泵的输出油量减少且无差动油参加，使滑台动作缓慢成为第一次工作进给，简称一工进。其油路为：

进油路 泵 1→单向阀 2→换向阀 6(左位)→调速阀 7→换向阀 9(右位)→液压缸 10 无杆腔。

回油路 液压缸 10 有杆腔→换向阀 6→顺序阀 4→背压阀 3→油箱。

进给速度快慢由调速阀 7 调节。

(3)第二次工作进给。

第一次工进结束后，行程挡块压下行程开关使 3YA 通电，二位二通换向阀 9 将通路切断，进油必须经调速阀 7、8 才能进入液压缸，而且调速阀 8 的开口量小于调速阀 7，这就使系统压力进一步升高、泵输出油量进一步减少、缸的工作速度进一步降低，实现第二次工作进给，简称二工进，其他油路情况类似一工进。

(4)止挡块停留。

当滑台工作进给完毕之后，碰上止挡块的滑台停留不动，同时系统压力升高，当压力升高到压力继电器 12 的调定值时，压力继电器动作，经过时间继电器的延时，再发出信号使滑台返回，滑台的停留时间由时间继电器在一定范围内调整。

(5)快退。

时间继电器经延时发出信号后，2YA 通电，1YA、3YA 断电。主油路为：

进油路 泵 1→单向阀 2→换向阀 6(右位)→液压缸 10 有杆腔。

回油路 液压缸 10 无杆腔→单向阀 13→换向阀 6(右位)→油箱。

快退阶段系统的压力较低，变量泵 1 输出流量大，加上液压缸有杆腔的储油断面面积较小，使动力滑台快速退回，设计上使动力滑台快退的速度与快进的速度大致相等。

(6)原位停止。

当滑台退回到原位时，行程挡块压下行程开关，发出信号，使 2YA 断电，换向阀 6 处于中位，液压缸失去液压动力源，滑台停止运动。变量泵 1 输出的油液压力升高，直到输出流量最小，变量泵卸荷。

该系统的动作循环表和各电磁铁及行程阀动作如表 6-15 所示。

表6-15　组合机床动力滑台液压系统电磁铁和行程阀的动作

工况	元件			
	电磁铁1YA	电磁铁2YA	电磁铁3YA	行程阀11
快进	+	–	–	–
一工进	+	–	–	+
二工进	+	–	+	+
死挡铁停留	–	–	–	–
快退	–	+	–	–
原位停止	–	–	–	–

注：表中"+"表示通电，"–"表示断电。

3）YT4543型组合机床动力滑台液压系统的特点

为了实现自动工作循环，该液压系统应用了下列一些基本回路：

（1）调速回路。采用了由限压式变量泵和调速阀组成的调速回路，调速阀放在进油路上，回油经过背压阀，能保证稳定的低速运动（进给速度最小可达6.6 mm/min）、较好的速度刚性和较大的调速范围。

（2）快速运动回路。应用限压式变量泵在低压时输出流量大的特点，并采用差动连接来实现快速前进，能源利用比较合理。滑台停止运动时，换向阀使液压泵在低压下卸荷，减少能量损耗。

（3）换向回路。应用电液动换向阀实现换向，工作平稳、可靠，并由压力继电器与时间继电器发出的电信号控制换向信号。

（4）快速运动与工作进给的换接回路。采用行程换向阀实现速度的换接，换接的性能较好，同时利用换向后系统中的压力升高使液控顺序阀接通，系统由快速运动的差动连接转换为使回油排回油箱，简化了电气回路，而且动作可靠，换接精度亦比电气控制高。两个工进速度之间的换接采用了两个调速阀串联的回路结构，由于两者速度都较低，电磁阀完全能保证换接精度。

4）YT4543型组合机床动力滑台液压系统常见故障分析及处理

YT4543型组合机床动力滑台液压系统故障原因和排除方法见表6-16。

2. 注射机液压系统故障诊断及处理

1）SZ－100/80型注射机液压系统的工作原理

（1）注射成型工艺。

注射机是将颗粒状塑料加热至流态，在高压作用下快速注入模具内腔，并保压一定时间后冷却凝固、成型而得到塑料制品的塑料注射成型设备。塑料制品注射成型的工作循环如图6-11所示。

表 6-16 YT4543 型组合机床动力滑台液压系统故障原因和排除方法

故障现象	故障原因	故障处理
1. 压力调不上去	压力表或压力表开关堵塞,系统压力未反映出来	清洗压力表或压力表开关
	管道中有较大的泄漏	排除管道泄漏
	管路连接错误,使液压泵卸荷	更正管路的连接
	液压缸中有较大泄漏	排除液压缸泄漏
	溢流阀由下列原因而处于打开位置:阻尼孔堵塞,控制卸荷油路中有泄漏,污物卡阻或锥阀座处不密封、主阀弹簧太软等	排除溢流阀故障,保证溢流正常工作
	换向阀卡死于中间位置,使液压泵卸荷	修理换向阀
	限压式变量泵调压弹簧太软	更换弹簧
	液压泵壳体有气孔、砂眼,液压泵中的零件损坏	更换泵体,检修或更换液压泵
2. 噪声	油面过低、油箱的空气滤清器堵塞	添加油液,清洗空气滤清器
	油的黏度过高	换黏度较低的油
	管路未固定牢	将管路固定牢
	液压泵壳体未固定好	固定好泵壳体
	液压泵吸油管道或滤油器堵塞	清洗吸油管道或滤油器
	吸油管道或滤油器通油能力不够	更换吸油管道或滤油器
	吸入油中含有气泡	排除空气进入油中的可能性
	吸油管道或液压泵轴密封处漏气	排除管道或液压泵轴处的漏气点
	溢流阀振动或系统共振	检查溢流阀,消除共振
	叶片泵的叶片卡死、定子断裂等	修理或更换泵
	液压泵轴和电机轴不同心	重新调整
3. 工作部件爬行	油箱中油面过低,系统中有空气	油箱补充加油、排除系统中的空气
	导轨镶条或压板过紧	调整镶条或压板
	液压缸回油腔背压不足	适当调高背压
	溢流阀的压力调整过低	适当调高溢流阀的压力
	进给量过小	适当改变进给量
	溢流阀振动或系统共振	检修溢流阀、消除共振
	调速阀中的减压阀或溢流阀卡死	检修调速阀
	液压缸活塞杆的密封件扭曲,或润滑不良	调整或更换密封件,改善润滑
	液压泵供油不均匀	修理或更换泵
	液压缸中心线与导轨面平行度误差过大	调整缸与导轨面的平行度
	导轨润滑不良或导轨表面有机械损伤	改善润滑,修理导轨面
	立式机床的平衡重锤与床身内壁摩擦	调整重锤位置
	液压缸过于细长,主轴箱过大	更换缸,改进设计

续表 6-16

故障现象	故障原因	故障处理
4. 无慢进给或最小进给速度过大	节流阀的节流口堵塞,阀前的滤油器堵塞	清洗节流阀开口,清洗滤油器
	调速阀中的溢流阀或减压阀的弹簧过弱或过强	检查节流阀进出口压降(应为0.2～0.35 MPa),必要时更换弹簧
	调速阀中的溢流阀或减压阀卡死	清洗、检修调速阀
	节流阀的调速机构定位不准确	修理调速机构
5. 负荷增加时进给速度显著下降	液压泵、液压缸活塞处或系统中其他部位泄漏过大	排除有关部位泄漏
	调速阀中的减压阀或溢流阀卡死于打开位置	清洗、检修调速阀
6. 负荷不变时进给速度逐渐下降	油中混入杂质太多	清洗油箱、管道和元件并换油
	节流阀前的滤油器或节流阀的节流开口堵塞	清洗滤油器和节流阀开口
	油温过高,油的黏度降低	排除油温过高的因素
7. 空行程时系统压力过高	导轨镶条或压板过紧,或润滑不良	重新调整,改善润滑
	背压过高,管子压扁或堵塞	调低背压,更换管子
	系统中各部位通径过小,系统压力损失大	扩大有关部位通径
	液压缸轴线与导轨不平行,活塞和活塞杆处密封装置摩擦力过大	调整平行度,调整密封
	立式机床平衡重锤过重	减轻重锤重量
	换向阀阀芯位置偏差大使开口过小	修理换向阀
8. 系统中油温过高	系统不工作时,液压泵未卸荷	检查、调整卸荷
	液压泵容积效率低,内泄漏严重	检修液压泵
	系统工作效率低或油箱设计不合理	检查并改进系统设计及油箱设计

注:同一个故障有多个可能原因时,处理步骤按先易后难的原则顺序列出,通常执行完一步就要进行实验,如果故障消除,就不要执行下一步了。

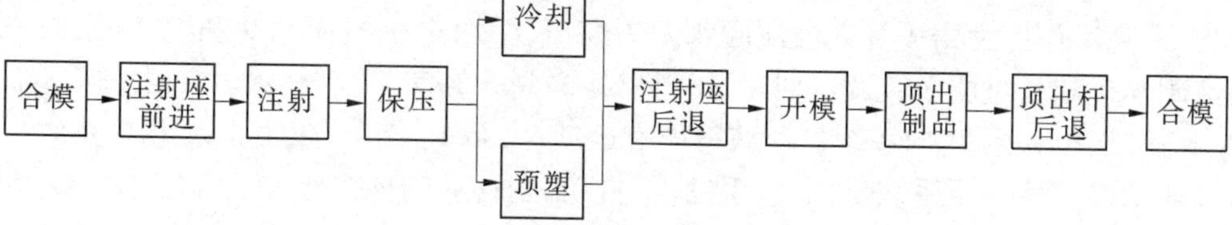

图 6-11　塑料制品注射成型的工作循环图

(2)SZ－100/80 型注射机液压系统的工作原理。

图 6-12 为 SZ－100/80 型注射机的液压系统图。

该系统由合模液压缸、注射座移动缸、注射缸、预塑液压马达、顶出缸等执行元件及其控制回路组成。分析这种较复杂的液压系统,应采取“化整为零，各个击破”的方法,先将整个液压系统按执行元件分为若干个子系统,分析每个子系统能实现的运动及其每个元件的作用,然后根据整个系统需要实现的运动循环逐一分析实现每一步工作的进油路

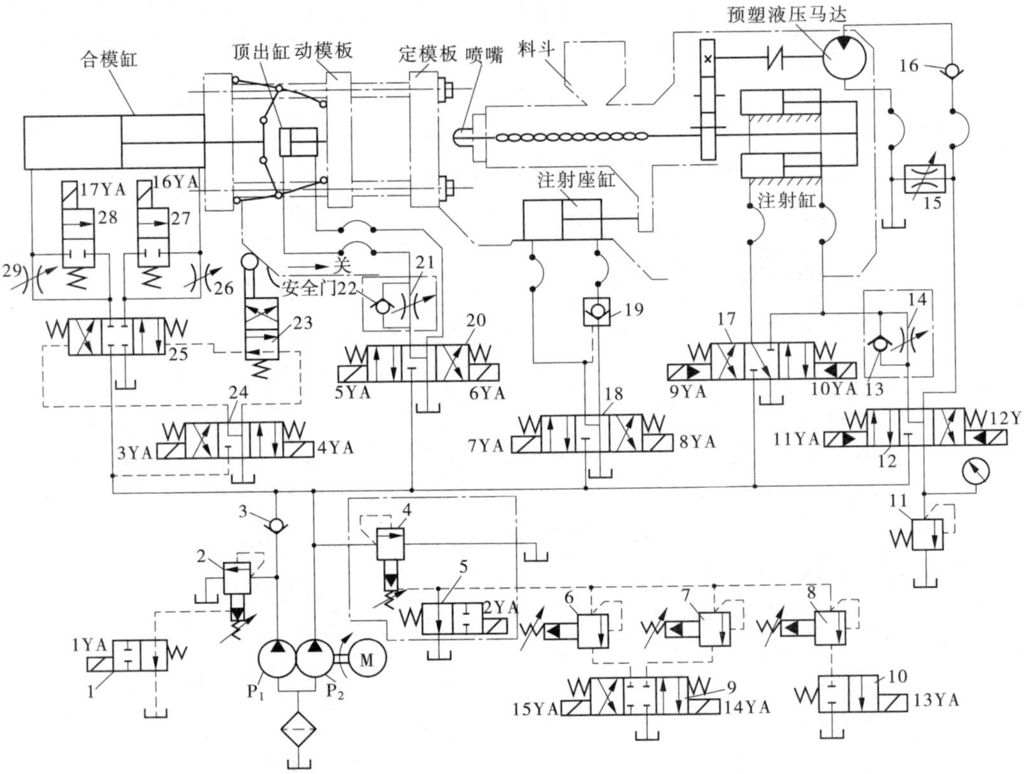

1、5、9、10—卸荷电磁换向阀；2、4—安全溢流阀；3—止回单向阀；6、7、8—调压溢流阀；11—背压阀；12、17、18、20、24—换向阀；13、22—单向阀；14、15、21、26、29—节流阀；16—单向阀；19—液控单向阀；23—行程阀；25—液控换向阀；27、28—调速电磁换向阀

图 6-12　SZ－100/80 型注射机的液压系统图

线、回油路线及各步之间的相互关联，从而掌握整个液压系统的工作原理。

该系统由额定压力为 16 MPa 的中高压双联子母叶片泵（YB－E50/25）供油。P_1 为大流量泵，其工作压力由安全溢流阀 2 调定为较低压力，用电磁换向阀 1 卸荷。P_2为小流量泵，其最高工作压力由先导式溢流阀 4 调为高压，并由电磁换向阀 9 和 10 分别与先导式溢流阀 6、7 和 8 组成多级调压回路，用电磁换向阀 5 卸荷。双泵合流实现快速运动；小泵 P_2 卸荷，仅由大泵 P_1 向系统供油获得中速运动；大泵 P_1 卸荷，仅由小泵 P_2 向系统供油获得慢速工作。该液压系统有调整、手动、半自动、全自动四种操作方式，以下按全自动工作方式分析其工作原理。

①合模。

合模装置由定模板、动模板、起模合模机构和制品顶出机构等组成，常以 40～150 MPa 的压力将塑料熔体射入模腔，常采用连杆增力机构来实现合模与锁模，保证制品质量和避免冲击，在起、合模过程中，要求合模缸有足够的合模力且有慢、快、慢的速度变化。

(a)慢速高压合模。先关闭安全门，使行程阀 23 上移、阀下位；再按启动按钮，使电磁铁 2YA、3YA、16YA 通电，1YA 无电，阀 1 右位，P_1 卸荷、仅 P_2 供油，2YA 通电使阀 5 右位、阀 9 和阀 10 中位，系统压力由阀 4 调为高压。在合模缸子系统中，3YA 得电使电磁换向阀24左位接入系统、16YA通电使二位二通电磁阀27上位接入系统，压力油经节流阀29减速后进入合模缸左腔，推动活塞右移使动模板右移合模，合模缸右腔油液经阀27、25流回油箱。其油路为

控制油路：**进油路**　泵P_2→阀24左位→阀23下位→液控换向阀25右端换为右位；

回油路　阀25左端→阀24左位→油箱。

主油路：**进油路**　泵P_2→阀25右位→节流阀29→合模缸左腔实现慢速高压合模；

回油路　合模缸右腔→阀27上位→阀25右位→油箱。

(b)快速合模。随着动模板的右移，其上的挡块压下行程开关S_1行程开关图中均未标出，电磁铁1YA、17YA通电(电磁铁2YA、3YA、16YA保持通电)。17YA通电，阀28下位接入系统而消除节流减速；1YA得电，阀1左位，泵P_1不卸荷与泵P_2合流直接向合模缸供油，阀2调压，实现快速合模。其油路为：

控制油路：**进油路**　泵P_1、P_2→阀24左位→阀23下位→液控换向阀25右端换为右位；

回油路　阀25左端→阀24左位→油箱。

主油路：**进油路**　泵P_1、P_2→阀25右位→阀28上位→合模缸左腔实现快速高压合模；

回油路　合模缸右腔→阀27上位→阀25右位→油箱。

(c)恢复慢速高压合模。当挡块压下行程开关S_2时，电磁铁1YA、17YA断电（2YA、3YA、16YA仍保持通电状态)，子系统完全恢复到(a)状态，实现慢速合模。

(d)低压慢速合模。当挡块压下行程开关S_3时，电磁铁15YA通电(2YA、3YA、6YA保持通电)，阀9换为左位，仅P_2泵供油，压力由阀6调节，使系统压力为低压，合模缸低压慢速合模，以防止在两模板接近时中间有硬质异物使模具损坏。

(e)慢速高压锁模。当挡块压下行程开关S_4时，15YA又断电，系统又恢复为慢速高压合模状态，其油路与状态(a)相同。这时，合模缸活塞慢速前进并带动双连杆增力机构将模具锁紧。

②注射座前进。

注射部件由加料装置、料筒、螺杆、喷嘴、加料预塑装置、注射缸及注射座移动缸等组成，注射座缸固定，其活塞与注射座整体由液压缸驱动，并保证有足够的推力，使喷嘴与模具浇口紧密接触，以防流态塑料溢出(简称流涎)。

合模缸锁紧后其终点开关S_5被压下，使2YA、8YA得电，3YA、16YA断电。3YA断电使阀24、25复归中位，合模缸两腔油路被封闭在锁紧位置上；16YA断电使阀27换为下位，1YA不通电、泵P_1卸荷，这时仅泵P_2供油、阀4调压(2YA断电)，8YA得电使电磁换向阀18右位接入系统，压力油经液控单向阀19进入注射座缸右腔，缸左腔回油，注射座左移直至注射喷嘴与浇口顶接。液控单向阀19起锁紧保压作用，防止喷嘴与浇口接触处松开。

③注射。

原料、制品形状和模具浇口布局的不同，需要不同的注射压力以获得合理的注射速度。注射速度过低，熔体不易充满复杂的型腔，易形成冷接缝；注射速度过高，会因摩擦而

产生高温,使材料变色或发生化学分解。因此,要求注射压力应有相应的变化。

(a)慢速注射。当注射座整体移动到位时挡块压下开关 S_6,使 11YA、13YA 通电(2YA、8YA 保持通电状态),11YA 通电使阀 12 左位接入系统,13YA 通电使阀 10 换为右位,系统由小泵 P_2 供油,由远程调压溢流阀 8 调压。这时,压力油经阀 12、阀 14 节流减速后进入注射缸右腔,其活塞带动螺杆慢速左移注射,注射缸左腔油液经阀 17 回油。其油路为:

进油路 泵 P_2→阀 12 左位→节流阀 14(减速)→注射缸右腔;

回油路 注射缸左腔→阀 17 中位→油箱。

(b)快速注射。当挡块压下行程开关 S_7 时,使 1YA、9YA 通电 (2YA、8YA、11YA、13YA 保持通电),1YA 通电使 P_1 供油,实现双泵供油阀 8 调压(13YA 通电)。9YA 通电使阀 17 换为左位,压力油经阀 17 进入注射缸右腔,活塞带动螺杆快速左移注射,注射缸左腔回油。其油路为:

进油路 泵 P_1、P_2→阀 17 左位→注射缸右腔;

回油路 注射缸左腔→阀 17 左位→油箱。

④保压。

当熔体注入型腔后在冷却凝固时材料体积会收缩,因此需要保持压力一定的时间以补充熔体。当挡块压下行程开关 S_8 时,使 1YA、9YA、13YA 断电,14YA 通电(2YA 、8YA、11YA 保持通电),并使时间继电器延时计时。1YA 断电使 P_1 泵卸荷,仅由 P_2 泵供油,14YA 通电使阀 9 换为右位,系统由远程调压溢流阀 7 调压,9YA 断电使阀 17 恢复中位,11YA 保持通电使阀 12 左位,压力油经节流阀 14 减速后进入注射缸右腔,补充泄漏油,实现注射缸保压。其油路为:

进油路 泵 P_2→阀 12 左位→阀 14 减速→注射缸右腔;

回油路 注射缸左腔→阀 17 中位→油箱。

⑤预塑。

在注射成型加工中,料筒每小时能塑化材料的重量称为塑化能力,其应随塑料的熔点、流动性和制品的不同而有所改变。

当保压时间至预定值时,时间继电器发出信号使 1YA、12YA 通电,11YA、14YA 断电(2YA、8YA 保持通电)。1YA 通电使 P_1 供油,实现双泵供油,阀 2 或阀 4 调压,因前者调定压力较低,故为阀 2 调压。12YA 通电使阀 12 右位接入系统,压力油直接进入预塑液压马达,使预塑液压马达带动螺杆转动,将料斗中的颗粒塑料卷入料筒并不断推至前端加热。螺杆转动速度由旁油路调速阀 15 调节。预塑液压马达的油路为:

进油路 泵 P_1、P_2→阀 12 右位→单向阀 16 →预塑液压马达进油口(阀 15 调速);

回油路 预塑液压马达出油口→油箱。

这时注射缸活塞在螺杆反推力作用下右移,注射缸右腔回油,左腔从油箱中吸油。注射缸油路为:

进油路 油箱→阀 17 中位→注射缸左腔;

回油路 注射缸右腔→单向阀 13 →阀 12 右位→背压阀 11→油箱。

⑥防流涎。

制品在冷却成型后要从模具中顶出，为防止制品在脱模顶出时受损，要求顶出缸的运动平稳并可根据制品的形状、尺寸的不同调节速度。螺杆退至预定位置，挡块压下行程开关 S_9，使10YA通电（2YA、8YA保持通电），1YA、12YA断电。1YA断电使 P_1 卸荷，仅泵 P_2 供油，2YA通电使阀5右位、阀4调压，10YA通电使阀17右位，注射缸左腔进压力油、右腔回油，使螺杆强制后退。其油路为：

进油路　泵 P_2→阀17右位→注射缸左腔（螺杆强制后退、复位）；

回油路　注射缸右腔→阀17右位→油箱。

这时注射座缸仍处于左端位置，且由液控单向阀19锁紧，以防喷嘴流涎。

⑦注射座缸后退。

当挡块压下行程开关 S_{10} 时，7YA通电，8YA、10YA断电（2YA保持通电）。1YA断电使 P_1 卸荷，仅泵 P_2 供油，2YA通电使阀5右位、阀4调压，7YA通电使压力油经阀18左位进入注射座缸左腔，并打开液控单向阀19，使缸右腔油经阀19及阀18左位回油，注射座整体后退。

⑧开模。

（a）慢速开模。当挡块压下行程开关 S_{11} 时，2YA、4YA、17YA通电，仅 P_2 供油、阀4调压。4YA通电使阀24右位、阀25左位，17YA通电使阀28上位。这时压力油经节流阀26减速后进入合模缸右腔，实现慢速开模，其速度由阀26调节，缸左腔回油。

（b）快速开模。当挡块压下行程开关 S_{12} 时，使1YA、2YA、4YA、16YA、17YA通电，双泵供油、阀2调压；阀27上位，压力油经阀27直接进入合模缸，不再经过节流阀26，因而实现快速开模。

（c）恢复慢速开模。挡块压下行程开关 S_{13} 时，电磁阀通电及油路情况同（1）。

⑨顶出制品。

（a）顶出制品。挡块压下行程开关 S_{14}，使2YA、5YA通电，仅 P_2 供油、阀4调压，5YA通电使阀20左位，压力油经阀21节流减速后进顶出缸左腔，右腔回油，顶出杆右移顶出制品，其移动速度由阀21调节。

（b）顶出缸退回。当顶出杆到位将工件顶出后，挡块压下行程开关 S_{15}，使2YA、6YA通电，5YA断电，6YA通电使阀20右位，P_2 供油、阀4调压，压力油进顶出缸右腔，左腔经单向阀22回油，其活塞退回原位。挡块压下终点开关 S_{16} 时，可使2YA、6YA断电停止工作。另外，还使2YA、3YA、16YA同时通电，为下一次工作循环做准备。

（3）SZ－100/80型注射机液压系统的特点。

①该液压系统为多缸复杂系统。各子系统之间的工作顺序有严格的要求，它采用了多个行程开关控制电磁换向阀，顺序实现比较方便、可靠，在注射保压阶段采用了时间继电器控制，使设备能实现全自动工作。

②针对工作循环各工作阶段要求不相同的压力和速度，它采用了由双联泵、先导式溢流阀、远程多级调压阀及多个电磁换向阀组成的快速回路、多级调压回路和卸荷回路，来满足工作要求。但是，也使其元件数量多、发热大、控制系统复杂。

③该系统只在开/合模子系统采用电液控制阀，其余均直接采用电磁阀，其通流能力受到限制；另外，大量采用节流调速。这些都是引起系统发热量大的主要原因。

要提高系统效率，减少发热，可考虑采用变量泵供油，电液比例阀控制系统的流量、压力等参数。若采用计算机进行控制和工艺参数设定，将获得更优的工艺过程。

2）注射机液压系统压力不足故障诊断及处理

（1）故障现象。

注射机各个动作缓慢无力。

（2）故障的诊断与处理。

故障原因主要是泵 P_1 和泵 P_2 的压力不足，属于整体性故障。从系统图看，问题出在动力源部分，即泵 P_1 和泵 P_2 或阀 4、5、6、7、8、9、10。采取"操作性先易后难，可能性先高后低"的原则逐个排查。

①先处理泵 P_1 压力不足故障。拆检阀 1 确保无误，若故障还存在就执行下一步；拆检阀 2 和 3 并确保无误，若故障还存在就执行下一步。

②处理泵 P_2 的压力不足故障。逐级拆检阀 4、5、6、7、8、9、10 并确保无误，若故障还存在就执行下一步。

③拆检泵 P_1 和泵 P_2。

3）注射机液压系统锁模力不足故障诊断及处理

从表面看是合模缸内漏，但如果系统给合模缸的油压不足，也会表现出合模力不足。

（1）故障性质的确认。

首先要确认是局部故障，故障出现在合模阶段，其余部分应该是正常的；否则，应考虑故障是非局部的。

（2）局部故障的诊断与处理。

确认是局部故障以后，为方便分析，可把合模部分的液压原理图单独画出，如图 6-13 所示。故障原因可能是合模缸内漏或各相关阀内漏，采取"操作性先易后难，可能性先高后低"的原则逐个排查。

①检修阀 24 和阀 25 的内漏，装复确认无误后，若故障没有消除就进行下一步。

②最后剩下合模缸，拆检修复即可。

4）注射机液压系统塑料不能充满模腔故障诊断及处理

（1）故障现象。

开模检查发现产品有材料缺失现象。

（2）故障的诊断与处理。

故障的原因主要是注射缸动作慢或注射压力不足。为方便分析，可把注射部分的液压原理图单独画出，如图 6-14 所示。

①观察注射缸动作，如果觉得速度明显放慢，则先按注射缸动作慢进行检修。先检查阀 14，确认无误后，若故障没有消除就拆检修复注射液压缸，装复确认无误后，若故障没有消除就进行下一步。

②观察注射时液压系统压力，如果压力明显不足，则先按系统压力不足进行检修，拆检阀 17，确认无误后装复，故障应该消除。如果压力无明显不足，则还要观察背压表，并调整背压阀 11 至正常值。

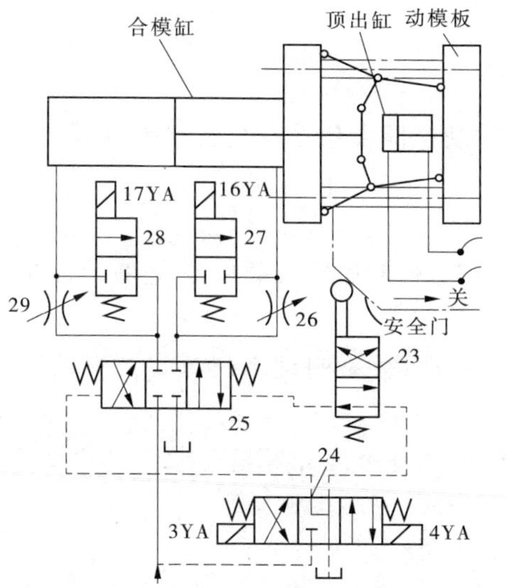

图6-13　注射机液压系统合模支路

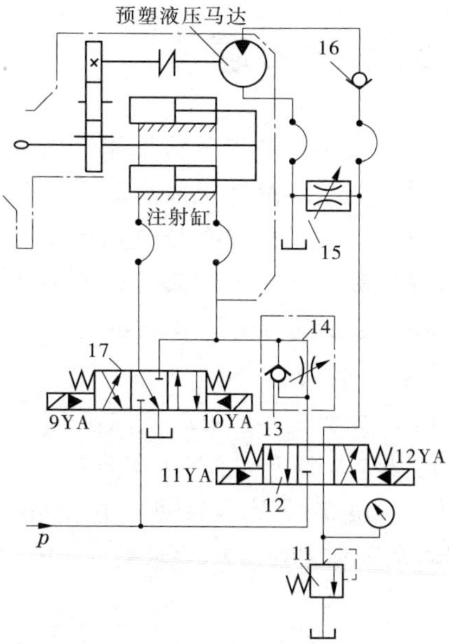

图6-14　注射机液压系统注射支路

5)注射机液压系统塑料不能推进故障诊断及处理

(1)故障现象。

注射时马达不转、不能进,但是注塑还行。

(2)故障的诊断与处理。

故障既然是出在预塑阶段,且注塑还行,说明问题出在预塑换向阀12或预塑马达上。

①拆检修复阀12,应该消除故障,否则需要进行下一步;

②拆检阀17,确认无误后装复,若故障没有消除就进行下一步;

③拆检液压马达,确认无误后装复,故障应该消除。

小　结

液压系统的故障诊断技术尚未成熟,很难早期发现故障,故在使用液压系统中要及时发现不良现象,及时解决,以免故障扩大。目前故障诊断的方法主要是简易诊断技术,需要技术人员不断积累经验,并结合运用故障诊断仪器,提高故障诊断水平。这里把工程技术人员在工作中积累的经验,主要是常见故障现象及排除方法列于表中,供大家参考。在工作中要学会运用分析方法,把他人的经验真正变为自己的经验。本项目以典型机床液压系统和液压汽车起重机为例,由浅入深地介绍系统分析步骤和任务:系统功能原理与组成回路,各回路的走向关系、动作顺序以及回路之间的联系,液压系统故障分析处理的具体过程和方法。培养学生学会根据液压系统故障现象分析故障原因,结合液压系统原理图快速查找故障点,熟练掌握中等复杂液压系统故障的分析与处理。同时,通过采用COMET能力模型对学生提出要求,培养学生的综合职业能力。

复习思考题

6-1 液压系统常用的故障诊断方法有哪些?

6-2 液压油黏度下降的原因是什么? 油液黏度下降会使系统发生哪些故障?

6-3 滤油器堵塞会使液压系统发生哪些故障?

6-4 防止液压系统温升过高的措施有哪些?

6-5 分析图 6-1 的液压压力机液压系统中通过哪些元件来起到安全保护作用? 它们是如何工作的?

6-6 分析图 6-3 的汽车起重机液压系统工作原理,并说明该系统采用了哪些回路来保证起重机工作可靠、操作安全?

6-7 图 6-10 所示的动力滑台液压系统在哪些方面的设计考虑了机床工作的要求? 该系统是如何实现这些要求的?

项目七　液压传动系统的现代化技术

【教学目标要求】

1. 知识目标

(1)了解电液比例阀、插装阀和数字阀等新型液压控制阀的结构、功能、控制原理及其各自的应用。

(2)理解液压伺服系统工作原理。

2. 技能目标

掌握液压执行元件的结构、数字化原理和计算机控制技术,能够阅读分析现代化液压系统,能对传统液压系统进行数控化改造。

任务7.1　新型液压控制阀的拆装

7.1.1　任务书

1. 学习目的

了解电液比例阀、插装阀和数字阀等新型液压控制阀的结构、功能、控制原理及其各自的应用,培养正确选用新型液压控制阀以及组建、安装、调试液压系统或回路等实践能力。

2. 学习器材

(1)实物:电液比例阀、插装阀和数字阀等新型液压控制阀。

(2)工具:内六角扳手1套、耐油橡胶板1块、油盆1个及钳工常用工具1套。

(3)液压系统实验台及各种辅助液压元件。

3. 学习过程

参考普通液压阀的拆装,选择元件,组建系统或回路,并进行安装、调试。

4. 学习报告

根据阀的结构简述液流从进油到出油的全过程;分析各个阀的不同之处,画出它们的图形符号;分析电－液转换方法、模拟量及开关量的数字化方案。

7.1.2　电液比例阀

近年来,随着液压技术的迅速发展,一些新型的控制阀也相继出现,如电液比例阀、插装阀和数字阀等。由于它们的出现,扩大了阀类元件的品种和液压系统的使用范围。与普通液压控制阀相比,它们具有显著的特点。采用这些新型的控制阀,将使系统简化,元件数量大为减少,便于用计算机控制,使自动化程度明显提高。

普通液压阀只能对液流的压力、流量进行定值控制，对液流的方向进行开关控制；而电液比例阀能够连续地、按比例地控制液压系统中的流量、压力和方向，借助计算机控制技术还可以实现程序控制。

电液比例控制阀，简称电液比例阀，大多数具有类似普通液压阀的结构特征。它与普通液压阀的主要区别在于，阀芯的运动采用比例电磁铁控制，使输出的液体压力或流量与输入的电量成正比。

电液比例阀在加工制造方面的要求接近于普通阀，但其性能却大为提高。电液比例阀的使用能使液压系统简化、液压元件数量大为减少，并且可用计算机控制，使自动化程度明显提高。

电液比例阀按其控制的参量，可分为电液比例压力阀、电液比例流量阀、电液比例换向阀和电液比例复合阀等。前两种为单参数控制阀，只能控制一个参量；后两种能同时控制多个参量。

7.1.2.1　**电液比例溢流阀**

先导式电液比例溢流阀的结构原理如图 7-1 所示，它由直流比例电磁铁和先导式溢流阀组成。若与普通压力阀组合，可组成比例溢流阀、比例减压阀和比例顺序阀等。当输入一个电信号时，比例电磁铁便产生一个相应的电磁力，这个力通过推杆 2 和弹簧 3 的作用使先导阀阀芯 4 接触在先导阀阀座 5 上。因此，打开锥阀的液压力与电流成正比，形成一个比例先导压力阀。孔 a 为主阀 6 的阻尼孔，由先导式电液比例溢流阀工作原理对溢流阀阀芯上的受力分析可知，电液比例溢流阀进口压力的高低与输入信号电流的额定大小成正比，即进口油液压力受输入电磁铁的电流大小控制。若输入信号电流是连续地、按比例地或按一定程序变化的，则电液比例溢流阀所调节的液压系统压力也连续地、按比例地或按一定程序地进行变化。

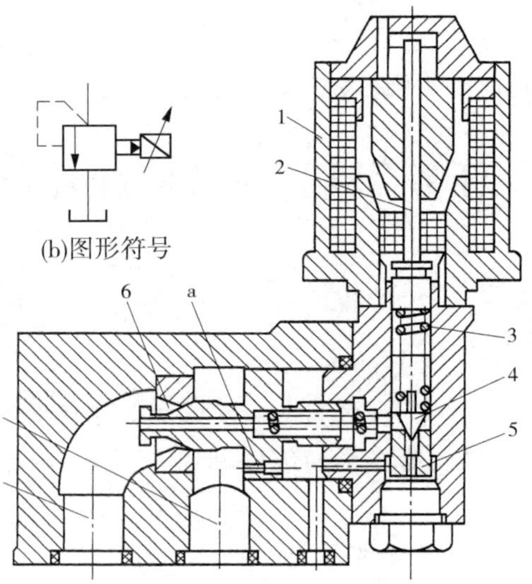

(b)图形符号

(a)结构图

1—外壳；2—推杆；3—弹簧；

4—先导阀阀芯；5—先导阀阀座；6—主阀

图 7-1　先导式电液比例溢流阀

图 7-2 所示为多级压力控制回路。图 7-2(a)所示为用电液比例溢流阀实现多级压力控制，当以不同电流 I_1、I_2、I_3、I_4和 I_5输入时，溢流阀就可得到 5 种压力控制，它与普通溢流阀的多级压力控制[见图 7-2(b)]相比，液压元件数量少，系统简单。若输入的是连续变化的信号，则可实现连续的压力控制。

电液比例溢流阀能实现高精度、远距离的压力控制。由于它响应快、压力变换连续，因此可减少压力变换的冲击，并能减少系统中的元件数量。同时，由于它抗污染能力强、

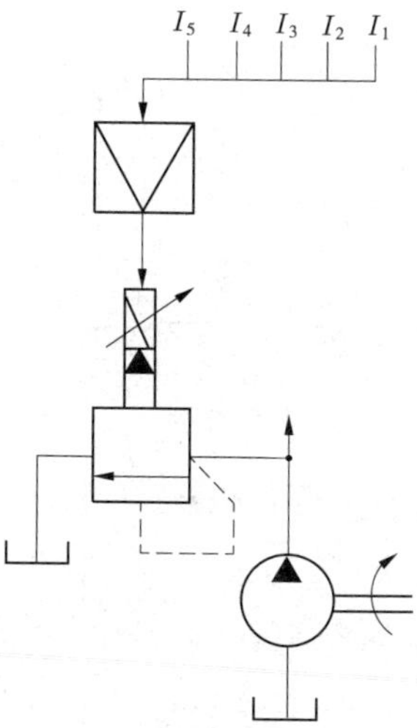

(a)电液比例溢流阀实现多级压力控制

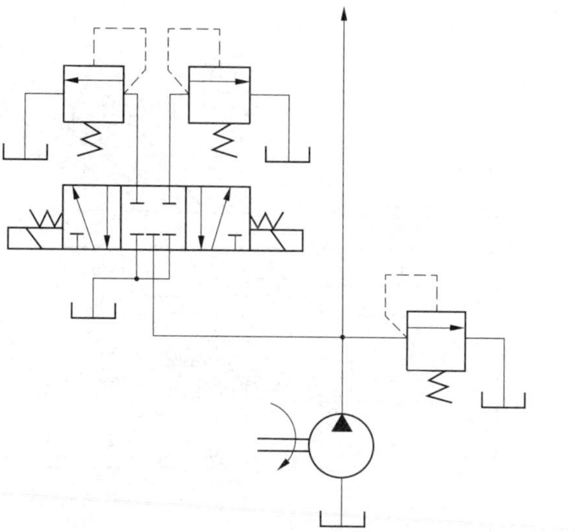

(b)普通溢流阀的多级压力控制

图 7-2　多级压力控制回路

工作可靠、价格也较低,所以目前应用较广泛,多用于轧板机、注射成型机和液压机的液压系统。

7.1.2.2　电液比例换向阀

用比例电磁铁取代电磁换向阀中的普通电磁铁,便构成直动式比例换向阀。比例电磁铁不仅可使阀芯换位,而且可使换位的行程连续地或按比例地变化,从而连通油口间的通流面积也可以连续地或按比例地变化。所以,比例换向阀能改变液体的流向和速度,适用于对一般执行机构进行速度和位置的控制,是一种用途广泛的比例控制元件。在大流量的情况下,应采用先导式比例换向阀。电液比例换向阀不仅能控制方向,还能控制流量。

图 7-3 所示为电液比例换向阀的结构原理。它由电液比例减压阀和液动换向阀组成。电液比例减压阀作先导级使用,取液体的出口压力来控制液动换向阀正反向开口量的大小,从而控制液体的流向和流量大小。先导级电液比例减压阀由两个比例电磁铁 2 和 4 及减压阀阀芯 3 组成。

当比例电磁铁 2 通入电信号时,减压阀阀芯 3 右移,供油压力 p 被右边阀口减压后,经通道 b 反馈至减压阀阀芯 3 的右端,与比例电磁铁 2 的电磁力相平衡,因而减压后的压力与供油压力大小无关,但是,与输入信号电流的大小成比例。减压后的油液经孔道 c 作用在换向阀阀芯的右端,使换向阀阀芯 5 左移,打开 P 到 B 的阀口,并压缩左端弹簧。换向阀阀芯 5 的移动量与控制油液的量成正比,即阀的开口大小与输入电流大小成正比。同理,当比例电磁铁 4 通电时,压力油从 P 经 A 输出。

液动换向阀的端盖上安装有节流阀 1 和 6,用来调节换向阀的换向时间。此外,电液比例换向阀也具有不同的中位机能。

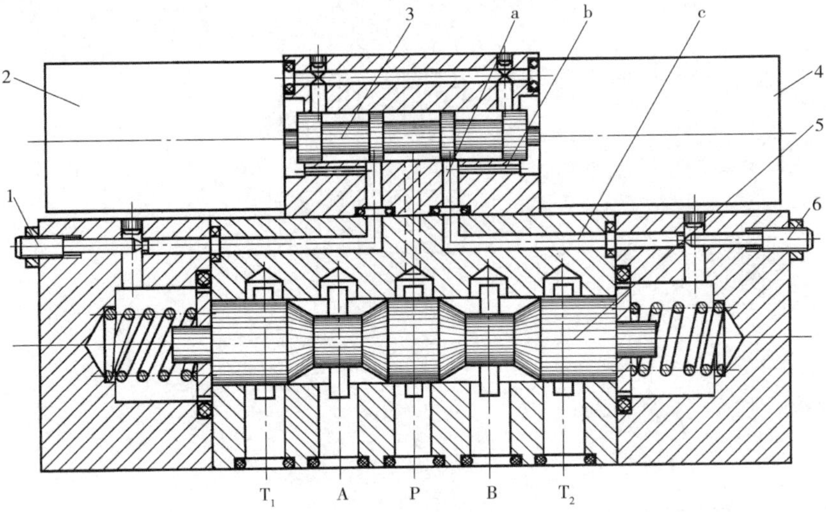

1、6—节流阀;2、4—比例电磁铁;3—减压阀阀芯;5—换向阀阀芯

图 7-3 电液比例换向阀的结构原理

7.1.2.3 电液比例流量阀

电液比例流量阀用比例电磁铁替代节流阀或调速阀的手调装置,以输入电信号控制节流口开度,便可连续地或按比例地远程控制其输出流量。它由比例电磁铁和流量阀组合而成。比例电磁铁与节流阀组合,称为比例节流阀;比例电磁铁与调速阀组合,称为比例调速阀,如图 7-4 所示;比例电磁铁与单向调速阀组合,称为比例单向调速阀。图 7-5(a)所示为用普通调速阀实现三种进给速度的系统图,三个调速阀并联在油路中,采用了一个非标准的三位四通电磁换向阀,控制工序间的有级调速。图 7-5(b)所示为用电液比例调速阀的进给系统,只要输入对应于各种速度的信号电流,就可以进行多种速度控制。比较两个液压系统,显然后者液压元件较少,系统简单,但电气比原来复杂些。

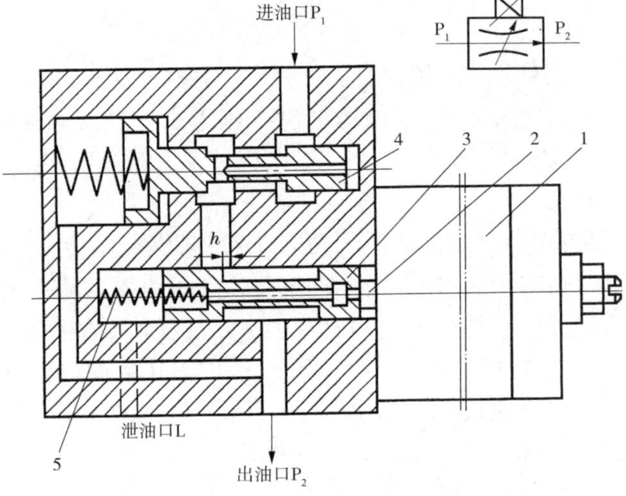

1—电磁铁;2—推杆;3—节流阀阀芯;4—主阀芯;5—弹簧

图 7-4 比例调速阀

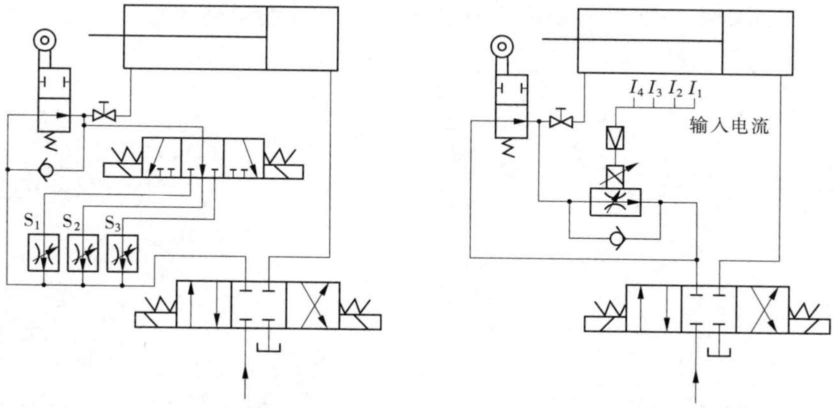

(a)普通调速阀　　(b)电液比例调速阀

图 7-5　多级调速回路的比较

电液比例调速阀主要用于多工位加工机床、注射成型机、抛沙机等的液压系统的速度控制，也可用于远距离的速度控制和速度自动控制系统中。当输入信号电流为 0 时，输出流量为 0，因此可作为切断油路的开关。

7.1.3　插装阀

随着液压技术向高压、大流量和集成化方向发展，传统的液压元件由于受到压力、流量、灵活性等因素的限制已不能满足发展需要，插装阀在这种新形势下应运而生。其发展的基本思路是把液压系统的功率传递部分与信号传递部分适当地分开，并将元件通用化、标准化、组合化。从结构上看，插装阀是一种不包括阀体，而直接将阀芯装入一个共同阀体内的特殊二位二通阀，其阀芯基本结构通常是一个锥阀，可以用来实现最基本的逻辑功能，也称为插装式锥阀或插装式逻辑阀。插装阀克服了普通液压阀压力损失大、集成难的缺点，具有结构简单、通用化程度高、通油能力大、密封性能和动态特性好的优点。目前，它在锻压、冶金、船舶机械及塑料成型机械等高压大流量系统中得到了广泛应用。

7.1.3.1　插装阀的基本结构和工作原理

插装阀的基本结构如图 7-6(a)所示，它主要由阀芯 4、阀套 2 和弹簧 3 等元件组成，有两个管道连接口 A、B 和一个控制油口 K，锥阀上腔连接先导控制阀与控制油路相通。使用不同的先导阀可构成压力控制、方向控制或流量控制，也可组成复合控制。当控制油口 K 与 A 或 B 接通时，锥阀可打开使 A、B 两油口相通，它相当于普通单向阀[见图 7-7(a)、(b)]；当控制油口 K 用液控阀与油箱接通时，它相当于液控单向阀[见图 7-7(c)]。控制油口 K 的卸压或加压，就可实现锥阀的启闭。

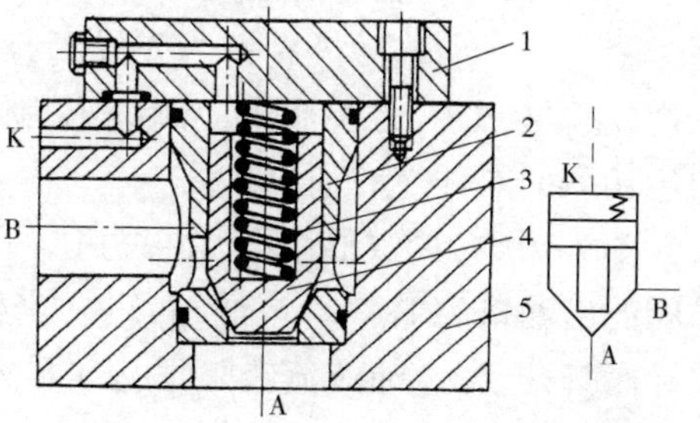

(a)结构图　　(b)图形符号

1—盖板；2—阀套；3—弹簧；4—阀芯；5—母体

图 7-6　插装阀的基本结构和图形符号

插装式换向阀用小规格先导二位三通电磁换向阀来改变锥阀上腔的通油状态，可构成插装式二位二通换向阀，如图 7-8 所示。

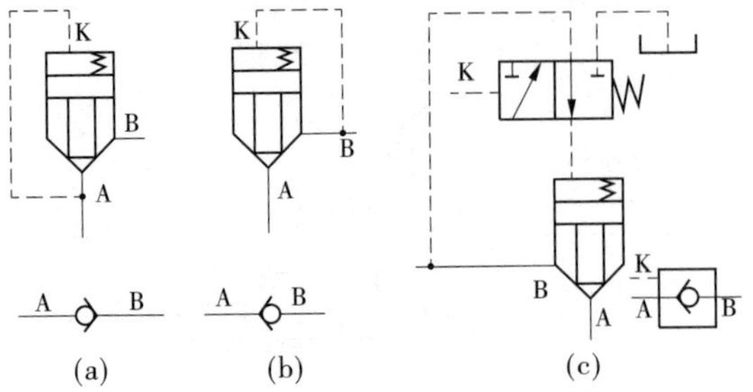

图 7-7 插装式单向阀

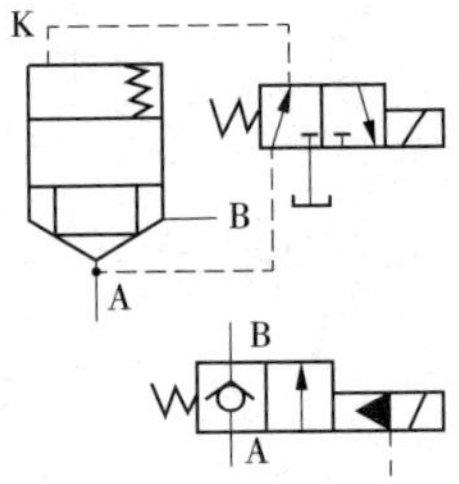

图 7-8 插装式二位二通换向阀

用一个小规格先导二位四通电磁换向阀，控制四个锥阀上腔的通油状态，即可构成二位四通换向阀，如图 7-9(a) 所示；用一个三位四通电磁换向阀和四个插装阀，可组成一个插装式三位四通换向阀，如图 7-9(b) 所示。

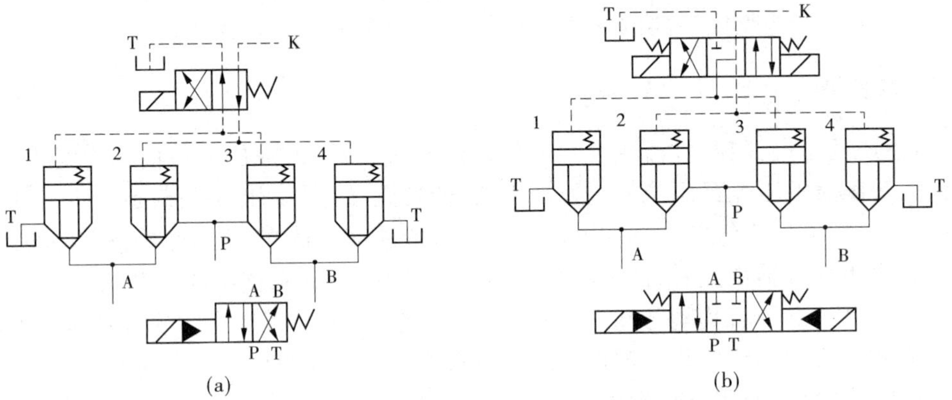

图 7-9 插装式二位四通/三位四通换向阀

7.1.3.2 插装式压力控制阀

用一个直动式溢流阀作为先导阀，对插装式锥阀的控制油腔的油液压力进行控制，可以构成插装式压力控制阀，用来控制高压大流量液压系统的工作压力，其原理如图 7-10(a)、(b)、(c) 所示。

图 7-10(a) 中，插装阀 1 的 A 口与上腔经过阻尼孔 a 相连，上腔与先导阀 2 相连，先导阀的出油口和 B 口均与油箱直连，当插装阀 A 腔压力升高到先导阀 2 的调定压力时，先导阀打开，少量油液流经阻尼孔 a 和先导阀 2 回到油箱，在 a 的两端造成阀芯压力差，使主阀芯抬起，大部分油液从 A 经主阀口由 B 口溢流回油箱，实现大流量稳压溢流。在图 7-10(b) 中，插装阀采用常开滑阀式阀芯，出油口 A 接后续压力油路，先导阀 2 的出油口单独接油箱，开始时主阀大开口，实现减压后供给系统使用。当 A 口压力升高使先导阀 2 打开时，少量油液流经孔 a 和先导阀 2 回到油箱，主阀压力前高后低，滑阀开度减小，主要工作油液由 B 进经 A 出的压力损失加大，A 点压力下降，完成插装式减压阀功能。

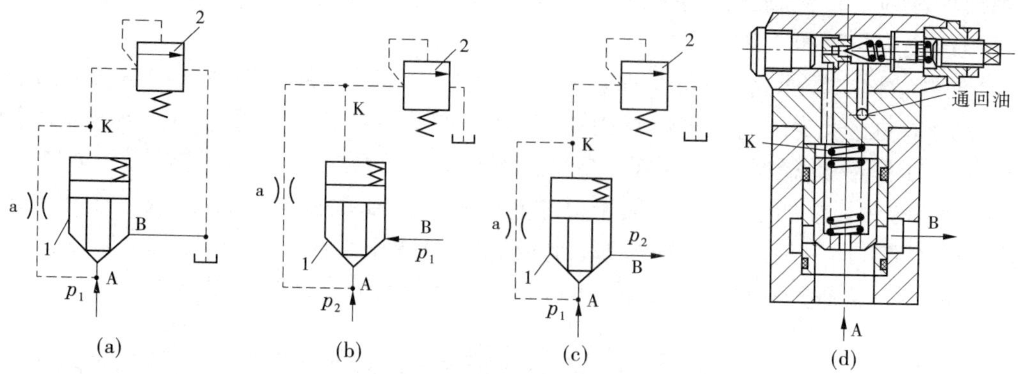

1—插装阀;2—先导阀

图 7-10 插装式压力控制阀

在图 7-10(c)中,插装锥阀的 B 口接压力油路,先导阀的油口单独接油箱,便构成插装式顺序阀。其控制压力由先导阀 2 调节,工作原理与先导式顺序阀相同。图 7-10(d)为插装式溢流阀结构图。如果用比例溢流阀作先导阀代替直动式溢流阀,则可构成插装式比例溢流阀或插装式比例减压阀,用来进行高压大流量系统的多级控制和连续控制。

7.1.3.3 插装式流量控制阀

通过插装锥阀的盖板,在阀芯上增加行程调节装置,就可以调节阀芯开度,构成插装式节流阀,如图 7-11 所示。也可以在插装阀的锥阀芯上开对称三角槽,以便进行细微流量调节。根据需要可以组成插装调速阀、插装比例节流阀等。

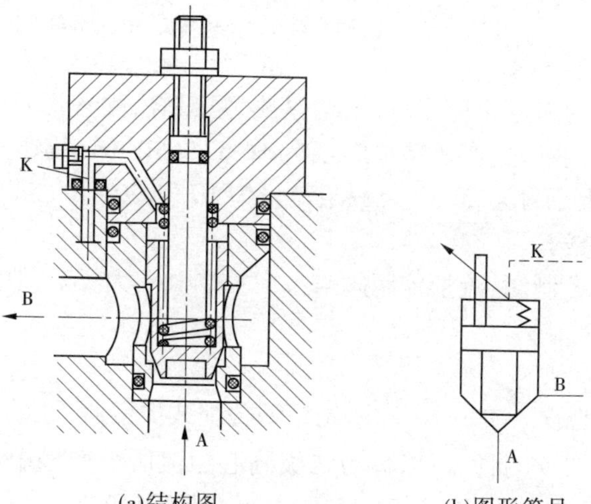

(a)结构图 (b)图形符号

图 7-11 插装式节流阀

7.1.4 叠加阀

7.1.4.1 叠加阀的工作原理

叠加式液压阀简称叠加阀。其实现各类控制功能的原理与普通液压阀相同。它的最大特点是阀体本身除容纳阀芯外,还兼有通道体的作用,每个阀体上都设置有公共油液通道，各阀芯相应油口在阀体内与公共油道相接。用阀体的上、下安装面进行叠加式无管连接，可组成集成化液压系统。

叠加阀结构与普通阀不同，在规格上自成系列 D。同一种通径系列的各类叠加阀，上、下平面主油路通道的直径与位置相同，并且其连接螺栓孔的位置、尺寸、数量也相同。这样就可以用同一通径系列的叠加阀叠加成不同功能的系统。通常把控制同一个执行件的各叠加阀与底板叠加起来，把不属于叠加阀的换向阀安装在最上面，组成一个子系统。各子系统之间再通过底板块横向叠加，组成完整的液压系统。其外观如图 7-12 所示，图 7-13(a)所示为叠加阀的结构图，图 7-13(b)、(c)所示为叠加阀的职能图。

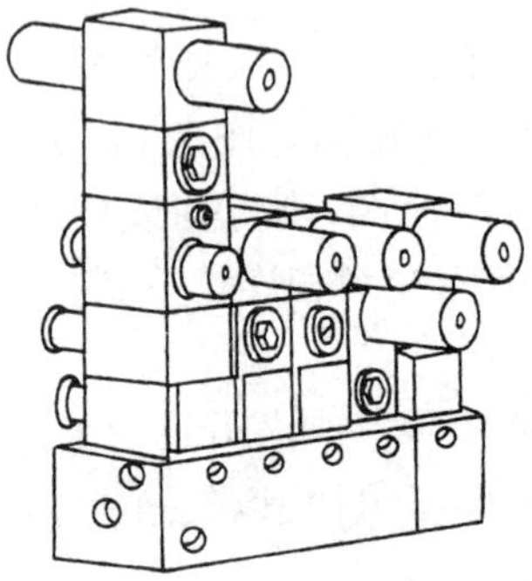

图 7-12　叠加阀的外观图

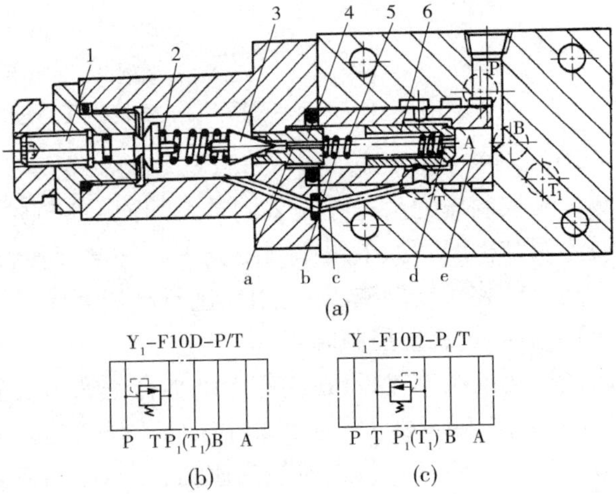

1—调节螺钉；2、5—弹簧；3—先导阀芯；4—先导阀座；6—主阀

图 7-13　叠加阀的结构图和职能图

叠加阀液压系统的集成化程度高，结构紧凑，重量轻，配置形式灵活，压力损失小，振动小，使用安全可靠。我国生产的叠加阀现有 ϕ6 mm、ϕ10 mm、ϕ16 mm、ϕ20 mm、ϕ32 mm 等 5 个通径系列，额定压力为 20 MPa，额定流量为 10 ~ 200 L/min。

7.1.4.2　叠加阀的结构

叠加阀分为压力控制阀、流量控制阀与方向控制阀三大类。其中，方向控制阀仅有单向阀。

1. 叠加式溢流阀

图 7-13(a)所示为 Y_1 - F10D - P/T 先导型叠加式溢流阀，它的主阀芯外圆与锥面同轴度要求很高才能保证密封性，所以称为二级同心溢流阀。型号中：Y 表示溢流阀；F 表示压力等级为 20 MPa；10 表示为 ϕ10 mm；D 表示叠加阀；P/T 表示进油口为 P，回油口为 T。其图形符号如图 7-13(b) 所示，图 7-13(c)所示为 Y_1 - F10D - P_1/T 型图形符号，其进油口为 P_1。

2. 叠加式流量阀

图 7-14 所示为 QA - F6/10D - BU 型单向调速阀。它由装在阀体内的单向阀与安装在阀体侧面的调速阀组合而成，这也称为组合式结构。其工作原理与普通单向调速阀完全相同。型号中：QA 表示单向调速阀；F 表示压力等级；6/10 表示该阀通径为 6 mm，而其

接口尺寸属于 ϕ10 mm 系列；D 表示叠加阀；BU 表示此阀适用于液压缸出口节流调速的回路。

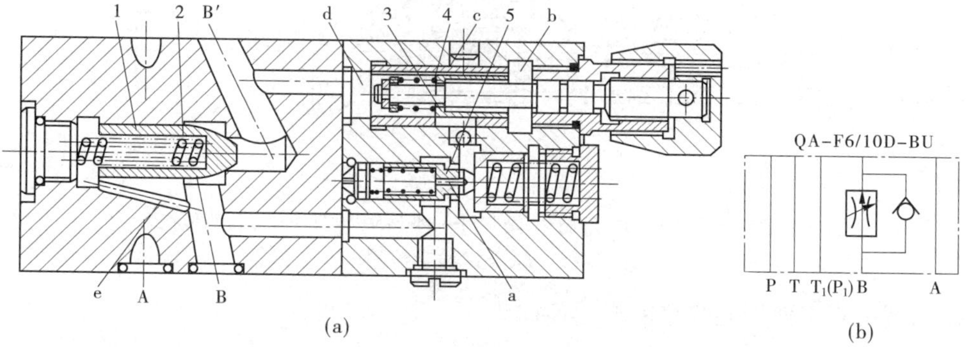

(a)　　　　(b)

1—阀芯；2、4—弹簧；3—节流阀；5—减压阀；A—通道口；B—进油口；B′—出油口；a—阀芯中心小孔；b、d—油腔；c—油槽；e—小孔

图 7-14　叠加式调速阀

7.1.5　电液数字阀

电液数字阀简称为数字阀，它是用数字信息直接控制的液压阀。用计算机对电液系统进行控制是今后液压技术发展的必然趋势。比例阀和伺服阀能接收的信号是连续变化的电压或电流，而数字阀则可直接与计算机接口，故可用于用计算机实现实时控制的电液系统中。

电液数字阀在结构上主要由滑阀、位移转换装置和数字电动机三部分组成。阀的机能取决于滑阀；位移转换装置主要是将角位移转换为线位移，通常采用滚珠丝杠传动副；数字电动机部分目前有两种方式：一种方式为采用伺服电动机通过 A/D 转换与计算机连接，另一种方式为采用步进电动机直接与计算机连接。当今技术较成熟的是增量式数字阀，即用步进电动机驱动的电液数字阀，已有数字流量阀、数字压力阀和数字方向流量阀等系列产品。步进电动机能接收计算机发出的经驱动电源放大的脉冲信号，每接收一个脉冲便转动一定的角度。步进电动机的转动又通过凸轮或丝杠等机构转换成直线位移量，从而推动阀芯或压缩弹簧，实现液压阀对方向、流量或压力的控制。

图 7-15 所示为增量式数字流量阀。计算机发出信号后，数字电动机（目前常用步进电动机）1 转动，电机轴与滚珠丝杠 2 用联轴器连接，通过滚珠丝杠传动副将角位移转化为轴向位移，带动节流阀阀芯 3 移动。该阀有两个节流口，阀芯移动时首先打开右边的非全周节流口，流量较小；继续移动则打开左边的第二个全周节流口，流量较大，可达 3 600 L/min。该阀的流量由阀芯 3、阀套 4 及阀杆 5 的相对热膨胀取得温度补偿，维持流量恒定。

该阀无反馈功能，但装有零位移传感器 6，在每个控制周期终了时，阀芯都可在它的控制下回到零位。这样就可以保证每个工作周期都在相同的位置开始，使阀有较高的重复精度。

因为计算机具有运算速度极快、记忆功能强大、逻辑判断迅速准确等明显的优势，所

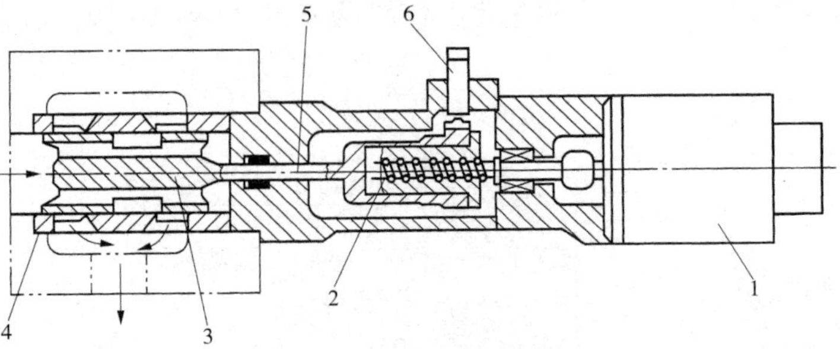

1—数字电动机;2—滚珠丝杠;3—阀芯;4—阀套;5—阀杆;6—零位移传感器

图 7-15 增量式数字流量阀

以主换向阀可直接使用同规格的普通换向阀。

任务 7.2 数控化改造后的液压仿形车床拆装

7.2.1 任务书

1 学习目的

理解液压伺服系统工作原理,掌握液压执行元件的结构、数字化原理和计算机控制技术,获得阅读、分析现代化液压系统的能力和对传统液压系统进行数控化改造的初步训练。

2. 任务内容

有 1 台大型液压仿形车床,采用普通的液压系统,在使用中发现故障率比较高,尤其是外漏点多,系统效率低,易发热,速度调整不灵活,少量生产时做样件成本高,对复杂的工件更是如此,甚至无能为力。为此,要求用新技术对该机床进行改造,以提高效率、减少外漏,故障少且便于分析处理,并能编程实现自动控制。数字控制阀的出现,扩大了液压系统的功能和使用范围,采用数字控制阀使系统简化,元件数量大为减少,必然提高效率、减少外漏和故障,便于用计算机控制使自动化程度明显提高。因此,将这台大型液压仿形车床进行数控化改造后成为数控液压车床。请就该车床的数控液压系统进行拆装训练。

3. 学习设施

(1)实物:经数控化改造的液压仿形车床。

(2)工具:内六角扳手 1 套、耐油橡胶板 1 块、油盆 1 个及钳工常用工具 1 套。

4. 学习过程

参考普通液压系统的拆装,并进行系统的安装、调试。

5. 学习报告

简述数控液压系统的基本工作原理,分析电液的联系方法及数字化方案,分析数控液压系统的特点。

7.2.2 液压伺服系统工作原理及数控化改造

伺服系统又叫随动系统或跟踪系统,是一种自动控制系统。在伺服系统中,执行机构以一定精度自动地按输入信号的变化动作。凡采用液压控制元件和液压执行机构，根据液压传动原理建立起来的伺服系统，都称为液压伺服系统。

液压伺服系统除具有液压传动的各种优点外，还有反应快、系统刚性大、伺服精度高等特点。例如，驱动机床工作台或仿形刀架，实现机床部件的精确调整，实现变量泵的流量调节等。它广泛应用于国防、航空、船舶和机械制造业中。

7.2.2.1　液压伺服系统工作原理

图 7-16 是一种车床液压仿形刀架的示意图。仿形刀架安装在车床拖板 5 后部，随大拖板一起做纵向(车床主轴方向或称 Z 方向)移动，并按照样件 12 的轮廓曲线车削工件。样件固定安装在床身支架上，液压泵站用软管与仿形刀架相连。液压缸的活塞杆与刀台底座 2 固定在拖板 5 上，液压缸体 6 、杠杆 8、伺服阀体 7 与刀台 3(相当于小拖板)连接在一起，可在刀台底座 2 的导轨上沿液压缸轴向移动。伺服阀阀芯 9 与杠杆 8 的中部铰接，而且铰接孔为长槽孔，槽的中心线平行于杠杆中心线，以消除杠杆的圆弧运动与阀芯的直线运动之间的干涉；杠杆 8 的后端设有触销 11 并在弹簧 10 的作用下保持压在样件 12 上。

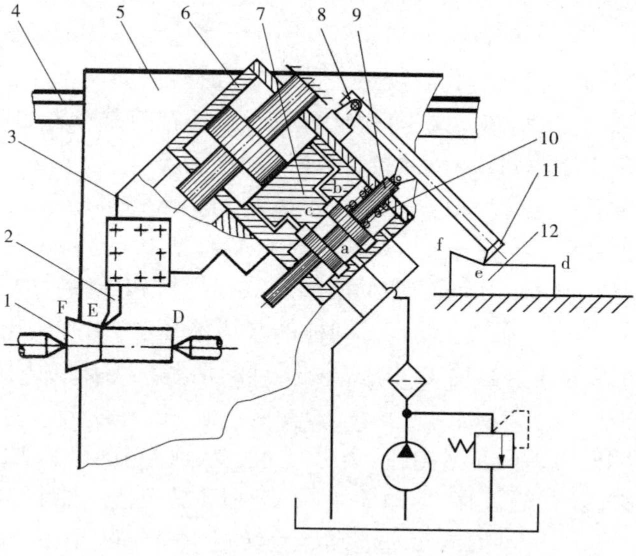

1—工件；2—刀台底座；3—刀台；4—导轨；5—拖板；6—液压缸体；
7—伺服阀体；8—杠杆；9—阀芯；10—弹簧；11—杠杆触销；12—样件

图 7-16　车床液压仿形刀架的示意图

1. 液压伺服系统的基本工作原理

设想在图 7-16 所示的车床液压仿形刀架系统中拿走杠杆 8，则剩余部分就成为一般的液压伺服系统。这时，如果施外力将阀芯 9 往前推进，就会把中部 a 腔与液压缸前腔的通道 c 打开，后腔与阀后腔的回油通道 b 开通，压力油进入液压缸的前腔、后腔回油，缸体 6 前移，固定在刀台底座 2 上的车刀也随之前移，在缸体 6 连着阀体 7 前移的同时减少了阀口的开度，当缸体连着阀体的移动量与阀芯移动量刚好相等时，阀口完全关闭、油路截断，缸体停止运动。要想缸体继续前移一个 δ，就要先将阀芯 9 再往前推进一个 δ；连续往前推进阀芯，阀口就一直不关闭，缸体带着车刀就会连续前移，阀芯停止前移，阀口就会很快关闭，使缸体带着车刀停止前移。同理，将阀芯 9 往后拉出也会使缸体带着车刀后移。这里实现了车刀随阀芯的动而动、停而停，故称之为随动。又因为，把阀芯看成“主”，车刀看成“从”，“从”严格伺候、服务于“主”，故又称之为伺服。

2. 车床液压仿形伺服系统工作原理

在图 7-16 所示的车床液压仿形刀架系统中，当样件 12 的表面平行于导轨 4 时，在拖板 5 沿导轨 4 运动中通入 a 腔的压力油被截止，在横向，杠杆触销 11 不动、阀芯 9 不动、液压缸缸体 6 不动、刀台底座 2 也不动，车削出圆柱段；当样件 12 的表面向工件下凹时，弹簧 10 推动阀芯 9、杠杆触销 11 随之前移，压力油进入液压缸的前腔，缸体 6 前移、刀台底座 2 也前移、切入量加大，当缸体移动量与阀芯移动量刚好相等时压力油被截止，缸体、刀台底座不动；当样件 12 的表面向离开工件方向往外凸时，杠杆触销 11 被推离工件，杠杆 8 带着阀芯 9 移离工件，压力油进入液压缸的后腔，缸体 6 后移、刀台底座 2 也后移，切入量减少；当缸体移动量与阀芯移动量刚好相等时，压力油被截止，缸体、车刀不再动。

7.2.2.2 车床液压仿形伺服系统数控化改造

车床液压仿形伺服系统虽然能够使车床自动地按照样件曲线加工工件，但是，样件的制作难度却比较大，这对少批量生产很不利，也说明液压仿形伺服系统虽然工作可靠，却存在灵活性较差的缺陷。为此，我们设想去掉杠杆和样件，参考数字阀的原理，用数字电动机通过位移转换装置与阀芯连接，再用计算机通过编程控制车刀的运动，实现小功率计算机数控、液压输出大功率机械运动的数控液压伺服系统。

图 7-17 所示为用步进电动机驱动计算机控制的车床经济型数控液压伺服系统。其中，X 向进给装置主要是由步进电机 12、滚珠丝杆螺母副 10、控制阀 8 和液压缸缸筒 6 构成的步进液压缸，是在原车床液压仿形伺服系统去掉杠杆和样件后加上步进电机 12 和滚珠丝杆螺母副 10 得到的。Z 向也设置了同样的步进液压缸，由步进电机 19、滚珠丝杆螺母副 17、控制阀 15 和液压缸缸筒 13 构成，液压缸的活塞杆与床身固定连接，缸体与大拖板固定连接。

Z 向步进电机 19 和 X 向步进电机 12 分别通过联轴器 18 和 11 驱动滚珠丝杆螺母副 17 和 10，将角位移转换为线位移，带动控制阀 15 和 8 移动，实现计算机对车刀的二维控制。计算机给电机发出一个脉冲，步进电动机就转过一个角度 α（称为步距角），经滚珠丝杆螺母副转换为阀芯移动，改变液压油通道，使液压缸体带着车刀移动一个 δ，计算机发出一个脉冲使车刀移动的一个位移量 δ 称为脉冲当量。依靠计算机给 X 和 Z 两个方向发出脉冲数量的不同组合，可以获得刀具的不同运动轨迹，加上工件 1 的旋转运动就得到预期的旋转体。

在车削螺纹时，需要根据螺距 L 和主轴转角来确定是否给 Z 轴方向发出脉冲。因此，设置了主轴脉冲编码器 20，使脉冲编码器输入轴的转速与主轴同速。普通车床采用的脉冲编码器一般是每转向控制计算机发出 $N=1\ 200$ 个脉冲，设计算机每转给 Z 向电机发出脉冲的数量为 S，则有 $L=S\delta$；设计算机每接到 n 个主轴脉冲就给 Z 轴电机发出 1 个脉冲，则有 $S=N/n=L/\delta$、$n=N\delta/L$。例如，要车削 $L=1.5$ mm 的螺纹，Z 轴脉冲当量 $\delta=$

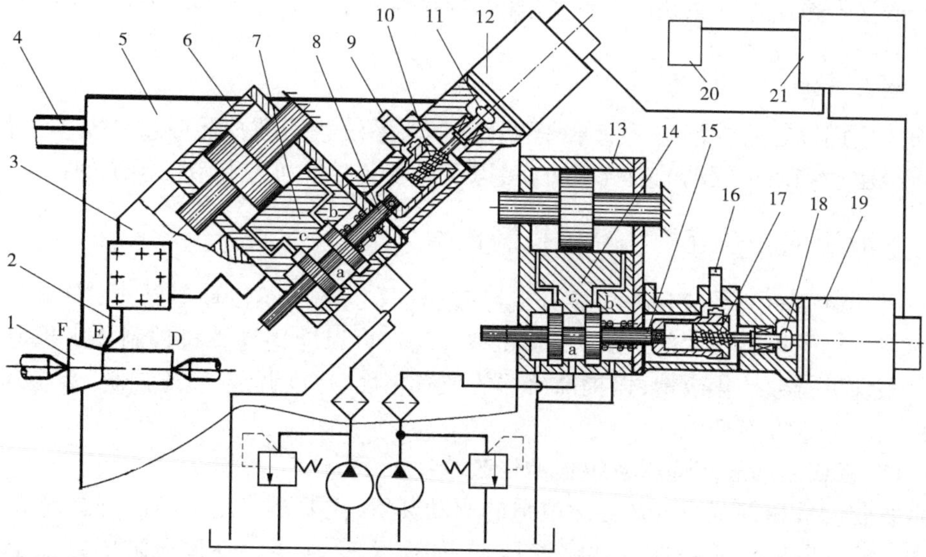

1—工件;2—车刀;3—刀架;4—导轨;5—拖板;6、13—液压缸缸筒;7、14—阀体;
8、15—控制阀;9、16—霍尔传感器;10、17—滚珠丝杆螺母副;11、18—联轴器;
12、19—步进电机;20—脉冲编码器;21—计算机控制系统

图 7-17　车床经济型数控液压伺服系统

0.01 mm,有 $n=8$,即计算机应该每接到 8 个主轴脉冲就给 Z 轴电机发出 1 个驱动脉冲。

任务 7.3　液压挖掘机工作臂的数控化改造

7.3.1　任务书

1. 学习目的

理解液压伺服系统工作原理,掌握液压系统数字执行元件的结构原理和计算机控制技术,获得阅读、分析现代化液压系统并进行老液压系统的数控化改造的初步训练。

2. 学习内容

挖掘机工作的计算机控制是挖掘机技术的发展方向之一,普通液压挖掘机的数控化改造将受到广泛关注。将液压挖掘机工作臂的铲斗缸、斗杆缸和动臂缸,从普通液压驱动改为伺服液压缸,就可以实现挖掘工作的计算机编程控制,这对于挖掘轨迹有特别要求的场合以及寻求最佳掘入方案是十分必要的。请利用伺服液压缸和铣床数控系统进行挖掘机工作臂的数控化改造。

3. 学习设施

(1)实物:液压挖掘机 1 台、铣床数控系统 1 台、伺服液压缸 3 个。

(2)工具:内六角扳手 1 套、耐油橡胶板 1 块、油盆 1 个及钳工常用工具 1 套。

4. 学习过程

参考普通液压系统的安装调试,并进行伺服液压缸加进系统的安装调试。利用挖掘机原有的液压系统作新系统的泵站，铣床数控系统的 X、Y、Z 三轴驱动分别对应挖掘机的铲斗缸、斗杆缸、动臂缸。

5. 学习报告

简述应用计算机控制技术把原来的液压伺服系统进行数控化改造的基本工作原理，分析直线驱动和回转驱动的数控化方案，以及所安装计算机控制液压系统的特点。

7.3.2 液压伺服系统的计算机控制技术

一般的液压驱动系统存在位置控制精度低、速度调节不方便等缺点，限制了它的应用。随着计算机控制技术的发展和日益成熟，现在可以应用计算机控制技术把原来的液压伺服系统进行数控化改造，以提高机器的位置精度、速度调节、轨迹控制、节能减噪以及自动化程度等各方面性能。

7.3.2.1 直线驱动液压伺服系统数控化改造

直线驱动液压伺服系统数控化改造的驱动装置，主要是采用由液压缸缸筒 2、缸底阀体 6 和交流伺服电机 8 组成的数字液压缸，如图 7-18 所示。在液压缸的缸盖上装有滑阀，阀体与缸盖固定连接或做成一体，阀芯与位移转换装置的阀芯螺杆 5 固定连接或做成一体。位移转换装置的螺母 4 与液压缸活塞固定连接或做成一体，正转动阀芯螺杆 5，阀芯前移 X，液压缸大腔回油，小腔进油，推动活塞连同螺母 4 后移，阀芯螺杆 5 也被迫后移 X 而关闭大腔，活塞停止移动（只前移了 X）；若需要前移更多则必须继续正转阀芯螺杆 5，只要阀芯停止转动，液压缸就随之停止移动。反转同理。

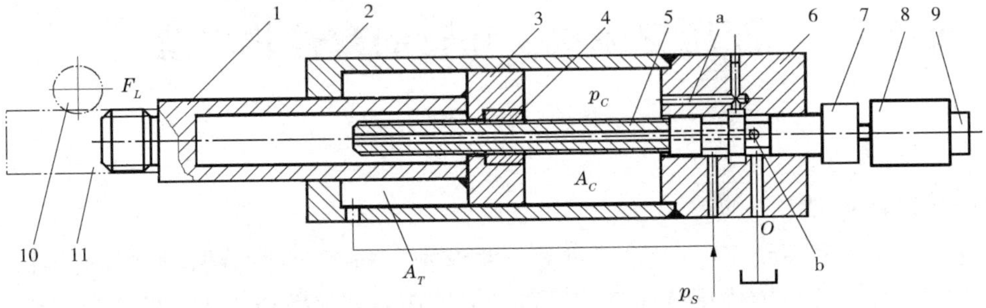

1—活塞杆；2—液压缸缸筒；3—活塞；4—螺母；5—阀芯螺杆；6—缸底阀体；7—联轴器；8—交流伺服电机；9—光电脉冲编码器；10、11—齿轮、齿条位移反馈装置

图 7-18 数字液压缸结构原理

前述车床经济型数控液压伺服系统的进给装置，采用能够为计算机进行数字控制的步进电动机作为数字电机给液压伺服系统输入位移信号，并由液压缸对外输出动力的装置称为步进液压缸，属于数字液压缸，可以作为工业机械的直线驱动。步进液压缸有结构简单、价格低廉、可实现开环控制等优点，但也存在低速易丢步、噪声大等缺点。

采用交流伺服电机作为数字电机，与检测元件配合构成闭环或半闭环控制，可获得较高的位置精度。由于检测元件与电机轴直接连接的半闭环控制方式，容易实现电气控制部分一体化，使生产专业化、批量化、标准化，从而降低成本、提高质量，因此在数控伺服系统中日益得到了广泛应用。目前应用较广的是采用脉冲编码器作为位置检测元件的半闭环脉冲比较伺服系统，其结构原理如图 7-18 所示。光电脉冲编码器 9 通过柔性联轴器与电机轴连接，直接检测电机 8 的角位移，换言之，就是用编码器发出的脉冲数量来反映电机的角位移量，达到位置控制的目的。假设采用每转发出 1 200 个脉冲的编码器，则控制计算机每接收到编码器发来的 1 个脉冲，就说明电机转过的角位移为 0.3°；如果用螺距为 6 mm 的丝杆螺母副作为位移转换装置，则 0.3°的角位移就转换成 0.005 mm 的线位移，即脉冲当量 $\delta=0.005$ mm。

当计算机控制装置给交流伺服电动机 8 正向通电时，电机通过联轴器 7 驱动阀芯螺杆 5 正转，开始时因螺母 4 不动使阀芯螺杆 5 前移，阀芯中部台阶因前移让开阀口，使液压缸后腔经油路 a 接通油箱，后腔回油，压力油进入液压缸前腔，驱动活塞杆 1 带着螺母 4 回缩；应该注意到这里的阀芯螺杆 5 正转、前移与螺母 4 回缩，在移动上相抵消，使阀芯螺杆 5 在前移一个微小距离后不再前移，只剩下随电机的正转。一旦电机被断电就会马上停转，阀芯螺杆也随之停转，活塞杆 1 带着螺母 4 回缩的同时也推动阀芯螺杆 5 后移而关小阀口，直至关闭阀口时，后腔回油道关断使活塞 3 不能后移，整个装置归于静止。正常情况下，电机什么时候被断电呢？手动控制时，一旦手指放开移动按钮电机就被断电；编程控制时，根据需要的位移量和脉冲当量给系统预置一个脉冲数 S，交流伺服电机每转过 1 个脉冲角位移(如 0.3°)就给控制计算机发送 1 个脉冲信号，使之脉冲数减 1，即 $S=S-1$，当控制计算机检测到 $S=0$ 时，表明电机已经完成了本次转动任务，立即发出指令使电机断电。

当计算机控制装置给交流伺服电动机 8 反向通电时，电机驱动阀芯螺杆 5 反转、后移，阀芯中部台阶因后移让开阀口，使液压缸后腔经油路 a 接通压力油，液压缸以差动工作模式驱动活塞杆 1 带着螺母前移，一旦电机被断电就会马上停转，随即关闭阀口，后腔回油道关断使活塞 3 不能后移，整个装置归于静止。

实际上在图 7-17 所示的步进液压缸中，用脉冲编码器加交流伺服电机组成的数字电机代替原来的步进电机，也可以得到功能和工作原理与上述相同的数字液压缸。

7.3.2.2　回转驱动液压伺服系统数控化改造

方案一：用直线驱动数控液压伺服系统通过齿轮、齿条位移反馈装置转换为回转驱动。

如图 7-18 所示，在数字液压缸的活塞杆外端增设齿条位移反馈装置 11，通过齿轮位移反馈装置 10 把直线运动转换为转动，这就形成数控回转驱动液压伺服系统。

方案二：在马达液压伺服系统中加入数字电机，形成数控回转驱动液压伺服系统。

如图 7-19 所示为数控液压伺服马达(也称摆动缸)。带有脉冲编码器 8 的交流伺服电机 7 通过联轴器 6 与丝杆螺母副(位移变换装置)5 连接，把电机的角位移变换成阀芯 9 的线位移。液压马达转轴外伸端固联有齿轮位移反馈装置 3，马达的转动信号通过齿轮位移反馈装置 3、齿条位移反

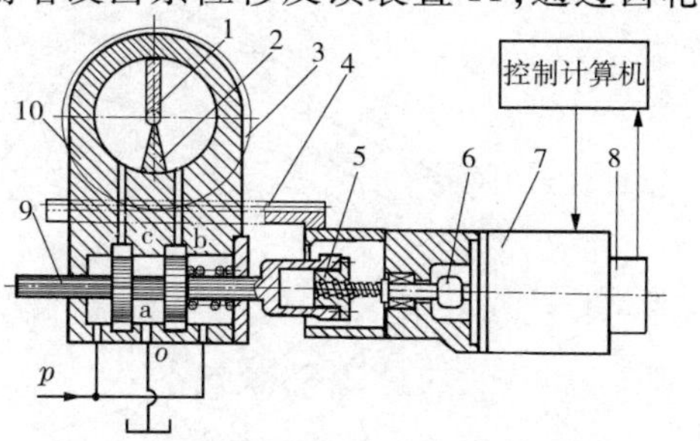

1—叶片；2—隔板；3、4—齿轮、齿条位移反馈装置；5—丝杆螺母副；6—联轴器；7—交流伺服电机；8—脉冲编码器；9—阀芯；10—缸体

图 7-19　数控液压伺服马达(摆动缸)

馈装置4反馈给阀体。当计算机控制装置给交流伺服电机7正向通电时，电机通过联轴器6驱动丝杆螺母副5正转，使阀芯左移，两台阶因阀芯左移让开阀口，使马达左腔经油路c、a接通油箱，压力油经油路b进入马达右腔，驱动马达叶片1逆时针转动，并带动齿轮沿齿条滚动使阀体左移，关小阀口。随着电机的不停正转，阀芯不停左移欲开大阀口，而马达的转动又使阀体左移关小阀口，实现了阀芯移一点马达也转一点，即马达随阀芯而动。一旦电机被断电就会马上停转，阀芯丝杆也随之停止左移，马达的继续转动使阀口关小，直至关闭阀口，马达的油道关断不能再转，整个装置归于静止，电机的断电控制原理与上述相同，这里不再赘述。

当计算机控制装置给交流伺服电动机反向通电时，电机驱动丝杆反转，阀芯右移让开阀口使液压马达左腔经油路c接通压力油，右腔经b、a接通油箱，马达顺时针转动。由于齿轮、齿条反馈装置的作用使阀体左移关小阀口，一旦电机被断电就会马上停转，随即关闭阀口，油道关断，整个装置归于静止，实现反向伺服控制。

7.3.2.3 挖掘机工作臂液压系统的数控化改造

将液压挖掘机工作臂的铲斗缸、斗杆缸和动臂缸，从普通液压驱动改为伺服液压缸，就可以实现挖掘工作的计算机编程控制，这对于挖掘轨迹有特别要求的场合以及寻求最佳掘入方案是十分必要的。以往在需要挖掘成平面或规定角度、曲面的边坡，需要较高水平的操作者集中精力缓缓挖掘才能勉强完成，工作效率很低；另外，一般挖掘时掘入的路线和角度，对工作效率和液压系统效率的影响很大。因此，可以断言，挖掘机工作的计算机控制是挖掘机技术的发展方向之一，普通液压挖掘机的数控化改造将受到广泛关注。

挖掘机工作臂液压系统原理如图7-20(a)所示，通过操纵控制阀实现铲斗缸、斗杆缸和动臂缸的配合动作，使挖掘机获得各种掘入路线和角度，形成不同的工作面。显然，这对操作者提出了较高的要求，用人的两个手来完成三个液压缸的配合动作操纵是很困难的，甚至几乎是不可能实现的。为此，设想把上述三个普通液压缸换成数字液压缸，并通过计算机对数字液压缸实施控制，就可以通过编程达到挖掘工作对掘入路线和角度的特殊要求。经过数控化改造后的计算机控制挖掘机液压工作臂如图7-20(b)所示。

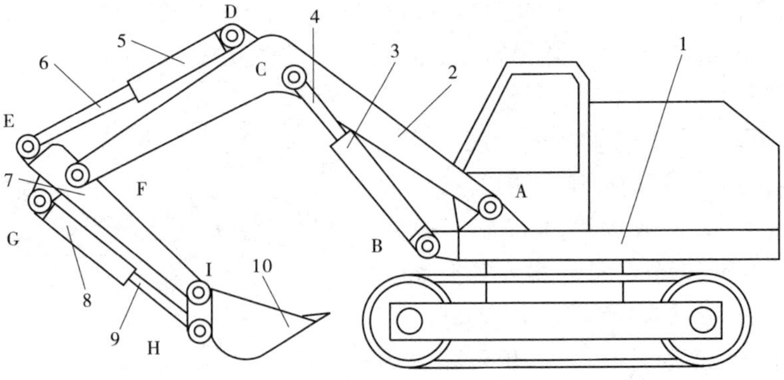

(a)普通全液压挖掘机

图7-20 挖掘机液压工作臂的数控化改造

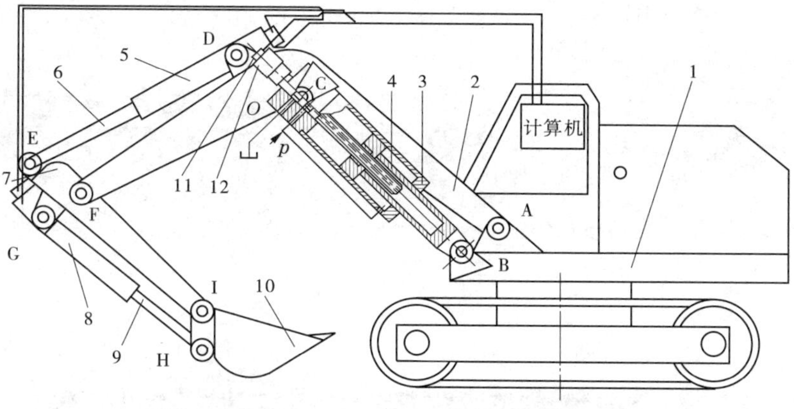

(b)经过数控化改造后的计算机控制挖掘机液压工作臂

1—转台;2—动臂;3—动臂缸缸筒;4—动臂缸活塞杆;5—斗杆缸缸筒;6—斗杆缸活塞杆;7—斗杆;
8—铲斗缸缸筒;9—铲斗缸活塞杆;10—铲斗;11—脉冲编码器;12—交流伺服电机;
A、B—动臂和动臂缸与转台的铰点;C、D、F—动臂缸、斗杆和斗杆缸与动臂的铰点;
E、G—斗杆缸和铲斗缸与斗杆的铰点;H、I—斗杆和斗杆缸与铲斗的铰点

续图 7-20

小　结

本项目主要介绍了电液比例阀、插装阀和数字阀等新型液压控制阀,重点介绍了它们的功能特点、结构原理,适当介绍了各自的应用。以液压仿形车床刀架为例,介绍了液压伺服系统工作原理及其数控化改造技术;以挖掘机工作臂液压系统的数控化改造为例,全面介绍了液压系统数字执行元件的结构原理和计算机控制技术,为分析现代化液压系统或进行老液压系统的数控化改造打下基础。

复习思考题

7-1　插装阀由哪几个部分组成？与普通阀对比有哪些优点？

7-2　叠加阀与普通阀相比较有何异同？构成集成化液压系统后有何特点？举例说明这些特点在实际应用中的优点。

7-3　电液比例阀与普通液压电磁阀相比有什么特点？举例说明这些特点在实际应用中的优点。

7-4　数字阀由哪几个部分组成？其驱动电机是如何接受计算机控制的？

7-5　阐述仿形车床液压伺服系统的工作原理,注意说明普通系统与伺服系统的区别。

7-6　数字液压缸有哪几部分组成？请画出液压仿形车床和挖掘机工作臂数控化改造后的结构原理图和液压系统图。

模块二 液力传动技术

项目八 液力变矩器的拆装与检修

【教学目标要求】

1.知识目标

(1)了解液力变矩器的功用、组成及各元件的名称。

(2)理解液力变矩器动力传动和转矩放大的工作原理。

2.能力目标

能够正确使用和检修液力变矩器。

任务 8.1 液力变矩器的拆装

8.1.1 任务书

1.学习目的

了解液力变矩器的功用、组成及各元件的名称,熟悉液力变矩器的图形符号及画法,掌握液力变矩器的拆装与检修方法。

2.学习器材

(1)实物:液力变矩器若干台。

(2)工具:内六角扳手 1 套、耐油橡胶板 1 块、油盆 1 个及钳工常用工具 1 套。

3.学习过程

(1)将学生分成若干组,确定组长。

(2)由教师布置任务,用多媒体讲授液力变矩器的功用、结构组成及拆检注意事项。

(3)学生分小组讨论制订拆检方案,经教师核定批准后实施。

4.学习报告

简述液力变矩器的功用、组成,分析液力变矩器动力传动和转矩放大的工作原理。

8.1.2 液力变矩器的工作原理和结构

8.1.2.1 液力变矩器的基本工作原理

1.液力耦合器的工作原理

液力耦合器的工作原理可以通过一对风扇的工作来描述。如图 8-1 所示,将风扇 A

通电，将气流吹动起来，并使未通电的风扇B也转动起来，此时动力由风扇A传递到风扇B，这就实现了动力通过流体的流动来传递。把两个风扇分别做成叶轮，并把主动的称为泵轮、从动的称为涡轮，若两轮靠得很近，传动介质从由风改换为液体，则损失就很少，可以忽略不计。此时，根据力学平衡原理可知，从动轮的力矩加主动轮的力矩等于0，即从动轮的力矩和主动轮的力矩大小相等、方向相反。这种只有泵轮和涡轮、依靠液体的流动来传递能量的装置称为液力耦合器。这种通过液体动能来传递能量的传递方式，称为液力传动。

2.液力变矩器的工作原理

为了实现转矩的放大，在泵轮和涡轮之间设置一个导轮，使穿过涡轮的液流通过导轮的导向，从泵轮的背面回流，如图8-1虚线部分和图8-2箭头所示，这样就会加强泵轮的冲击液流，使冲向涡轮的转矩增加。根据力学平衡原理有

泵轮的力矩+涡轮的力矩+导轮的力矩=0

这样一来，只要导轮的力矩不为0，涡轮的力矩就不等于泵轮的力矩，而且当导轮的力矩与涡轮的力矩方向相反时，涡轮的力矩大于泵轮的力矩，即实现了力矩的放大。涡轮力矩即是输出力矩，它的大小与外界给涡轮的阻力矩相等。另外，从能量守恒原理可知，输出力矩的增大必然引起输出转速的相应减低。这种既有泵轮和涡轮，又有导轮，依靠液体的流动来传递能量的装置称为液力变矩器。

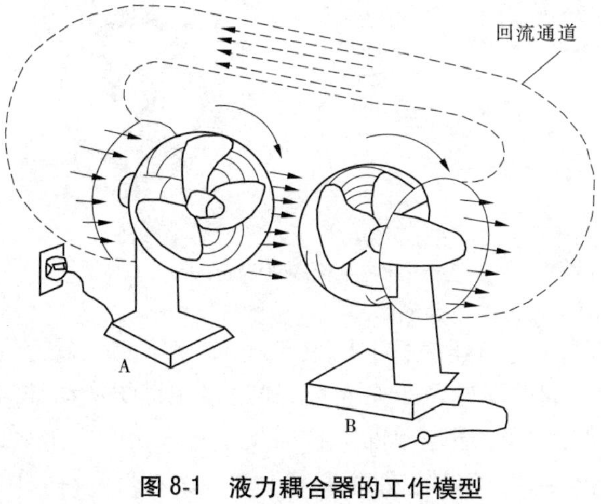

图8-1 液力耦合器的工作模型

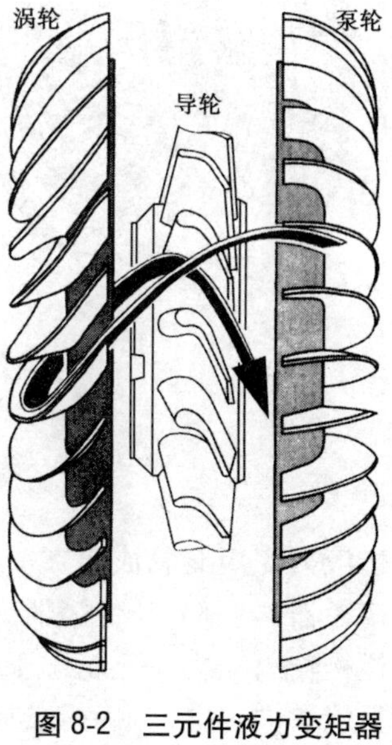

图8-2 三元件液力变矩器

可见，液力变矩器利用油液循环流动过程中动能的变化将输入动力传递给输出轴，并能根据输出端阻力的变化，在一定范围内自动地、无级地改变传动比和扭矩比，具有一定的减速增扭功能。一般液力变矩器的最大输出扭矩可达输入扭矩的2.6倍左右。

3.液力变矩器的功用

液力变矩器以油液为工作介质，主要完成以下功用：

(1)传递转矩。输入转矩通过液力变矩器的主动元件，再通过油液传给液力变矩器

的从动元件,最后传给输出轴。

(2)无级变速。根据工况的不同,液力变矩器可以在一定范围内实现转速和转矩的无级变化。

(3)自动离合。液力变矩器由于采用油液传递动力,当输出端阻力矩大于输入力矩时,输入轴滑转而输出轴不转,相当于离合器分离;当输出端阻力矩小于输入力矩时,输出轴被驱动,此时相当于离合器结合。

(4)驱动油泵。油液在工作的时候需要油泵提供一定的压力,而油泵是由液力变矩器壳体驱动的。同时,由于采用油液传递动力,液力变矩器的动力传递柔和,且能防止传动系过载。

8.1.2.2 液力变矩器的结构和液体流态

1.三元件液力变矩器的结构

如图 8-3 所示,液力变矩器通常由泵轮、涡轮和导轮三个元件组成,称为三元件液力变矩器;也有的采用两个导轮,则称为四元件液力变矩器。

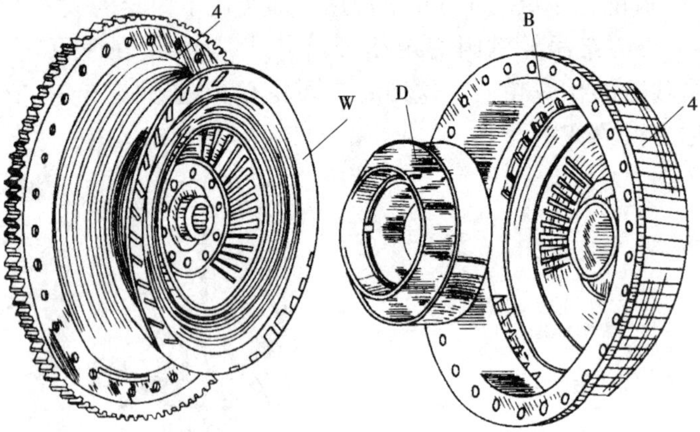

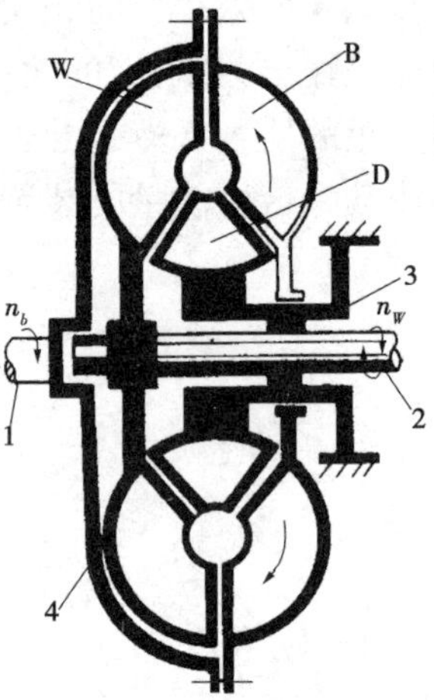

1—输入轴;2—输出轴;3—导轮轴;4—变矩器壳;B—泵轮;W—涡轮;D—导轮

图 8-3 液力变矩器的组成

液力变矩器总成封在一个钢制壳体(变矩器壳体)中,内部充满液压油。泵轮位于液力变矩器的后部,与变矩器壳体连在一起。涡轮位于泵轮前,通过带花键的从动轴向后面的机构输出动力。导轮位于泵轮与涡轮之间,通过单向离合器支承在固定套管上,使得导轮只能单向旋转(顺时针旋转)。泵轮、涡轮和导轮上都带有叶片,液力变矩器装配好后形成环形内腔,其间充满液压油。液力变矩器的结构原理简图见图 8-3(b)。

2.液力变矩器工作时的液流状态

原动机带动液力变矩器的壳体和泵轮与之一同旋转,泵轮内的油液在离心力的作用下,由泵轮叶片外缘冲向涡轮,并沿涡轮叶片流向导轮,再经导轮叶片内缘,形成循环的液流。导轮的作用是改变涡轮上的输出扭矩。由于从涡轮叶片下缘流向导轮的液压油仍有相当大的冲击力,只要将泵轮、涡轮和导轮的叶片设计成一定的形状和角度,就可以利用上述冲击力来提高涡轮的输出扭矩。为说明这一原理,可以假想将液力变矩器的 3 个工作轮叶片从循环流动的液流中心线处剖开并展平，得到图 8-4(a) 所示的叶片展开示意图，并假设在液力变矩器工作中，原动机转速和负荷都不变，即液力变矩器泵轮的转速 n_b 和扭矩 M_b 为常数。

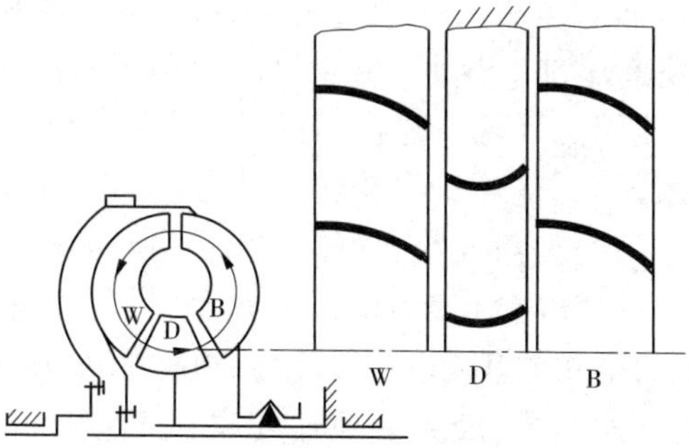

(a)叶片展开示意图

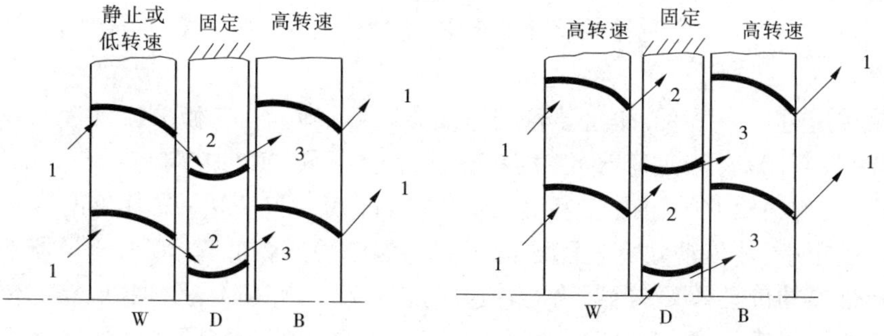

(b)起步时　　(c)运行速度较高时

1—由泵轮冲向涡轮的液压油方向；2—由涡轮冲向导轮的液压油方向；
3—由导轮流回泵轮的液压油方向；B—泵轮；W—涡轮；D—导轮

图 8-4　液力变矩器的液流状态图

刚开始，涡轮转速为 0，原动机通过液力变矩器壳体带动泵轮转动，并对液压油产生一个大小为 M_b 的扭矩，该扭矩即为液力变矩器的输入扭矩。液压油在泵轮叶片的推动下，以一定的速度，按图 8-4(b) 中箭头 1 所示方向冲向涡轮上缘处的叶片，对涡轮产生冲击扭矩，该扭矩即为液力变矩器的输出扭矩。此时，因涡轮静止不动，冲向涡轮的液压油沿叶片流向涡轮下缘，在涡轮下缘以一定的速度，沿着与涡轮下缘出口处叶片相同的方向冲向导轮，对导轮也产生一个冲击力矩，并沿固定不动的导轮叶片流回泵轮。当液压油对涡轮和导轮产生冲击扭矩时，涡轮和导轮也对液压油产生一个与冲击扭矩大小相等、方向相反的反作用扭矩 M_t 和 M_s，其中 M_t 的方向与 M_b 的方向相反，而 M_s 的方向与 M_b 的方向相同。根据液压油受力平衡原理，可得 $M_t = M_b + M_s$。由于涡轮对液压油的反作用，扭矩 M_t 与液压油对涡轮的冲击扭矩 M_W（即液力变矩器的输出扭矩）大小相等、方向相反。因此可知，液力变矩器的输出扭矩 M_W 在数值上等于输入扭矩 M_b 与导轮对液压油的反作用扭矩 M_s 之和。显然这一扭矩要大于输入扭矩，即液力变矩器具有增大扭矩的作用。液力变矩器输出扭矩增大的部分即为固定不动的导轮对循环流动的液压油的作用力矩，其数值不但取决于由涡轮冲向导轮的液流速度,也取决于液流方向与导轮叶片之间的夹角。当液流速度不变时,叶片与液流的夹角愈大,反作用力矩亦愈大,液力变矩器的增扭作用也就愈大。

当机械在液力变矩器输出扭矩的作用下启动后,与驱动轮相连接的涡轮也开始转动,其转速随着机械的加速不断增加。这时,由泵轮冲向涡轮的油液除沿着涡轮叶片流动外,还要随着涡轮一同转动,使得由涡轮下缘出口处冲向导轮的油液的方向发生变化,不再与涡轮出口处叶片的方向相同,而是顺着涡轮转动的方向向前偏斜了一个角度,使冲向导轮的液流方向与导轮叶片之间的夹角变小,导轮上所受到的冲击力矩也减小,液力变矩器的增扭作用亦随之减小。机械速度愈高,涡轮转速愈大,冲向导轮的油液方向与导轮叶片的夹角就愈小,液力变矩器的增扭作用亦愈小;反之,机械速度愈低,液力变矩器的增扭作用就愈大。因此,与液力耦合器相比,液力变矩器在机械低速运行时有较大的输出扭矩,在机械起步、上坡或遇到较大行驶阻力时,能使驱动轮获得较大的驱动力矩。

当涡轮转速随运行速度的提高而增大到某一数值时,冲向导轮的油液方向与导轮叶片之间的夹角减小为 0°,这时导轮将不受压液的冲击作用,液力变矩器失去增扭作用,其输出扭矩等于输入扭矩。

若涡轮转速进一步增大,冲向导轮的油液方向继续向前斜,使液压油冲击在导轮叶片的背面,如图 8-4(c)所示,这时导轮对油液的反作用扭矩 M_s 的方向与泵轮对油液扭矩 M_b 的方向相反,故此涡轮上的输出扭矩为二者之差,即 $M_t = M_b - M_s$,液力变矩器的输出扭矩反而比输入扭矩小,其传动效率也随之减低。当涡轮转速较低时,液力变矩器的传动效率高于液力耦合器的传动效率;当涡轮的转速增加到某一数值时,液力变矩器的传动效率等于液力耦合器的传动效率;当涡轮转速继续增大后,液力变矩器的传动效率将小于液力耦合器的传动效率,其输出扭矩也随之下降。因此,上述这种液力变矩器的应用在实际使用中受到限制。

液力变矩器的液流状态如图 8-4 所示,由图中可以看出,涡轮回流的油液经过导轮叶片后改变流动方向,与泵轮旋转方向相同,从而使液力变矩器具有转矩放大的功用。

3.带锁止离合器的液力变矩器

变矩器是用液力来传递机械动力的,而液压油的内部摩擦会造成一定的能量损失,因此传动效率较低。为提高传动效率,减少能量消耗,现代很多机械采用一种带锁止离合器的综合式液力变矩器。这种变矩器内有一个由液压油操纵的锁止离合器。锁止离合器的主动盘即为变矩器壳体,从动盘是一个可作轴向移动的压盘,它通过花键套与涡轮连接(见图 8-5)。锁止离合器压盘 2 背面(见图 8-5 中右侧)的液压油与变矩器泵轮、涡轮中的液压油相通,保持一定的油压(该压力称为变矩器压力);压盘前面(压盘与变矩器壳体之间)的液压油通过变矩器输出轴中间的控制油道与阀板总成上的锁止控制阀相通。锁止控制阀可由计算机通过锁止电磁阀来控制。

计算机根据外界影响因素,按照设定的锁止控制程序向锁止电磁阀发出控制信号,操纵锁止控制阀,以改变锁止离合器压盘两侧的油压,从而控制锁止离合器的工作。当输出端阻力较大、转速较低时,锁止控制阀让液压油从油道 B 进入变矩器,使锁止离合器压盘两侧保持相同的油压,锁止离合器处于分离状态,这时输入变矩器的动力完全通过液压油

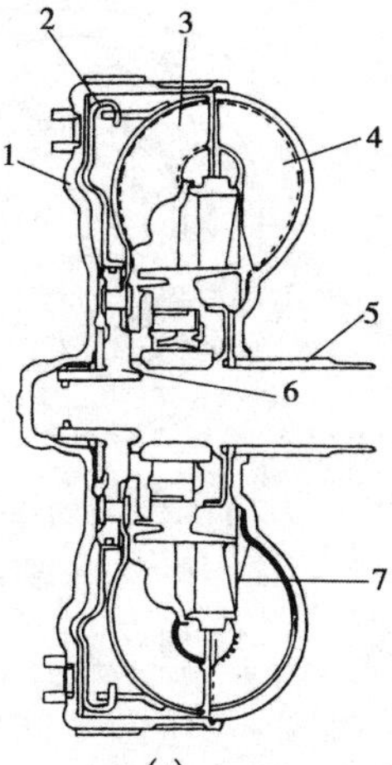

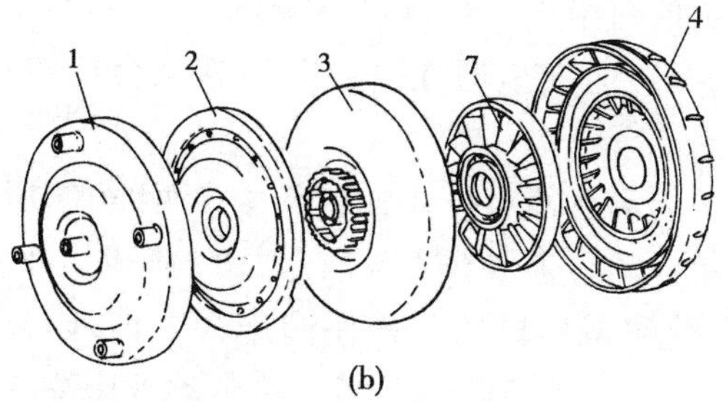

1—变矩器壳；2—锁止离合器压盘；3—涡轮；4—泵轮；
5—变矩器轴套；6—输出轴花键套；7—导轮

图 8-5　带锁止离合器的综合式液力变矩器

传至涡轮，如图 8-6(a)所示。当输出端阻力较小、转速较高且液压油温度等因素符合一定要求时，计算机即操纵锁止控制阀，让液压油从油道 C 进入变矩器，而让油道 B 与泄油口相通，使锁止离合器压盘左侧的油压下降。由于压盘背面(见图 8-6 中右侧)的液压油压力仍为变矩器压力，从而使压盘在前后两面压力差的作用下压紧在主动盘(变矩器壳体)上，如图 8-6(b)所示，这时输入变矩器的动力通过锁止离合器的机械连接，由压盘直接传至涡轮输出，传动效率近乎 100%。另外，锁止离合器在结合时还能减少变矩器中的液压油因液体摩擦而产生的热量，有利于降低液压油的温度。有的锁止离合器盘上还装有减振弹簧，以减小锁止离合器在结合瞬间产生的冲击力(如图 8-7 所示)。

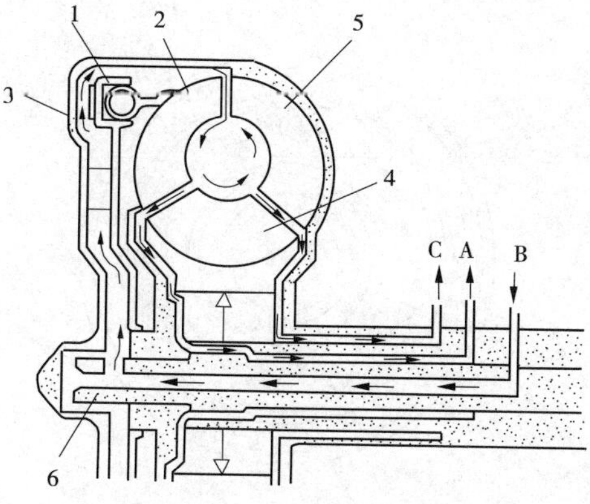

(a)锁止离合器分离

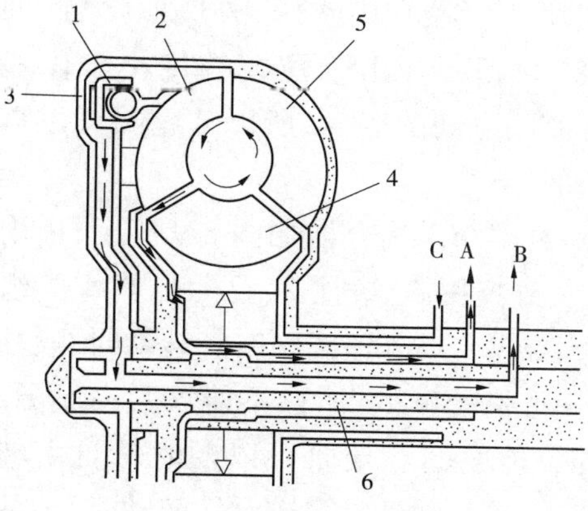

(b)锁止离合器结合

1—锁止离合器压盘；2—涡轮；3—变矩器壳；4—导轮；5—泵轮；6—变矩器输出轴；
A—变矩器出油道；B—变矩器进油道；C—锁止离合器控制油道

图 8-6　锁止离合器工作原理示意图

4.单向离合器

单向离合器又称为自由轮机构、超越离合器,其功用是实现导轮的单向锁止,即导轮只能顺时针转动而不能逆时针转动,使得液力变矩器在高速区转为耦合器传动,以提高传动效率。

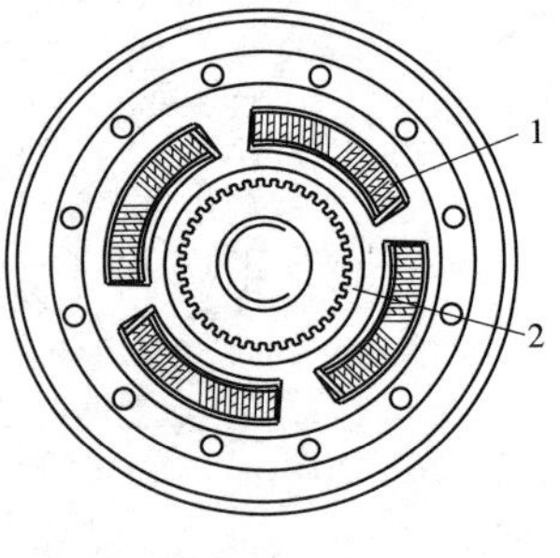

1—减振弹簧;2—花键套

图 8-7 带减振弹簧的压盘

常见的单向离合器有楔块式和滚柱式两种结构形式。

楔块式单向离合器如图 8-8 所示,由内座圈、外座圈、楔块、保持架等组成。导轮与外座圈连为一体,内座圈与固定套管刚性连接,不能转动。当导轮带动外座圈逆时针转动时,外座圈带动楔块逆时针转动,楔块的长径与内座圈、外座圈接触,如图 8-8(a)所示。由于长径长度大于内座圈、外座圈之间的距离,所以外座圈被卡住而不能转动。当导轮带动外座圈顺时针转动时,外座圈带动楔块顺时针转动,楔块的短径与内座圈、外座圈接触,如图 8-8(b)所示。由于短径长度小于内座圈、外座圈之间的距离,所以外座圈可以自由转动。

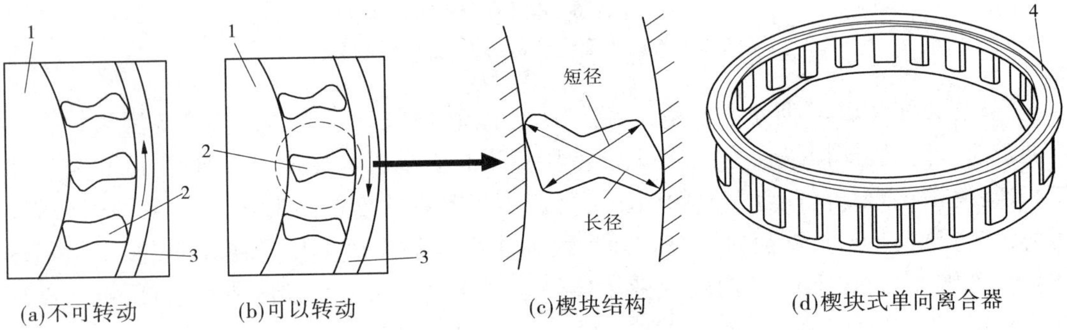

1—内座圈;2—楔块;3—外座圈;4—保持架

图 8-8 楔块式单向离合器

滚柱式单向离合器如图 8-9 所示,由内座圈 1、外座圈 2、滚柱 3、叠片弹簧 4 等组成。当导轮带动外座圈顺时针转动时,滚柱进入楔形槽的宽处,滚柱不能楔紧内座圈、外座圈,外座圈和导轮可以顺时针自由转动。当导轮带动外座圈逆时针转动时,滚柱进入楔形槽的窄处,内座圈、外座圈被滚柱楔紧,外座圈和导轮固定不动。

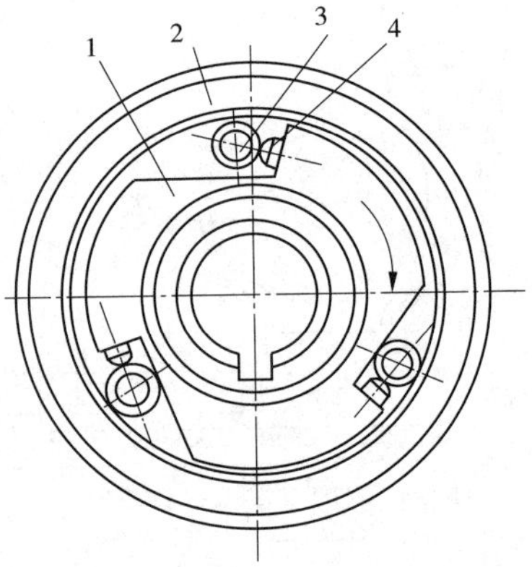

1—内座圈;2—外座圈;3—滚柱;4—叠片弹簧

图 8-9 滚柱式单向离合器

任务 8.2　液力变矩器的检修

8.2.1　任务书

1.学习目的

了解液力变矩器的检查项目,掌握液力变矩器的检修方法。

2.学习器材

(1)实物:液力变矩器若干台。

(2)工具:耐油橡胶板 1 块、常用量具 1 套。

3.学习过程

(1)将学生分成若干组,确定组长。

(2)由教师布置任务,用多媒体简述液力变矩器的检查项目和方法及注意事项。

(3)学生分小组讨论制定拆检方案并实施,最后提出修理方案。

(4)全班集中,由学生分小组派代表汇报学习情况,教师点评并提出新的要求。

4.学习报告

简述液力变矩器的检查项目和方法及注意事项,介绍检查过程并提出修理方案。

8.2.2　液力变矩器的检修

8.2.2.1　液力变矩器内部干涉的检查

1.检查导轮和涡轮之间是否发生干涉

将变矩器输出端向上,放在工作台上,将涡轮轴(输出轴)插入变矩器,并确保完全入位。将油泵输出端向上,装入涡轮轴,在油泵完全装配到位后,用手固定变矩器和油泵,使它们保持不动。分别顺时针和逆时针在两个方向上旋转涡轮轴,如图 8-10 所示。如转不动涡轮轴,或手感发紧,或转动时能听到变矩器内部的刮碰声,说明该变矩器内部的导轮和涡轮发生了运动干涉。变矩器不允许打开(打开会破坏动平衡),只能整个更换变矩器。

2.检查导轮和泵轮之间是否发生干涉

将油泵输入端向上,放在工作台上,将变矩器输出端向下,装入油泵,待油泵完全装配到位(油泵输出端缺口已卡入油泵驱动键,导轮的花键与油泵的支撑花键连接),然后用手固定住油泵,使其保持不动。逆时针旋转变矩器,如图 8-11 所示,如果变矩器转动不畅或产生干涉噪声,那么这个变矩器必须更换。

在检查导轮与涡轮、导轮与泵轮之间是否干涉的过程中,用手固定油泵,实际上就是固定住导轮;检查导轮与涡轮之间是否干涉时,旋转涡轮轴,实际上就是旋转涡轮;检查导轮与泵轮之间是否干涉时,旋转变矩器,实际上就是旋转泵轮。

8.2.2.2　液力变矩器维修时的注意事项

1.最大限度地保证液力变矩器的动平衡

液力变矩器的动平衡非常重要,拆卸变矩器前,在飞轮壳和变矩器间做装配记号,装配时按原记号装配。

图 8-10　检查导轮与涡轮之间是否发生干涉

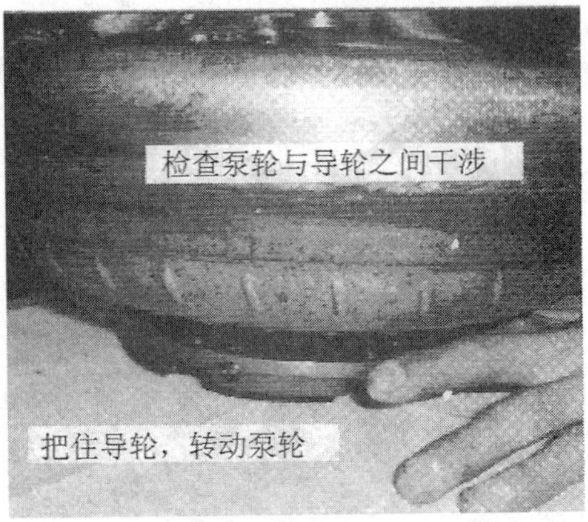

图 8-11　检查导轮与泵轮之间是否发生干涉

2.冲洗变矩器

手工冲洗变矩器的方法:将变矩器里的脏油尽量倒干净,加入新油,再将涡轮轴插到位,用手尽量快速地旋转涡轮轴(涡轮随轴旋转),以搅动变矩器内部油液;然后将输出端向下,用双手摇晃变矩器,尽量将油液倒干净。加入新油重复上述工作,然后再次将油尽量倒干净。

3.变矩器装上主机前需先加油

如装上主机后再加油,启动工作时会因变矩器内缺油,容易造成锁止离合器烧蚀,同时伴随"嗡嗡"的变矩器缺油声。

4.液力变矩器径向圆跳动检查

把液力变矩器和输入轴连接好,百分表触针垂直打在变矩器的输出端上,并压缩1 mm,输入轴旋转 360°,看百分表针的摆动量。液力变矩器输出端插在油泵内齿轮上,油泵内齿轮和外齿轮的工作间隙通常小于 0.15 mm。如变矩器输出端径向圆跳动过大,就会造成工作时油泵内齿轮和外齿轮间冲击,导致油泵齿轮早期磨损,同时也损坏泵前的油封。变矩器输出端(驱动毂)径向圆跳动不得大于 0.20 mm。检查方法如图 8-12 所示。如变矩器输出端径向圆跳动过大,很可能是挠性板变形或与变矩器之间的连接螺丝力矩不一致,最后才可能是变矩器变形。

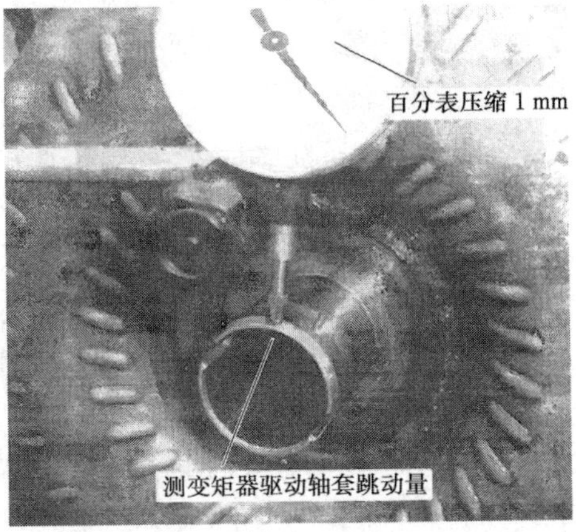

图 8-12　液力变矩器径向圆跳动检查

5.液力变矩器装配时的注意事项

在拆装变矩器时严禁使用气动扳手。因为使用气动工具时,若控制不好,变矩器的连接螺栓有时会顶坏变矩器外壳,造成变矩器损坏。

实践中修理人员在修理时丢了一个变矩器和挠性板之间的连接螺丝,只好用其他螺丝替代,不过长度却长了一点,结果使变矩器前壳被拧顶变形,导致变矩器报废。

6.更换新变矩器时的注意事项

更换变矩器时，要注意它的外形尺寸与车上拆下的一致，更换用的变矩器必须与旧的型号相同。以好的旧变矩器替换坏变矩器时，注意观察变矩器的整体高度与旧的是否一致；键宽度、深度、直径是否相同；导轮支撑套与现在变矩器的导轮花键能否配合；导轮支撑套和涡轮轴之间的支撑类型是否相同等。

7.单向离合器检修

单向离合器损坏失效后，液力变矩器就没有了转矩放大的功用。单向离合器的检查如图8-13所示，用专用工具插入油泵驱动毂和单向离合器外座圈的槽口中，然后用手指压住单向离合器的内座圈并转动它，检查是否顺时针转动平稳而逆时针方向锁止。如果单向离合器损坏，则需要更换液力变矩器总成。

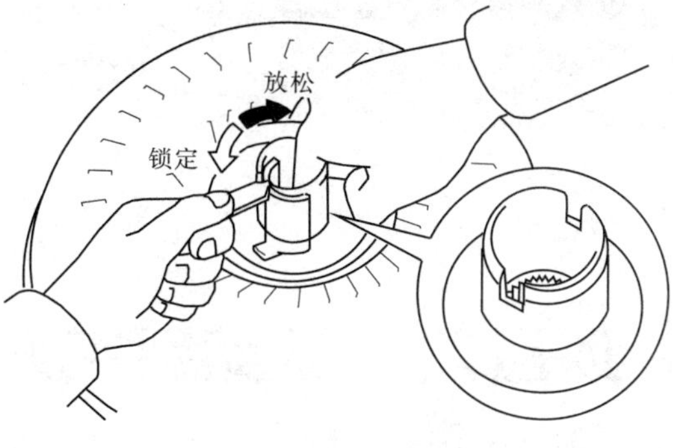

图8-13　检查单向离合器

小　结

本项目通过液力变矩器的拆装与检修，学习液力变矩器的构造。由两个风扇对吹引入液力传动的概念和理解液力耦合器的基本原理，加入导轮后由力学平衡原理看到变矩原理。液力传动虽然有很好的优点，但也存在缺点，最明显的缺点是传动效率较低。因此，有的液力变矩器带锁止离合器，当变矩器处于低效区时，结合锁止离合器使泵轮和涡轮机械地联结在一起，把液力传动转换为机械传动，解决了低效问题。最后，通过对液力变矩器的检修，进一步熟悉其结构原理，并掌握检修技能。

复习思考题

8-1　试述液力变矩器与液力耦合器的工作原理、特点和两者的区别。

8-2　液力变矩器装配后有哪些检查项目，如何进行？

8-3　液力变矩器内部干涉有哪些检查项目，如何进行？

8-4　某些液力变矩器装有锁止离合器的目的是什么？

模块三　气压传动技术

项目九　压缩空气站及气动系统辅助元件

【教学目标要求】

1.知识目标

(1)了解常用气动元件的类型、组成和结构特点。

(2)理解气源装置及辅助元件的工作原理、性能特点。

2.能力目标

掌握常用气动元件的应用和正确拆装方法。气压传动是以压缩空气为工作介质传递运动和动力的一门技术,由于气压传动具有防火、防爆、节能、高效、无污染等优点,因此应用较为广泛。气压传动简称为气动。气压传动系统的基本组成及工作原理已在项目一中介绍,在此不再赘述。气压传动与液压传动虽有许多相通之处,但由于其工作介质不同,因此它们在系统组成和控制原理上仍有许多不同点。本项目主要介绍气源装置、辅助元件的类型、组成和结构特点。

任务 9.1　气源元件结构拆装

9.1.1　任务书

1.学习目的

(1)了解常用气源元件的组成和结构特点,学会正确的拆装方法。

(2)通过实训,理解气源元件的工作原理,掌握其性能特点和应用。

1.学习器材

(1)实物:活塞式空气压缩机、空气过滤器等。

(2)工具:钳工常用工具和内六角扳手各1套、耐油橡胶板1块、油盆1个。

3.学习过程

(1)将学生分成若干组,确定组长。

(2)由教师布置任务,用多媒体讲授活塞式空气压缩机的功用、结构组成及拆卸注意事项。

(3)学生分小组讨论制订拆检方案,经教师核定批准后实施。

（4）按先外后内的顺序拆卸，将零件标号并按顺序摆放在橡胶板上；分析零件之间的连接关系及结构特点。

（5）注意对吸气阀、排气阀的清洁，以防堵塞；必要时对某些零件进行清洗、涂油后再安装。

（6）按先内后外的顺序正确安装。

（7）按规定要求装配和调整空气压缩机卸荷装置。

4.学习报告

说明学习方法，叙述气源装置的组成及各元件的主要作用、活塞式空气压缩机的工作原理和拆装步骤以及心得体会。

9.1.2　压缩空气站与气源净化装置

压缩空气站和空气压缩机是目前常采用的两种气源装置。一般规定：若排气量小于 6 m^3/min，可直接使用空气压缩机供气；排气量大于或等于 6～12 m^3/min 时，就应独立设置压缩空气站。为保证正常工作，对气压传动系统所使用的压缩空气，必须经降温、净化、减压、稳压等一系列处理后方能输入到管路中。

9.1.2.1　压缩空气站

1.压缩空气站的组成

如图 9-1 所示为一般压缩空气站的净化流程示意图，空气首先经过过滤器过滤去部分灰尘、杂质后进入压缩机 1，压缩机输出的压缩空气温度较高，需先送入后冷却器 2 进行冷却，当温度下降到 40～50 ℃时，压缩空气中的油气与水气凝结成油滴和水滴；然后将其送入油水分离器 3，使大部分油、水和杂质从气体中分离出来送入储气罐 4 中，完成一次净化。对于要求不高的气压系统可从储气罐 4 直接供气。对仪表用气和质量要求高的工业用气，还需要进行二次或多次净化处理。将一次净化处理后的压缩空气再送进干燥器进一步除去气体中的残留水分和油。在净化系统中干燥器 5 和 6 交换使用，其中闲置的一个干燥器利用加热器 10 吹入的热空气进行再生，以备接替使用。四通阀 9 用于转换两个干燥器的工作状态，过滤器 7 的作用是进一步清除压缩空气中的颗粒和油气。经过处理的气体进入储气罐 8，可供给气动设备和仪表使用。

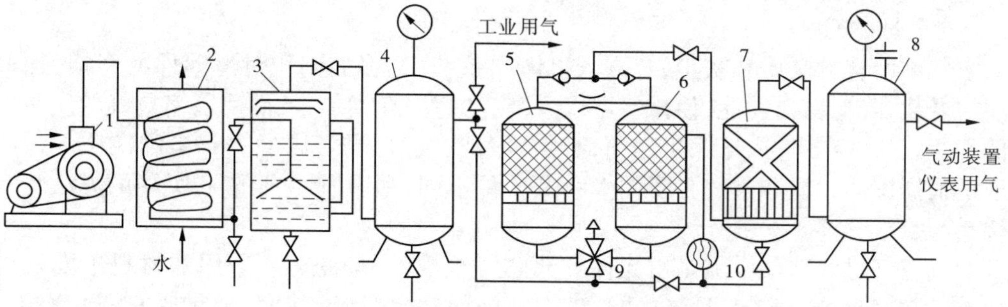

1—压缩机；2—后冷却器；3—油水分离器；4、8—储气罐；5、6—干燥器；7—过滤器；9—四通阀；10—加热器

图 9-1　一般压缩空气站的净化流程示意图

2.空气压缩机

空气压缩机是气动系统的动力源,它把电动机输出的机械能转换成气体的压力能输送给气动系统。空气压缩机主要有容积式和速度式两类。

在容积式空气压缩机中,气体压力的提高是依赖压缩机内部的工作容积被缩小,使单位体积内气体的分子密度增加而形成的;在速度式空气压缩机中,气体压力的提高是由于气体分子在高速流动时突然受阻而停滞下来,使动能转化为压力能而达到的。容积式空气压缩机按结构不同又可分为活塞式、膜片式和螺杆式等,常用的是活塞式空气压缩机;速度式按结构不同可分为离心式和轴流式等。

活塞式空气压缩机是通过曲柄连杆机构驱动活塞做往复运动使缸内容积发生变化而实现吸气、压气,达到提高气体压力的目的的。图 9-2 为单级单作用活塞式空气压缩机工作原理。它主要由排气阀、吸气阀、缸体、活塞、活塞杆、曲柄连杆机构等组成。

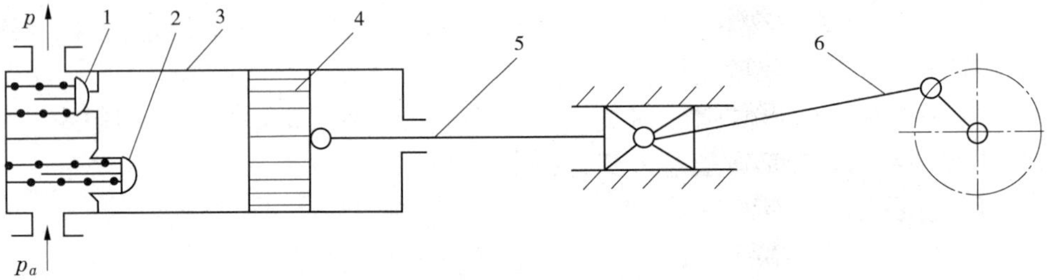

1—排气阀;2—吸气阀;3—缸体;4—活塞;5—活塞杆;6—曲柄连杆机构

图 9-2　单级单作用活塞式空气压缩机工作原理

曲柄由原动机(如电动机)带动旋转,从而驱动活塞 4 在缸体内做往复运动。当活塞向右运动时,缸内容积增大,形成部分真空,外界空气在大气压力下推开吸气阀 2 而进入缸中;当活塞反向运动时,吸气阀 2 关闭,随着活塞的左移,缸内空气受到压缩而使压力升高,当压力升至足够高(即达到排气管路中的压力)时排气阀 1 打开,气体被排出,并经排气管输送到储气罐中。曲柄旋转一周,活塞往复行程一次,即完成一个工作循环。

压缩机的实际工作循环由吸气、压缩、排气和膨胀四个过程组成,实际向外输出压缩空气的过程只是排气过程,其余三个过程均为准备过程。所以,为能实现连续不断地向外输出一定流量的压缩空气,大多数空气压缩机都是多缸或多活塞的组合。

9.1.2.2　气源净化装置

1.空气过滤器

空气中所含的杂质和灰尘,若进入机体和系统中,将加剧相对滑动件的磨损,加速润滑油的老化,降低密封性能,使排气温度升高,功率损耗增加,从而使压缩空气的质量大为降低。所以,在空气进入压缩机之前,必须经过空气过滤器,以滤去灰尘和杂质。过滤的原理是根据固体物质和空气分子的大小及质量不同,利用惯性、阻隔和吸附的方法将灰尘和杂质与空气分离。

一般空气过滤器基本上是由壳体和滤芯所组成的,按滤芯所采用的材料不同又可分为纸质、织物(麻布、绒布、毛毡)、陶瓷、泡沫塑料和金属(金属网、金属屑)等过滤器。空气压缩机中普遍采用纸质过滤器和金属过滤器。这种过滤器通常称为一次过滤器,其滤灰效率为 50%~70%;在空气压缩机的输出端(即气源装置)使用的为二次过滤器(滤灰效率为 70%~90%)和高效过滤器(滤灰效率大于 99%)。

二次过滤器、减压阀和油雾器通常组合在一起使用，合称气动三联件，用以滤除灰尘、液态油污和水滴，进一步净化压缩空气。其排水方式有手动和自动之分。

图 9-3 所示为常见的二次过滤器结构。其基本工作原理是间隙过滤，离心分离。从入口流入的压缩空气，在导流片 1 的引导下，沿其切线方向缺口强烈旋转，在离心力作用下，其中所混的油滴、水滴及较大灰尘颗粒被甩到水杯 4 的内壁上，再流到杯底，按动柱塞 7 可将杯底所集油水排出。经过此处理过程的压缩空气，再通过滤芯 2 进一步除去微小灰尘颗粒，然后从出口流出。挡水板 3 用来防止杯底所集油水重新被卷回气流中。

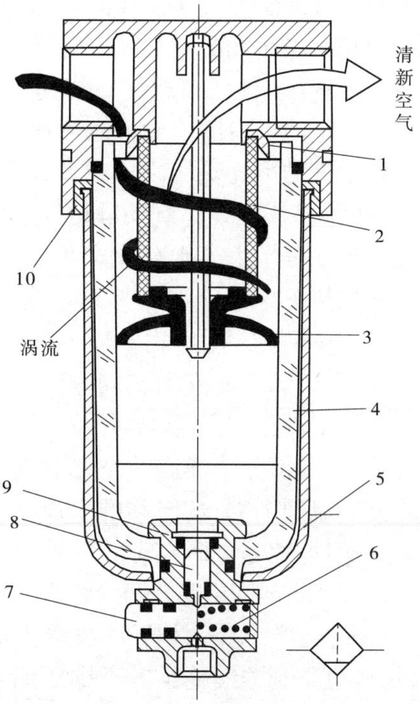

1—导流片；2—滤芯；3—挡水板；4—水杯；5—杯罩；6—弹簧；7—柱塞；8—顶柱；9—排水阀；10—垫圈

图 9-3　二次过滤器结构

二次过滤器的滤芯有烧结型、纤维聚结型和金属网型三种。选用的依据主要是气动系统所需的过滤精度及空气流量。应尽可能按实际所需标准状态下的流量选择二次过滤器的额定流量。如果通过过滤器的流量过小、流速太低、离心力太小，就不能有效清除油水和杂质；如果通过过滤器的流量过大，压力损失太大，油水分离效率也会降低。

二次过滤器应设在用气设备附近温度较低处，安装时要垂直放置，注意排水并定期清洗或更换滤芯，要求二次过滤器的压降小于 0.05 MPa。

2.除油器

除油器用于分离压缩空气中所含的油分和水分。其工作原理是：当压缩空气进入除油器后产生流向和速度的急剧变化，再依靠惯性作用，将密度比压缩空气大的油滴和水滴分离出来。图 9-4 为回转式除油器结构示意图。压缩空气进入除油器后，气流转折下降，然后上升，依靠转折时离心力的作用析出油滴和水滴。

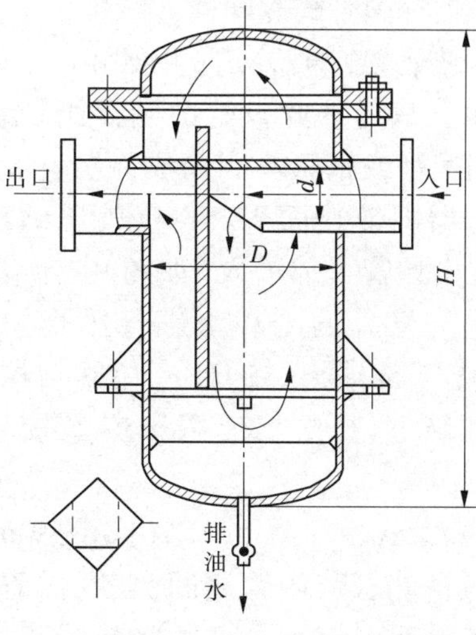

图 9-4　回转式除油器结构示意图

3.空气干燥器

对一些精密机械、仪表等装置，为防止气体中的含湿量对精密机械、仪表产生锈蚀，经过初步净化处理后的压缩空气还需要进一步净化处理，如进行干燥和精过滤。

压缩空气的干燥方法主要有机械法、离心法、冷冻法和吸附法等。目前,在工程实际中常用的是冷冻法和吸附法。

(1)冷冻法。使压缩空气冷却到一定的露点温度,然后析出相应的水分,从而使压缩空气达到一定的干燥度。此方法适用于处理低压大流量,并对干燥度要求不高的压缩空气。压缩空气的冷却除用冷冻设备外也可采用制冷剂直接蒸发,或用冷却液间接冷却。

(2)吸附法。主要是利用硅胶、活性氧化铝、焦炭、分子筛等物质表面能吸附水分的特性来清除水分。由于水分和这些干燥剂之间没有化学反应,所以不需要更换干燥剂,但必须定期加热再生干燥。

(3)采用不加热再生式干燥器。如图9-5所示,有两个填满干燥剂的相同容器。空气从一个容器的下部流到上部,水分被干燥剂吸收而得到干燥,一部分干燥后的空气又从另一个容器的上部流到下部,从饱和的干燥剂中把水分带走并放回大气。即实现了不需要外加热源而使吸附剂再生,两容器定期地(5~10 min)交换工作,使吸附剂产生吸附和再生,这样可得到连续输出的干燥压缩空气。

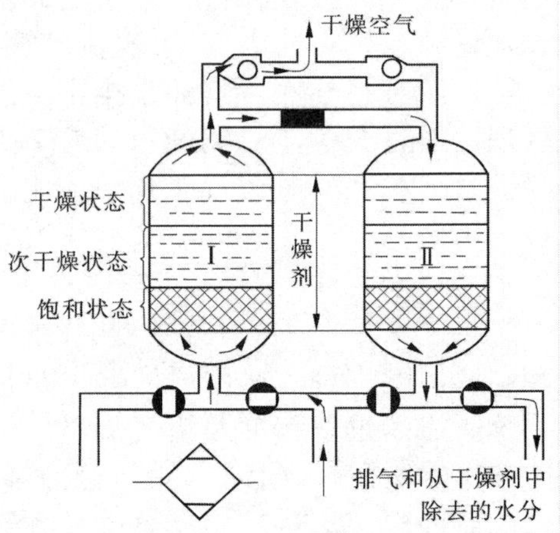

图9-5　不加热再生式干燥器

4.后冷却器

后冷却器用于将空气压缩机排出的气体冷却并除去水分。一般采用蛇管式冷却器、套管式冷却器或列管式冷却器。

(1)蛇管式冷却器。它主要由一个蛇状空心盘管和一只盛装此盘管的圆筒组成。蛇状盘管可用铜管或钢管弯制而成,蛇管的表面积即为冷却器的散热面积。由空气压缩机排出的热空气由蛇管上部进入(如图9-1所示),通过管外壁与管外的冷却水进行热交换,冷却后,由蛇管下部输出。这种冷却器结构简单,使用和维修方便,被广泛用于流量较小的场合。

(2)套管式冷却器。其结构如图9-6所示,压缩空气在外管与内管之间流动,内管、外管之间由支承架来支承。这种冷却器流通截面小,易达到高速流动,有利于散热冷却。管间清理也较方便。但其结构笨重,消耗金属量大,主要用在流量不大、散热面积较小的场合。

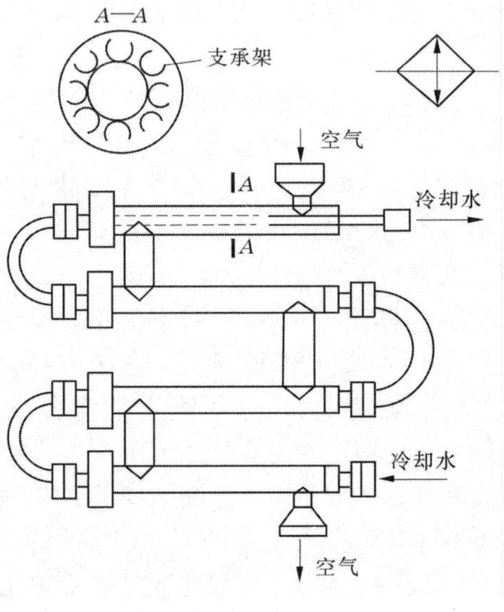

图9-6　套管式冷却器

(3)列管式冷却器。如图9-7所示,它主要由外壳3、封头1、隔板6、活动板4、冷却水管5、固定板2组成。冷却水管与隔板、封头焊在一起。冷却水在管内流动,空气在管间流动，活动板为月牙形。这种冷却器可用于较大流量的场合，具体参数可查阅有关资料，这里不再列出。

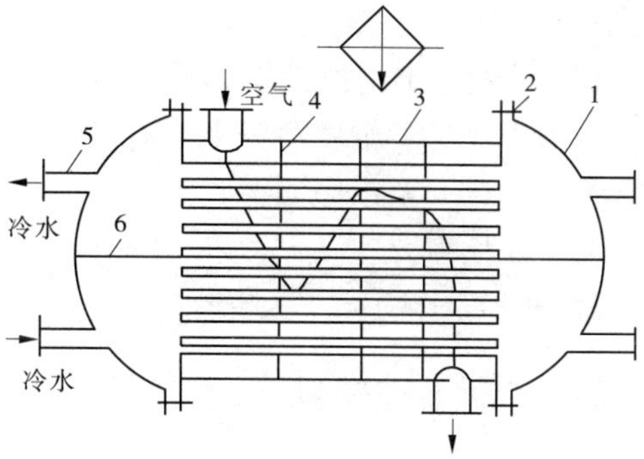

1—封头；2—固定板；3—外壳；4—活动板；5—冷却水管；6—隔板

图 9-7　列管式冷却器

5.储气罐

储气罐的作用是储存一定数量的压缩空气以调节用气量、备发生故障时应急使用；消除压力波动，保证输出气流的连续性。另外，储气罐还可进一步分离压缩空气中的水和油。储气罐一般采用圆筒状焊接结构，有立式和卧式两种，一般以立式居多。立式储气罐的高度为其直径的 2～3 倍，进气管和出气管通常按出上进下布置，并尽可能加大两管之间的距离，以利于进一步分离空气中的油和水。同时，每个储气罐应有以下附件：

(1)安全阀，用以调整极限压力；

(2)清理、检查用的孔口；

(3)压力表，指示储气罐罐内空气压力；

(4)排放油水的接管，位于储气罐的底部。

在选择储气罐的容积 V_c 时，一般以空气压缩机每分钟的排气量 q 为依据选择：

(1)当 $q<6\ m^3/min$ 时，取 $V_c=1.2\ m^3$；

(2)当 $6\ m^3/min \leqslant q<30\ m^3/min$ 时，取 $V_c=1.2 \sim 4.5\ m^3$；

(3)当 $q \geqslant 30\ m^3/min$ 时，取 $V_c=4.5\ m^3$。

后冷却器、除油器和储气罐都属于压力容器，应进行水压实验，合格后才能投入使用。目前，在气压传动中，后冷却器、除油器和储气罐三者一体的结构形式已被采用，这使压缩空气站的辅助设备大为简化。

任务 9.2　气动系统辅助元件的拆装

9.2.1　任务书

1.学习目的

(1)了解常用气动系统辅助元件的主要作用和结构特点，学会正确的拆装方法。

(2)通过学习，理解气动系统辅助元件的工作原理，掌握其性能特点和应用。

2.学习器材

(1)实物：油雾器、消声器、转换器等。

(2)工具：钳工常用工具和内六角扳手各 1 套、耐油橡胶板 1 块、油盆 1 个。

3.学习过程

(1)将学生分成若干组，确定组长。

(2)由教师布置任务，用多媒体讲授油雾器、消声器、转换器的功用、结构组成及拆检注意事项。

(3)学生分小组讨论制订拆卸方案,经教师核定批准后实施。

(4)注意油雾器喷嘴杆上两孔的畅通;注意截止阀和节流阀的装配和调节;保持油杯和视油帽清洁,以便观察。

4.学习报告

说明学习方法,叙述气动系统辅助元件的主要作用、工作原理、拆装步骤以及心得体会。

9.2.2 气动系统辅助元件

9.2.2.1 油雾器

油雾器是气压系统中一种特殊的注油装置,其作用是把润滑油雾化后,经压缩空气携带进入系统中各润滑部位,满足润滑的需要。图 9-8 是油雾器的结构。当压缩空气进入后,绝大部分从主气道流出,一小部分通过小孔 A 进入阀座 8 的内腔,此时特殊单向阀在压缩空气和弹簧作用下处在中间位置,如图 9-8(e)所示。所以,气体又进入储油杯 4 上部 C 腔,油液受压后经吸油管 7 将单向阀 6 顶起使油源源不断地进入视油窗 5 内,再滴入喷嘴 1 腔内,被主气道中的气流从小孔 B 中引射出来。进入气流中的油滴被高速气流击碎雾化后经输出口输出。视油窗上的单视节流阀 9 可使滴油量在每分钟 0~200 滴的范围内调节。当旋松油塞 10 后,储油杯上部 C 腔与大气相通,此时特殊单向阀 2 背压降低,输入气体使特殊单向阀 2 关闭,从而切断了 C 腔通道,单向阀 6 也由于 C 腔压力降低处于关闭状态,气体也不会从吸油管进入 C 腔。因此,可以在不停气源的情况下从油塞口给油雾器加油。

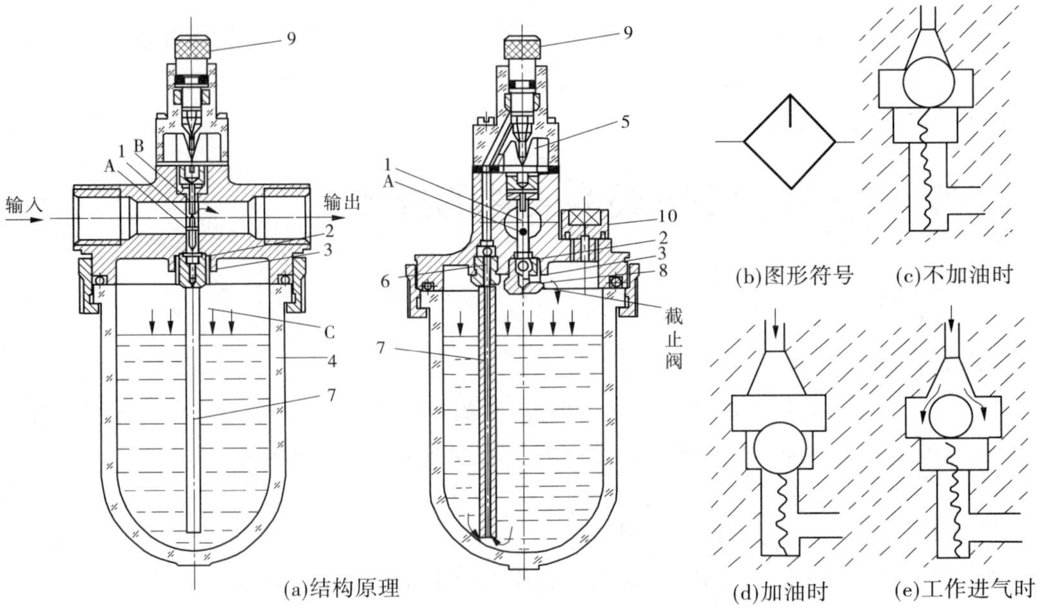

1—喷嘴;2—特殊单向阀;3—弹簧;4—储油杯;5—视油窗;
6—单向阀;7—吸油管;8—阀座;9—单视节流阀;10—油塞

图 9-8 油雾器结构

9.2.2.2　消声器

消声器的作用是排除压缩气体高速通过气动元件排入大气时产生的刺耳噪声污染。图 9-9 所示为膨胀干涉吸收型消声器。气流经对称斜孔分成多束进入扩散室 A 后膨胀，减速后与反射套碰撞，然后被反射到 B 室，在消声器中心处，气流束互相撞击、干涉。当两个声波相位相反时，声波的振幅互相减弱达到消耗声能的目的。最后，声波通过消声器内壁的消声材料，残余声能由于与消声材料的细孔相摩擦而变成热能，从而达到降低声强的效果。

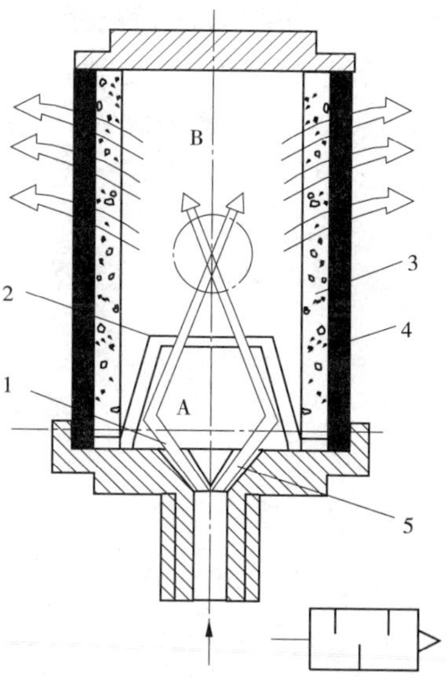

1、5—对称斜孔；2—反射套；
3—消声材料；4—护罩

图 9-9　膨胀干涉吸收型消声器

9.2.2.3　转换器

在气动控制系统中，也与其他自动控制装置一样，有发信号、控制和执行部分。控制工作介质为气体，而信号传感部分和执行部分不一定全用气体，可能用电或液体传输，这就要通过转换器来转换。常用的转换器有气电转换器、电气转换器、气液转换器等。

1.气电转换器

气电转换器是将压缩空气的气信号转变成电信号的装置，即用气信号（气体压力）接通或断开电路的装置，也称之为压力继电器。压力继电器按信号压力的大小分为低压型（0~0.1 MPa）、中压型（0.1~0.6 MPa）和高压型（>1.0 MPa）三种。图 9-10 为高、中压型压力继电器的原理图，气压 p 进入 A 室后，膜片 6 受压产生推力（$F=p\pi D^2/4$），该力推动圆盘 5 和爪枢 4 克服弹簧 2 的弹簧力向上移动，使两个微动开关 3 发出电信号。旋转调压螺母 1，可以调节控制压力范围。这种压力继电器结构简单，调压方便。

在安装气电转换器时应避免安装在振动较大的地方，且不应倾斜和倒置，以免使控制失灵，产生误动作，造成事故。

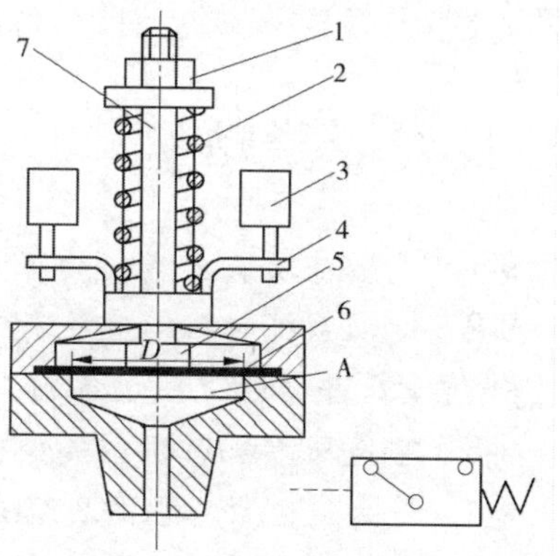

1—调压螺母；2—弹簧；3—微动开关；
4—爪枢；5—圆盘；6—膜片；7—中心杆

图 9-10　高、中压型压力继电器

2.电气转换器

电气转换器是将电信号转换成气信号的装置，其作用正好与气电转换器的相反。实际上各种电磁换向阀都可作为电气转换器。

3.气液转换器

气压系统中常常用到气液阻尼缸，或使用液压缸作执行元件，以求获得较平稳的速度，如汽车液压悬架系统中的油气弹簧，因而就需要一种把气压信号转换成液压信号的装置，这就是气液转换器。其种类主要有直接作用式和换向阀式两种。直接作用式气液转换器是在一筒式容器内，压缩空气直接或通过活塞、隔膜等作用在液面上，推压液体以同样的压力向外输出的。图 9-11 所示为气液直接作用式转换器，当压缩空气由上部输入，经过管道末端的缓冲装置后作用在液压油面上时，液压油即以相同的压力，由转换器主体下部的排油孔输送到液压执行元件，气液转换器的储油量应不小于液压执行元件最大有效容积的1.5倍。换向阀式气液转换器是一个气控液压换向阀，它需要另外备有液压源。

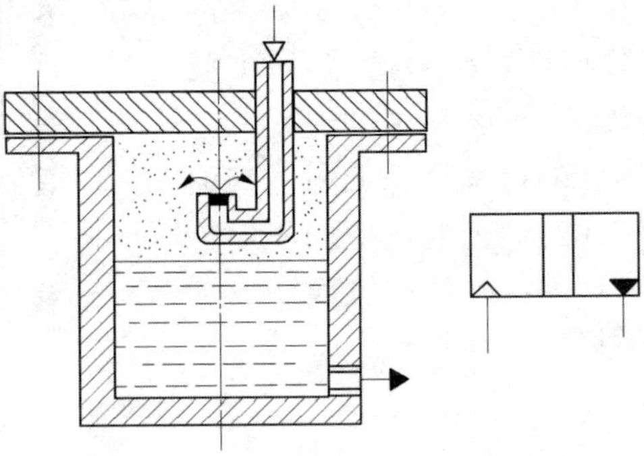

图9-11　气液直接作用式转换器

小　结

气压传动的动力来自压缩空气，由于空气中含有油、水和尘埃等，压缩后不能直接送进传动系统使用，更不能直接排放到大气中，否则会影响系统正常工作和加快系统元件的损坏或污染环境。本项目通过拆装空气压缩机和过滤器，引出空气压缩站及净化装置，介绍其基本原理，训练机械拆装技能；通过对典型气动系统辅助元件的拆装，理解油雾器、消声器、转换器等气动系统辅助元件的工作原理，掌握其性能特点和应用。

复习思考题

9-1　气压辅助装置常用的有哪些？各有何作用？

9-2　气动系统对压缩空气有哪些质量要求？主要依靠哪些设备保证气动系统的压缩空气质量？并简述这些设备的工作原理。

9-3　空气压缩机有哪些类型？简述活塞式空气压缩机的结构组成和工作原理。

9-4　什么是气动三联件？各起什么作用？

9-5　常用的气动辅助元件有哪些？如何选择？

项目十　气动基本回路及其控制实现

【教学目标要求】

1.知识目标

(1)了解常用气动元件的类型、组成和结构特点;理解气动执行元件、气动控制元件等主要元件的工作原理和性能特点。

(2)了解常用气动基本回路的类型、组成,理解气动基本回路工作原理和性能。

2.能力目标

(1)掌握常用气动元件的正确拆装方法和使用。

(2)掌握常用气动基本回路的具体应用,能根据要求设计简单的气动系统。

任务 10.1　气缸运动方向控制实现

10.1.1　任务书

1.学习目的

了解常用气动方向控制阀的类型、组成、结构特点和应用,理解常用气动方向控制阀的工作原理和性能特点,掌握正确的拆装方法;掌握气动方向控制回路的特点及其应用,学会气动方向控制回路的组建与装调方法。

2.学习装备

(1)实物:常用的气动元件 1 批,气动综合实训台 1 台。

(2)工具:内六角扳手 1 套、橡胶板 1 块、钳工常用工具 1 套。

3.学习过程

(1)查阅相关资料,了解阀的组成结构。

(2)尽可能先将弹簧松开后,再进行拆卸。

(3)安装时注意压缩弹簧及阀座之间的装配关系,注意阀芯与复位弹簧的装配关系。

(4)设计气动方向控制回路,选择元件并连接成回路。启动系统,观察气缸的动作并调节参数。如遇异常,应分析原因,排除故障,直至系统正常。

4.学习报告

说明学习步骤及注意事项,叙述所涉及的控制阀的工作原理、性能特点和应用、拆装方法步骤、技术要求;记述实验实际情况,分析回路各元件的动作及回路运行是否正常,并说明异常的原因;写出心得体会。

10.1.2　气动方向控制阀及气动方向控制回路

无论气动系统多么复杂,均由一些具有不同功能的基本回路组成。基本回路按其控制目的、控制功能分为方向控制回路、压力控制回路和速度控制回路等几类。而决定回路性能的核心部分,则是气动控制元件。气动控制元件是控制和调节压缩空气的压力、流量、流动方向和发送信号的重要元件,利用它们可以组成各种气动控制回路,使气动执行元件按设计的程序正常地进行工作。气动控制元件按功能和用途可分为方向控制阀、压力控制阀和流量控制阀三大类。此外,尚有通过改变气流方向和通断实现各种逻辑功能的气动逻辑元件和射流元件等。了解和掌握这些气动元件的性能和基本回路的工作原理是合理设计气动系统的必要基础。

10.1.2.1　**方向控制阀的分类**

气动换向阀和液压换向阀相似,分类方法也大致相同。气动换向阀按阀芯结构不同可分为滑柱式(又称柱塞式,也称滑阀)换向阀、截止式(又称提动式)换向阀、平面式(又称滑块式)换向阀、旋塞式换向阀和膜片式换向阀。其中,以截止式换向阀和滑柱式换向阀应用较多;按其控制方式不同可以分为电磁换向阀、气动换向阀、机动换向阀和手动换向阀,其中后三类换向阀的工作原理和结构与液压换向阀中相应的阀类基本相同;按其作用特点可以分为单向型控制阀和换向型控制阀。

1.单向型控制阀

单向型控制阀包括单向阀、或门型梭阀、与门型梭阀和快速排气阀。

(1)单向阀。是指气流只能向一个方向流动而不能反向流动的阀。单向阀的工作原理、结构和图形符号与液压阀中的单向阀基本相同,只不过在气动单向阀中,阀芯和阀座之间有一层胶垫(密封垫),如图 10-1 所示。

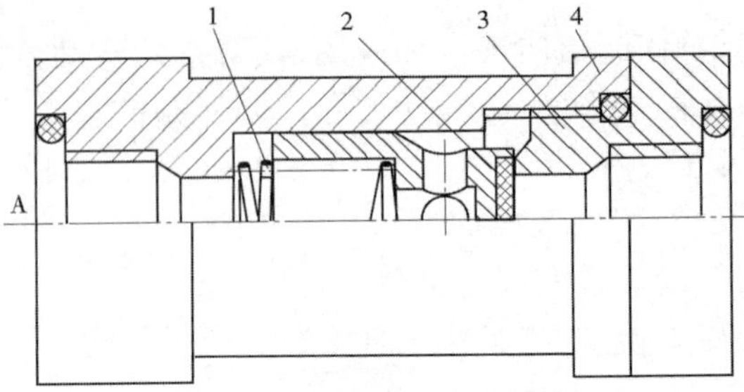

(a)结构原理

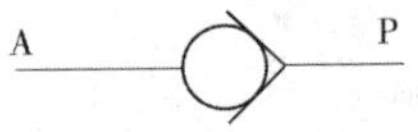

(b)图形符号

1—单向阀阀芯;2—密封垫;3—单向阀阀座;4—阀体

图 10-1　单向阀结构原理和图形符号

(2)或门型梭阀。或门型梭阀相当于两个单向阀的组合。图 10-2 所示为或门型梭阀结构原理和图形符号,它有两个输入口 P_1、P_2,一个输出口 A,阀芯在两个方向上起单向阀的作用。当 P_1 口进气时,阀芯将 P_2 口切断,P_1 口与 A 口相通,A 口有输出。当 P_2 口进气时,阀芯将 P_1 口切断,P_2 口与 A 口相通,A 口也有输出。当 P_1 口和 P_2 口都有进气时,活塞移向低压侧,使高压侧进气口与 A 口相通。如两侧压力相等,则先加入压力一侧与 A 口相通,后加入一侧关闭。

(3)与门型梭阀(双压阀)。又称双压阀,它也相当于两个单向阀的组合。图 10-3 为与门型梭阀结构原理和图形符号。它有 P_1 和 P_2 两个输入口和一个输出口 A,只有当 P_1、P_2 口同时有输入时,A 口才有输出;否则,A 口无输出。而当 P_1 和 P_2 口压力不等时,则关闭高压侧,低压侧与 A 口相通。

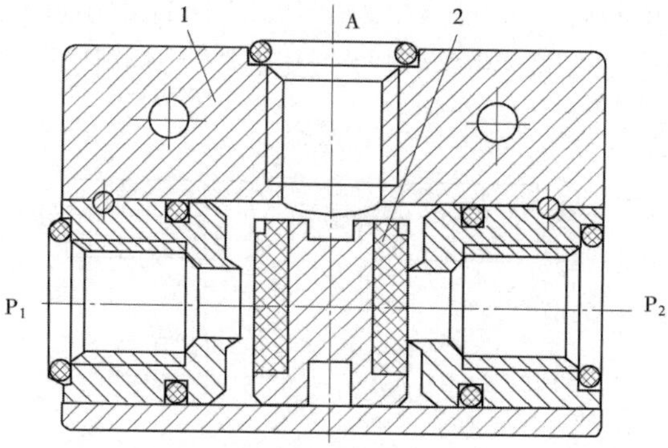

(a)结构原理

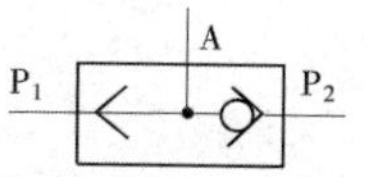

(b)图形符号

1—阀体;2—阀芯

图 10-2　或门型梭阀结构原理和图形符号

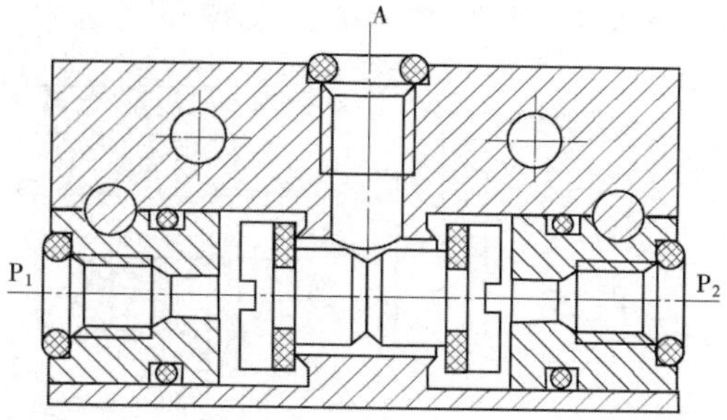

(a)结构原理

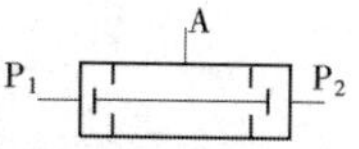

(b)图形符号

图 10-3　与门型梭阀结构原理和图形符号

(4)快速排气阀。快速排气阀的作用是使气动元件或装置快速排气。图 10-4 所示为膜片式快速排气阀结构原理和图形符号。当 P 口进气时,膜片被压下封住排气口,气流经膜片四周小孔、A 口流出。当气流反向流动时,A 口气压将膜片顶起封住 P 口,A 口气体经 O 口迅速排掉。

2.换向型控制阀

换向型控制阀通过改变压缩空气的流动方向,从而改变执行元件的运动方向。根据其控制方式分为电磁控制阀、机械控制阀、手动控制阀、时间控制阀等。换向型方向控制阀的结构和工作原理基本相似,切换位置和接口数也分几位几通,图形符号与液压阀中的方向控制阀也基本相同,在此不再赘述。

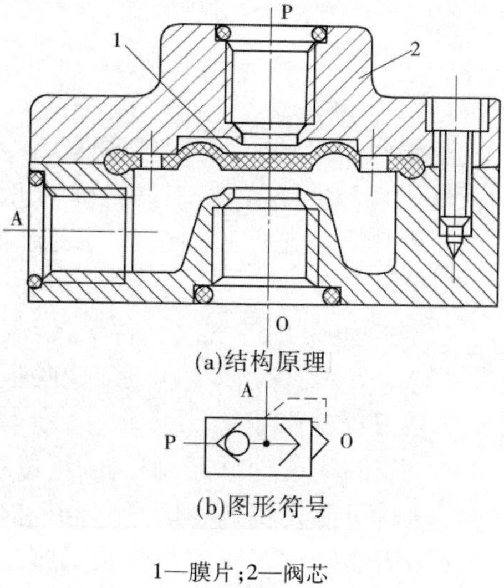

(a)结构原理

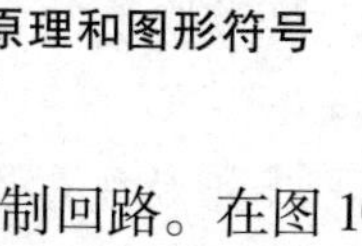

(b)图形符号

1—膜片;2—阀芯

图 10-4　膜片式快速排气阀结构原理和图形符号

10.1.2.2　方向控制回路

1.单作用气缸换向回路

图 10-5 所示为常断型二位三通电磁阀和三位五通电磁阀控制回路。在图 10-5(a)回路中,当电磁铁得电时,气压使活塞伸出工作,而电磁铁失电时,活塞杆在弹簧作用下缩回。在图 10-5(b)回路中,电磁铁失电后能自动复位,故能使气缸停留在行程中的任意位置。

2.双作用气缸换向回路

图 10-6 所示为双气控二位五通阀和双气控中位封闭式三位五通阀的控制回路。在

图 10-6(a)回路中,通过对换向阀左右两侧分别输入控制信号,使气缸活塞杆伸出和缩回。此回路不许左右两侧同时加等压控制信号。在图 10-6(b)回路中,除控制双作用缸换向外,还可在行程中的任意位置停止运动。

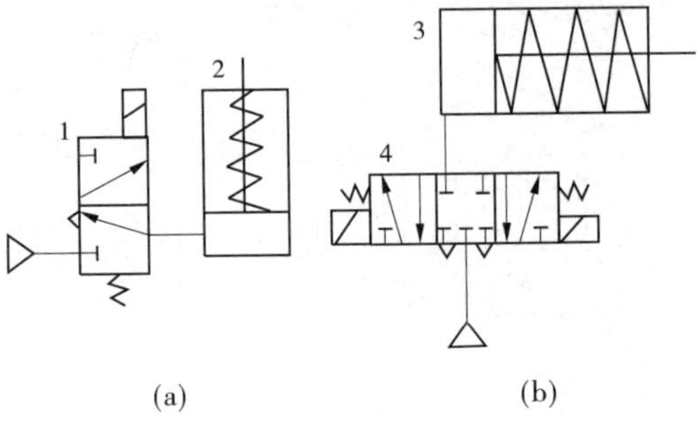

1、4—电磁阀;2、3—单作用气缸

图 10-5　单作用气缸换向回路

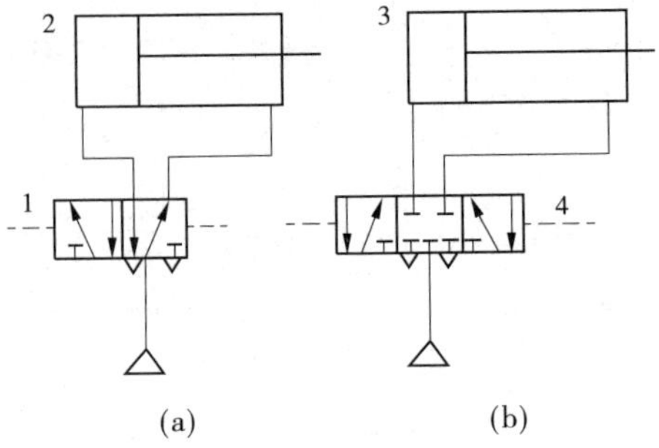

1、4—气动换向阀;2、3—双作用气缸

图 10-6　双作用气缸换向回路

任务 10.2　气动压力控制回路实现

10.2.1　任务书

1.学习目的

了解常用气动压力控制阀的类型、组成、结构特点和应用,理解常用气动压力控制阀的工作原理和性能特点,掌握正确的拆装方法;掌握气动压力控制回路的特点及其应用,学会气动压力控制回路的组建与装调方法。

2.学习装备

(1)实物:常用的气动元件 1 批,气动综合实训台 1 台。

(2)工具:内六角扳手 1 套、橡胶板 1 块、钳工常用工具 1 套。

3.学习过程指导

(1)查阅相关资料,了解阀的组成结构。

(2)尽可能先将弹簧松开后,再进行拆卸。

(3)安装时注意压缩弹簧及阀座之间的装配关系,以及阀芯与复位弹簧的装配关系。

(4)设计气动压力控制回路,选择元件并连接成回路。启动系统,观察气缸动作及压力变化情况并调节参数。如遇异常,应分析原因,排除故障,直至系统正常。

4.学习报告要求

说明学习步骤及注意事项,叙述所涉及的控制阀的工作原理、性能特点和应用、拆装方法步骤、技术要求;记述实验实际情况,分析回路各元件的动作及回路运行是否正常,并说明异常的原因。

10.2.2　气动压力控制阀分类

压力控制阀主要用来控制系统中气体的压力,以满足各种压力要求或用以节能。压力控制阀主要有溢流阀、减压阀和顺序阀三种。

1.溢流阀

溢流阀的作用是当系统压力超过调定值时，便自动排气，使系统的压力下降，以保证系统安全，故也称其为安全阀。按控制方式分，溢流阀有直动型和先导型两种。

1）直动型溢流阀

如图 10-7 所示，将阀 P 口与系统相连接，O 口通大气，当系统中空气压力升高，一旦大于溢流阀调定压力时，气体推开阀芯，经阀口从 O 口排至大气，使系统压力稳定在调定值，保证系统安全。当系统压力低于调定值时，在弹簧的作用下阀口关闭。开启压力的大小与调整弹簧的预压缩量有关。

2）先导型溢流阀

如图 10-8 所示，溢流阀的先导阀为减压阀，由它减压后的空气从上部 K 口进入阀内，以代替直动型的弹簧控制溢流阀。先导型溢流阀适用于管道通径较大及远距离控制的场合。选用溢流阀时，其最高工作压力应略高于所需控制压力。

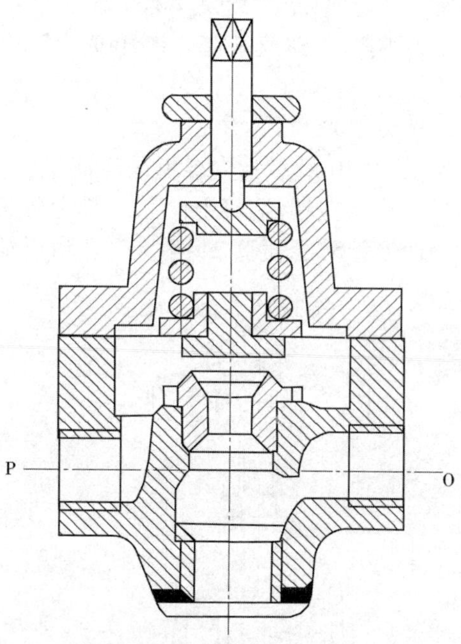

(a)结构原理

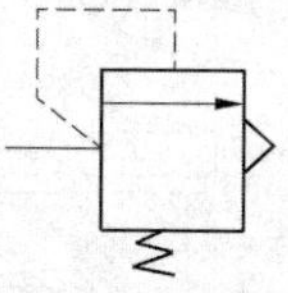

(b)图形符号

图 10-7　直动型溢流阀结构原理和图形符号

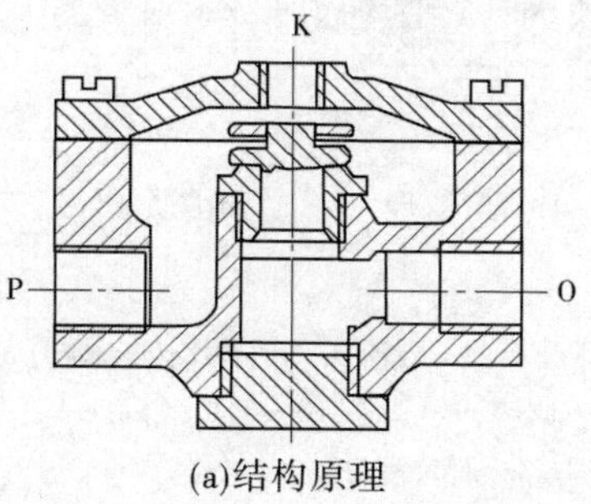

(a)结构原理

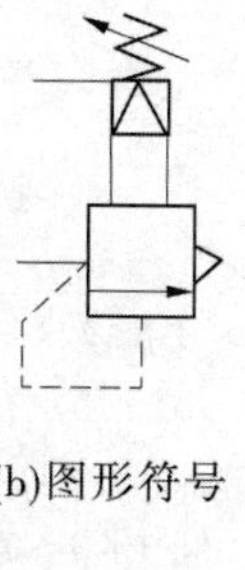

(b)图形符号

图 10-8　先导型溢流阀结构原理和图形符号

2.减压阀

减压阀的作用是降低由空气压缩机来的压力，以适于每台气动设备的需要，并使这一部分压力保持稳定。按调节压力方式不同，减压阀有直动型和先导型两种。

1）直动型减压阀

如图 10-9 所示为直动型减压阀的结构原理和图形符号。其工作原理是：阀处于工作状态时，压缩空气从左侧流入，经阀口 11 后再从阀出口流出。当顺时针旋转手柄 1 时，压缩调压弹簧 2、3 推动膜片 5 下凹，再通过阀杆 6 带动阀芯 9 下移，打开进气阀口 11，压缩空气通过进气阀口 11 的节流作用，使输出压力低于输入压力，以实现减压作用。与此同时，有一部分气流经阻尼孔 7 进入膜片室 12，在膜片下部产生一向上的推力。当推力与弹簧的作用相互平衡后，阀口开度稳定在某一值上，减压阀就输出一定压力的气体。阀口 11 开度越小，节流作用越强，压力下降也越多。

若输入压力瞬时升高，经阀口 11 以后的输出压力随之升高，膜片气室内的压力也升高，破坏了原有的平衡，膜片上移，有部分气流经溢流孔 4、排气口 13 排出。在膜片上移的同时，阀芯在复位弹簧 10 的作用下也随之上移，减小进气阀口 11 开度，节流作用加大，输出压力下降，直至达到膜片两端作用力重新平衡，输出压力基本上又回到原数值上；相反，输入压力下降时，进气节流阀口开度增大，节流作用减小，输出压力上升，使输出压力基本回到原数值上。

2）先导型减压阀

如图 10-10 所示为先导型减压阀结构原理和图形符号，它由先导阀和主阀两部分组成。当气流从左端流入阀体后，一部分经进气阀口 9 流向输出口，另一部分经固定节流孔 1 进入中气室 5，经喷嘴 2、挡板 3、孔道反馈至下气室 6，再经阀杆 7 中心孔及排气孔 8 排至大气。

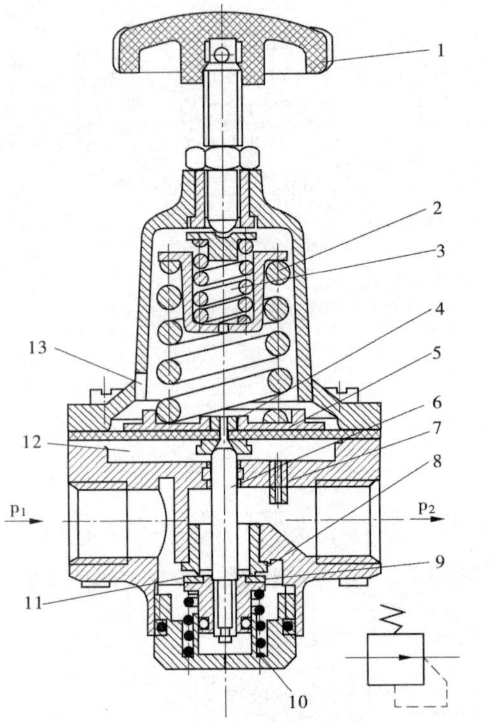

(a)结构原理　(b)图形符号

1—手柄；2、3—调压弹簧；4—溢流孔；5—膜片；6—阀杆；7—阻尼孔；8—阀座；9—阀芯；10—复位弹簧；11—阀口；12—膜片室；13—排气口

图 10-9　直动型减压阀结构原理和图形符号

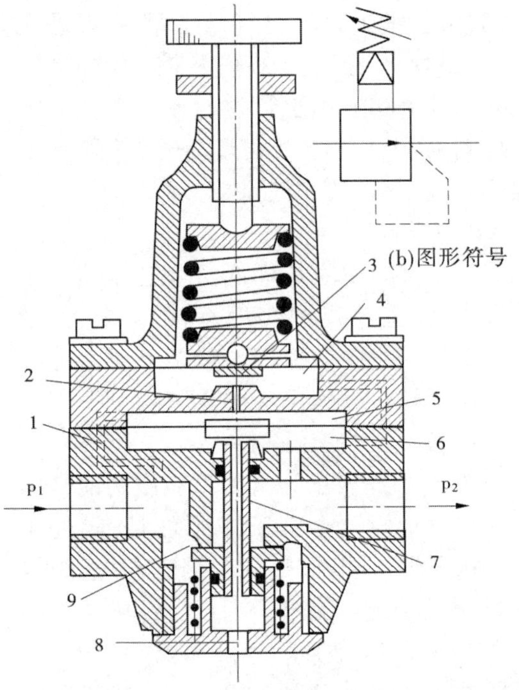

(a)结构原理

1—固定节流孔；2—喷嘴；3—挡板；4—上气室；5—中气室；6—下气室；7—阀杆；8—排气孔；9—进气阀口

图 10-10　先导型减压阀结构原理和图形符号

把手柄旋到一定位置，使喷嘴与挡板的距离在工作范围内，减压阀就进入工作状态。中气室 5 的压力随喷嘴与挡板间距离的减小而增大，于是推动阀芯打开进气阀口 9，即有

气流流到出口，同时经孔道反馈到上气室 4，与调压弹簧相平衡。

若输入压力瞬时升高，输出压力也相应升高，通过孔口的气流使下气室 6 的压力也升高，破坏了膜片原有的平衡，使阀杆 7 上升，节流阀口减小，节流作用增强，输出压力下降，使膜片两端作用力重新平衡，输出压力恢复到原来的调定值。

当输出压力瞬时下降时，经喷嘴挡板的放大也会引起中气室 5 的压力较明显升高，而使阀芯下移，阀口开大，输出压力升高，并稳定到原数值上。

选择减压阀时应根据气源压力确定阀的额定输入压力，气源的最低压力应高于减压阀最高输出压力 0.1 MPa 以上。减压阀一般安装在空气过滤器之后、油雾器之前。

3.顺序阀

顺序阀的作用是依靠气路中压力的大小来控制执行机构按顺序动作。顺序阀常与单向阀并联结合成一体，称为单向顺序阀。图 10-11所示为单向顺序阀的结构。

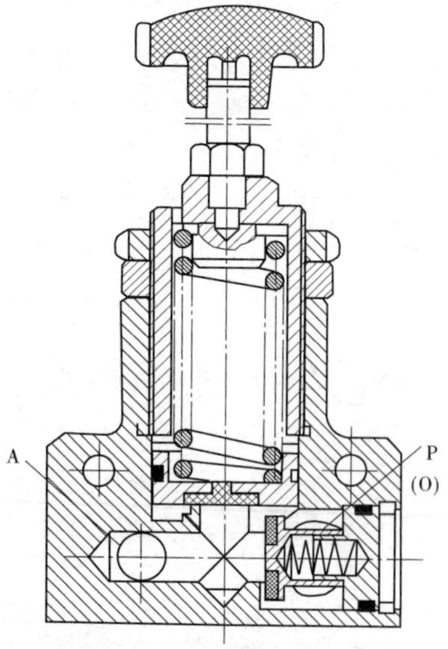

图 10-11　单向顺序阀的结构

图 10-12 所示为单向顺序阀的工作原理，当压缩空气由 P 口进入阀左腔 4 后，作用在活塞 3 上的力小于弹簧 2 上的力时，阀处于关闭状态。而当作用于活塞上的力大于弹簧力时，活塞被顶起，压缩空气经阀左腔 4 流入阀右腔 5 由 A 口流出，然后进入其他控制元件或执行元件，此时单向阀关闭。当切换气源时［见图 10-12(b)］，阀左腔 4 压力迅速下降，顺序阀关闭，此时阀右腔 5 压力高于阀左腔 4 压力，在气体压力差作用下，打开单向阀，压缩空气由阀右腔 5 经单向阀 6 流入阀左腔 4 向外排出。调节螺钉 1 用以调节阀的启动压力。

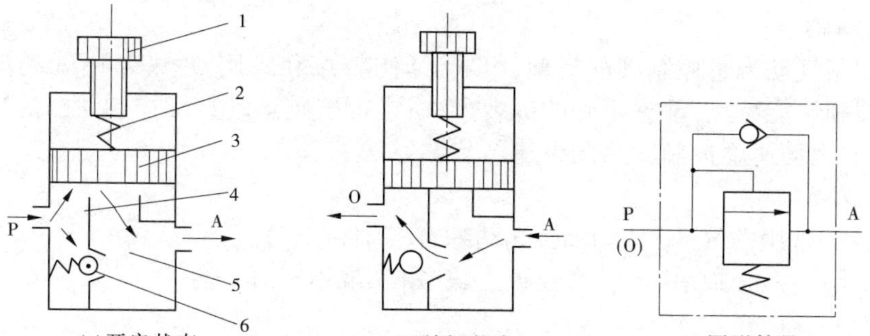

(a)开启状态　(b)关闭状态　(c)图形符号

1—调节螺钉；2—弹簧；3—活塞；4—阀左腔；5—阀右腔；6—单向阀

图 10-12　单向顺序阀的工作原理

10.2.3　压力控制回路

1.调压回路

图 10-13 所示为常用的一种调压回路，它是利用减压阀来实现对气动系统气源的压力

控制的。图 10-13(b)为可提供两种压力的调压回路。气缸有杆腔压力由调压阀 1 调定,无杆腔压力由调压阀 2 调定。此回路符合工作中的活塞杆伸出和退回负载不同的实际情况。

2.过载保护回路

图 10-14 所示为过载保护回路,当活塞右行遇到障碍或其他原因使气缸过载时,左腔压力升高,当超过预定值时,打开顺序阀 3,使换向阀 4 换向,换向阀 1、2 同时复位,气缸返回,保护设备安全。

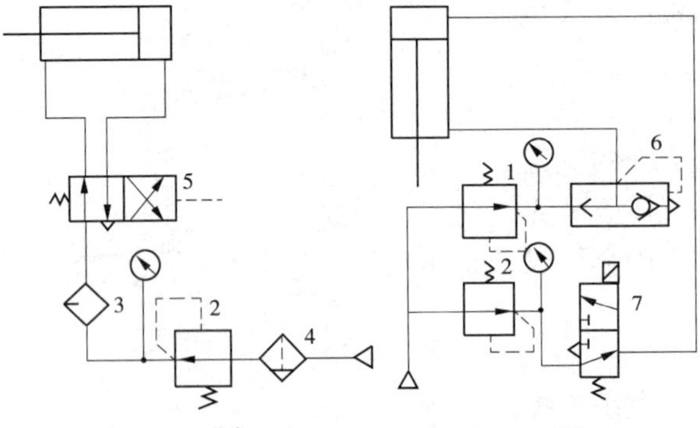

(a) (b)

1、2—调压阀;3—油雾器;4—过滤器;5—气动换向阀;
6—快速排气阀;7—电磁阀

图 10-13 调压回路

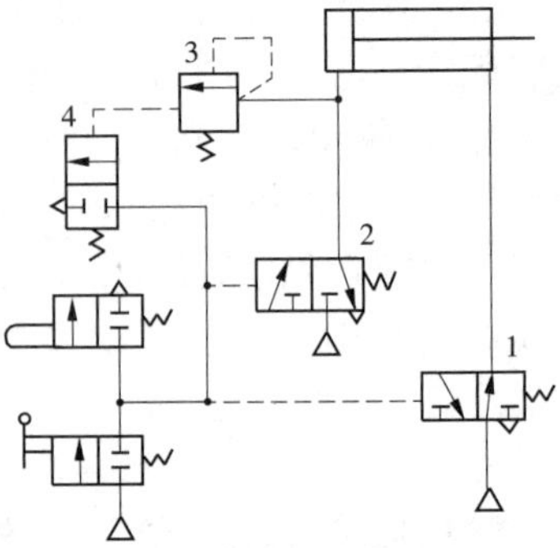

1、2、4—换向阀;3—顺序阀

图 10-14 过载保护回路

任务 10.3 气缸运动速度控制

10.3.1 任务书

1.学习目的

了解常用气动流量控制阀的类型、组成、结构特点和应用,理解常用气动流量控制阀的工作原理和性能特点,掌握正确的拆装方法;掌握气缸运动速度控制回路的特点及其应用,学会气缸运动速度控制回路的组建与装调方法。

2.学习装备

(1)实物:常用的气动元件 1 批,气动综合实训台 1 台。

(2)工具:内六角扳手 1 套、橡胶板 1 块、钳工常用工具 1 套。

3.学习过程指导

(1)查阅相关资料,了解阀的组成结构。

(2)尽可能先将弹簧松开后,再进行拆卸。

(3)安装时注意压缩弹簧及阀座之间的装配关系,以及阀芯与复位弹簧的装配关系。

(4)设计气缸运动速度控制回路,选择元件并连接成回路。启动系统,观察气缸的动作并调节参数。如遇异常,应分析原因,排除故障,直至系统正常。

4.学习报告要求

说明学习步骤及注意事项,叙述所涉及的控制阀的工作原理、性能特点和应用、拆装方法步骤、技术要求；记述实验实际情况，分析回路各元件的动作及回路运行是否正常，并说明异常的原因。

10.3.2　气动流量控制阀

在气压传动系统中，经常要求控制气动执行元件的运动速度，这要靠调节压缩空气的流量来实现。凡用来控制气体流量的阀，称为流量控制阀。流量控制阀就是通过改变阀的通流截面面积来实现流量控制的元件，它包括节流阀、单向节流阀、排气节流阀和柔性节流阀等。

由于节流阀和单向节流阀的工作原理与同类型液压阀相似，在此不再重复。本节仅对排气节流阀和柔性节流阀作一简要介绍。

1.排气节流阀

排气节流阀的节流原理和节流阀一样，也是靠调节通流面积来调节阀的流量的。它们的区别是，节流阀通常安装在系统中调节气流的流量，而排气节流阀只能安装在排气口处，调节排入大气的流量，以此来调节执行机构的运动速度。图 10-15 为排气节流阀的工作原理图。气流从 A 口进入阀内，由节流口 1 节流后经消声套 2 排出，因而它不仅能调节执行元件的运动速度，还能起到降低排气噪声的作用。排气节流阀通常安装在换向阀的排气口处，与换向阀联用，起单向节流阀的作用。它实际上只不过是节流阀的一种特殊形式。由于排气节流阀结构简单，安装方便，能简化回路，故应用日益广泛。

2.柔性节流阀

图 10-16 所示为柔性节流阀的工作原理图，它依靠阀杆 3 夹紧柔韧的橡胶管 2 而产生节流作用，也可以利用气体压力来代替阀杆压缩橡胶管。柔性节流阀结构简单，压力减小，动作可靠性高，对污染不敏感，通常工作压力范围为 0.3～0.63 MPa。应当指出，用流量控制阀控制气动执行元件的运动速度，其精度远不如液压控制的高。特别是在超低速控制中，要按照预定行程变化来控制速度，只用气动是很难实现的。在外部负载变化较大时，仅用气动流量阀也不会得到满意的调速效果。为提高其运动平稳性，建议用气液联动的方式。

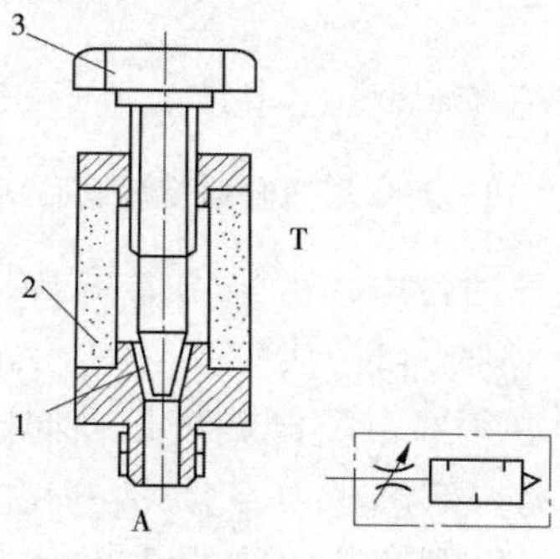

(a)结构原理　　(b)职能符号

1—节流口；2—消声套；3—阀杆

图 10-15　排气节流阀的工作原理

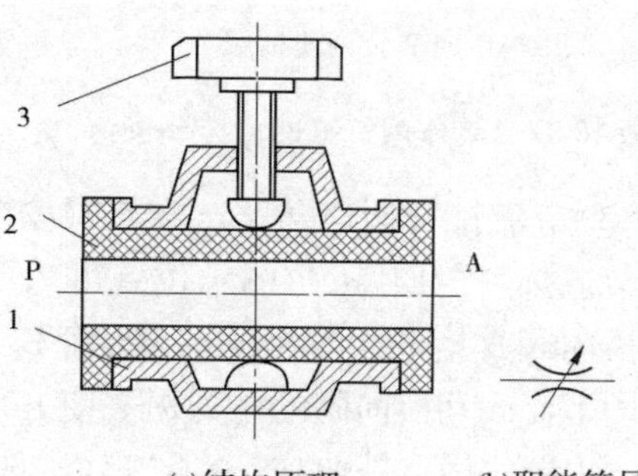

(a)结构原理　　(b)职能符号

1—阀体；2—橡胶管；3—阀杆

图 10-16　柔性节流阀的工作原理

10.3.3 气缸运动速度控制回路

1.单作用气缸速度控制回路

图 10-17 所示为单作用气缸速度控制回路,在图 10-17(a)中,升、降均通过节流阀调速,两个相反安装的单向节流阀,可分别控制活塞杆的伸出及缩回速度。在图 10-17(b)所示的回路中,气缸上升时可调速,下降时则通过快排气阀排气,使气缸快速返回。

2.双作用气缸速度控制回路

1)单向调速回路

双作用气缸有节流供气和节流排气两种调速方式。

(1)节流供气调速回路。图 10-18(a)所示为节流供气调速回路,在图示位置,当气控换向阀不换向时,进入气缸 A 腔的气流流经节流阀,B 腔排出的气体直接经换向阀快排。当节流阀开度较小时,由于进入 A 腔的流量较小,压力上升缓慢,当气压达到能克服负载时,活塞伸出,此时 A 腔容积增大,使压缩空气膨胀,压力下降,使作用在活塞上的力小于负载,因而活塞就停止外伸;待压力再次上升时,活塞才继续外伸。这种由于负载及供气的原因使活塞忽走忽停的现象,叫气缸的"爬行"。节流供气的不足之处主要表现为:①当负载方向与活塞运动方向相反时,活塞运动易出现不平稳现象,即"爬行"现象;②当负载方向与活塞运动方向一致时,由于排气经换向阀快排,几乎没有阻尼,负载易产生"跑空"现象,使气缸失去控制。所以,节流供气多用于垂直安装的气缸的供气回路中。

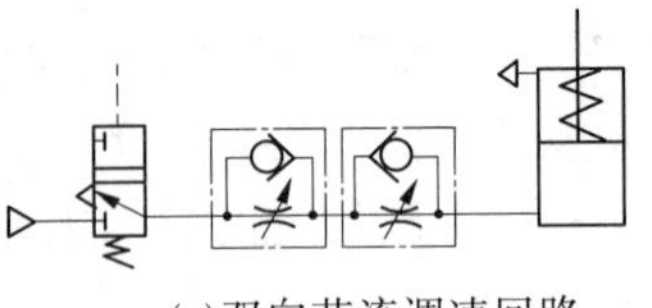

(a)双向节流调速回路

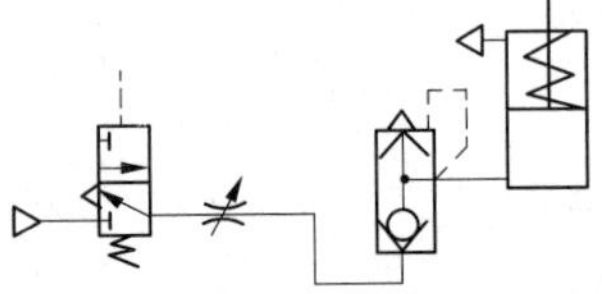

(b)单向节流调速回路

图 10-17 单作用气缸速度控制回路

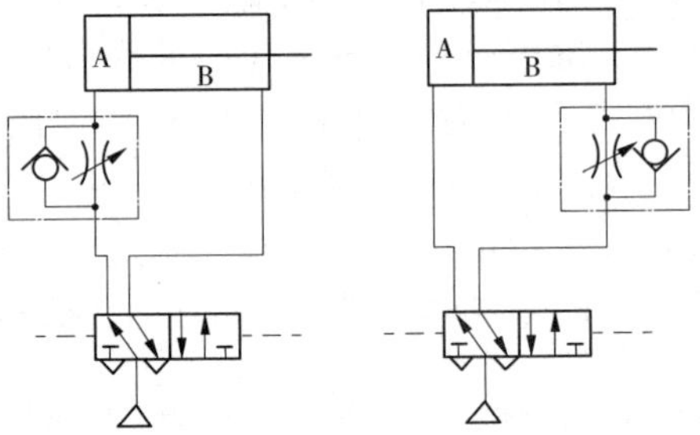

(a)节流供气调速回路 (b)节流排气调速回路

图 10-18 双作用气缸速度控制回路

(2)节流排气调速回路。在水平安装的气缸的供气回路中一般采用如图 10-18(b)所示的节流排气的回路,由图示位置可知,当气控换向阀不换向时,从气源来的压缩空气,经气控换向阀直接进入气缸的 A 腔,而 B 腔排出的气体必须经节流阀到气控换向阀排入大气。因节流阀和换向阀的压力损失使 B 腔中的气体具有一定的压力,此时活塞在 A 腔与 B 腔的压力差作用下外伸,减少了"爬行"现象发生的可能性,调节节流阀的开度,可控制不同的排气速度,从而也就控制了活塞的运动速度。节流排气调速回路具有下述特点:①气缸速度随负载变化较小,运动较平稳;②能承受与活塞运动方向相同的负载(反向负载)。

以上的讨论,适用于负载变化不大的情况。由于气体的可压缩性,当负载突然增大时,就将迫使气缸内的气体压缩,使活塞运动速度减慢;反之,当负载突然减小时,气缸内被压缩的空气必然膨胀，使活塞运动加快，这称为气缸的“自走”现象。因此，在要求气缸具有准确而平稳的速度的场合（尤其在负载变化较大的场合），应采用气液相结合的调速方式。

2）快速往复运动回路

若将图 10-19（a）中两个单向节流阀换成快速排气阀就构成了快速往复回路，若欲实现气缸单向快速运动，可只采用一个快速排气阀。

3）速度换接回路

如图 10-20 所示的速度换接回路利用两个二位二通阀与单向节流阀并联，当撞块压下行程开关时，发出电信号，使二位二通阀换向，改变排气通路，从而使气缸速度改变。行程开关的位置，可根据需要选定。图 10-20 中二位二通阀也可改用行程阀。

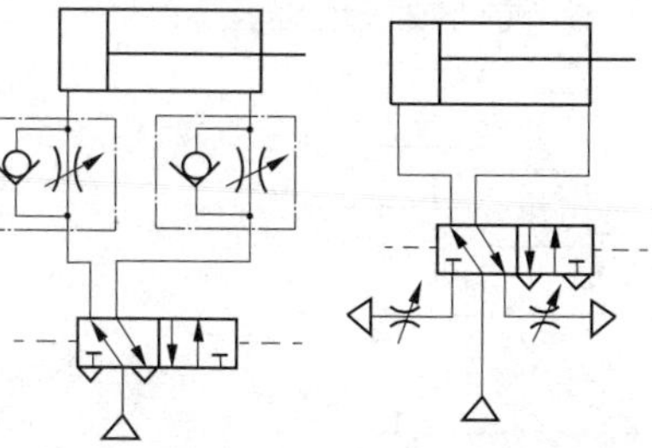

(a)　　(b)

图 10-19　双向调速回路

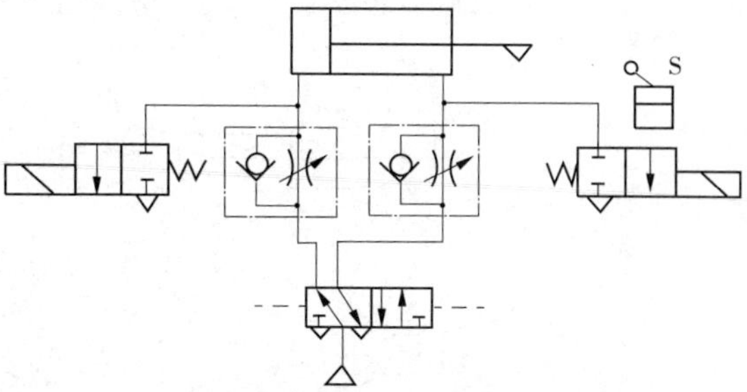

图 10-20　速度接换回路

【拓展知识】

气动其他控制回路

1.气液联动回路

气液联动是以气压为动力，利用气液转换器把气压传动变为液压传动，或采用气液阻尼缸来获得更为平稳有效地控制运动速度的气压传动，或使用气液增压器来增大传动力等。气液联动回路装置简单，经济可靠。

1）气液转换速度控制回路

图 10-21 所示为气液转换速度控制回路，当控制阀处于右位（图中位置）时，控制气进入气液转换器 2，压力油顶开单向阀进入液压缸 3 的有杆腔，活塞左移回缩，大腔的油液经过节流阀进入气液转换器 1 返回液压油箱，实现了气控液压出口节流调速功能。当控制阀处于左位时，工作过程与上述相反。

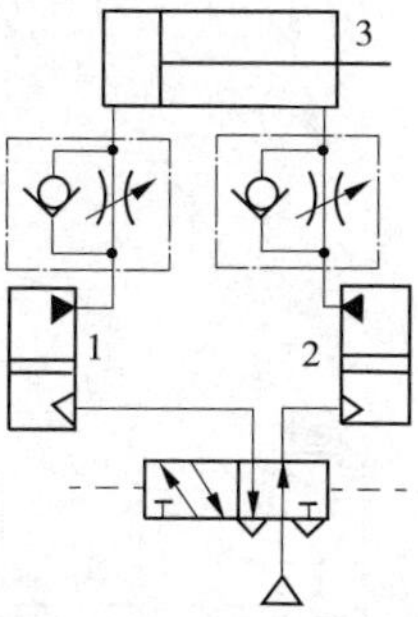

1、2—气液转换器；3—液压缸

图 10-21　气液转换速度控制回路

2）气液阻尼缸的速度控制回路

图 10-22（a）所示为慢进快退回路。图的左侧为普通气动系统，不同的是气缸后侧连接着一个液压缸，两缸活塞杆固连在一起共同进退。当控制阀处于左位（图中位置）时，气缸活塞带着液压缸活塞右移，液压缸大腔油液顶开单向阀返回小腔，多余的油液顶开单

向阀进入油箱，此时油路未受节流，液压缸不起阻尼作用，气缸做快退运动；当控制阀处于右位时，气缸活塞带着液压缸活塞左移，液压缸小腔油液经节流阀返回大腔，不足的油液因真空吸开单向阀从油箱补进液压缸大腔，此时油路，液压缸受节流动作减缓，起阻尼作用，气缸作慢进运动。

图 10-22(b)所示回路能实现机床工作循环中常用的快进—工进—快退的动作。当气缸活塞带着液压缸活塞左移时，液压缸大腔油液 a 直接进入小腔，多余的油液返回油箱，此时液压缸未受节流，不起阻尼作用，气缸做快进运动；当活塞遮盖过 a 口时，液压缸大腔油液必须经节流阀 b 进入小腔，此时液压缸受节流动作减缓，起阻尼作用，气缸做慢进运动，在机床系统中称为工作进给，简称工进。当气缸活塞右移时，液压缸小腔油液返回大腔，不足的油液从油箱补进，此时油路未受节流，液压缸不起阻尼作用，气缸做快退运动。

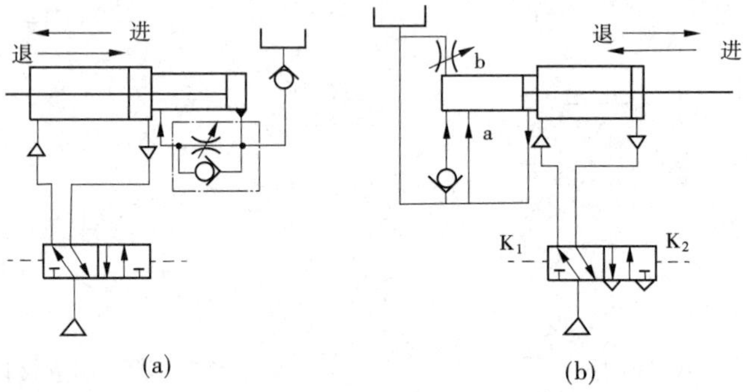

图 10-22 气液阻尼缸的速度控制回路

3) 气液增压缸增力回路

气液增压缸增力回路如图 10-23 所示。当阀处于下位时，压缩空气进入增压缸 1 的大端使小端液压油增压后进入液压缸 3，增大缸对外的推力。

气液缸同步动作回路如图 10-24 所示。液压缸 3 的大腔与液压缸 5 的小腔设计的有效面积相同，而且两腔直接连通，保证两缸的运动同步。

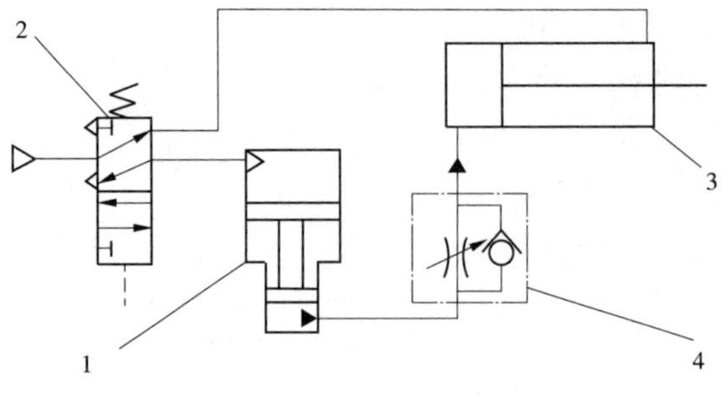

1—增压缸；2—换向阀；3—液压缸；4—单向调速阀

图 10-23 气液增压缸增力回路

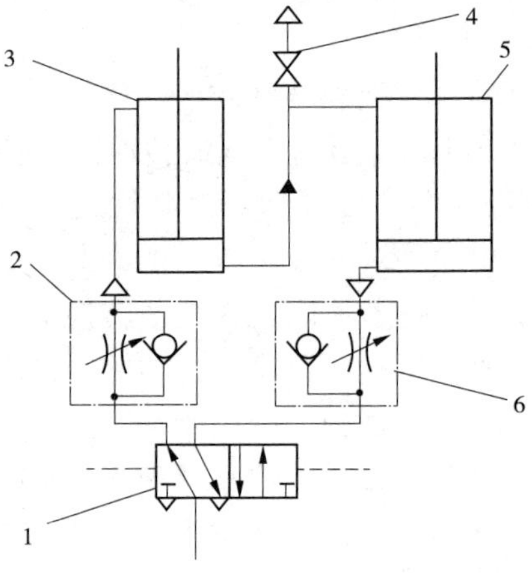

1—换向阀；2、6—单向调速阀；3、5—液压缸；4—气开关

图 10-24 气液缸同步动作回路

2.安全保护回路

气动执行机构的快速动作等可能危及操作人员安全,因此在气动回路中,常常要加入安全回路。下面介绍几种常用的安全保护回路。

(1)互锁回路(见图10-25)。在该回路中,四通阀的换向受三个串联的机动三通阀控制,只有三个阀都接通,主阀才能换向。

(2)双手同时操作回路(见图10-26)。所谓双手同时操作回路,就是使用两个启动阀的手动阀,只有同时按动两个阀才动作的回路,避免一只手还在危险区域而另一只手已操作使设备动作的现象。

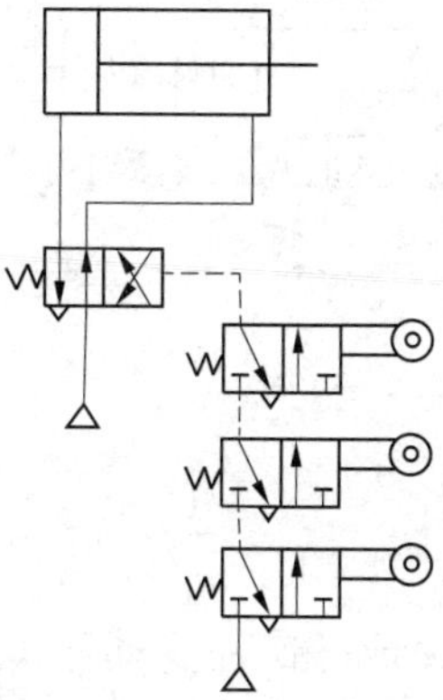

图10-25　互锁回路

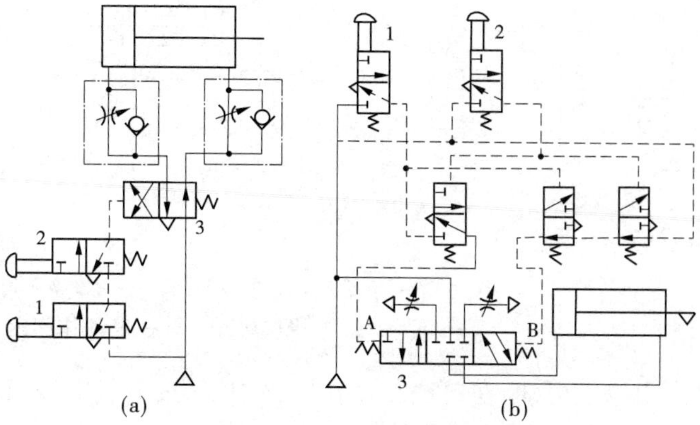

1、2—手动启动阀;3—液控换向阀

图10-26　双手同时操作回路

3.延时回路

图10-27所示为延时回路。图10-27(a)为延时输出回路,当控制信号使气动换向阀4切换后,压缩空气经单向节流阀3向储气罐2充气。当充气压力经过延时升高致使气动换向阀1换位时,气动换向阀1就有输出。图10-27(b)为延时接通回路,按下手动换向阀7,则气缸向外伸出,当气缸在伸出行程中压下行程阀6后,压缩空气经节流阀到储气罐5,延时后才将气动换向阀8切换,气缸退回。这里是利用储气罐充气需要时间来达到延时的目的的。

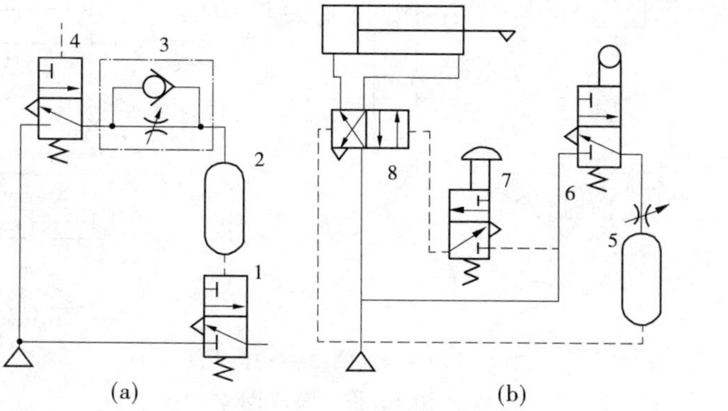

1、4、8—气动换向阀;2、5—储气罐;3—单向节流阀;6—行程阀;7—手动换向阀

图10-27　延时回路

4.单缸往复动作回路

图 10-28 所示为三种单往复动作回路。图 10-28(a)所示为行程阀控制的单往复回路,按下手动换向阀 1 使阀 3 换向,压缩空气进入大腔,活塞杆外伸,当行进至压下行程阀时,阀 3 换向,活塞杆退回;图 10-28(b)所示为压力控制的单往复动作回路,按下阀 1 使阀 3 换向,压缩空气进入大腔,活塞杆外伸,当行进至活塞抵触缸盖阀时,压力上升而打开阀 4 使阀 3 换向,活塞杆退回;图 10-28(c)所示为利用延时回路形成的时间控制单往复动作回路,该回路是由图 10-28(a)加储气延时装置而成的。

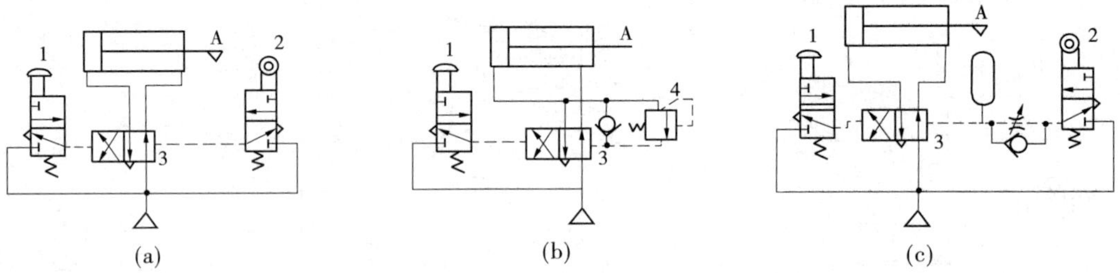

1—手动换向阀;2—行程阀;3—气动换向阀;4—溢流阀

图 10-28　单往复动作回路

由以上可知,在单往复动作回路中,每按下一次按钮,气缸就完成一次往复动作。

5.缓冲回路

要获得气缸行程末端的缓冲,除采用带缓冲的气缸外,特别在行程长、速度快、惯性大的情况下,往往需要采用缓冲回路来满足气缸运动速度的要求,常用的方法如图 10-29 所示。图 10-29(a)所示回路能实现快进—慢进缓冲—停止—快退的循环,行程阀可根据需要来调整缓冲开始位置,这种回路常用于惯性力大的场合。图 10-29(b)所示回路的特点是,当活塞返回到行程末端时,其左腔压力已降至打不开顺序阀 2 的程度,余气只能经节流阀 1 排出,因此活塞得到缓冲。常用缓冲回路如图 10-29 所示,只能实现一个运动方向上的缓冲,若两侧均安装此回路,可达到双向缓冲的目的。

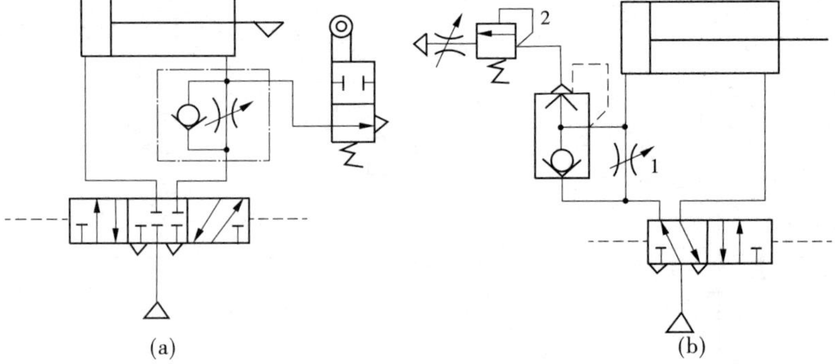

1—节流阀;2—顺序阀

图 10-29　缓冲回路

小　结

无论气动系统多么复杂,均由一些具有不同功能的基本回路组成。基本回路按其控制目的、控制功能分为方向控制回路、压力控制回路和速度控制回路等几类。气动控制元件是控制和调节压缩空气的压力、流量、流动方向和发送信号的重要元件,利用它们可以组成各种气动控制回路,使气动执行元件按设计的程序正常地进行工作。本项目通过拆装典型气动控制阀和在实训台上实现对气缸运动控制和压力控制,介绍常用气动方向控制阀、压力控制阀、流量控制阀等的工作原理、类型、组成、结构特点和应用,让学习者学会气动基本回路的分析、组建和拆装方法。

复习思考题

10-1　简述直动型溢流阀和先导型溢流阀的工作原理。

10-2　减压阀的调压弹簧为何要采用双弹簧结构?这两根弹簧串联时和并联时有什么不同?

10-3　梭阀的作用是什么?一般用于什么场合?

10-4　换向型方向控制阀有哪几种控制方式?简述其主要特点。

10-5　用1个电控二位五通阀、1个单向节流阀、1个快速排气阀,设计一个可使双作用气缸完成“慢进—快速退回”的控制回路。

项目十一　逻辑比例伺服控制与实用系统分析

【教学目标及要求】

1.知识目标

(1)了解常用气动逻辑控制元件与比例伺服元件的类型、组成和结构,理解它们的工作原理、性能特点。

(2)了解常用气动逻辑控制回路的类型、组成,理解气动逻辑控制回路的工作原理、性能。

(3)了解典型气动系统的特点,特别要注意基本回路在复杂气动系统中所起的作用。

2.能力目标

(1)掌握常用气动逻辑控制元件与比例伺服元件的正确拆装方法及其具体应用,掌握气动逻辑控制回路的装调及其应用。

(2)掌握对气动系统进行分析的步骤和方法,掌握气动系统图的阅读方法;能正确分析系统的工作原理,写出动作流程;能根据实物系统画出正确的气动系统图。

任务 11.1　气动逻辑元件结构拆装与逻辑控制设计

11.1.1　任务书

1.学习目的

(1)了解常用气动逻辑元件的组成和结构特点,掌握其正确的拆装方法;理解控制阀的工作原理、性能特点和应用。

(2)通过实验,加深理解气动系统的工作原理及各气动元件所起的作用。

(3)初步掌握气动回路的可行性及合理性的分析方法。

2.学习装备

(1)气压综合实训台 1 台,常用的气动元件 1 批。

(2)气源:采用电动气泵供气,再接气源调节装置、分气器后输出。

(3)工具:内六角扳手 1 套、耐油橡胶板 1 块、油盆 1 个及钳工常用工具 1 套。

3.学习内容

(1)按如图 11-1 所示回路,用快换接头进行各元件之间的连接,并按下启动按钮,观察两气缸的工作循环 $A_1B_1A_0B_0$ 是否正常,并分析原因。

(2)按如图 11-2 所示回路,用快换接头进行各元件之间的连接,并按下启动按钮,观察两气缸的工作循环 $A_1B_1B_0A_0$ 是否正常,并分析原因。

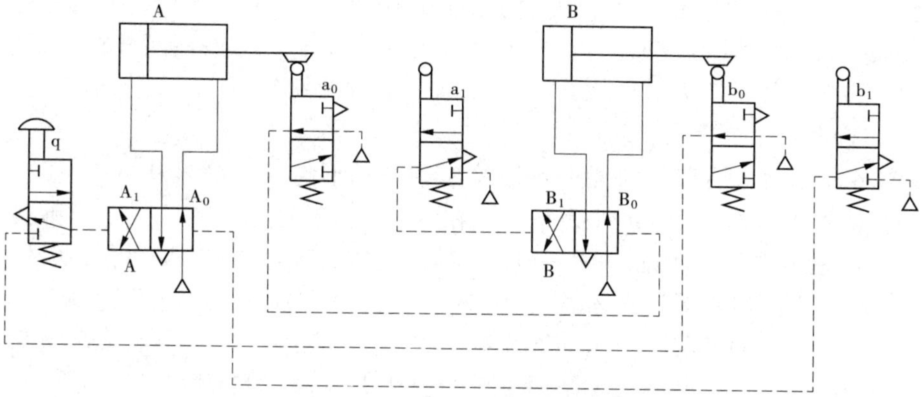

图 11-1　$A_1B_1A_0B_0$ 气动回路

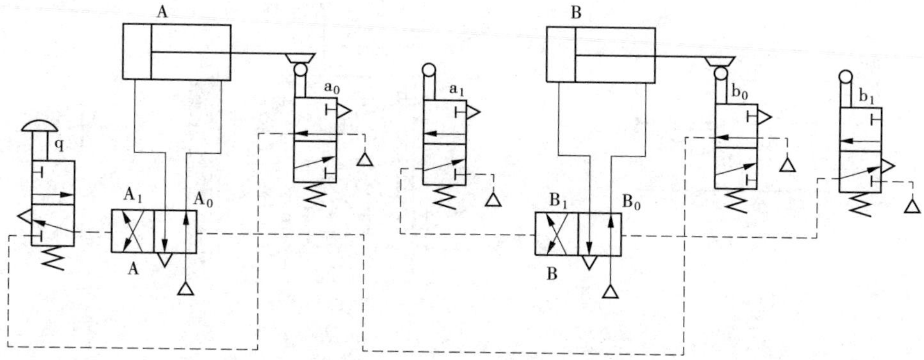

图 11-2　$A_1B_1B_0A_0$ 气动回路

4.学习报告

(1)说明学习步骤及注意事项,叙述所遇气动逻辑元件的工作原理、性能特点和应用、拆装方法步骤、技术要求;写出心得体会。

(2)根据学习内容,记录两回路的运行结果,分析回路的动作循环是否正常,并说明原因;写出心得体会。

11.1.2　气动逻辑元件

气动逻辑元件是以压缩空气为介质,通过元件的可动部件在气控信号作用下动作,改变气流方向以实现一定逻辑功能的气体控制元件。实际上,气动方向控制阀也具有气动逻辑元件的各种功能,所不同的是它的输出功率较大,尺寸大,而气动逻辑元件的尺寸较小。因此,在气动控制系统中广泛采用各种形式的气动逻辑元件(逻辑阀)。

11.1.2.1　高压截止式逻辑元件

高压截止式逻辑元件是依靠控制气压信号推动阀芯或通过膜片的变形推动阀芯动作,改变气流的流动方向以实现一定逻辑功能的逻辑元件。这类元件的特点是行程小、流量大、工作压力高、对气源净化要求低,便于实现集成安装和集中控制,其拆卸也很方便。

1.或门元件

截止式逻辑元件中的或门,大多由硬芯片及阀体所组成,膜片可水平安装,也可以垂直安装。图 11-3 所示为或门元件的结构原理与图形符号。A、B 为元件的信号输入口，S 为信号的输出口。气流的流通关系是：A、B 口任意一个有信号或同时有信号，则 S 口就有信号输出；逻辑关系式为 S=A+B。

2.是门和与门元件

图 11-4 所示为是门和与门元件的结构原理与图形符号。信号从 A 口输入、S 口输出，中间孔接气源 P 情况下，元件为是门。在 A 口没有信号的情况下，由于弹簧力的作用，阀口处在关闭状态；当控制信号来到 A 口后，气体的压力作用在膜片上，膜片下拱，压下阀芯打开下截止阀口，导通 P 和 S 通道，来自气源的压缩空气通过 P 通道、下截止阀、径向通道从 S 口输出。同时，指示活塞 8 被气压上推，露出阀体上平面，显示 S 口有无输出。手动按钮 7 用于手动发讯，按下时直接打开下截止阀，相当于 A 口有信号。元件的逻辑关系式为 S=A。

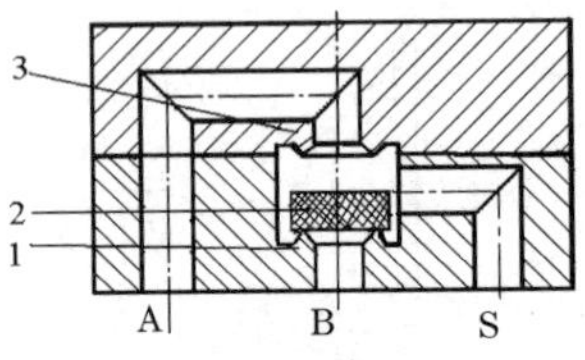

(a)结构原理

(b)图形符号

1—下阀座；2—阀芯；3—上阀座

图 11-3　或门元件的结构原理与图形符号

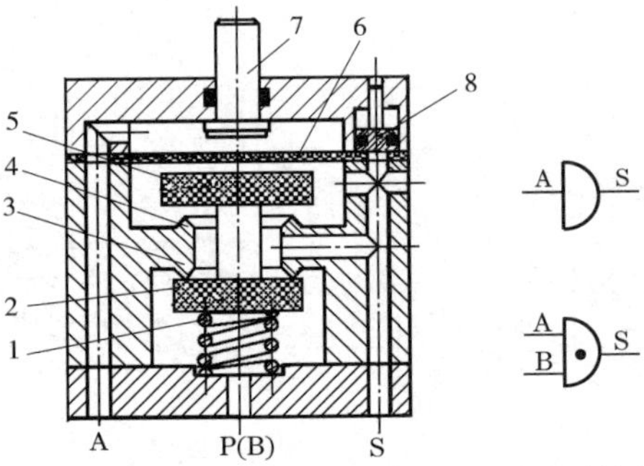

(a)结构原理　(b)图形符号

1—弹簧；2—下密封阀芯；3—下截止阀座；4—上截止阀座；5—上密封阀芯；6—膜片；7—手动按钮；8—指示活塞

图 11-4　是门和与门元件的结构原理与图形符号

若中间孔不接气源 P 而接控制信号 B，则元件为与门。也就是说，只有 A、B 口同时有信号时 S 口才有输出。其逻辑关系式为 S=AB。

3.非门和禁门元件

非门和禁门元件的结构原理与图形符号如图 11-5 所示。在 P 口接气源、A 口接信号、S 为输出口的情况下元件为非门。在 A 口没有信号的情况下，气源压力将阀芯推离下截止阀座 1，S 口有信号输出；当 A 口有信号时，信号压力通过膜片把阀芯压在下截止阀座 1 上，关断 P、S 通路，这时 S 没有信号。其逻辑关系式为 $S=\overline{A}$。

若中间孔不接气源 P 而接信号 B，则元件为禁门。也就是说，在 A、B 口同时有信号时，由于作用面积的关系，阀芯紧抵下截止阀座 1，S 口没有输出。

在 A 口无信号而 B 口有信号时，密封阀芯 2 被顶上移，下截止阀打开，S 口有输出。可见，A 信号对 B 信号起禁止作用。其逻辑关系式为 $S=\overline{A}B$。

4.或非元件

如图 11-6 所示，或非元件是在非门元件的基础上增加了两个输入端，即具有 A、B、C 三个信号输入端。在三个输入端都没有信号时，密封阀芯 2 处于无控制状态，压缩空气经

P 口顶开下截止阀从 S 口输出。当 A、B、C 三个信号输入端中任何一个有输入信号时，膜片 4 都会往下拱而关闭下截止阀，没有信号输出。元件的逻辑关系式为 $S=\overline{A+B+C}$。

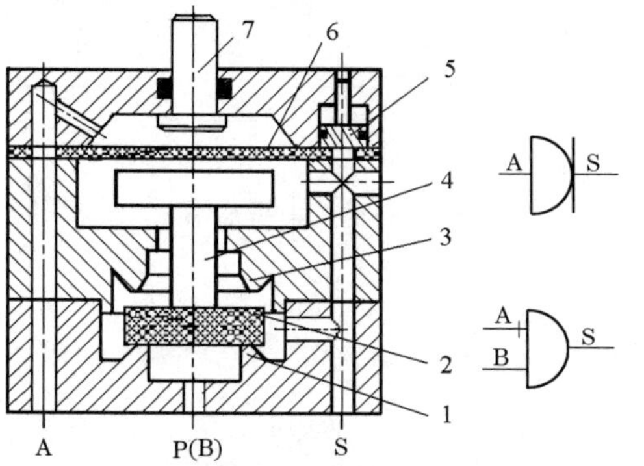

(a)结构原理　　(b)图形符号

1—下截止阀座；2—密封阀芯；3—上截止阀座；
4—阀芯；5—指示活塞；6—膜片；7—手动按钮

图 11-5　非门和禁门元件的结构原理与图形符号

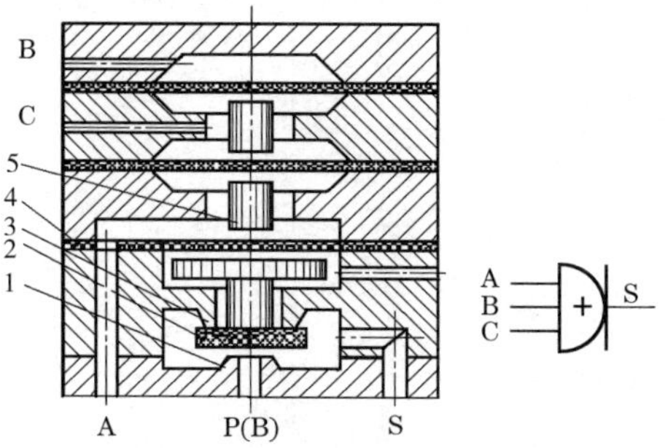

(a)结构原理　　(b)图形符号

1—下截止阀座；2—密封阀芯；3—上截止阀座；
4—膜片；5—阀柱

图 11-6　或非元件的结构原理与图形符号

5.双稳元件

双稳元件属于记忆型元件，在逻辑线路中具有重要的作用。图 11-7 所示为双稳元件的工作原理。

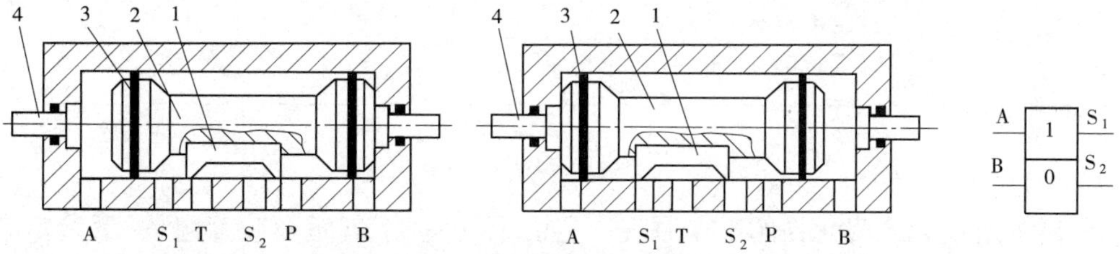

(a)　　(b)　　(c)

1—滑块；2—阀芯；3—密封圈；4—手动按钮

图 11-7　双稳元件的工作原理

当 A 口有信号输入时，阀芯移动到右端极限位置，由于滑块的分隔作用，P 口的压缩空气通过 S_1 输出，S_2 与排气口 T 相通；在 A 信号消失后、B 信号到来之前，阀芯保持在右端位置，即图 11-7(a)所示位置，S_1 总有输出；当 B 有信号输入时，阀芯移动到左端极限位置，即图 11-7(b)所示位置，P 口的压缩空气通过 S_2 输出，S_1 与排气口 T 相通；在 B 信号消失后、A 信号到来前，阀芯保持在左端位置，S_2 总有输出；这里，两个输入信号不能同时存在。元件的逻辑关系式为 $S_1=K_B^A$；$S_2=K_A^B$。图 11-7(c)为双稳元件的记忆功能符号。

或非元件是一种多功能逻辑元件，可以实现是门、或门、与门、非门或双稳等逻辑功能，详见表 11-1。

11.1.2.2　高压膜片式逻辑元件

高压膜片式逻辑元件是利用膜片式阀芯的变形来实现其逻辑功能的。最基本的单元是三门元件和四门元件。

表 11-1　或非元件组合可实现的逻辑功能

逻辑功能	功能符号	或非元件组合方案
是门	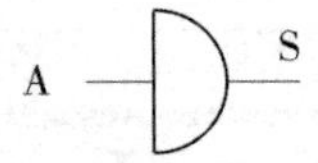	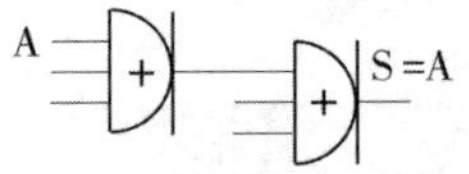
或门	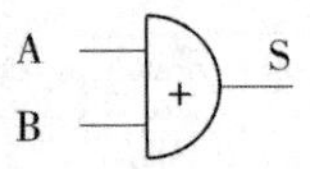	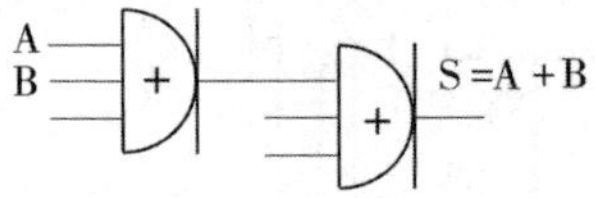
与门	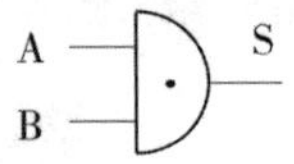	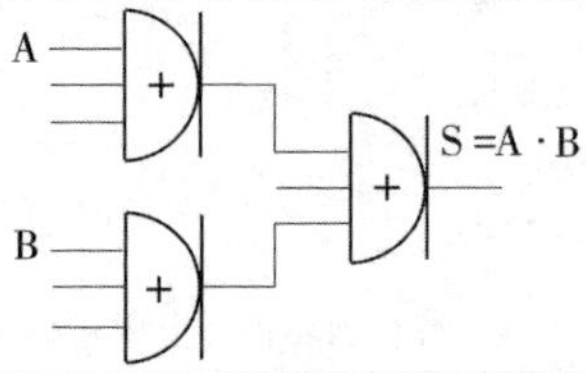
非门	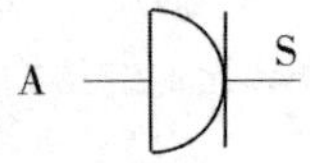	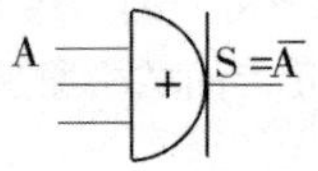
双稳	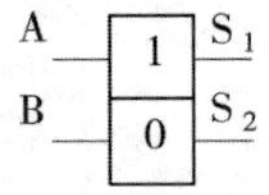	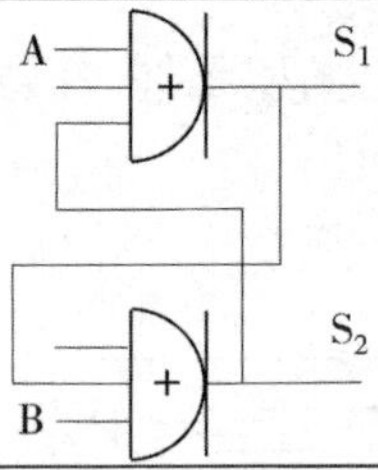

1.三门元件

图 11-8 所示为三门元件的工作原理。它由上气室、下气室及膜片组成,下气室有输入口 A 和输出口 S,上气室有一个输入口 B,膜片将上、下两个气室隔开。因为元件共有三个口,所以称为三门元件。A 口接气源(输入)、S 口为输出口、B 口接控制信号,若 B 口无控制信号,则 A 口输入的气流顶开膜片从 S 口输出,如图 11-8(b)所示;如果 S 口接大气,A 口和 B 口输入相等的压力,由于膜片两边作用面积不同,受力不等,S 口通道被封闭,A、S 气路不通,如图 11-8(c)所示;若 S 口封闭,A、B 口通入相等的压力信号,膜片受力平衡,无输出,如图 11-8(d)所示。但在 S 口接负载时,三门的关断是有条件的,即 S 口降压或 B 口升压才能保证可靠地关断。利用这个压力差作用的原理,关闭或开启元件的通道,可组成各种逻辑元件。其图形符号如图 11-8(e)所示。

2.四门元件

四门元件的工作原理如图 11-9 所示。膜片将元件分成上、下两个气室,上气室有输入口 A 和输出口 B,下气室有输入口 C 和输出口 D。因为共有四个口,所以称之为四门元件。四门元件是一个压力比较元件。就是说,膜片两侧都有压力且压力不相等时,压力小的一侧通道被断开,压力高的一侧通道被导通;若膜片两侧气压相等,则要看哪一通道的气流先到达气室,先到者通过,迟到达者不能通过。

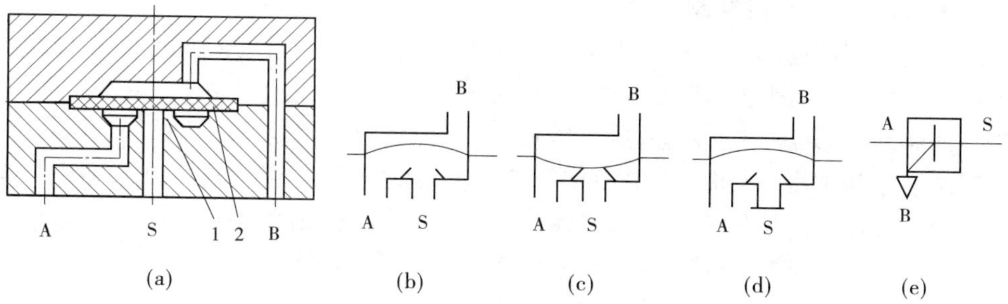

1—截止阀座;2—膜片

图 11-8 三门元件的工作原理

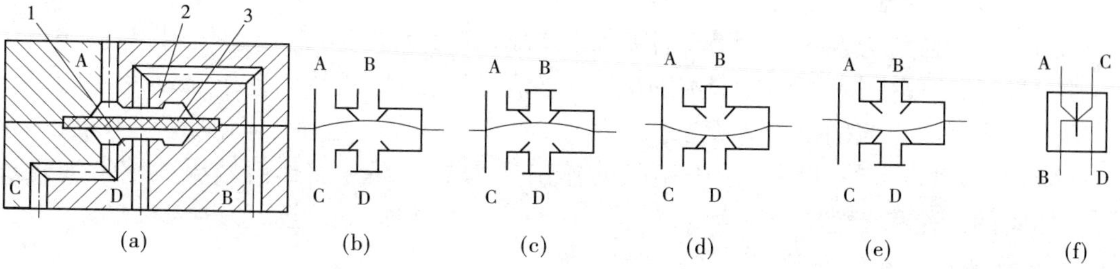

1—下阀座;2—上阀座;3—膜片

图 11-9 四门元件的工作原理

当 A、C 口同时接气源,B 口通大气,D 口封闭时,则 D 口有气但无流量,B 口关闭无输出,如图 11-9(b)所示;此时若封闭 B 口,情况与上述状态相同,如图 11-9(c)所示;此时放开 D 口,则 C 至 D 气体流动形成放空,下气室压力很小,上气室气体由 A 输入为气源压力,膜片下移,关闭 D 口,则 D 口无气、B 口有气但无流量,如图 11-9(d)所示;同理,此时再将 D 口封闭,元件仍保持这一状态,如图 11-9(e)所示。图 11-9(f)所示为四门元件的职能符号。

根据上述三门和四门这两个基本元件,就可构成逻辑回路中常用的或门、与门、非门、双稳元件等。

11.1.3 气动比例阀及气动伺服阀

工业自动化的发展,一方面对气动控制系统的精度和调节性能等提出了更高的要求,如在高技术领域中的气动机械手、柔性自动生产线等部分,都需要对气动执行机构的输出速度、压力和位置等按比例进行伺服调节;另一方面气动系统各组成元件在性能及功能上都得到了极大的改进。同时,气动元件与电子元件的结合使控制回路的电子化得到迅速发展,利用微型计算机使新型的控制思想得以实现,传统的点位控制已不能满足更高的要求,并逐步被一些新型系统所取代。现已实用化的气动系统大多为断续控制,在和电子技术结合之后,可连续控制位置、速度及压力等的电-气伺服控制系统将得到大的发展。在工业较为发达的国家,电-气比例伺服技术、气动位置伺服控制系统、气动力伺服控制系统等已从实验室走向工业应用。下面主要介绍气动电液比例控制阀及气动伺服控制阀的工作原理。

11.1.3.1 气动电液比例控制阀

气动电液比例控制阀是一种输出量与输入信号成比例的气动控制阀，它可以按给定的输入信号连续、按比例地控制气流的压力、流量和方向等。由于电液比例控制阀具有压力补偿的性能，所以其输出压力、流量等可不受负载变化的影响。

按控制信号的类型，可将气动电液比例控制阀分为气控电液比例控制阀和电控电液比例控制阀。气控电液比例控制阀以气流作为控制信号，控制阀的输出参量，可以实现流量放大，在实际系统应用时一般应与电-气转换器相结合，才能对各种气动执行机构进行压力控制。电控电液比例控制阀则以电信号作为控制信号。

1.气控电液比例压力阀

气控比例压力阀是一种比例元件，阀的输出压力与信号压力成比例，如图 11-10 所示为其结构原理。当输入信号压力时，控制压力膜片 6 变形，推动硬芯使阀芯 2 向下运动，打开主阀口，气源压力经过主阀芯节流后形成输出压力。膜片 4 起反馈作用，并使输出压力与信号压力之间保持比例。当输出压力小于信号压力时，膜片 6 向下运动使主阀口开大，输出压力增大。当输出压力大于信号压力时，膜片 6 向上运动，溢流阀芯 3 开启，多余的气体排至大气。调节针阀 7 的作用是使输出压力的一部分加到信号压力腔形成正反馈，增加阀的工作稳定性。

2.电控电液比例压力阀

如图 11-11 所示为喷嘴挡板式电控比例压力阀。它由动圈式比例电磁铁、喷嘴挡板放大器、气控比例压力阀三部分组成，动圈式比例电磁铁由永久磁铁 11、线圈 10 和簧片 8 构成。当电流输入时，线圈 10 带动挡板 9 产生微量位移，改变其与喷嘴 7 之间的距离，使喷嘴 7 的背压改变。膜片组 3、5 为比例压力阀的输出压力反馈膜片及信号膜片。背压的变化通过膜片 3 控制阀芯 2 的位置，从而控制输出压力。喷嘴 7 的压缩空气由气源节流针阀 6 供给。

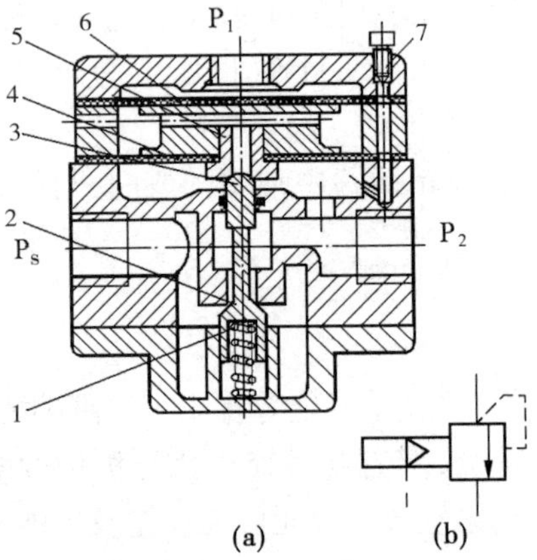

1—弹簧；2—阀芯；3—溢流阀芯；4—输出压力膜片；
5—阀座；6—控制压力膜片；7—调节针阀

图 11-10 气控电液比例压力阀

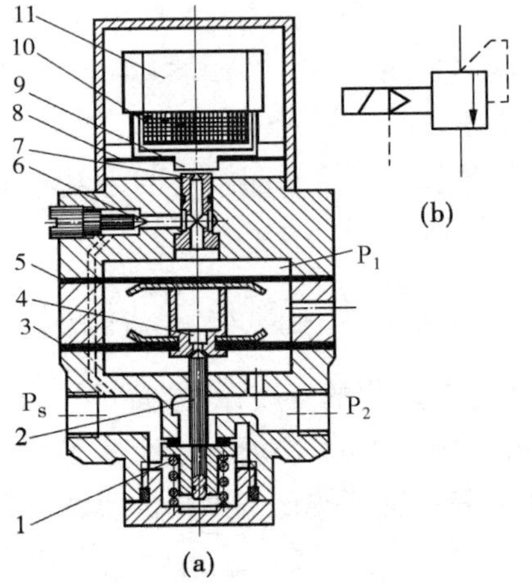

1—弹簧；2—阀芯；3、5—膜片；4—溢流口；6—针阀；
7—喷嘴；8—簧片；9—挡板；10—线圈；11—永久磁铁

图 11-11 电控电液比例压力阀

11.1.3.2 气动伺服控制阀

气动伺服控制阀的工作原理与气动比例控制阀类似，它也是通过改变输入信号来对输出信号的参数进行连续、成比例的控制的。与气动电液比例控制阀相比,除在结构上有差异外,差别主要在于伺服阀具有很高的动态响应和静态性能。但其价格较贵,使用维护较为困难。

气动伺服控制阀的控制信号均为电信号,故又称为电-气伺服阀。它是一种将电信号转换成气压信号的电气转换装置。它是电-气伺服系统中的核心部件。图 11-12 为力反馈式电-气伺服阀结构原理。其中第一级气压放大器为喷嘴挡板阀,由力矩马达控制,第二级气压放大器为滑阀。阀芯位移通过反馈杆 5 转换成机械力矩反馈到力矩马达上。其工作原理为:当有一电流输入力矩马达控制线圈 8 时,力矩马达产生电磁力矩,使挡板 7 偏离中位(假设其向左偏转),反馈杆变形。这时两个喷嘴挡板阀的喷嘴前腔产生压力差(左腔高于右腔),在此压力差的作用下,滑阀移动(向右),反馈杆端点随着一起移动,反馈杆进一步变形,变形产生的力矩与力矩马达的电磁力矩相平衡,使挡板停留在某个与控制电流相对应的偏转角上。反馈杆的进一步变形使挡板被部分拉回中位,反馈杆端点对阀芯的反作用力与阀芯两端的气动力相平衡,使阀芯停留在与控制电流相对应的位移上。这样,伺服阀就输出一个对应的流量,达到了用电流控制流量的目的。

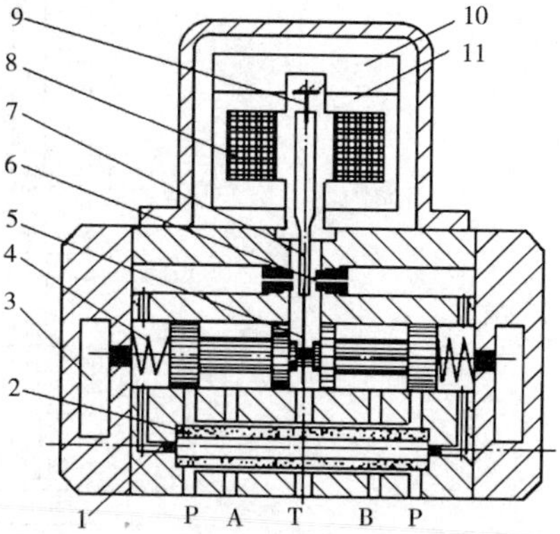

(a)

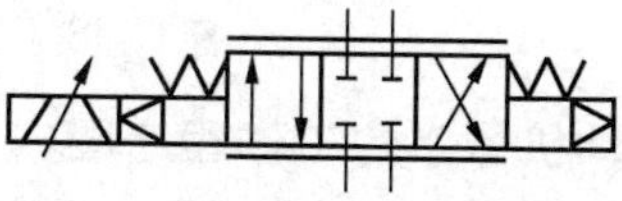

(b)

1—节流口;2—滤气器;3—气室;4—补偿弹簧;5—反馈杆;6—喷嘴;7—挡板;8—线圈;9—支撑弹簧;10—磁铁;11—导磁体

图 11-12 力反馈式电-气伺服阀结构原理

11.1.4 气动逻辑控制

在多缸运动气动系统中,如有多个输入信号来控制执行元件的动作,就需要通过逻辑控制来处理这些信号间的逻辑关系。

机械手是自动生产设备的重要组成部分,它可以根据各种自动化设备的工作需要,按照预定的控制程序动作。例如,在机械加工中,它可实现自动取料、上料、卸料和自动换刀等功能,是典型的逻辑控制。气动机械手是机械手的一种,它具有结构简单,重量轻,动作迅速、平稳、可靠和节能等优点。

图 11-13 所示为用于某专用设备上的气动机械手的结构示意图,它由四个气缸组成,可在三个坐标内工作。图 11-13 中 A 为夹紧缸,其活塞退回时夹紧工件,活塞杆伸出时松开工件;B 为长臂伸缩缸,可实现伸出和缩回动作;C 为立柱升降缸;D 为回转缸,该气缸有两个活塞,分别装在带齿条的活塞杆两头,齿条的往复运动带动立柱上的齿轮旋转,从而实现立柱及长臂的回转。

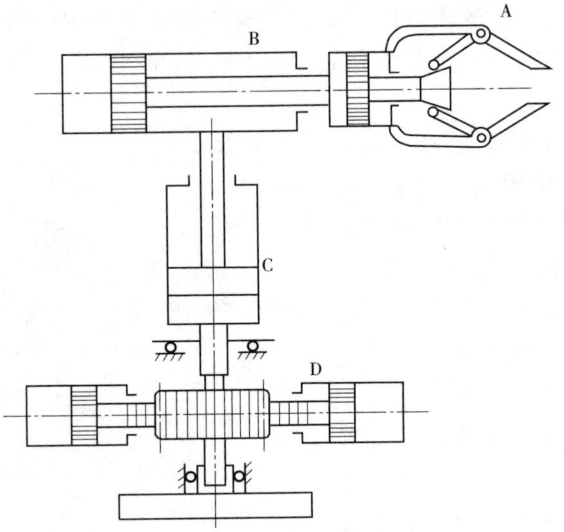

A—夹紧缸;B—长臂伸缩缸;C—立柱升降缸;D—回转缸

图 11-13　气动机械手的结构示意图

11.1.4.1　气动机械手的工作程序图

设气动机械手的控制要求是:手动启动后,能从第一个动作开始自动延续到最后一个动作。其要求的动作顺序为:

启动 → 立柱下降 → 伸臂 → 夹紧工件 → 缩臂 → 立柱顺时针旋转 → 立柱上升 → 松开工件 → 立柱逆时针旋转 →(返回)

写成工作程序图为:

$$q \xrightarrow{(qd_0)} C_0 \xrightarrow{c_0a_1} B_1 \xrightarrow{b_1} A_0 \xrightarrow{a_0} B_0 \xrightarrow{b_0a_0} D_1 \xrightarrow{d_1} C_1 \xrightarrow{c_1} A_1 \xrightarrow{a_1} D_0 \xrightarrow{d_0}$$

可写成简化式为:$C_0B_1A_0B_0D_1C_1A_1D_0$。

由以上分析可知,该气动系统属多缸单往复系统。

11.1.4.2　X-D 线图

根据上述分析,可以画出气动机械手在 $C_0B_1A_0B_0D_1C_1A_1D_0$ 动作程序下的 X-D 线图,从图中可以比较容易地看出其原始信号 c_0 和 b_0 均为障碍信号,因而必须排除。为了减少整个气动系统中元件的数量,这两个障碍信号都采用逻辑回路来排除,其消障后的执行信号分别为 $c_0^*(B_1)=c_0a_1$ 和 $b_0^*(D_1)=b_0a_0$,如图 11-14 所示。

11.1.4.3　逻辑原理图

图 11-15 为气动机械手在程序为 $C_0B_1A_0B_0D_1C_1A_1D_0$ 条件下的逻辑原理图,图中列出了四个缸八个状态以及与它们相对应的主控阀,图中左侧列出的是由行程阀、启动阀等发出的原始信号(简略画法)。在三个与门元件中,中间一个与门元件说明启动信号 q 对 d_0 起开关作用,其余两个与门则起排除障碍作用。

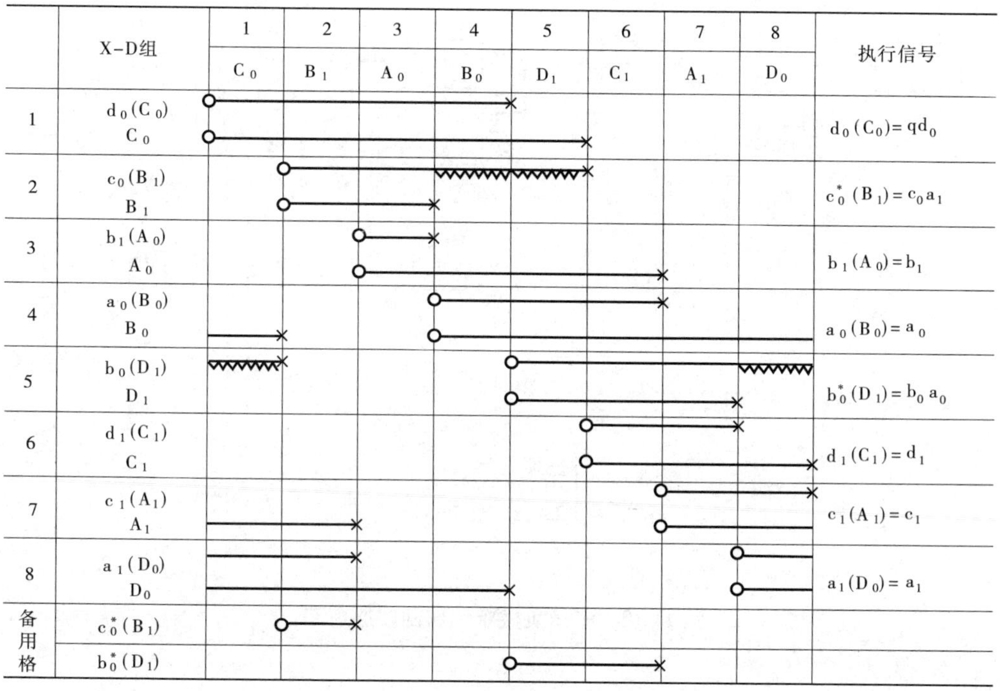

图 11-14　气动机械手 X-D 线图

11.1.4.4　气动回路原理图

按图 11-15 的气控逻辑原理图可以绘制出该机械手的气动回路原理图，如图 11-16所示。由 X-D 图可知，原始信号 c_0、b_0 均为障碍信号，而且是用逻辑回路法除障，故它们应为无源元件，即不能直接与气源相接，按除障后的执行信号表达式 $c_0^*(B_1)=c_0a_1$ 和 $b_0^*(D_1)=b_0a_0$ 可知，原始信号 c_0 要通过 a_1 与气源相接，同样原始信号 b_0 要通过 a_0 与气源相接。

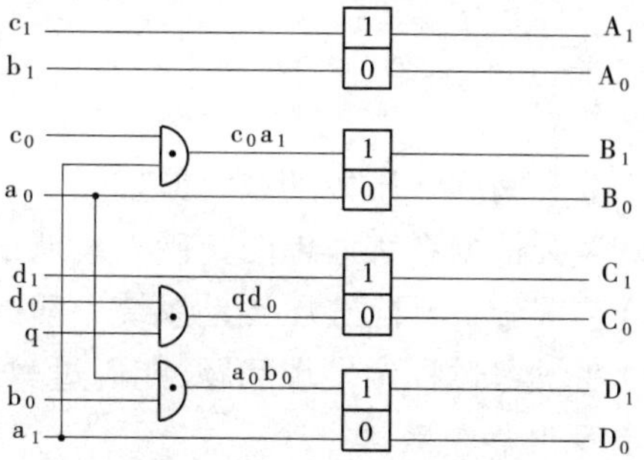

图 11-15　气控逻辑原理图

由图 11-16 分析可知，当按下启动阀 q 后，主控阀 C 将处于 C_0 位，活塞杆退回，即得到 C_0；a_1 c_0 将使主控阀 B 处于 B_1位，活塞杆伸出，得到 B_1；活塞杆伸出碰到 b_1，则控制气使主控阀 A 处于 A_0 位，A 缸活塞退回，即得到 A_0；A 缸活塞杆挡铁碰到 a_0，a_0 又使主控阀 B 处于 B_0 位，B 缸活塞杆返回，即得到 B_0；B 缸活塞杆挡铁又压下 b_0，a_0b_0 又使主控阀 D 处于 D_1 位，使 D 缸活塞杆往右运动，得到 D_1；D 缸活塞杆上的挡铁压下 d_1，d_1 则使主控阀 C 处于 C_1 位，使 C 缸活塞杆伸出，得到 C_1，C 的活塞杆上挡铁又压下 c_1，则 c_1 使主控缸 A 处于 A_1 位，A 缸活塞杆伸出，即得到 A_1；A 缸活塞杆上的挡铁压下 a_1，a_1 使主控阀 D 处于 D_0 位，使 D 缸活塞杆往左，即得到 D_0，D 缸活塞上的挡铁压下 d_0，d_0 经启动阀又使主控阀 C_1 处于 C_0 位，又开始新的一轮工作循环。

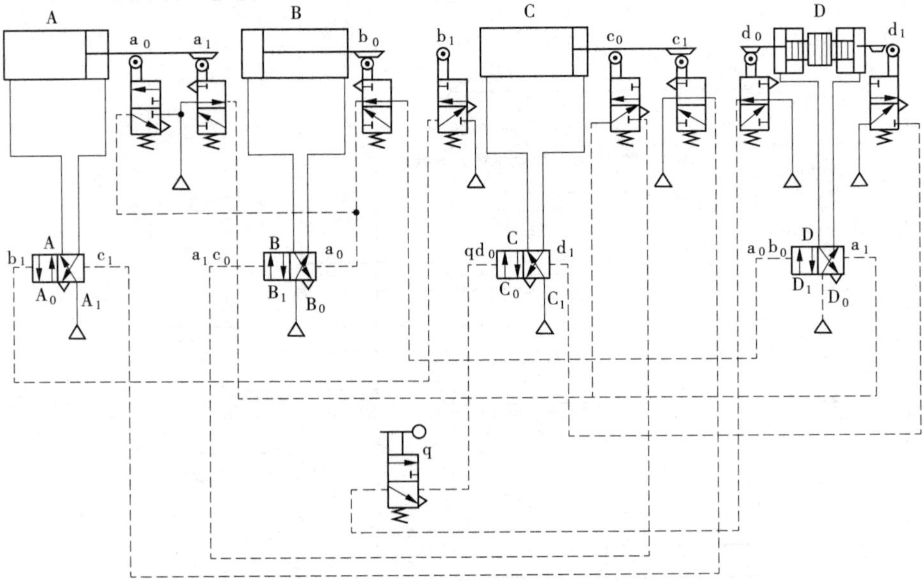

图 11-16 气动机械手气压回路原理图

任务 11.2 气压传动系统的装调与实用系统分析

11.2.1 任务书

1.学习目的

(1)学会阅读气压传动系统原理图。

(2)学会根据系统原理图正确安装调试气压传动系统。

(3)掌握分析排除气压传动系统一般故障的基本方法。

(4)在学习过程中发现问题,能通过教师的指导解决问题。

2.学习设备和器材

(1)已固定未经接管调试的气压传动系统元件 1 套。

(2)常用拆装工具 1 套。

3.学习过程

(1)把学生分组,每组发一份系统原理图。

(2)由学生自己阅读系统原理图,并制定安装调试方案,经教师审查通过后实施安装。

(3)经教师检查合格后开机运行气压传动系统,根据系统技术要求调节压力和速度,观察各执行元件的动作是否满足设计要求,并调试至合格。在保证安全的前提下可让学生相互设置故障点,以提高学生水平及学习兴趣。

(4)在学习过程中发现问题,应指导学生尽量自己查找解决。

4.学习报告

(1)系统原理图,系统的工作原理和工作参数要求。

(2)记录系统出现的故障现象。

(3)分析故障原因及提出解决的措施。

(4)排除故障的方法过程。

(5)调试过程。如果不合格也要如实写在学习报告中,然后重复(3)和(4),直到调试合格。

(6)学习过程遇到的其他问题及解决方法。

11.2.2　门户开闭回路

11.2.2.1　脚踏推拉门开闭回路

脚踏推拉门开闭回路如图 11-17 所示。门的前后装有略微浮起的踏板,行人踏上踏板,踏板下沉至检测阀 1 使之换为上位、气动换向阀 2 下移得上位,压缩空气进入气缸无杆腔,打开门扇。行人走过去后检测阀 1 和气动换向阀 2 自动复位换向,压缩空气进入气缸有杆腔,关闭门扇。

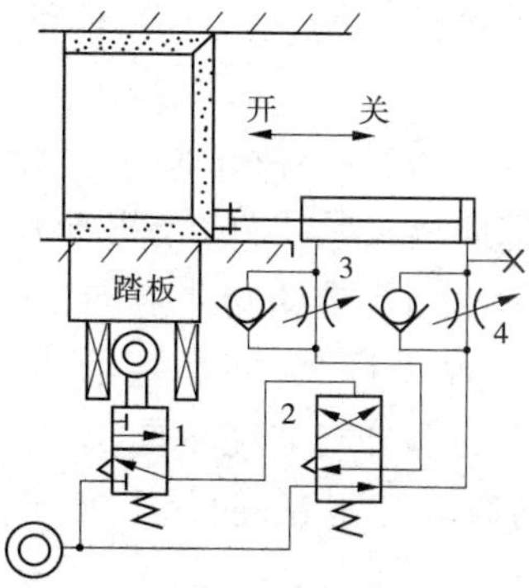

1—检测阀;2—气动换向阀;
3、4—单向节流阀

图 11-17　脚踏推拉门开闭回路

11.2.2.2　手扳双踏板推拉门开闭回路

图 11-18 为手扳双踏板推拉门开闭回路。扳动手动阀 1 后门关闭。此时踏动踏板 6,先导气动换向阀 7 经延时装置 9、10 后使气动换向阀 2 换向,气缸 4 的活塞杆缩回使门打开;然后踏动踏板 11 时,先导气动换向阀 12 控制压缩空气经延时使气动换向阀 2 复位,气缸 4 的活塞杆外伸,则门关闭。

11.2.2.3　旋转门自动开闭回路

图 11-19 所示为旋转门自动开闭回路。行人踏上踏板,检测阀 LX 被压下,主阀 1 与 2 换向,压缩空气进入气缸 A 与 B 的无杆腔,通过齿轮齿条机构,两边的门扇同时向一方向打开。行人通过后,踏板使检测阀 LX 复位。主阀 1 与 2 换向到原来的位置,气缸活塞后退、门关闭。

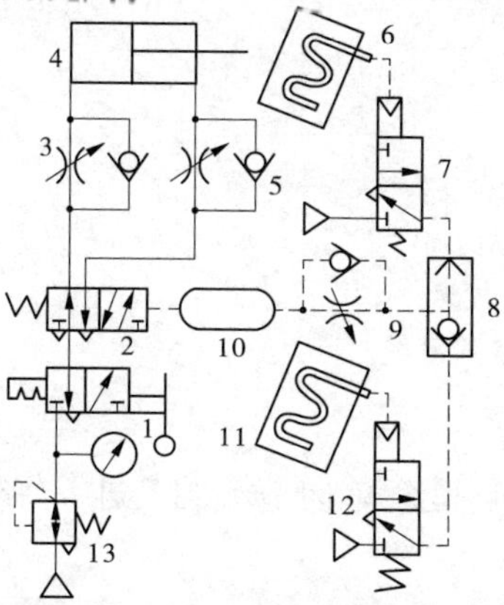

1—手动阀;2—气动换向阀;3、5、9—单向节流阀;
4—气缸;6、11—踏板;7、12—先导气动换向阀;
8—梭阀;10—蓄能器;13—减压阀

图 11-18　手扳双踏板推拉门开闭回路

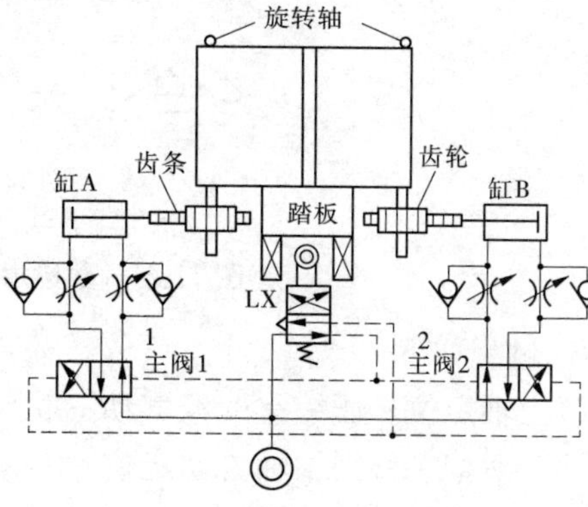

1、2—气动换向阀

图 11-19　旋转门自动开闭回路

11.2.3 气动夹紧系统

图 11-20 所示为气动夹紧系统。动作循环：缸 A 活塞杆下降，侧缸 B、C 活塞前进，各夹紧缸退回。

工作过程：踩下阀 1 压缩空气进入缸 A 上腔，活塞伸出夹紧工件，当楔块压下行程阀 2 时，气体经调速阀 6 推动阀 4 换向，压缩空气通过阀 3 进入缸 B、C 无杆腔，使活塞前进夹紧工件。同时流过阀 3 的部分气体经单向节流阀 5 延时后进入主阀 3 的右端控制腔，使阀 3 换向，各缸后退复位。

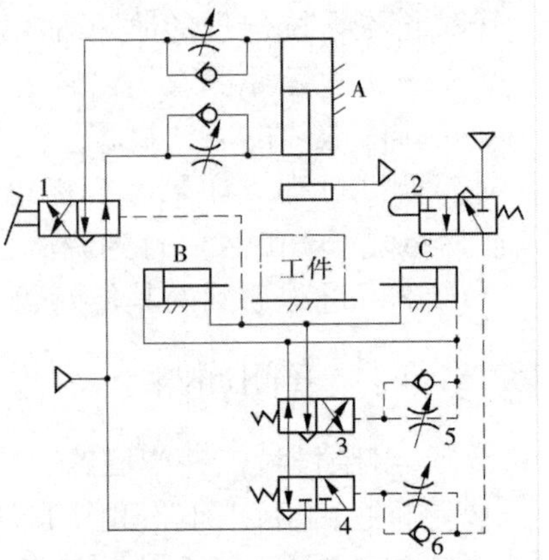

1—脚踏换向阀；2—行程阀；3、4—气动换向阀；5—单向节流阀；6—调速阀

图 11-20 气动夹紧系统

11.2.4 数控加工中心气动换刀系统

数控加工中心气动换刀系统如图 11-21 所示。工作循环：主轴定位、主轴松刀、机械手拔刀、主轴锥孔吹气、机械手插刀。

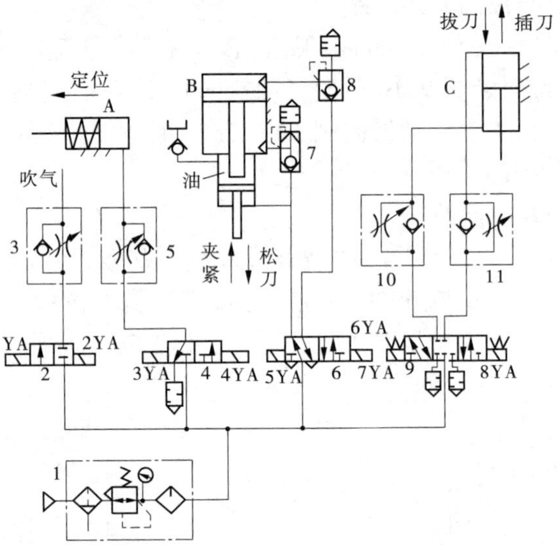

1—气动三联件；2、4、6、9—电磁换向阀；3、5、10、11—单向节流阀；7、8—梭阀

图 11-21 数控加工中心气动换刀系统

工作过程如下：

(1) 主轴定位。压缩空气经气动三联件 1、电磁换向阀 4、单向节流阀 5 进入主轴定位缸 A 右腔，活塞左移则主轴自动定位。

(2) 主轴松刀，机械手拔刀。主轴定位后压下无触点开关，使 6YA 通电，压缩空气经电磁换向阀 6、梭阀 8 进入气液增压缸 B 的上腔，增压腔的高压油使活塞伸出，实现主轴松刀。同时使 8YA 通电，压缩空气经电磁换向阀 9、单向节流阀 11 进入缸 C 的上腔，活塞下移实现机械手拔刀。

(3)主轴锥孔吹气。回转刀库交换刀具的同时1YA通电,压缩空气经电磁换向阀2、单向节流阀3向主轴锥孔吹气。

(4)机械手插刀。1YA断电、2YA通电,停止吹气。8YA断电、7YA通电,压缩空气经电磁换向阀9、单向节流阀10进入缸C的下腔,活塞上移机械手插刀。

(5)刀具夹紧。6YA断电、5YA通电,压缩空气经电磁换向阀6进入气液增压缸B的下腔,使活塞退回,主轴的机械机构使刀具夹紧。

(6)定位缸复位。4YA断电、3YA通电,缸A的活塞在弹簧力作用下复位。

小　结

气动逻辑元件通过元件的可动部件在气控信号作用下动作,改变气流方向以实现一定逻辑功能的气体控制元件。本项目通过对典型气动逻辑元件和系统的拆装与调试,以及分析门户开闭回路、气动夹紧系统、数控加工中心气动换刀系统等实际例子,使学生理解常用气动逻辑元件和控制阀的工作原理、组成、结构特点及应用,掌握正确的拆装方法,掌握气动系统图的阅读方法,掌握气动系统的分析步骤和方法;学会根据系统原理图正确安装调试气压传动系统;掌握分析排除气压传动系统一般故障的基本方法;能正确分析系统的工作原理,写出动作流程;能根据实物系统画出正确的气动系统图。

复习思考题

11-1　常用的气动逻辑控制元件与比例伺服控制元件有哪些?其基本工作原理和作用是什么?

11-2　设计一工作程序为$A_1B_0A_0B_1$的行程程序控制回路。

11-3　设计一种可实现"快进—工进Ⅰ—工进Ⅱ—快退"的气动系统。

11-4　某气压传动系统如图11-22所示,指出元件的名称,并分析其工作原理。

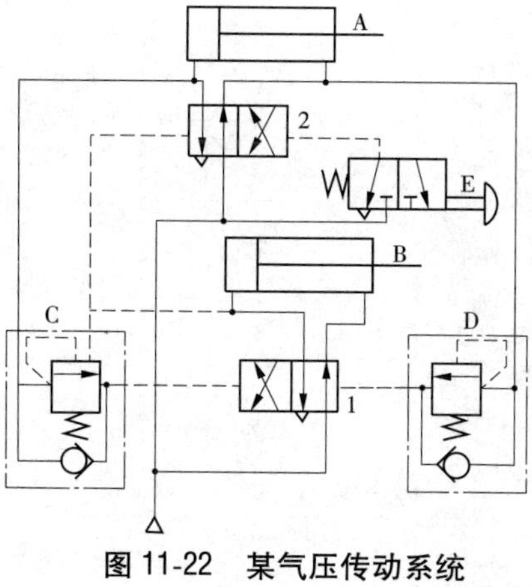

图11-22　某气压传动系统

11-5　设计一气动钻床气压传动系统,要求:①该系统由三个气缸组成,即送料缸A、夹紧缸B、钻削缸C;②能实现进给运动和送料、夹紧等辅助动作;③动作顺序为:

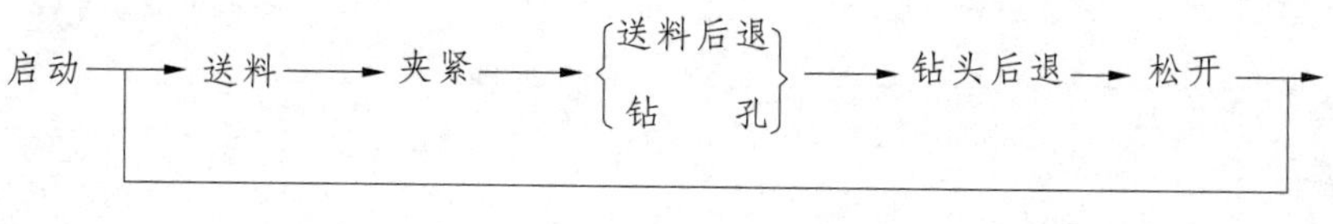

附录 1　常用液压与气动元（辅）件图形符号

（摘自 GB/T 786.1—1993）

附表 1　符号要素、功能要素、管路连接

工作管路、回油管路	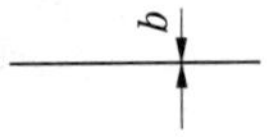	电磁操纵器		连续放气装置	
控制管路、泄油管路或放气管路	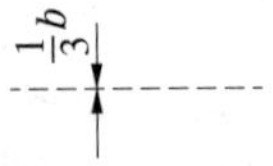	温度指示或温度控制		间断放气装置	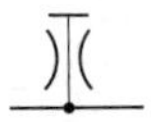
组合元件框线		原动机	M	单向放气装置	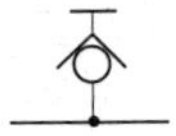
液压符号		弹簧		直接排气口	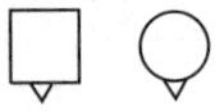
气压符号		节流		带连接排气口	
流体流动通路和方向	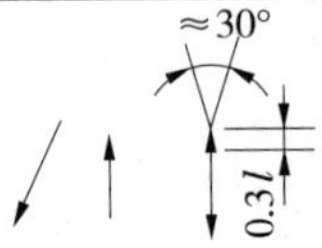	单向阀简化符号的阀座		不带单向阀的快换接头	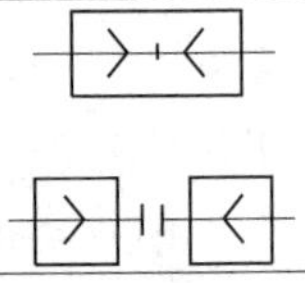
可调性符号		固定符号		带单向阀的快换接头	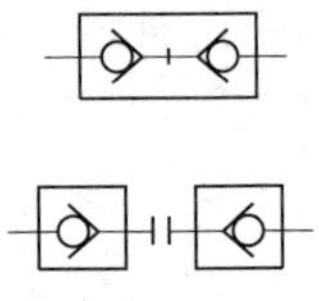
旋转运动符号		连接管路			
电气符号		交叉管路		单通路旋转接头	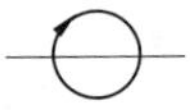
封闭油、气路和油、气口		柔性管路		三通路旋转接头	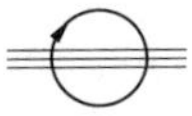

附表2 控制方式和方法

定位装置	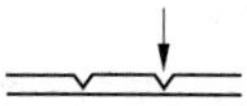	单向滚轮式机械控制	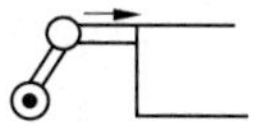	液压先导加压控制	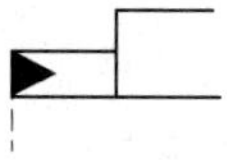
按钮式人力控制	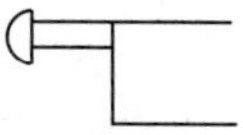	单作用电磁铁控制	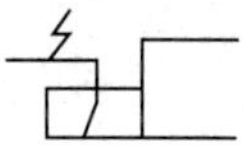	液压二级先导加压控制	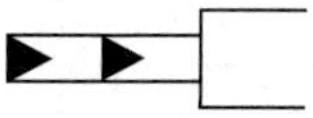
拉钮式人力控制	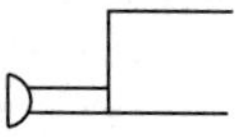	双作用电磁铁控制	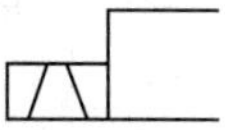	气压-液压先导加压控制	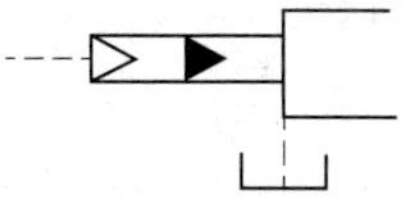
按-拉式人力控制	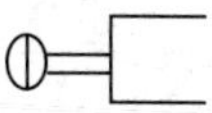	单作用可调电磁操纵器	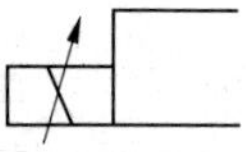	电磁-液压先导加压控制	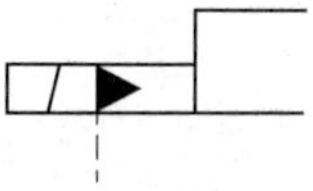
手柄式人力控制	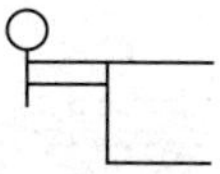	双作用可调电磁操纵器	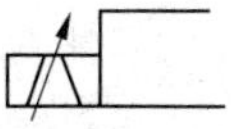	电磁-气压先导加压控制	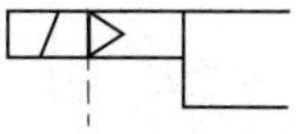
单向踏板式人工控制	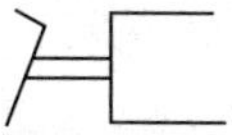	电动机旋转控制	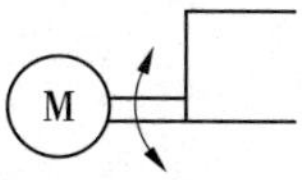	液压先导缸压控制	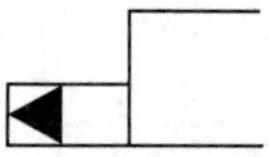
双向踏板式人工控制	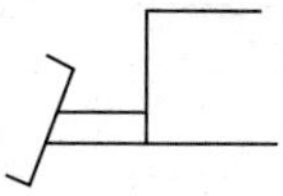	直接加压或缸压控制	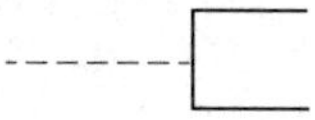	电磁-液压先导卸压控制	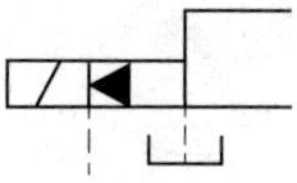
顶杆式机械控制	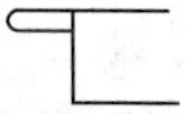	直接差动压力控制	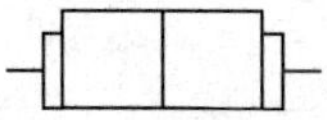	先导型压力控制阀	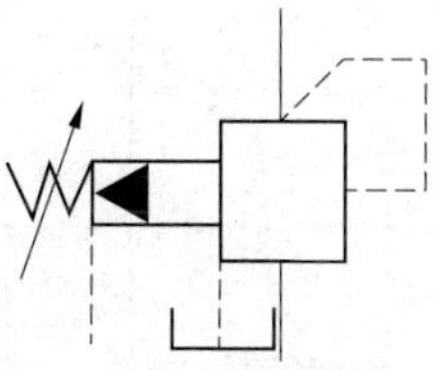
可变行程控制式机械控制	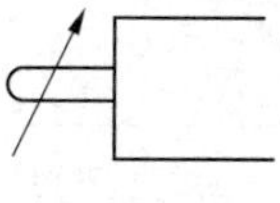	内部压力控制	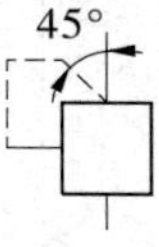	先导型比例电磁式压力控制阀	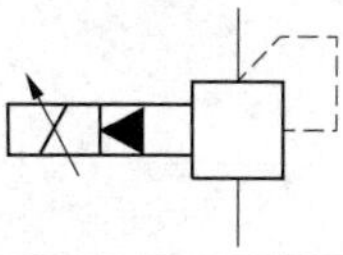
弹簧控制式机械控制	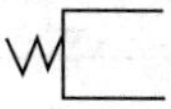	外部压力控制	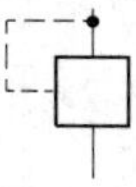	电外反馈	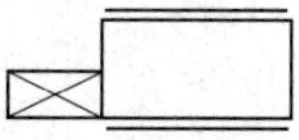
滚轮式机械控制	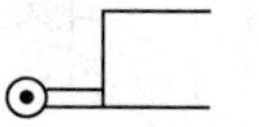	气压先导加压控制	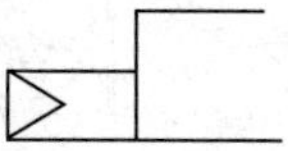	机械内反馈	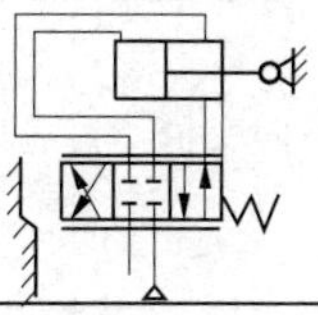

附表3 泵、马达及缸

泵、马达 (一般符号)	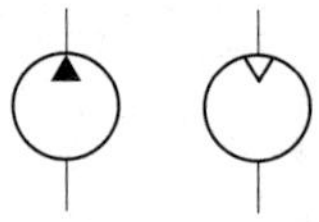 液压泵 气马达	液压整体式 传动装置	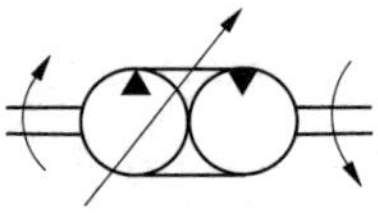
单向定量 液压泵空气 压缩机	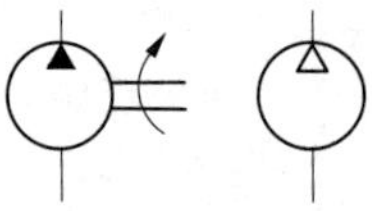	双作用 单杆活塞缸	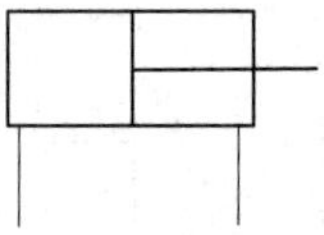
双向定量 液压泵	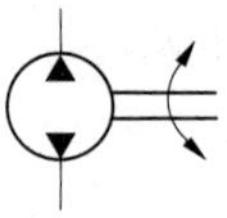	单作用 单杆活塞缸	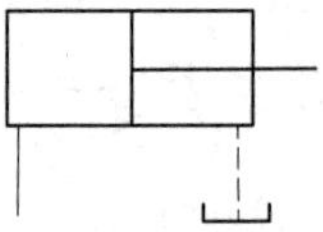
单向变量 液压泵	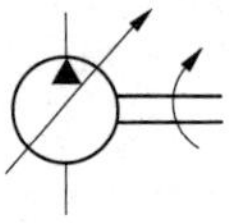	单作用 伸缩缸	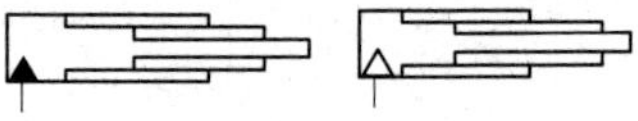
双向变量 液压泵	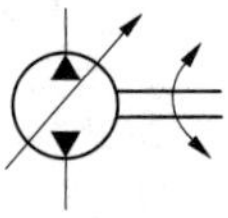	双作用 伸缩缸	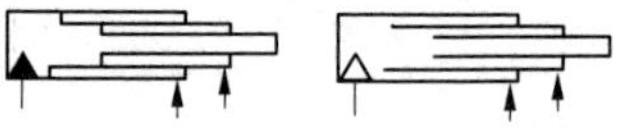
定量液压 泵-马达	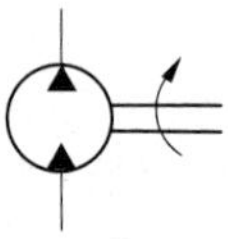	单作用单杆 弹簧复位缸	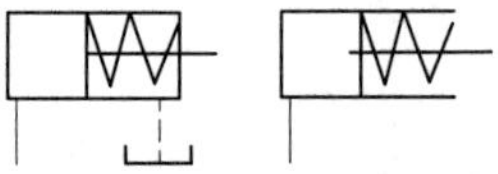
单向定量 马达	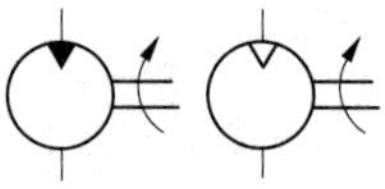	双作用双杆 活塞缸	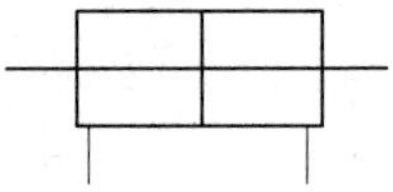
双向定量 马达	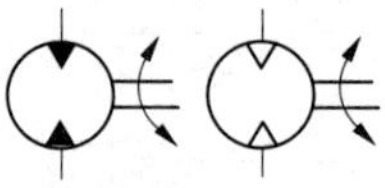	双作用不可调 单向缓冲缸	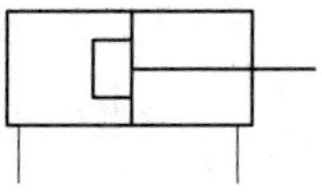
单向变量 马达	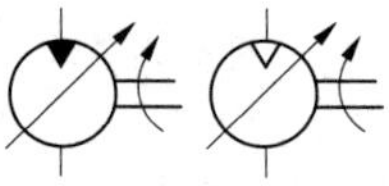	双作用可调 单向缓冲缸	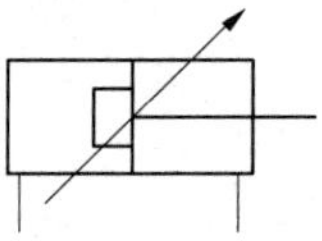

续附表3

双向变量马达	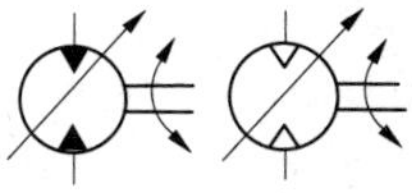	双作用不可调双向缓冲缸	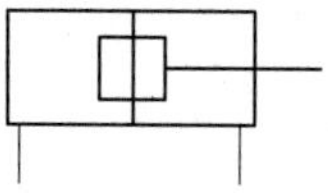
变量液压泵-马达		双作用可调双向缓冲缸	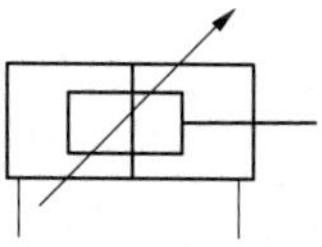
摆动马达	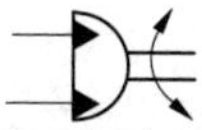 液压　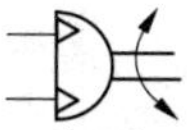 气动	气-液转换器	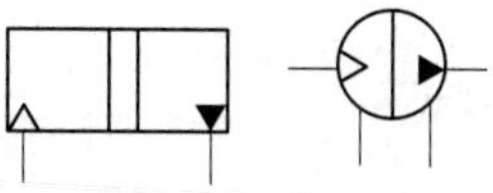

附表4　方向控制阀

单向阀	 (简化符号)	常开式二位三通电磁换向阀	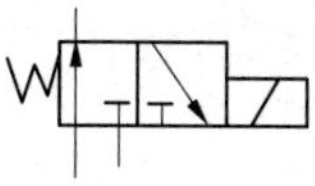
液控单向阀(控制压力关闭)	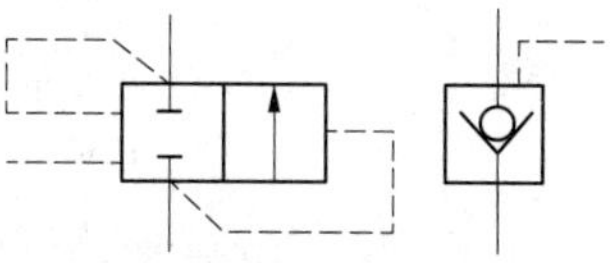	二位四通换向阀	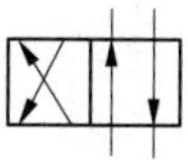
液控单向阀(控制压力打开)	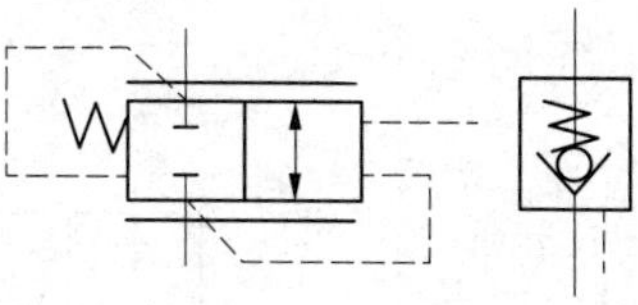	二位五通换向阀	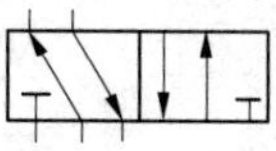
或门型梭阀	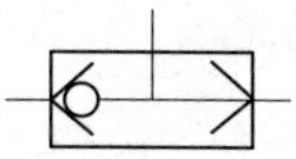 (简化符号)	二位五通液动换向阀	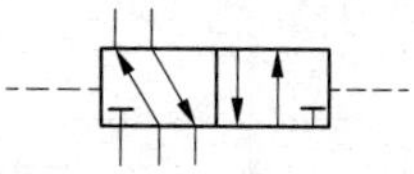
与门型梭阀	 (简化符号)	三位三通换向阀	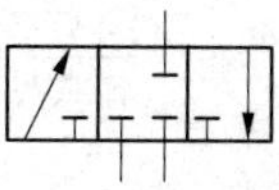

续附表 4

快速 排气阀	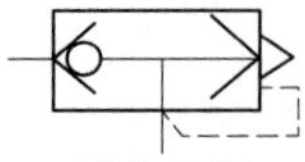 (简化符号)	三位四通 换向阀 (中间封闭式)	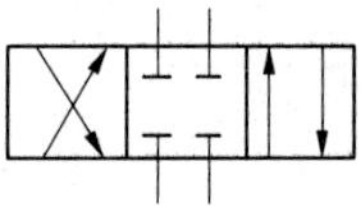
常闭式 二位二通 换向阀	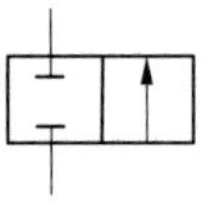	三位四通 手动换向阀 (中间封闭式)	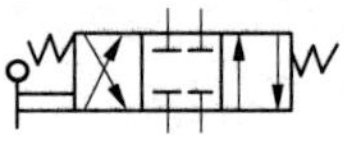
常开式 二位二通 换向阀	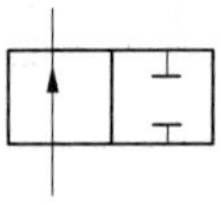	伺服阀	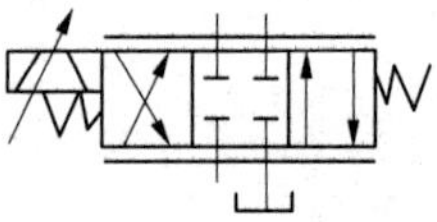
二位二通 人力控制 换向阀	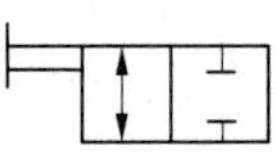	二位四通 电液伺服阀	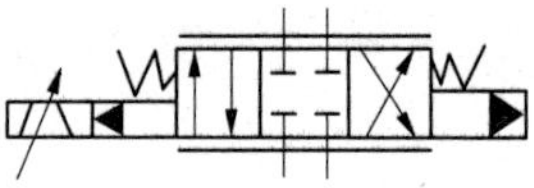
常开式 二位三通 换向阀	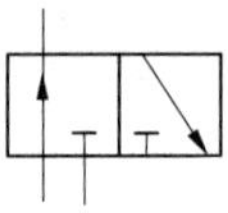	液压锁	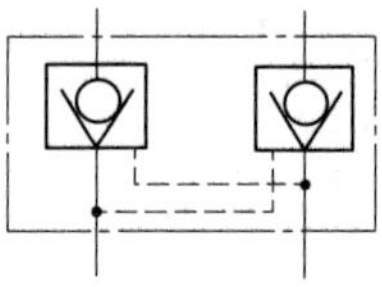
三位四通 压力与弹簧 对中并用外 部压力控制 电液换向阀 (详细符号)	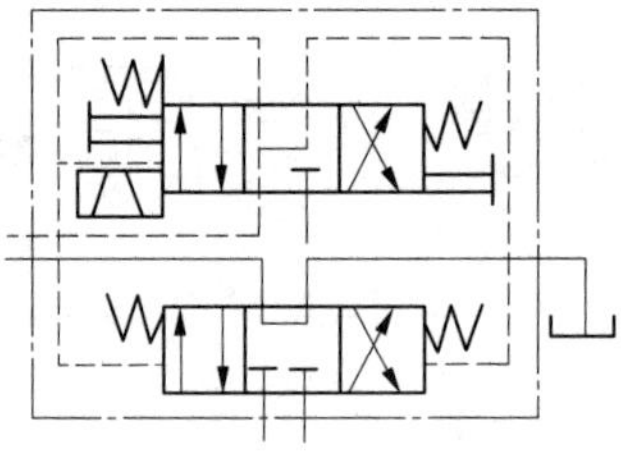	三位五通 换向阀	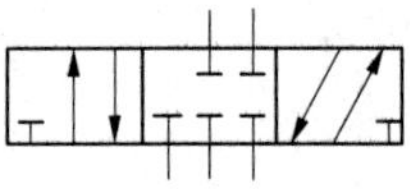
三位四通 压力与弹簧 对中并用外 部压力控制 电液换向阀 (简化符号)	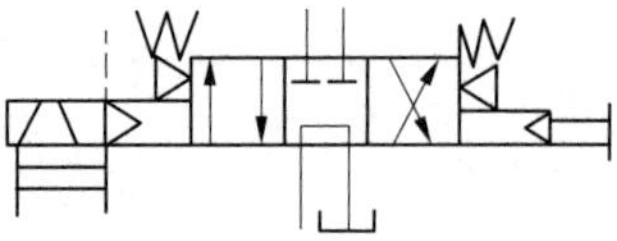	三位六通 换向阀	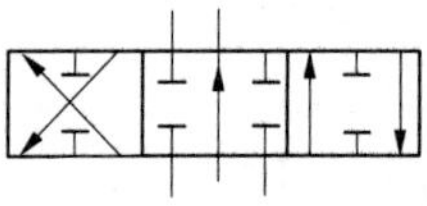

附表5 压力控制阀

直动内控溢流阀	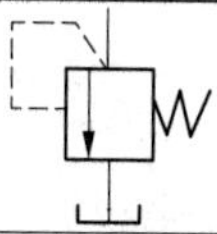	溢流减压阀	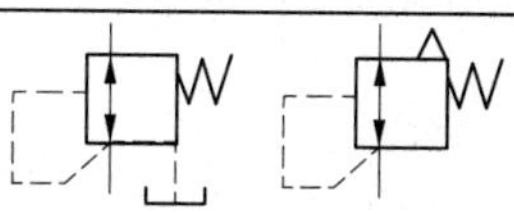
直动外控溢流阀	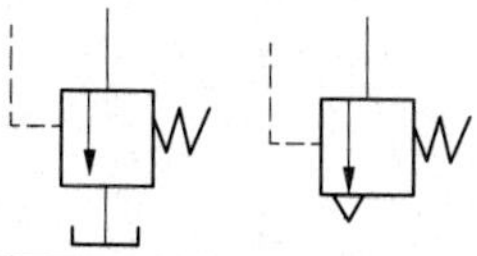	先导型比例电磁式溢流减压阀	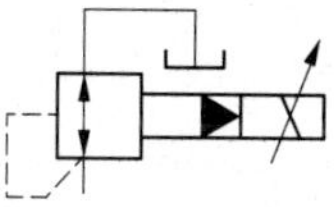
带遥控口先导溢流阀	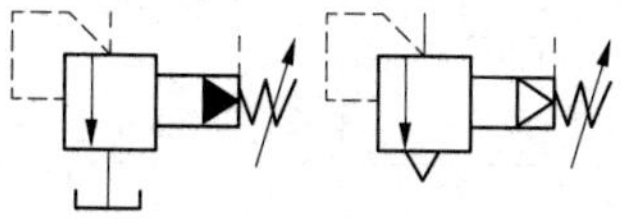	定比减压阀	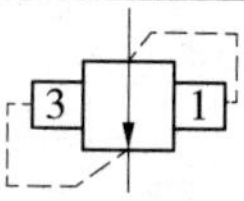 减压比1/3
先导型比例电磁式溢流阀	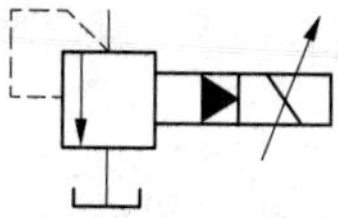	定差减压阀	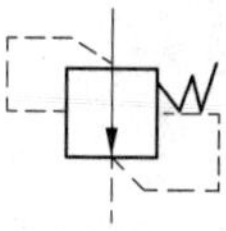
双向溢流阀	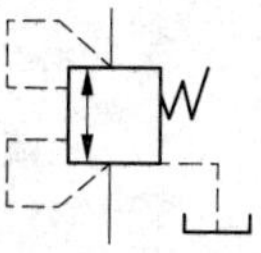	内控内泄直动顺序阀	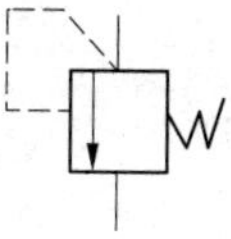
卸荷溢流阀	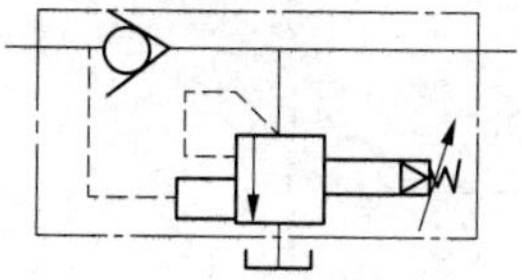	内控外泄直动顺序阀	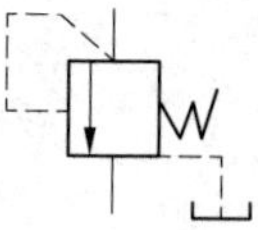
直动内控减压阀	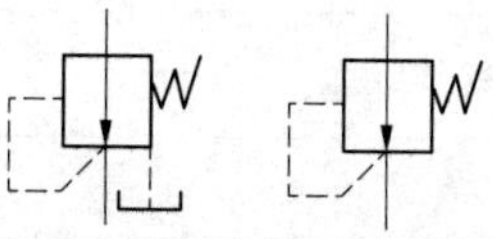	外控外泄直动顺序阀	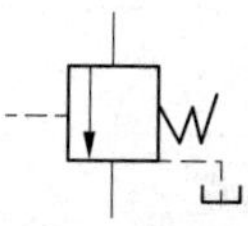
先导型减压阀	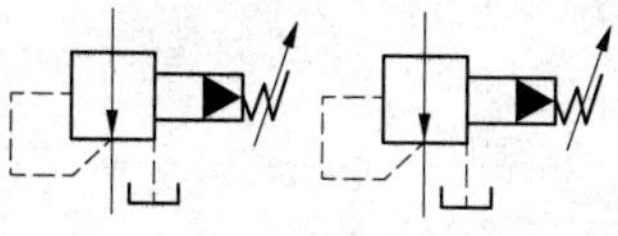	先导顺序阀	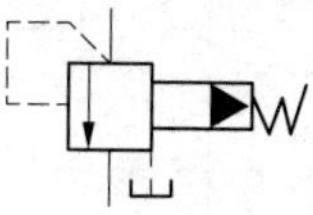
直动卸荷阀	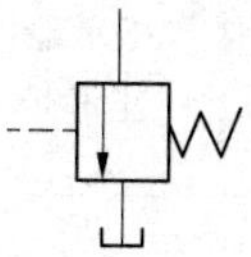	单向顺序阀(平衡阀)	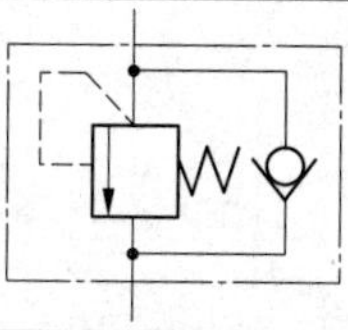
压力继电器	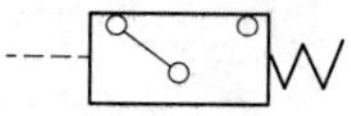	制动阀	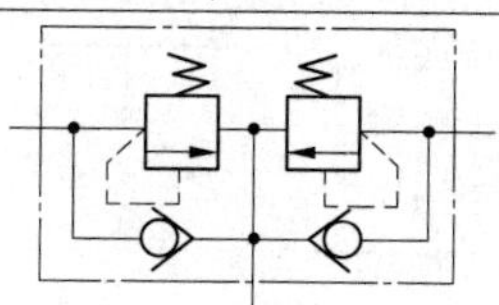

附表 6　流量控制阀

不可调节流阀		带消声器的节流阀	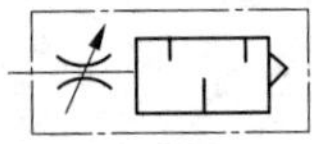	单向调速阀	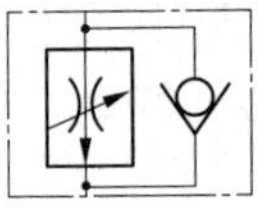
可调节流阀		减速阀	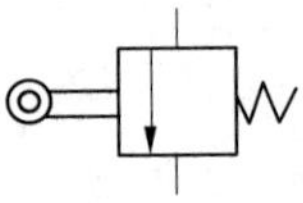	分流阀	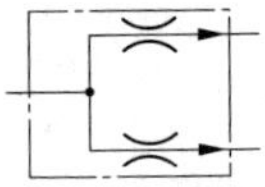
截止阀		普通型调速阀	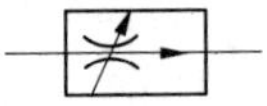	集流阀	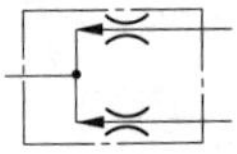
可调单向节流阀	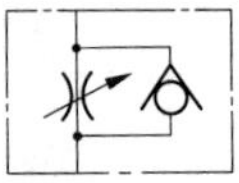	温度补偿型调速阀	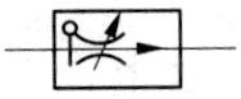	分流集流阀	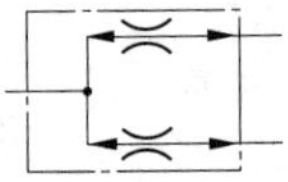
滚轮控制可调节流阀	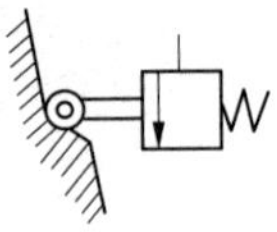	旁通型调速阀	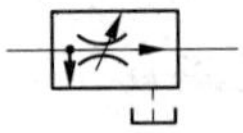		

附表 7　液压辅件和其他装置

管端在液面以上的通大气式油箱	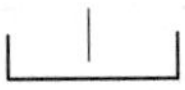	局部泄油或回油	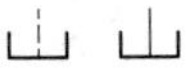	带磁性滤芯过滤器	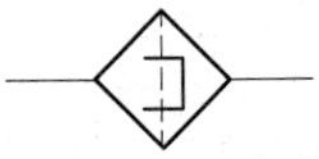
管端在液面以下的通大气式油箱	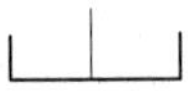	密闭式油箱		带污染指示器过滤器	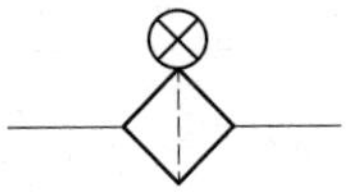
管端连接于油箱底部的通大气式油箱	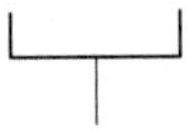	过滤器	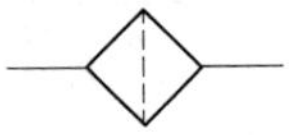	冷却器	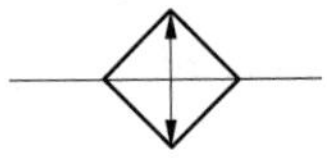

续附表 7

带冷却剂管路指示冷却器	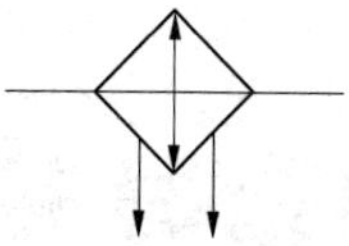	油雾器	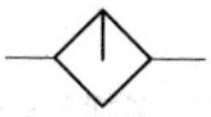	气体隔离式蓄能器	
加热器	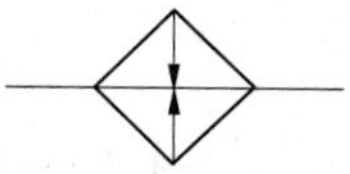	气源调节装置	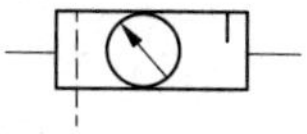	重锤式蓄能器	
温度调节器	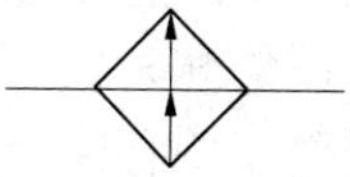	液位计		弹簧式蓄能器	
压力指示器		温度计	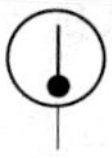	气罐	
压力计		流量计		电动机	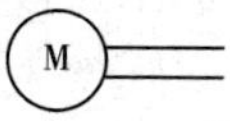
压差计		累计流量计	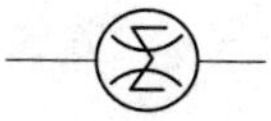	原动机	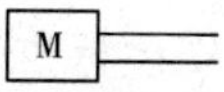 (电动机除外)
分水排水器	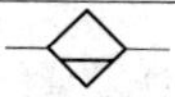 (人工排出)  (自动排出)	转速仪	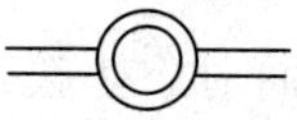	报警器	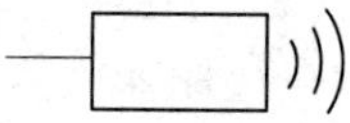
空气过滤器	 (人工排出)  (自动排出)	转矩仪	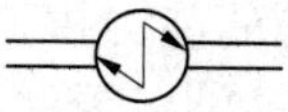	行程开关	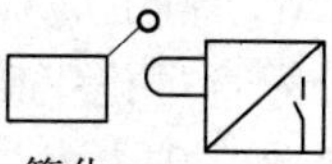 简化　详细
除油器	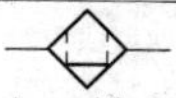 (人工排出)  (自动排出)	消声器	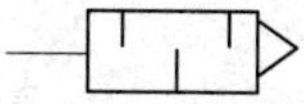	液压源	 (一般符号)
干燥器	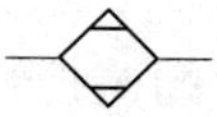	蓄能器		气压源	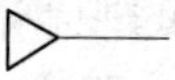 (一般符号)

附录 2　COMET 职业能力测评指导书

一、职业能力

职业能力是人们从事一个或若干相近职业所必备的本领，在真实的工作情境中整体化地解决综合性职业问题的能力。职业能力是人们在承担社会、经济和生态责任的前提下，共同参与设计技术和社会发展的能力。因此，它是理解、反思、评估和完成一系列典型工作任务时所需要的主观认知能力的潜力。职业能力不仅仅是简单按照具体命令完成常规性的、具体的任务时所表现出的能力，因此与职业资格和职业技能不同。职业能力的发展与人格的发展和可持续性发展息息相关。

二、职业能力测评的特点与功能

COMET 职业能力测评是一个起源于德国的职业教育国际研究项目，类似职业教育的 PISA（国际学生评价项目），目的是测量和评价被试者在特定职业领域内的认知能力特征。COMET 职业能力测评的特点是：按照教育性目标和职业规范的双重要求，采用开放式测评题目，并以相关背景数据为基础分析被试者的职业认知特征。COMET 测评方案采用大规模标准化心理诊断技术（large-scale diagnostics），以笔试形式进行。它追求的是"职业效度"，可以在有类似职业工作组织方式的国家进行，而与其具体的职业教育体制和课程无关。职业能力测评有以下功能：

（1）满足职业教育管理的需要。职业能力测评以科学的职业能力模型为基础，可以准确获得职业教育的核心参数，从而对职业教育体系设计和教育质量控制的认识在质量上跃上一个新台阶。

（2）满足职业教育教学实践一线的需求。有充分教育理论基础并经过实证检验的能力模型，以及在此基础上发展起来的测评方法，可以帮助教师在教学改革中深入分析教学设计和实施中的问题；科学的能力诊断工具能为教师提供教学法的直接技术支持。

（3）满足（国际）职业教育比较研究的需求。类似国际技能大赛（World Skills）和 PISA，大规模标准化的职业能力测评可以为国际地区间的职业教育比较研究提供扎实、可信的实证基础，对职业教育质量进行科学的监控；以量化数据为基础的评价，对职业教育所有参与者展开建设性的对话和合作提供了实证基础。

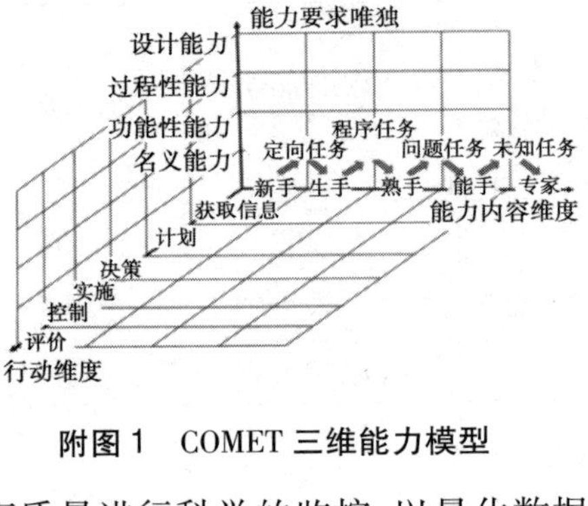

附图 1　COMET 三维能力模型

三、COMET 职业能力模型

以德国不来梅大学 Felix Rauner 教授为首的，由中国、南非、瑞士、挪威等国科研人员组成的研究团队，开发建立了COMET职业能力模型（见附图1），并在我国北京、四川和广州等地进行了测评技术的验证。

（一）能力的要求维度

能力的要求维度分为名义能力、功能性能力、过程性能力、设计能力四个层面。

1.名义能力

其中只具备名义能力的人工作起来往往出状况，不能独立工作，必须在师傅的监视下工作。其学习的知识范围是职业入门教育，核心是学习本职业（专业）的基本工作内容，了解职业轮廓，完成从职业选择向职业工作世界的过渡并初步建立职业认同感。该层次的学习任务是日常或周期性的工作、设备装配制造和简单修理技术等，目的是帮助学生了解本职业的基本概念、标准化要求和典型工作过程。学生完成该任务须遵循特定的规则和标准，能逐步建立质量意识并有学习反思的机会。

2.功能性能力

功能性能力包括以下两个模块：

（1）直观性/展示模块：要求学生通过语言或文字描述，利用图纸、草图等工具，形象直观地、条理清楚地、结构合理地展示任务解决方案，使委托方知晓任务完成后的结果。

（2）功能性模块：要求学生提出的解决方案能满足任务要求，实现应有的功能。为此，需要学生具备工具性的专业能力、与具体情境无关的学科知识以及专业技能。

3.过程性能力

过程性能力包括以下三个模块：

（1）使用价值导向模块：要求学生完成工作任务的行动过程始终以顾客为导向，除满足用户的直接使用要求和减少使用中的故障外，还要考虑后期保养和维修的便利性，以及解决方案的持久性和扩展性。

（2）经济性模块：要求学生能够将解决方案放到整个工作环境中去考察它的经济性，权衡支出与收益之间的关系，并考虑未来可能产生的后续成本。此外，需要关注国民经济发展宏观态势，具有经济责任感。

（3）企业生产流程和工作过程导向模块：要求学生提出的解决方案能考虑与上下游过程之间的衔接，还考虑跨越每个人工作领域的部门间的合作。

4.设计能力

设计能力包括以下三个模块：

（1）社会接受度模块：要求学生进行人性化的工作设计，考虑那些超越工作本身的社会因素，如考虑劳动安全、事故防范以及解决方案对社会环境造成的影响等。

（2）环保性模块：要求学生在解决方案中遵守环保对生产过程和生产结果的特定要求，考虑解决方案在多大程度上使用了对环境无害的材料，以及完成工作的计划多大程度上符合环保要求。此外，在解决方案中应考虑节约能源和废物回收与再利用。

（3）创新性模块：要求学生对问题情境有足够的敏感性，在完成任务目标的前提下表现出独特的设计空间。

（二）能力的内容维度

1.定向任务

即在外部指导下活动定向性任务。其学习的知识范围是定向和概括性知识。

2.程序任务

即基于规律的系统化行动下的程序性任务。其学习的知识范围是关联性知识。职业关联性教育的核心是让学生对工作系统、综合性任务和复杂设备建立整体性的认识，掌握与职业相关联的知识，了解生产流程和设备运作、思考人与人之间的关系以及技术与劳动组织间的关系、获取初步的工作经验并开始建立职业责任感。该层次典型的学习任务有设备检修、流程或系统调整等，其特征是：在职业情境中完成有一定难度的专业任务，利用专业规律系统化地解决问题，针对部分任务和环节独立制订计划、选择工艺和工具并进行质量控制，在此过程中注意与他人合作，体验任务的系统性并发展相应的合作能力，养成反思的习惯。

3.问题任务

即知识指导下行动的蕴含问题的特殊任务。其学习的知识范围是具体与功能性知识。职业功能性教育的核心是让学生掌握与复杂工作任务相对应的功能性知识，完成非规律性的任务（如故障诊断）并促进合作能力的进一步发展，成长为初步的专业人员并形成较高的职业责任感。完成这一层次的学习任务，学生无法简单按照现有规则或程序进行，需要学习课本之外的拓展知识，并综合运用理论知识和工作经验，需要按照自己确定的标准、流程和进度独立或合作完成任务，具备一定的质量和效益意识以及反思能力。

4.未知任务

理论与经验共同导出行动下无法预测结果的任务。其学习的知识范围是学科系统化深入的知识。知识系统化专业教育的核心是培养学生完成结果不可预见的工作任务的能力、建立学科知识与工作实践的联系，并发展组织能力和研究性学习的能力，即培养“实践专家”。从第三层次到“实践专家”的过程是漫长的，需要不断实践和高度的敬业精神。本层次典型的学习任务如复杂故障诊断和排除、技术系统优化和营销方案策划，其特征是：在一般技术文献中没有记录、相关信息不全面，学生需要自己确定问题情境和设计工作方法，甚至制作部分工具（如软件等），对完成任务的过程全面负责、具备高度的质量意识并关注环保和产品成本，具备较强的反思和革新能力。

（三）能力的行动维度

能力的行动维度包括获取信息、制订计划、做出决策、实施计划、实验控制和归纳评价六个阶段。

（1）获取信息。了解任务，准备与完成任务所需要的相关知识和资料。

（2）制订计划。制订初步工作计划，包括人力、时间、报价等，注意应准备备选方案和与客户交谈时需要了解的问题。

（3）做出决策。通过与客户沟通，深入了解情况，完善工作计划，确定完成任务的解决方案。

（4）实施计划。制订任务实施所需资料，实施上述确定的工作方案。

（5）实验控制。制订出试运行方案，要注意国家/行业/企业的相关标准和规定，并请完成向客户移交设备的准备工作。

（6）归纳评价。归纳评价整个工作过程和工作成果。在评价时，请利用需求清单，注意总结工作过程中在哪些地方还可以改进？并说明理由。

四、COMET职业能力模型的理论基础

COMET职业能力模型建立在一系列现代职业教育的理论基础之上，如情境学习和行动导向的学习理论、多元智能和发展性任务的心理学理论、设计导向的职业教育指导思想、从“初学者到专家”（from novice to expert）职业成长逻辑规律的专家智能理论以及工作过程知识的工业社会学理论等。

设计导向思想：20世纪80年代由劳耐尔（F. Rauner）提出并在德国发展起来的人文主义职业教育思想，其核心理念是：人不仅要有适应能力，更重要的是有能力本着对社会、经济和环境负责的态度，参与设计未来工作世界的发展。

行动导向教学：指师生共同确定行动产品来引导的教学组织过程，学生通过主动和全面的学习，达到脑力劳动和体力劳动相统一的学习形式。这里的行动不仅仅是日常生活中的行动、活动或劳动，而且还是为了达到学习目标而进行的有意识的行为。

职业能力发展的逻辑规律（development logic）：心理学家德莱福斯兄弟（H. L.Dreyfus 和 S. E. Dreyfus）在人工智能研究中提出，专业人员在“从初学者到专家”的职业能力发展过程中分为初学者、高级初学者、有能力者、熟练者和专家五个阶段，每一个阶段的知识都有特殊的形态，从一个阶段到另一个阶段需要完成特定的发展性任务（developmental task）。

工作过程知识：由社会学者克鲁瑟（W. Kruse）提出、由劳耐尔（F. Rauner）和费舍尔（M. Fisher）等发展起来的职业教育理论，工作过程知识指有丰富经验的技术工人所特有的、与生产劳动过程相关的知识。它不仅是在工作过程中直接需要的（区别于学科系统化的知识），而且是需要在工作过程中自我获得的，特别需要通过经验性学习后，在工作经验与理论反思间的特定关系中产生的。

五、职业能力测评的测试工具

COMET职业能力测评按照专业类别，以笔试形式进行，目的是评价被试者的职业（认知）能力，即“完成和处理一组任务时所需要的主观能力的潜力”。测试中，每位被试者共完成3项任务：测试任务卷、背景情况调查问卷和测试动机问卷。

1.测试任务卷

测试任务卷是COMET职业能力测评的主要测试工具，为一道开放性的测试题目。测试题目因职业的不同而异。它的基础是职业的典型工作任务，通过一个职业及其职业描述而定，且符合职业教育培养目标的要求。测试题目具有足够的复杂性和综合性，能体现以典型工作任务的职业工作和学习内容。能力测评考查的是“冰冻三尺非一日之寒”的能力，考生无需准备。每个专业的测试任务卷分为A卷、B卷、C卷和D卷，由监考教师随机选择发给考生，被试者需要提出完成任务的解决方案，并用易于理解的方式解释采取该方案的理由。在解决方案中，可以利用草图、文字描述、表格和清单等技术语言说明，并向客户详细阐述其理由。测试任务是开放性的，允许学生给出不同的答案。

2.背景情境调查问卷

参加测评的被试者需填写一份背景情境调查问卷，用于收集和确定职业能力发展的背景条件，包括被试者的背景特征、职业学校和实习实训企业状况。背景问卷还包括用于测量职业认同感的题项，对职业认同感的发展以及在此基础上建立的职业承诺进行评价。

背景情境调查问卷的主要内容有：

(1)个人背景状况。包括社会经济背景、在校成绩水平和就业前学历、接受职业教育动机。

(2)职业学校的特点。包括学校的基本数据、教学情境特征、工作过程导向。

(3)企业实习实训的特点。包括企业的一般特征、企业实习的工作过程导向、企业内的实习情况。

3.测试动机问卷

测试动机问卷用于了解被测的测试动机,涉及完成测评任务的时间、对测试任务的兴趣和认识,以及付出努力的程度。

测试监考教师也要填写一份考场情况问卷,用于了解该班级被试者的测试动机和测试氛围。

六、职业能力测试评分表和问题解决空间

(一)测试评分表

为了解释和评价被试者提供的任务解决方案,建立了针对 4 个能力级别与 8 个能力指标相对应点 40 个评分点(每项能力指标对应设置 5 个测试评分点),这些指标和评分点都是经过心理测评技术的信度和效度验证的。

评分者按照观测评分点给学生的测评解决方案打分。每个观测评分点设有“完全不符合”“基本不符合”“基本符合”和“完全符合”四个档次,对应的得分为 0 分、1 分、2 分、3 分。一般来说,如果解决方案里没有提及该评分点的相关内容,则判定为“完全不符合”(即 0 分),简单提及但没有说明的判定为“基本不符合”(即 1 分),提及并说明怎么做的判定为“基本符合”(即 2 分),明确提及且解释理由的则评定为“完全符合”(即 3 分)。具体详见附表 8。

(二)问题解决空间

为了确保评分能够达到足够高的评分者信度,评分者常常希望得到一份试题的“标准答案”帮助其进行评分。但是由于 COMET 职业能力测评采用的是开放性题目,不可能存在这样一份唯一的“标准答案”,于是项目为每道试题设计了一个“问题解决空间”。

问题解决空间描述了开放性测试题目可能出现的各种解决方案,它可以提示评分者,在按照 8 个能力指标进行评分时应重点考虑哪些方面。

七、测试题目案例

(一)测试题目举例

题目：独宅的遮阳设备(电气技术类专业)

1.情境描述

张先生一家(有 3 个孩子)四年前新盖了一栋独宅并且给起居室南面的玻璃窗户安上了手工操作的百叶窗以及可调节的铝板(见附图 2)。

附表 8　职业能力测试评分表

<table>
<tr><td>测试任务编码</td><td></td><td>评分人姓名</td><td></td><td>日期</td><td colspan="4"></td></tr>
<tr><td>能力模块</td><td>序号</td><td colspan="3">评分项说明</td><td>完全不符合</td><td>基本不符合</td><td>基本符合</td><td>完全符合</td></tr>
<tr><td rowspan="5">1.直观性/展示性</td><td>1</td><td colspan="3">对委托方来说,解决方案的表述是否容易理解?</td><td></td><td></td><td></td><td></td></tr>
<tr><td>2</td><td colspan="3">对专业人员来说,是否恰当地描述了解决方案?</td><td></td><td></td><td></td><td></td></tr>
<tr><td>3</td><td colspan="3">是否直观形象地说明了任务的解决方案?(如用图表或图画)</td><td></td><td></td><td></td><td></td></tr>
<tr><td>4</td><td colspan="3">解决方案的层次结构是否分明?描述解决方案的条理是否清晰?</td><td></td><td></td><td></td><td></td></tr>
<tr><td>5</td><td colspan="3">解决方案是否与专业规范或技术标准相符合?(从理论、实践、制图、数学和语言)</td><td></td><td></td><td></td><td></td></tr>
<tr><td rowspan="5">2.功能性</td><td>6</td><td colspan="3">解决方案是否满足功能性要求?</td><td></td><td></td><td></td><td></td></tr>
<tr><td>7</td><td colspan="3">是否达到“技术先进水平”?</td><td></td><td></td><td></td><td></td></tr>
<tr><td>8</td><td colspan="3">解决方案是否可以实施?</td><td></td><td></td><td></td><td></td></tr>
<tr><td>9</td><td colspan="3">是否(从职业活动的角度)说明了理由?</td><td></td><td></td><td></td><td></td></tr>
<tr><td>10</td><td colspan="3">表述的解决方案是否正确?</td><td></td><td></td><td></td><td></td></tr>
<tr><td rowspan="5">3.使用价值导向性</td><td>11</td><td colspan="3">解决方案是否提供方便的保养和维修?</td><td></td><td></td><td></td><td></td></tr>
<tr><td>12</td><td colspan="3">解决方案是否考虑到功能扩展的可能性?</td><td></td><td></td><td></td><td></td></tr>
<tr><td>13</td><td colspan="3">解决方案中是否考虑到如何避免干扰并说明了理由?</td><td></td><td></td><td></td><td></td></tr>
<tr><td>14</td><td colspan="3">对于使用者来说,解决方案是否方便、易于使用?</td><td></td><td></td><td></td><td></td></tr>
<tr><td>15</td><td colspan="3">对于委托方(客户)来说,解决方案(如设备)是否具有使用价值?</td><td></td><td></td><td></td><td></td></tr>
<tr><td rowspan="5">4.经济性</td><td>16</td><td colspan="3">实施解决方案的成本是否较低?</td><td></td><td></td><td></td><td></td></tr>
<tr><td>17</td><td colspan="3">时间与人员配置是否满足实施方案的要求?</td><td></td><td></td><td></td><td></td></tr>
<tr><td>18</td><td colspan="3">是否考虑到企业投入与收益之间的关系并说明理由?</td><td></td><td></td><td></td><td></td></tr>
<tr><td>19</td><td colspan="3">是否考虑到后续成本并说明理由?</td><td></td><td></td><td></td><td></td></tr>
<tr><td>20</td><td colspan="3">是否考虑到实施方案过程(工作过程)的效率?</td><td></td><td></td><td></td><td></td></tr>
<tr><td rowspan="5">5.工作过程导向性</td><td>21</td><td colspan="3">解决方案是否适应企业的生产流程和组织架构(包括企业和客户)?</td><td></td><td></td><td></td><td></td></tr>
<tr><td>22</td><td colspan="3">解决方案是否以工作过程知识(而不仅是书本知识)为基础?</td><td></td><td></td><td></td><td></td></tr>
<tr><td>23</td><td colspan="3">是否考虑到上游和下游的生产流程并说明理由?</td><td></td><td></td><td></td><td></td></tr>
<tr><td>24</td><td colspan="3">解决方案是否反映出与职业典型的工作过程相关的能力?</td><td></td><td></td><td></td><td></td></tr>
<tr><td>25</td><td colspan="3">解决方案中是否考虑到超出本职业工作范围的内容?</td><td></td><td></td><td></td><td></td></tr>
<tr><td rowspan="5">6.社会接受度</td><td>26</td><td colspan="3">解决方案在多大程度上考虑到人性化的工作设计和组织设计方面的可能性?</td><td></td><td></td><td></td><td></td></tr>
<tr><td>27</td><td colspan="3">是否考虑到健康保护方面的内容并说明理由?</td><td></td><td></td><td></td><td></td></tr>
<tr><td>28</td><td colspan="3">是否考虑到人体工程学方面的要求并说明理由?</td><td></td><td></td><td></td><td></td></tr>
<tr><td>29</td><td colspan="3">是否注意到工作安全和事故防范方面的规定与准则?</td><td></td><td></td><td></td><td></td></tr>
<tr><td>30</td><td colspan="3">解决方案在多大程度上考虑到对社会造成的影响?</td><td></td><td></td><td></td><td></td></tr>
<tr><td rowspan="5">7.环保性</td><td>31</td><td colspan="3">是否考虑到环境保护方面的相关规定并说明理由?</td><td></td><td></td><td></td><td></td></tr>
<tr><td>32</td><td colspan="3">解决方案中是否考虑到所用材料是否符合环境可持续发展的要求?</td><td></td><td></td><td></td><td></td></tr>
<tr><td>33</td><td colspan="3">解决方案在多大程度上考虑到环境友好的工作设计?</td><td></td><td></td><td></td><td></td></tr>
<tr><td>34</td><td colspan="3">是否考虑到废物的回收和再利用并说明理由?</td><td></td><td></td><td></td><td></td></tr>
<tr><td>35</td><td colspan="3">是否考虑到节能和能量效率的控制?</td><td></td><td></td><td></td><td></td></tr>
</table>

续附表 8

测试任务			评分人姓名		日期				
编码									
能力模块	序号	评分项说明				完全不符合	基本不符合	基本符合	完全符合
8.创新性	36	解决方案是否包含特别的和有意思的想法?							
	37	是否形成一个既有新意同时又有意义的解决方案?							
	38	解决方案是否具有创新性?							
	39	解决方案是否显示出对问题的敏感性?							
	40	解决方案中,是否充分利用了任务所提供的设计(创新)空间?							
小计									
合计									

附图 2　独宅及其百叶窗

由于没有关闭电熨斗而引起的房间着火使得张先生一家必须完全重新整修他们的起居室。在整修框架下,能够自动化地操作现有的百叶窗。

在与客户就房屋空间问题讨论时,张先生一家提出了以下几点要求:

(1)我想有一个位置能集中控制百叶窗的上升与下降。

(2)太阳光强烈时以及从晚上某一时间开始,百叶窗能自动向下降。

(3)每天早上太阳升起时,我们期望百叶窗能自动上升。

(4)我想平常能在起居室熨衣服。多大程度上存在这样一种技术可能性,那就是半小时以后熨斗能自动关掉?

(5)我们乐于接受增加监视设备舒适性的建议。

2.任务要求

你的任务是,尽可能拟订实现控制的建议方案。假如你还有其他问题,需要与委托方或者其他企业的用户或专业人员讨论的话,请写下这些问题。请全面详细地陈述你的建议方案,并说明理由。

3.劳动工具与辅助工具

为了完成给出的任务,允许使用学校常用的辅助工具,如手册、专业书籍、自己的笔记以及计算机。

(二)问题解决空间举例

各个评分指标的要点:

1.直观性/展示性

(1)是否详细讲解了工艺示意图或其他示意图?

(2)是否编写出一份一目了然的所用材料及部件的清单(如表格)?

(3)是否画出了适当的线路图?

(4)是否是彩色的?

2.功能性

(1)从技术观点看,所提交的控制系统解决方案是否有效?

(2)为百叶窗控制装置和可开关的插座设置的定时功能是否正确?

(3)所列的解释和描述在专业上是否正确?

(4)是否能识别出各种控制系统解决方案的优缺点?

(5)请参见保护电路解决方案建议。

3.使用价值导向性

(1)解释和草图是否能让外行人也能看得懂?(操作说明书)

(2)对用户而言,百叶窗控制装置和可开关的插座有多方便?

(3)是否提出了超出客户愿望之外的建议(如光线调暗开关或点按/触摸运行模式)?

(4)是否交给用户一份说明书,使其了解当出现故障时该如何重新启动装置(如终端开关的维护说明)?

4.经济性

(1)是否考虑到各种解决方案的费用和劳动投入量?

(2)安装控制系统是否具有经济性?

(3)为何要选择这种控制方式?

(4)是否指出夏季/冬季的节能问题(何时必须从某个时间点开始将百叶窗关闭,或是在夏季从某个光线强度开始让空调尽量少受热)?

5.工作过程导向性

(1)在解决方案中是否考虑到了客户的要求?

(2)在安装时,是否考虑到如何方便接下来的油漆工作(与其他工厂进行协商)?

(3)计划中是否考虑到如何向客户移交?

(4)是否有进度表/工作计划?

6.社会接受度

(1)是否考虑到劳动保护的内容(如工作装、安全工具、五项安全规则)?

(2)按键是否便于操作——考虑到坐在轮椅中的老年人,或从长远考虑当这一家人年老之后是否还方便?

7.环保性

对窗户增加了隔热保温措施后,能量平衡状况得到了改善(冬季节省采暖热费,夏季可以减少空调运行时间)。是否告诉客户已经铺设了环保型的管道(如PVC管和无卤素管,如果住宅再次发生火灾,这类管道可将窒息的危险降到最低)?

8.创新性

学生是否想到过奇特的解决方案(如使用的不是可开关的插座,而是带自动关闭功能的熨斗。如果这些模型的熨烫间歇时间超过30 s,它们便会自动关闭)?或是具有特别创意的编程方法/使用特殊的传感器?

参考文献

[1] 赵志群,劳耐尔.COMET 职业能力测评方法手册[M].北京:高等教育出版社,2018.
[2] 赵志群,罗什.职业教育行动导向的教学[M].北京:清华大学出版社,2015.
[3] 梁建和,廖君.液压与气动技术[M].郑州:黄河水利出版社,2011.
[4] 黄志坚,吴百海.液压设备故障诊断与维修案例精选[M].北京:化学工业出版社,2009.
[5] 梁建和,秦展田. 液压与气动技术[M].广州:华南理工大学出版社,2008.
[6] 赵波,王宏元.液压与气动技术[M].北京:机械工业出版社,2007.
[7] 季明善.液气压传动[M].北京:机械工业出版社,2007.
[8] 左健民.液压与气压传动[M].4 版.北京:机械工业出版社,2007.
[9] 杨平,葛云.液压、液力和气压传动技术[M].北京:科学出版社,2007.
[10] 张安全,王德洪.液压气动技术与实训[M].北京:人民邮电出版社,2007.
[11] 张宏友.液压与气动技术[M].2 版.大连:大连理工大学出版社,2006.
[12] 邱国庆.液压技术与应用[M].北京:人民邮电出版社,2006.
[13] 许贤良,王传礼.液压传动[M].北京:国防工业出版社,2006.
[14] 朱梅,朱光力.液压与气动技术[M].西安:西安电子科技大学出版社,2005.
[15] 李芝.液压传动[M].北京:机械工业出版社,2005.
[16] 许福玲,陈尧明.液压与气压传动[M].2 版. 北京:机械工业出版社,2004.